Strategie = Umsetzung

Jacques Pijl

Strategie = Umsetzung

Strategien mit Stärke, Schnelligkeit und Beweglichkeit umsetzen

Aus dem Englischen von Jana Fritz und Britta Radonić

1. Auflage

Schäffer-Poeschel Verlag Stuttgart

Bibliografische Information der Deutschen Nationalbibliothek

Die Deutsche Nationalbibliothek verzeichnet diese Publikation in der Deutschen Nationalbibliografie; detaillierte bibliografische Daten sind im Internet über http://dnb.dnb.de/ abrufbar.

Print:	ISBN 978-3-7910-5841-2	Bestell-Nr. 10942-0001
ePub:	ISBN 978-3-7910-5842-9	Bestell-Nr. 10942-0100
ePDF:	ISBN 978-3-7910-5843-6	Bestell-Nr. 10942-0150

Jacques Pijl
Strategie = Umsetzung
1. Auflage, Januar 2024

www.schaeffer-poeschel.de
service@schaeffer-poeschel.de

Produktmanagement: Dr. Frank Baumgärtner
Lektorat: Heike Münzenmaier

Schäffer-Poeschel Verlag Stuttgart
Ein Unternehmen der Haufe Group SE

Vorwort

Wie der Management-Vordenker Henry Mintzberg in seinen Seminaren zu sagen pflegt, werden die meisten der von Unternehmen entwickelten Strategien niemals umgesetzt. Und er kennt auch den Grund dafür.

Vor ein paar Jahren fragte er während einer Diskussion in den Niederlanden, wer schuld daran sei, wenn eine Strategie nicht umgesetzt werde. Die Antwort, die er selbst lieferte, war recht einfach: hauptsächlich diejenigen, die für die Umsetzung verantwortlich sind. Führungskräfte denken in der Regel Folgendes: Wir hier oben an der Spitze entwickeln exzellente Strategien, aber die Spatzenhirne im Rest des Unternehmens sind nicht klug genug, um sie auf den Weg zu bringen. Nun, wenn Sie eines dieser Spatzenhirne sind, habe ich die perfekte Entgegnung für Sie. Sagen Sie den Managerinnen und Managern einfach: Wenn wir solche Idioten sind und Sie so schlau, warum denken Sie sich keine Strategien aus, die Idioten wie wir umsetzen können?

Das ist ein schlagkräftiges Argument. Aber ist es auch fair? Nicht so ganz, wie Mintzberg selbst als Erster einräumte. Er sagte, dass fast alle Fehler bei der Umsetzung aus einer fehlenden Verbindung zwischen der Formulierung einer Strategie und deren Umsetzung resultierten. Der Grund dafür sei der Irrglaube, dass eine Strategie an einem Ort (in der Unternehmenszentrale) formuliert und an einem anderen Ort (an den Arbeitsplätzen) umgesetzt werden könne. In diesem Buch wird genau dieser entscheidende Punkt beleuchtet: die Schnittstelle zwischen Strategie und Umsetzung. Oder wie Jacques Pijl es noch prägnanter ausdrückt: Strategie ist gleich Umsetzung. Es gibt vier Punkte, die mich besonders beeindruckt haben und den Grund dafür liefern, warum Sie dieses Buch unbedingt lesen sollten.

1 Strategie = Umsetzung

Eine Strategie, die nicht umgesetzt wird, ist genauso wertlos wie überhaupt keine Strategie. Daher müssen Sie bereits ab dem Moment, in dem Sie mit der Entwicklung Ihrer Pläne anfangen, über deren Umsetzung nachdenken. Strategie und Umsetzung sind sehr eng miteinander verknüpft. In diesem Buch werden die Auswirkungen davon auf der Basis von vier Beschleunigern mit jeweils vier Bausteinen ausführlich beschrieben. Das hört sich vermutlich recht schematisch an. Allerdings sind die Zeiten des Improvisierens und der Strukturlosigkeit bei der Strategieumsetzung längst vorbei. Die Umsetzung von Strategien ist ein Kunsthandwerk, das den Unterschied zwischen Erfolg und Misserfolg ausmacht.

2 Ehrlichkeit in Sachen Innovation

Heutzutage müssen permanent Renovierungen durchgeführt werden, während gleichzeitig das Geschäft offenbleibt. Jede Unternehmerin und jeder Manager ist sich dieses Problems bewusst. Es ist unerlässlich, dass Sie Ihrem laufenden Geschäft Aufmerksamkeit schenken, damit die Kundinnen und Kunden zufriedengestellt werden und Sie im Hier und Jetzt Geld verdienen. Indes müssen Sie ebenfalls Energie in die Zukunft Ihres Unternehmens und darüber hinaus stecken. Wenn wir von Innovation sprechen, meinen wir nicht immer dasselbe. In diesem Buch werden drei Typen der Transformation beschrieben: Verbesserung, Erneuerung und Innovation. Für jeden ist eine andere Herangehensweise nötig. Das ist sicherlich nicht einfach, aber so ist die Realität und erfahrene Managerinnen und Manager wissen damit umzugehen.

3 Die Arbeit muss von Menschen gemacht werden.
Das Warum, Was und Wie sind wichtig, wie Pijl erläutert. Aber am wichtigsten ist die Frage, wer die Strategie umsetzen wird. Am Ende geht es immer um Menschen, ihre Kompetenzen und ihr Engagement. Das klingt toll, hat aber auch erhebliche Konsequenzen. Zum Beispiel müssen diejenigen, die sich um die Umsetzung kümmern, psychologisch »einchecken«. Mit anderen Worten müssen sie sich voll und ganz für die Strategie, die Maßnahmen und die gesteckten Ziele einsetzen. In diesem Buch wird detailliert beschrieben, wie dieses Engagement gewährleistet werden kann.

4 Theorie und Praxis
Es ist immer gut, wenn ein Autor weiß, was zu seinem Thema bereits geschrieben wurde. Einige Autoren von Büchern über Management versuchen, die von ihnen präsentierten Ideen als neu zu verkaufen. Allerdings tun sie das nur, weil sie die bereits veröffentlichten Publikationen nicht kennen. Wir müssen uns an dieser Stelle jedoch keine Sorgen darüber machen. Denn Jacques Pijl hat seine Hausaufgaben gemacht. Auch ist er sich voll und ganz darüber im Klaren, dass Praktikabilität vonnöten ist. Daher ist es so hilfreich, dass Jacques und seine Kolleginnen und Kollegen mit beiden Beinen auf dem Boden der Unternehmensberatungsrealität stehen. Das Ergebnis davon ist nämlich eine gesunde Dosis Realitätssinn und viele nützliche Beispiele.

Ich bin ein großer Fan von evidenzbasierter Arbeit. Deshalb noch eine kurze Anmerkung dazu. Dieses Buch ist eine Schatzkiste mit fundierten Erkenntnissen und Ratschlägen. Der echte Wert des Buches wird jedoch erst dann ersichtlich, wenn Sie diese in Ihrem Unternehmen ausprobieren. Dann sehen Sie, wie großartige Ideen zum Leben erweckt und die Wörter auf dem Papier in gute Arbeit und großartige Ergebnisse übersetzt werden. Viel Spaß beim Lesen und Lernen!

Ben Tiggelaar

Inhaltsverzeichnis

1 Einführung: Effektivität, Agilität und Geschwindigkeit – die wichtigsten Zutaten für die Umsetzung von Strategien

Der Erfolg von Netflix / Watson hat einen Doktortitel / Die Wal-Kurve ist tot / Philips wollte Apple nicht kaufen

1.1 Die größte Herausforderung in der heutigen Zeit: Innovationen beschleunigen

Wir müssen die Geschwindigkeit erhöhen, in der wir unsere Geschäftsmodelle verbessern, erneuern und Innovationen einführen. Das ist das größte Managementthema in der heutigen Zeit. Unternehmen befinden sich allerdings in einer Zwickmühle. Denn bekanntlich verstehen sie sich nicht darauf, Strategien umzusetzen, haben jedoch in diesem von Disruption geprägten Zeitalter keine andere Wahl und müssen permanent ihr Geschäftsmodell verbessern, erneuern und innovative Ideen entwickeln. Mit anderen Worten fehlt es ihnen genau an der Kompetenz, die sie brauchen, um erfolgreich zu sein. Das ist der Grund, warum Führungskräfte, ihre Mitarbeiterinnen und Mitarbeiter sowie Unternehmerinnen und Unternehmer nachts nicht schlafen können. Und das ist auch richtig so. Ein CEO hat mir einmal gesagt: »Wir müssen alle besser werden. Und zwar jetzt. Wir müssen unserer sozialen Verantwortung gerecht werden. Unser Fortbestehen hängt davon ab.« Genau aus diesem Grund habe ich dieses Buch geschrieben. Definitiv gibt es heute schlimmere Probleme auf der Welt. Man muss sich nur die Nachrichten ansehen. Und dennoch bin ich überzeugt, dass die Effektivitätssteigerung bei der Umsetzung von Strategien eine große Sache ist. Wir verbringen die meiste Zeit unseres Lebens bei der Arbeit. Daher sollte sie auch lohnenswert sein. Die Menschen wünschen sich, dass ihre Arbeit sinnstiftend ist und einem Zweck dient. Unternehmen wählen mittlerweile ganz bewusst aus, welche sozialen Werte sie widerspiegeln möchten. Wir wachsen aus unserer alten Besessenheit vom Shareholder-Value heraus. Was nunmehr zählt, sind Werte im Sinne von sozialer Verantwortung, Diversität und regionaler sowie nationaler Entwicklung. Das Streben danach ist zu einem unserer wichtigsten strategischen Ziele geworden. Eine effektive Strategieumsetzung schafft Werte und ist das Instrument, mit dem wir sinnvolle Ziele formulieren können.

1.2 Unternehmen versagen bei der Umsetzung von Strategien

Untersuchungen zeigen immer wieder, dass Unternehmen sich nicht darauf verstehen, Strategien umzusetzen. Das ist nichts Neues und wir sind uns dessen bereits seit Jahrzehnten bewusst. Zudem ist die Anzahl der gescheiterten Umsetzungsbemühungen schockierend hoch. Laut Schätzungen liegt sie zwischen 60 und 90 Prozent. Das hängt selbstverständlich davon ab, wie Sie »scheitern« definieren, was ich eingehend in Kapitel 9 erläutern werde. Selbst wenn wir eine recht positive Sichtweise auf die Prozentangaben einnehmen, die in den meisten Studien gezeigt werden, fällt die Quote nie unter 50 Prozent[1]. Wir kennen alle die leuchtenden Beispiele: umfangreiche staatliche IT-Projekte, die sich festgefahren haben, Unternehmensfusionen in der Privatwirtschaft, die nicht zu den gewünschten Synergie-Effekten führen, große Umstrukturierungen, die aus dem Ruder laufen, und Programme für Änderungen der Unternehmenskultur, die sich in Luft auflösen. Unternehmen haben viele gute Absichten, die jedoch am Ende nur den sprichwörtlichen Weg in die Hölle ebnen. Und genau an dieser Stelle können wir uns einen Wettbewerbsvorteil sichern. Es gibt allerdings noch ein allgemeineres Gebot: Jedes Unternehmen muss bei der Umsetzung von Strategien besser werden.

1.3 Die neuen Realitäten nach der Finanzkrise 2008

Die Welt wird nie mehr so sein wie vor der Finanzkrise 2008. Es hat sehr viele wirtschaftliche, soziale, kulturelle und technologische Veränderungen gegeben. Globalisierung und sich veränderndes Konsumentenverhalten sind ebenfalls zwei wichtige Faktoren. All diese Faktoren lassen die Anforderungen an unsere Geschäftsmodelle in atemberaubender Geschwindigkeit wachsen. Indes beschleunigt sich auch die Geschwindigkeit des Wandels. Mit den Worten von Jan Rotmans, Professor für Transition Management und Sustainability[2], leben wir nicht mehr in einem Zeitalter des Wandels, sondern in einem Wandel des Zeitalters. Erlauben Sie mir, einige der Phänomene aufzulisten, die ich in meinem vorigen Buch *Het Nieuwe Normaal*[3] beschrieben habe.

Die Geschäftsmodelle brechen vor unseren Augen zusammen. In vielen Branchen sind die Geschäftsmodelle unter enormem Druck – Tourismus, Immobilien und Finanzdienstleistungen, um nur ein paar zu nennen. Sie werden auch als »Gletscher-Branchen« bezeichnet, da sie aufgrund des Klimawandels in der Geschäftswelt einfach dahinschmelzen. Es ist nur noch eine Frage der Zeit, bis andere Branchen dasselbe Schicksal ereilt. Studien zeigen, dass der digitale Wandel Auswirkungen auf alle Sektoren hat. Also sind in den kommenden Jahren noch wesentlich mehr dahinschmelzende Geschäftsmodelle zu erwarten.[4]

---

1 Carlos J.F. Cândido & Sérgio P. Santos, »Strategy implementation: What is the failure rate?«, Journal of Management & Organization 21(2), Februar 2015, S. 237–262. www.researchgate net/publication/264004530_Strategy_implementation_What_is_the_failure_rate.

2 Jan Rotmans ist Professor für Sustainability Transitions an der Erasmus Universität Rotterdam und Experte auf dem Gebiet von Transitionen und Nachhaltigkeit.

3 Jacques Pijl, Het nieuwe normaal: De 21 spelregels om te overleven in de nieuwe economie. Haystack, 2014.

4 Adam Hayes, »20 Industries Threatened by Tech Disruption«, Investopedia, 06. Februar 2015. http://www.investopedia.com/articles/investing/020615/20-industries-threatened-tech-disruption.asp.

Die herkömmlichen Medien stellen eine weitere Gletscher-Branche dar. In einigen Bereichen gehen die Einnahmen um bis zu 10 Prozent pro Jahr zurück. Bei einer Rede zu Beginn des Cannes Advertising Festivals brachte der Chef von Netflix dieses Problem zur Sprache. Er stellte die Frage, wie lange die Media-Einkäufer noch an dieser Veranstaltung teilnehmen würden, um im Namen ihrer Zuschauer zu entscheiden, was diese zu sehen bekommen und zu welchem Zeitpunkt. Bedenken Sie nur einmal, wie eigenartig es ist, dass eine Late-Night-Show ausgestrahlt wird, wenn die meisten bereits zu Bett gegangen sind. Wir verbringen viel Zeit mit fernsehen, und doch ist es eines der wenigen Produkte, das uns nicht erlaubt zu entscheiden, was und wann wir dies tun. Kein Wunder also, dass Netflix so schnell so erfolgreich wurde. Zum Beispiel hatte der Dienst in den ersten sechs Monaten bereits 600.000 Abonnenten. Dies zeigt, dass analoges Fernsehen einen nicht zu gewinnenden Kampf kämpft. In den Vereinigten Staaten werden 75 Prozent der Late-Night-Shows nicht mehr live angeschaut, sondern gestreamt. Und auch Netflix wird bereits durch andere, neuere Konzepte bedroht.

Industrien konvergieren. Das Triple-Helix-Modell der Innovation, in dem Wissenschaft, Industrie und Regierung miteinander verflochten sind, bietet vermutlich genauso viele Chancen wie jeder einzelne dieser Bereiche für sich.[5] Die Parteien in dieser Spirale wissen um den Wert von Zusammenarbeit, und sie gehen zunehmend die Herausforderungen gemeinsam an, um Wirtschaftswachstum und Regionalentwicklung zu fördern. Ein Erfolgsbeispiel ist Brainport Eindhoven, ein Zusammenschluss, bei dem die niederländische Regierung, Forschungsinstitute und Unternehmen wie ASML (Anbieter von Lithografie-Systemen für die Halbleiterindustrie) und Philips Medical (Medizintechnik-Unternehmen) zusammenarbeiten. Ein weiteres Beispiel liefert Yes!Delft. Das Unternehmen, das seinen Sitz in der Nähe der international renommierten Forschungszentren der Delft University of Technology hat, bietet Start-up-Programme für junge High-Tech-Unternehmen an.[6] In den USA arbeiten Technologie-Unternehmen im North Carolina Triangle Park, im Silicon Valley und am MIT Seite an Seite mit Hochschulinstituten, um ein paar Beispiele von dort zu nennen.

Staatliche und halbstaatliche Institutionen bilden keine Ausnahme. Leitende Angestellte wissen, dass staatliche und halbstaatliche Unternehmen inzwischen genauso anfällig sind wie private. Unter dem zunehmenden Druck der sozialen Medien verlangen Politiker wie Bürger gleichermaßen mehr Transparenz, niedrigere Kosten, besseren Service und größere Effektivität. Viele staatliche und halbstaatliche Unternehmen sind noch nicht bereit dafür, besser zu werden. Besonders schwer ist es, dem Wunsch nach Transparenz zu entsprechen. Nehmen wir nur einmal die Skandale, die die niederländische Regierung in den letzten Jahren erschüttert haben. Das Verteidigungsministerium musste Angestellte

---

5 Triple Helix Research Group (Stanford University), »The Triple Helix Concept«. http://triplehelix.stanford.edu/3helix_concept.

6 Maurits Kreijveld, De kracht van platformen: Nieuwe strategieën voor innoveren in een digitaliserende wereld. Vakmedianet, 2014.

entschädigen, die jahrelang hochgiftigem, sechswertigem Chrom ausgesetzt waren. Die Wohnungsbaugesellschaft Vestia ging fast pleite, als sich etliche der hochrangigen Führungskräfte des Betrugs schuldig machten. Und der Gesamtbetriebsrat der niederländischen Polizei hatte sich in korrupte Praktiken verstrickt.

Im Gesundheitswesen offenbart der kometenhafte Aufstieg der digitalen Technologien, E-Health, dass die Regierung, die Unternehmen und die Bürger nicht mit der Einführung von neuen Technologien Schritt halten können. Watson, der Supercomputer von IBM, hat bereits einen Doktor-Titel, und sehr bald schon wird er in der Lage sein, die Arbeit eines Assistenzarztes zu machen.

Die neue Realität ist gekommen, um zu bleiben. Laut VINT, einem Institut für neue Technologien des IT-Unternehmens Sogeti mit Sitz in den Niederlanden, werden Unternehmen bis 2033 im Durchschnitt eine Lebensdauer von nur fünf Jahren haben.[7] Die Lebenserwartung der Fortune-500-Unternehmen betrug 1950 noch 75 Jahre. Eine Prognose aus dem Jahr 2001 besagte hingegen, dass diese bis 2012 auf weniger als 15 Jahre fallen sollte, wie wir im Shift Index in *Creative Destruction* (2001) von Richard Foster und Sarah Kaplan sehen können.[8] Andere Indikatoren deuten auf Ähnliches hin. Die Zahlen von Standard & Poor's zeigen, dass die Lebensdauer eines Unternehmens im Jahr 1980 noch 61 Jahre betrug und nurmehr 18 im Jahr 2011.[9] Wir können aus diesen Zahlen ableiten, dass 75 Prozent der Unternehmen, die im S&P 500 gelistet sind, bis 2027 vom Markt verschwunden sein werden.[10] Die sogenannte Topple-Rate, das heißt die Geschwindigkeit, mit der die Marktführer in jeder Branche von anderen abgelöst werden, hat sich seit 2010 mehr als verdoppelt. Loyalität gehört der Vergangenheit an, denn heutzutage bewerten Kundinnen und Kunden immer wieder neu, wer am besten ihre Bedürfnisse befriedigen kann. Das Konkurrenzdenken hat um 100 Prozent zugenommen und Marktpositionen können nicht mehr als selbstverständlich angesehen werden. Das ist eine Realität, die durch harte Fakten untermauert wird.

Abbildung 1 liefert eine Zusammenfassung der Fakten, die zeigen, dass die neue Realität so anders ist. Der Trend ist eindeutig: Kontinuität ist nicht mehr selbstverständlich. Der Hauptgrund dafür ist in der Digitalisierung zu finden.

---

7 Sander Duivestein, Aniel Kalicharan & Roland Wessel, research into corporate longevity for VINT/Sogeti, presented during the Design to Disrupt Symposium, 17. Juni 2014.

8 Richard N. Foster & Sarah Kaplan, Creative Destruction: Why Companies That Are Built to Last Underperform the Market—And How to Successfully Transform Them. Crown, 2001.

9 Driek Desmet, Ewan Duncan, Jay Scanlan & Marc Singer, »Six building blocks for creating a high-performing digital enterprise«, McKinsey & Company, September 2015. http://www.mckinsey.com/business-functions/organization/our-insights/six-building-blocks-for-creating-a-high-performing-digital-enterprise.

10 Marla Capozzi, Vanessa Chan, Marc de Jong & Erik A. Roth, »Meeting the innovation imperative: How large defenders can go on the attack«, McKinsey & Company, Juli 2014.

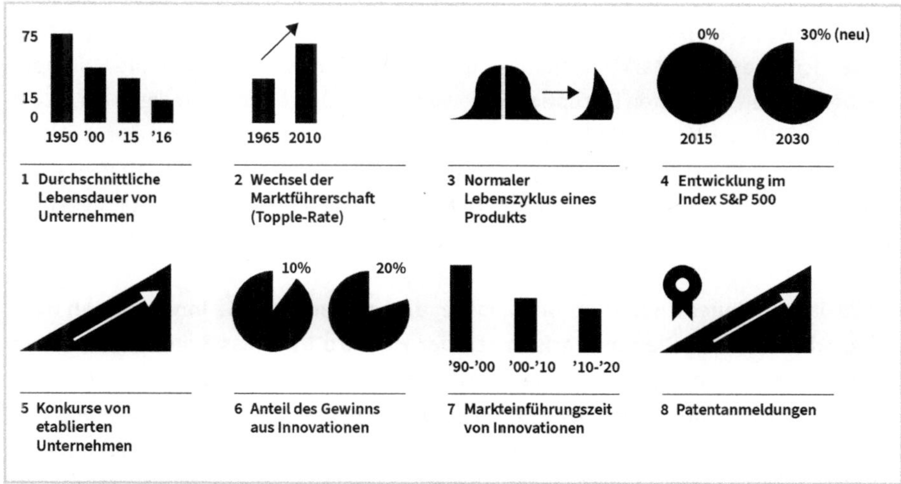

Abb. 1: Innovationen durchzuführen, ist ein besonders schwieriges Unterfangen, sie bieten aber denjenigen, die in der Lage sind, sie zu erkennen, mannigfaltige Chancen.
(Quellen: (1) In Creative Destruction (2001) ermittelte Richard Foster, dass die Lebensdauer von Fortune-500-Unternehmen im Jahr 1950 noch 75 Jahre betrug, bis 2012 sollte diese Zahl jedoch auf weniger als 15 sinken. (2) Standard & Poor's bestätigte diese Entwicklung. (3) Verkenningsinstituut Nieuwe Technologie, Sogeti IT-Services. (4) Shift-Index-Serie von Deloitte.)

Im ersten Jahrzehnt des 21. Jahrhunderts haben sich Unternehmen mehr verändert als in den letzten fünf Jahrzehnten des 20. Jahrhunderts. In den letzten Jahren gab es alles, von der Prozessoptimierung bis hin zu revolutionären Innovationen, von Joint Ventures bis hin zu vollständigen Fusionen und Übernahmen sowie einen ständigen Strom an Change-Programmen. Ein Manager, mit dem ich bei meinen Recherchen zu diesem Buch gesprochen habe, ging sogar so weit zu sagen: »Die letzten fünf Jahre haben mehr Transformationen hervorgebracht als die 50 Jahre davor.« Und für Unternehmen tut sich am Horizont noch viel mehr auf. Die Digitalisierung der Gesellschaft und der Druck, mit disruptiven Innovationen Schritt zu halten zu müssen, wird sich fortsetzen.

1.4 Digitalisierung als Innovationsmotor

Im 20. Jahrhundert erlangten Unternehmen ihre Vormachtstellung, indem sie ihre Größenvorteile nutzten und sich die Loyalität ihrer Kundinnen und Kunden sicherten. Zunächst begründete sich ihr Erfolg auf der Massenproduktion (General Motors), später dann auf der Kontrolle der Lieferketten (Walmart) und der Informationen (Amazon). Im 21. Jahrhundert haben jedoch die Kunden das Sagen. Vor jedem Kauf lesen sie Kundenbewertungen und ändern innerhalb von Sekunden ihre Meinung. Sie zu gewinnen und sich einen Wettbewerbsvorteil zu sichern ist nur mit einer Strategie möglich, die darauf aufgebaut ist, die Kunden zu kennen und mit ihnen in Kontakt zu treten.

Unternehmen, die wissen, wie man dieses neue Wettbewerbsspiel spielt, sind jene, die James McQuivey vom Marktforschungsunternehmen Forrester Research als »Disruptoren« bezeichnet. Die besten Disruptionen bewirken zwei Dinge: Sie befriedigen ein Grundbedürfnis, über das sich die Endnutzer bewusst sind, und sie dringen in die physische Welt der Fabriken und Vertriebsnetze ein, in das Internet of Things. Hauptsächlich geht es darum, sich darauf zu konzentrieren, bessere Methoden zu finden, um die grundlegenden und latenten Bedürfnisse der Kunden zu befriedigen.[11]

Vor 20 Jahren dauerten Disruptionen Jahre, und es waren große Innovationen dafür nötig, wie Professor Clayton Christensen der Harvard Business School in *The Innovator's Dilemma* schrieb.[12] Durch die digitale Revolution wurde dies jedoch anders. Die Disruptoren von heute können jedes Produkt und jede Dienstleistung viel schneller und kostengünstiger radikal verändern. Sie haben großen Einfluss auf jeden Aspekt der Geschäftstätigkeit, vom Datenmanagement bis hin zur Preisgestaltung und der Verwaltung von Arbeit und Kapital. Es wird nicht mehr lange dauern, bis dieser Einfluss in allen Branchen zu spüren ist, sogar in denen, die bislang noch nicht digitalisiert sind.[13] Nach Schätzung von James McQuivey haben die Instrumente und Plattformen von heute die Zahl derjenigen, die innovative Ideen zur Marktreife führen können, verzehnfacht. Und hierbei handelt es sich um eine konservative Schätzung. Die durchschnittlichen Kosten, die für die Entwicklung und das Testen dieser Ideen entstehen, betragen nur 10 Prozent dessen, was früher dafür nötig war. Kurz gesagt hat sich unsere innovative Kraft um das 100-Fache erhöht. Allerdings bedeutet dies auch, dass die Zahl der Wettbewerber, mit denen jedes Unternehmen zu tun hat, um das 100-Fache gestiegen ist.

Digitale Disruptionen beschleunigten den Wettbewerb und erleichtern das Entstehen einer bislang undenkbar großen Anzahl an Ideen. Für Unternehmen, die nach traditionellen Mustern verfahren, sind die Gesamtauswirkungen verheerend.

Digitale Innovationen verändern alles. Die Wachstumszahlen von Airbnb zeigen, dass die traditionelle Wal-Kurve des Lebenszyklus von Unternehmen der Vergangenheit angehört. Sie wurden durch Graphen ersetzt, die eher dem Empire State Building ähneln. Wenn wir ehrlich sind, ist die Wal-Kurve tot! Alles geht schneller. Neue Geschäftsmodelle tauchen mit halsbrecherischer Geschwindigkeit auf, während alte genauso schnell verschwinden. Keiner kann vorhersagen, was passieren wird, aber wir können von diesem Trend ableiten, dass die Beschleunigung gerade erst begonnen hat. Je länger Sie mit dem Mitmachen warten, desto schwieriger wird es sich gestalten, da der Wettbewerb hier ein entscheidender Faktor ist.

11 Marla Capozzi, Vanessa Chan, Marc de Jong & Erik A. Roth, »Meeting the innovation imperative: How large defenders can go on the attack«, McKinsey & Company, Juli 2014. http://www.mckinseyonmarketingandsales.com/meeting-the-innovation-imperative-how-large-defenders-can-go-on-the-attack.

12 Clayton Christensen, The Innovator's Dilemma: The Revolutionary Book That Will Change the Way You Do Business. Harvard Business Review Press, 1997.

13 James McQuivey, Digital Disruption.

Marc Andreessen, Innovator, Unternehmer und Investor, hat das im Jahr 2011 in der Kolumne »Why software is eating the world« (»Warum Software die Welt frisst«) im *Wall Street Journal* gut zusammengefasst.[14] Wenn Sie eine Liste von Unternehmen, die vor 12 Jahren nicht einmal existierten, und die heute aber entweder für einen großen Markt stehen oder einen großen Anteil eines existierenden Marktes erobert haben, zusammenstellen müssten, so würden Sie über ausgesprochen bekannte Namen stolpern: Facebook, Twitter, YouTube, Uber, Airbnb, Snapchat, Instagram, Fitbit, Spotify, Dropbox, WhatsApp und Quora.[15]

Führungskräfte, Managerinnen und Manager sowie Mitarbeiterinnen und Mitarbeiter haben mit Digitalisierungsdilemmata zu kämpfen. Sollen wir digitalisieren oder nicht? Wann? Mit wem? Wie? Menno Lanting, Experte für die Auswirkungen von digitalen Technologien auf das Führungsverhalten, beschrieb, was digitale Innovation und Wettbewerb wirklich bedeuten, als er sagte: »Alle Güter und Dienstleistungen werden selbst entweder digital oder sie werden von digitalen Dienstleistungen umgeben.« Das gilt auch für Dienstleistungen, von denen man niemals erwarten würde, dass sie einmal digitalisiert würden. Lanting führt das Beispiel der Müllabfuhr in der Stadt Philadelphia an. Dort werden auf Mikrochips, die sich in den Mülltonnen befinden, Daten gesammelt, mit denen das Entsorgungsunternehmen bessere Fahrstrecken finden kann, wodurch 40 Prozent weniger Personal benötigt wird. Kurz gesagt müssen wir lernen, mit einer neuen Realität zu leben, in der unser Leben und unsere Arbeit untrennbar mit digitalen Innovationen verbunden ist.[16] Jedes Unternehmen muss entscheiden, wie digitale Innovationen im Gesamtportfolio der Maßnahmen zur Strategieumsetzung positioniert werden sollen.

1.5 Große Unsicherheit

Wir alle wissen, dass die herkömmlichen Methoden zum Aufbau, zur Steuerung und Transformation von Unternehmen nicht mehr funktionieren. In Plänen, Mustern und Kaskaden zu denken ist nicht mehr zeitgemäß. Die Zunahme der Unvorhersehbarkeit lässt sich am besten durch den Begriff VUCA ausdrücken. VUCA steht für Volatility, Uncertainty, Complexity und Ambiguity (Volatiltät, Unsicherheit, Komplexität und Mehrdeutigkeit). Dieser Begriff kommt ursprünglich aus dem Militär. Heutzutage wird er jedoch genutzt, um zu beschreiben, wie schwierig das Klima für Unternehmen und staatliche sowie halbstaatliche Institutionen geworden ist. Volatilität bezieht sich auf die Art, Geschwindigkeit und Dynamik der Transformation. Bei Unsicherheit geht es um mangelnde Vorhersehbarkeit gepaart mit der Angst vor und der zunehmenden Wahrscheinlichkeit von nicht vorhersehbaren großen Ereignissen und Disruptionen. Beispiele dafür sind große disruptive Innovationen wie Uber sowie makro-ökonomische Ereignisse wie der 11. September oder Schwarze Schwäne, wie Nassim Nicholas

14 Marc Andreessen, »Why software is eating the world«, Wall Street Journal, 20. August 2011.
15 Diese Liste wurde von Vala Afshar, Chief Digital Evangelist @Salesforce zusammengestellt.
16 Menno Lanting, Olietankers en speedboten: Wendbaar werken in de 21e eeuw. Business Contact, 2014.

Taleb sie bezeichnen würde. Komplexität steht für das vielköpfige Ungeheuer der Nachfrage, Märkte, Kunden, Manager und Gesetzgebung, durch das die Prozesse und Systeme sogar noch komplizierter werden. Und als letztes bezieht sich Mehrdeutigkeit auf die nicht-mathematische Natur des Geschäftslebens, das heißt auf die Tatsache, dass Entwicklungen zu verschiedenen Ergebnissen führen können und dass niemand weiß, was zur Realität wird.

Fakten können auf unterschiedliche Art und Weise erklärt werden. Ich konnte beobachten, dass Unternehmen ihre Geschäfte hartnäckig auf falschen Annahmen weitergeführt haben, weil sie dachten, dass Durchhaltevermögen der entscheidende Faktor für eine erfolgreiche Umsetzung sei. Auf der anderen Seite habe ich genauso viele Unternehmen beobachtet, die bei sehr vielversprechenden Tests zu schnell den Stecker gezogen haben. Ein besonders treffendes Beispiel ist die Unterhaltungselektronik-Sparte von Philips, die sich die Gelegenheit hat entgehen lassen, im Jahr 1990 Apple zu übernehmen. In seiner Autobiografie sagte der ehemalige CEO von Philips, Cor Boonstra, dass er die Entscheidung nicht bereue. Wie er es formulierte, wäre Apple unter dem Dach des niederländischen Elektronik-Unternehmens niemals zu dem geworden, was es heute ist.

Die Anforderungen, die mit dem VUCA-Konzept einhergehen, sind genauso interessant. Viele lange Artikel wurden darüber geschrieben, aber im Grunde laufen sie immer auf Folgendes hinaus: Hohe Volatilität erfordert eingebaute Puffer und Flexibilität; viel Unsicherheit erfordert systematische Erhebung, Analyse, Interpretation und Extrapolation von Daten; hohe Komplexität braucht so viel Vereinfachung wie möglich; und vielschichtige Mehrdeutigkeit zwingt uns, Innovationen zu testen, nach dem Prinzip »Trial and Error« zu lernen und das, was funktioniert, in großem Stil zu nutzen.

Die schlechteste Art, auf VUCA zu reagieren, wäre es zu schlussfolgern, dass dadurch strategische Planungen sinnlos werden. Wir müssen unbedingt die menschliche Fehlbarkeit berücksichtigen, deren Mechanismen wir langsam, aber sicher entschlüsseln. Denken Sie an die Tendenz von uns Menschen, das zu ignorieren, worüber wir nichts wissen, und es aus unserem Entscheidungsprozess auszuklammern, das »bekannte Unbekannte«, wie Daniel Kahneman es nennt. Statt uns selbst anzuspornen, die Zukunft immer besser vorhersagen zu wollen, sollte das Wissen um unsere Beschränkungen uns antreiben, größere Spielräume und Resilienz zu schaffen. So können wir mit dem Unbekannten umgehen. Kurz gesagt laufen die Anforderungen, die durch den neuen Normalzustand an uns gestellt werden, darauf hinaus, dass wir schneller werden, agil sein und die Effektivität bei der Strategieumsetzung steigern müssen.

1.6 Der letzte Wettbewerbsvorteil

Der neue Normalzustand lässt weniger Spielraum für »Trial and Error«. Wir haben es mit immer kürzeren Lebenszyklen von Produkten, hohen Risiken bei Innovationen und zunehmend schwierigen und instabilen Märkten zu tun, wodurch sich die Umsetzung von Strategien für Führungskräfte und ihre Mitarbeiterinnen und Mitarbeiter noch risikoreicher und schwieriger gestaltet, als es ohnehin schon der Fall war. Daher legen sie nunmehr ihren Fokus eher auf die Umsetzung von Strategien, denn auf die »Strategie um der Strategie willen«. Ob ein Unternehmen erfolgreich ist oder nicht, hängt nicht davon ab, ob eine Strategie brillant war, oder von den Analysen, auf denen sie fußt. Die Umsetzungskompetenz ist der entscheidende Faktor, wenn es darum geht, einen Gewinn und keinen Verlust zu machen. Unternehmen, die im Thema Strategieumsetzung und Innovation hervorragend sind, haben deutlich höhere Gewinne, eine höhere Produktivität, und sie sind zudem erfolgreicher.

Im Grunde war schon immer klar, dass eine Strategie ohne Umsetzung sinnlos ist. Aber vor dem Hintergrund des neuen Normalzustands kann man dieser Tatsache nicht mehr entrinnen. Einige neuere Bücher über das Thema Strategie verdeutlichen das. Da gibt es zum Beispiel *Good Strategy/Bad Strategy* von Richard P. Rumelt oder *Your Strategy Needs a Strategy* von Martin Reeves, Knut Haanæs und Janmejaya Sinha sowie *Strategy That Works* von Paul Leinwand und Cesare Mainardi.[17] In allen drei Büchern wird die Notwendigkeit betont, dass eine Strategie Hand in Hand mit der Umsetzung gehen muss.

Für Führungskräfte auf der ganzen Welt hat die Umsetzung einer Strategie oberste Priorität. Das scheint bei Ihnen auch der Fall zu sein, denn sonst würden Sie dieses Buch nicht lesen. Donald Sull, Wirtschaftsprofessor an der MIT Sloan School of Management, zitiert eine aktuelle Studie, in der 400 CEOs aus Asien, Nord- und Südamerika sowie Europa unter 80 Themen, die sich ihnen stellen, von politischer Instabilität über Innovation bis hin zu Wachstum, die Umsetzung von Strategien als oberste Priorität einstufen.[18] Strategie war ebenso in anderen Untersuchungen zu den Hauptanliegen von Führungskräften das wichtigste Thema.[19]

1.7 Methodik

Die Umsetzung von Strategien ist von entscheidender Bedeutung. Aber was entscheidet über den Erfolg oder Misserfolg bei der Strategieumsetzung und bei Innovationen? Wir bei Turner haben der Untersuchung dieser Fragestellung drei Jahre gewidmet. Da-

17 Richard P. Rumelt, Good Strategy/Bad Strategy: The Difference and Why It Matters. Crown Business, 2011; Martin Reeves, Knut Haanæs & Janmejaya Sinha, Your Strategy Needs a Strategy. Harvard Business Review Press, 2015; Paul Leinwand & Cesare Mainardi, Strategy that Works. Harvard Business Review Press, 2016.

18 Donald Sull, Rebecca Homkes & Charles Sull, »Why Strategy Execution Unravels—and What to Do About It«, Harvard Business Review, März 2015. https://hbr.org/2015/03/why-strategy-execution-unravelsand-what-to-do-about-it.

19 »Strategy setting and execution remains top board priority«, Consultancy.uk, 23. März 2016, www.consultancy.uk/news/3431/strategy-setting-and-execution-remains-top-board-priority; »Executie en verandering belangrijkste uitdagingen van strategieproces«, Consultancy, 27. Juni 2016, www.consultancy.nl/nieuws/12613/executie-en-verandering-belangrijkste-uitdagingen-van-strategieproces.

bei haben wir ca. 60 Führungskräfte und leitende Projektmanagerinnen und -manager interviewt, die in den Unternehmen, in denen sie arbeiten, für Transformationen mit unterschiedlich großem Umfang verantwortlich waren. Wir haben nicht nur seit langem bestehende, sondern auch neue digitale Unternehmen aus dem privaten, staatlichen und halbstaatlichen Sektor unter die Lupe genommen und alle Hierarchieebenen berücksichtigt. Zudem haben wir über 300 der wichtigsten Bücher und Artikel auf diesem Gebiet gesichtet. Unsere Kriterien für die Auswahl waren sehr streng, denn wir wollten keine alten Antworten auf alte Fragen aufwärmen. Außerdem haben wir ungefähr 70 Case Studies durchgesehen. Das alles haben wir unter Berücksichtigung einer einzigen Fragestellung getan: Was entscheidet in der heutigen Zeit über den Erfolg oder Misserfolg bei der Umsetzung von Strategien und Innovationen? Wie Sie sicherlich bemerkt haben, sind die Konzepte in diesem Buch tief in der Praxis verwurzelt. Und das sind wir bei Turner auch, denn wir verfügen über jahrelange Erfahrung als Unternehmensberater mit Schwerpunkt Strategieumsetzung.

Dieses Buch ist wie folgt gegliedert: In Kapitel 2 liefere ich Argumente für eine moderne Sicht auf eine effektive Strategieumsetzung. Ich stütze mich dabei auf die wichtigsten sechs Erfolgsfaktoren, die unser Denken bestimmen.[20] In Kapitel 3 beschreibe ich das Konzept und das Framework des Modells Strategie = Umsetzung. In Kapitel 4 bis 7 erläutere ich die vier Beschleuniger in diesem Modell: Auswählen, Initiieren, Ernten, Sichern. Jeder Beschleuniger besteht aus vier praktischen Bausteinen. Bei zweien geht es um fachliche Kompetenzen und bei den anderen zwei um Soft Skills. Zusammen stellen sie die beste Methode zur erfolgreichen Strategieumsetzung und zur erheblichen Reduzierung des Risikos zu scheitern dar. In Kapitel 8 geht es um Projekt- und Programmmanagement, die beide innerhalb der vier Beschleuniger für die Strategieumsetzung unverzichtbar sind. In Kapitel 9 wird erörtert, warum die Umsetzung von Strategien so oft scheitert. Zudem geht es um den Preis des Scheiterns.

Hauptsächlich möchten wir Sie mit diesem Buch davon überzeugen, die Umsetzung von Strategien zur Priorität in Ihrem Unternehmen zu machen. Dafür sollten Sie die Zeit Ihrer Mitarbeiterinnen und Mitarbeiter völlig neu einteilen und eine echte Balance zwischen fachlichen und Soft-Skill-Kompetenzen anstreben. Dieses Buch besteht zu 80 Prozent aus Anleitungen, um das zu erreichen. Da ich mich voll und ganz auf die Umsetzung konzentriere, findet sich die Analyse der Faktoren, die oftmals für einen Misserfolg verantwortlich sind, am Ende und nicht am Anfang dieses Buches. Das ist anders als bei fast allen anderen, die über Strategie, Innovation und Change Management schreiben.

Ich beschließe mein Buch mit einem Epilog; einer Aufstellung von allen, die zu dieser Studie beigetragen haben; der Forschungsmethodik und einer Schatzkiste mit zusätzlichen

20 Dieses Kapitel ist die Überarbeitung einer Arbeit, die auf vorangegangenen Untersuchungen basiert und zuvor von Turner veröffentlicht wurde.

Anleitungen. Einige davon, zum Beispiel die Fact-Sheets und Planungsvorlagen, können Sie unter Verwendung der QR-Codes im Anhang herunterladen. So können Sie sie regelmäßig aktualisieren und erhalten zudem einen dauerhaften Mehrwert.

Warum ist dieses Buch so dick? Ich wollte eine umfassende Übersicht über moderne Strategieumsetzung schreiben. Es gibt bereits etliche Bücher über Teilaspekte dieses Themas auf dem Markt. Aber keines davon konzentriert sich ausschließlich auf Strategieumsetzung und Innovationen, ganz zu schweigen vom Zusammenspiel der beiden. Tun Sie sich keinen Zwang an! Googeln Sie das einfach einmal.

Sowohl existierende als auch neue Unternehmen können profitieren. Wenn ich mir die anfänglichen Reaktionen auf unsere Untersuchungsergebnisse ansehe, kann ich mit Fug und Recht behaupten, dass wir mit unseren Forschungen auf Gold gestoßen sind. Ein weiterer Aspekt, der dieses Buch einzigartig macht, ist die Kombination aus gründlicher Analyse mit Case Studies und vielen Interviews mit Leuten, die fest in der unternehmerischen Praxis verwurzelt sind. Es ist ein Schlaraffenland für alle Führungskräfte, Mitarbeiter und Unternehmer, die die Verantwortung für Strategieumsetzung und Innovationen tragen.

Eines wissen wir mit Sicherheit: Unternehmen sind immer weniger in der Lage, genaue Vorhersagen zu machen. Das nächste Jahrzehnt wird vermutlich noch mehr Veränderungen mit sich bringen als das vorige. Und dennoch bin ich zuversichtlich, dass die Prinzipien in diesem Buch ihre Gültigkeit behalten werden. Ich bin davon überzeugt, dass es sich um neue Prinzipien für ein neues Zeitalter des exponentiellen Wachstums, das noch lange nicht vorbei ist, handelt. Mein Hauptanliegen ist es, Ihnen viele praktische Tipps zu geben, die Sie direkt in die Tat umsetzen können: 80 Prozent Anleitungen. Sehen Sie hier:

- Wie Sie **einen Überblick bekommen**: sechs Erfolgsfaktoren und das Modell Strategie = Umsetzung, das aus vier Beschleunigern und 16 Bausteinen besteht.
- Wie Sie **Anregungen finden** und diese anwenden: 16 Case Studies sowie mehr als 50 Innovationen und neue Geschäftsmodelle, die Sie inspirieren können.
- Wie Sie **anfangen**: fünf ausführliche Ansätze und ein kostenloses digitales Bewertungsinstrument, das Sie dabei unterstützt, die Umsetzungskompetenzen Ihres Unternehmens zu bewerten.

Ich weiß, dass Führungskräfte fundierte, praktische Hinweise schätzen und nie Zeit haben. Daher kann jedes einzelne Kapitel in diesem Buch für sich gelesen und genutzt werden. In dieser Hinsicht ist dieses Buch ein Arbeits- und Lehrbuch in einem.

Das Buch richtet sich an Führungskräfte, ihre Mitarbeiterinnen und Mitarbeiter sowie an Unternehmerinnen und Unternehmer, die durch ihre Erfahrungen gelernt haben, wie ihre Branche funktioniert. Und da Sie mein Zielpublikum sind, verwende ich spezifische Wörter und Fachbegriffe. In der Geschäftswelt gibt es viele davon, manchmal sogar zu viele. Ärzte, Piloten, Rechtsanwälte – alle haben ihr eigenes Vokabular und wir sind davon überzeugt, dass das normal sei. Dasselbe sollte aber auch für MBAs und Unternehmensberater gelten. Ich bin kein Fan von übertrieben vielen Fachausdrücken, allerdings mag ich die betriebswirtschaftliche Fachsprache. Wir brauchen weniger allgemeinen Fachjargon, sondern mehr konkrete Fachterminologie. Wie Eric Ries, Experte für Start-ups und Unternehmer im Silicon Valley einmal getwittert hat: »Ich weiß, dass der Management-Jargon kritisiert wird, und oft zurecht. Aber wie in jedem Fachgebiet brauchen wir eine bestimmte Fachterminologie mit exakten Bedeutungen.« Wenn Sie über einen Begriff stolpern, den Sie nicht kennen, schauen Sie ihn einfach im Glossar nach (Anhang 16).

Und zu guter Letzt hier das Wichtigste, das ich erwähnen möchte: Mein herzlicher Dank gilt den vielen Sponsoren von Turner Consultancy, unseren Geschäftspartnern, Kollegen, Partnern und Alumni, die mir geholfen haben, dieses Buch zu einer umfangreichen Lektüre zu machen. Während meiner Untersuchung ist mir wieder einmal klar geworden, dass ein Team so viel mehr ist als nur die Summe seiner Einzelteile.

Jacques Pijl, Inhaber von Turner Consultancy

Möchten Sie uns Ihre Meinung sagen?
jpijl@turner.nl
@JPijlTurner
https://www.linkedin.com/in/jacquespijl/ / #strategyexecution

2 Eine moderne Sicht auf Strategieumsetzung: Sechs Erfolgsfaktoren

Machen Sie kein Durcheinander / Schmutziges Geschirr auf der Titanic / Hören Sie damit auf, sich leicht zu erreichende Ziele zu setzen / Wer braucht bei solchen Freunden Feinde? / Nein sagen zahlt sich aus

Was sorgt für Exzellenz bei der Umsetzung von Strategien? Bei der Untersuchung von Turner wurden sechs Erfolgsfaktoren identifiziert, die sich immer wieder als das A und O einer erfolgreichen Strategieumsetzung zeigten. Insgesamt betrachtet stellen sie eine neue Sicht auf Strategieumsetzung, Innovation und Change Management dar. Diese sechs Erfolgsfaktoren bilden die Grundlage unserer vier Beschleuniger für die Umsetzung von Strategien, die in den Kapiteln 4 bis 7 beschrieben werden.

2.1 Erfolgsfaktor 1: Drei Typen der Transformation identifizieren und umsetzen

Einsicht kommt von Übersicht. Deshalb sollte ich damit beginnen, wie Strategieumsetzung definiert wird. Welche Typologien helfen dabei, Transformationen zu bewältigen?

2.1.1 Exzellenz bei der Strategieumsetzung ergibt sich aus Exzellenz bei der Führung und Transformation des Unternehmens

Unsere Untersuchung zeigt, dass Führungskräfte und Managerinnen und Manager die Umsetzung von Strategien als ihre oberste Priorität erachten, jedoch Schwierigkeiten haben, das Konzept zu verstehen. Sie betrachten diesen Begriff als zu breit angelegt, oder sogar als zu »ganzheitlich«. Zur Klärung dieses Problems müssen wir einen Unterschied zwischen dem laufenden Unternehmen und den Innovationsbemühungen machen.

Zunächst geht es bei der Umsetzung von Strategien darum, wie gut das Unternehmen seine Ziele mit seiner gegenwärtigen Struktur erreichen kann. Dies wird »Exzellenz im Management« genannt. Es wird auch als Geschäftsleitung oder Führung des Unternehmens bezeichnet. So wie wir es betrachten, hängt es vom Geschäftsmodell ab (siehe Abbildung 2). Dieses Geschäftsmodell beschreibt unseren Outside-in-Ansatz, die Unterscheidung zwischen Input, Durchsatz sowie Output, die verschiedenen Arten von Stakeholdern und die Unternehmensfunktionen. Kurz gesagt ist dies ein Basismodell, das wir nutzen, um unser Denken und Handeln zu organisieren.

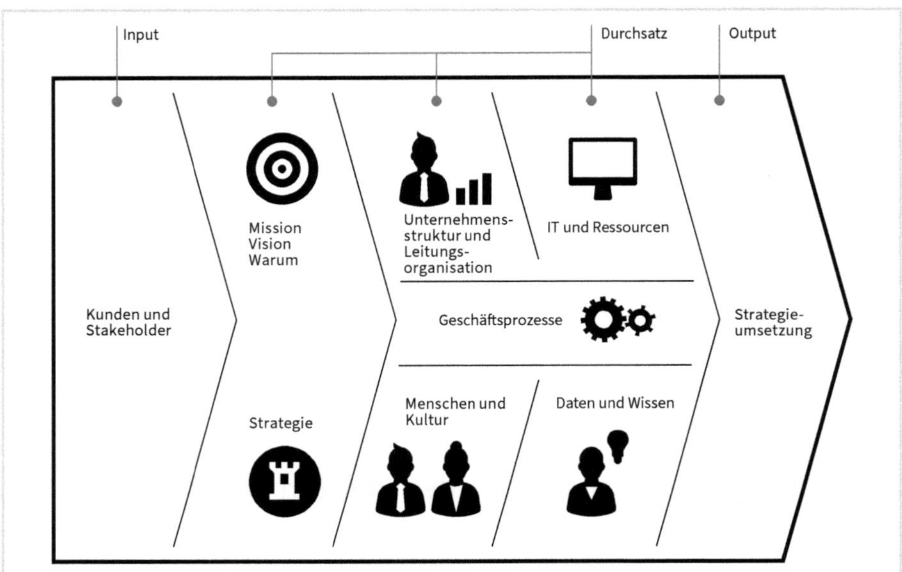

Abb. 2: Unsere Sicht auf Unternehmen wird von deren Geschäftsmodell bestimmt. (Quelle: Turner 2016)

Zweitens geht es bei Exzellenz in der Strategieumsetzung darum, wie gut das Unternehmen seine Transformationsziele erreicht. Solche Ziele kommen in unterschiedlicher Gestalt daher, zum Beispiel als Projekte, Programme, Übernahmen oder Transformationen der grundlegenden Geschäftsprozesse. Dies wird auch als Change Management bezeichnet, oder wie wir es in diesem Buch nennen, die Transformation des Unternehmens.

Zwischen Führung und Transformation eines Unternehmens zu unterscheiden, ist äußerst wichtig, da es die Dinge vereinfacht und beschleunigt. Eine solche Unterscheidung nicht vorzunehmen, führt zu suboptimalen Leistungen an beiden Fronten. In meiner Zeit als Unternehmensberater konnte ich etliche Unternehmen beobachten, die sich dafür entschieden haben, dass alle Umsetzungsprobleme in der Linienorganisation gelöst werden müssen, obwohl klar ist, dass die meisten eines speziellen Fokus und eines besonderen Ansatzes bedürfen. Was dabei herauskam, war nichts weiter als ein heilloses Durcheinander. Indem die Ziele für die Transformation vom eigentlichen Betrieb des Unternehmens abgekoppelt werden, kann gewährleistet werden, dass sowohl die Führung als auch die Transformation des Unternehmens bewältigt und kontrolliert werden können (siehe Abbildung 3). Während meiner Untersuchung haben viele Führungskräfte zugegeben, dass ihnen zu spät klar geworden ist, wie wichtig diese Unterscheidung ist. Wie einer von ihnen sagte: »Man muss Kompetenzen auf zwei völlig unterschiedlichen Gebieten haben.«

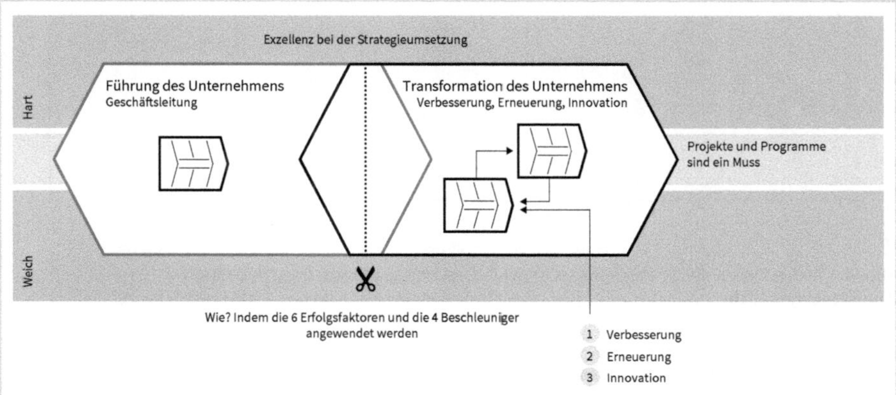

Abb. 3: Die Unterscheidung zwischen Führung und Transformation eines Unternehmens sowie die drei Typen von Transformation: Verbesserung, Erneuerung, Innovation
(Quelle: Turner 2016)

In diesem Buch werden die beiden Begriffe Führung und Transformation des Unternehmens verwendet. Die einzige Möglichkeit, die Umsetzungskompetenz zu erhöhen, besteht darin, sich bei beiden für einen bestimmten Fokus und Ansatz zu entscheiden, um hier wie da mit höchster Sorgfalt vorzugehen. Keine noch so gute Ausbildung kann das ersetzen. Abbildung 4 zeigt, wie sich die verschiedenen Typen der Transformation unterscheiden.

Übrigens ist es ein Fehler zu denken, dass sich ein Unternehmen nicht verändern muss und trotzdem weiter im Geschäft bleibt, und zwar allein dadurch, dass es seine Geschäfte führt. Jedes Unternehmen muss sich verändern. Und doch bekomme ich immer wieder mit, dass Unternehmen ihren Angestellten versprechen, dass alles wieder normal wird, wenn sich erst einmal der Staub einer komplexen Umstrukturierung gelegt hat. Das ist eine Illusion. Transformation findet permanent statt. Tatsächlich ist dieser Spruch so abgedroschen, dass er nur noch für ein müdes Lächeln sorgt. Eine Führungskraft berichtete mir davon, dass ihre Gedanken immer abwandern, wenn ihr ein Bewerber beteuert, dass er sich nicht ausschließlich darum kümmern wolle, dass »das Geschäft läuft«. »Natürlich nicht«, sagte sie. »Wer würde in den heutigen Zeiten nur dafür noch jemanden einstellen.«

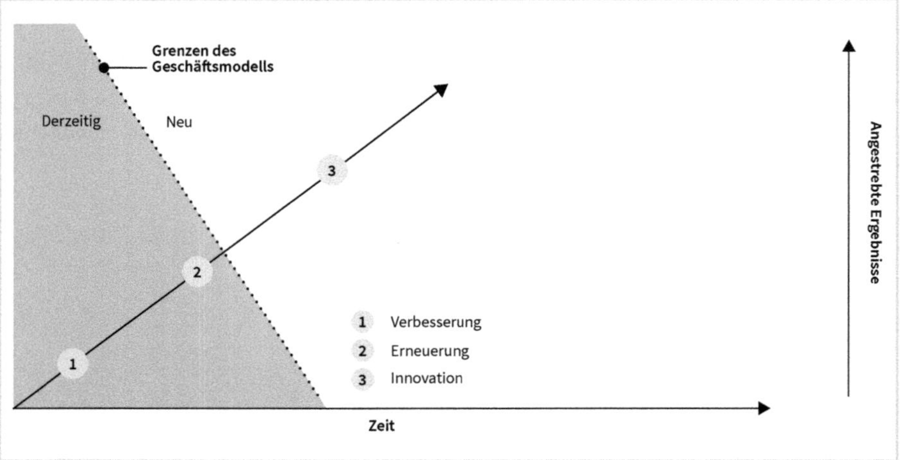

Abb. 4: Die drei Typen der Strategieumsetzung: Verbesserung, Erneuerung, Innovation (Quelle: Turner 2016)

Sie möchten mehr erfahren?
Laden Sie sich zusätzliche Informationen über die Notwendigkeit, Komplexität und Kunst der Unterscheidung zwischen Führung eines Unternehmens und Change Management herunter.

2.1.2 »Transformation« entmystifizieren und drei Typen unterscheiden

Wir sollten nicht nur zwischen Führung und Transformation des Unternehmens unterscheiden, sondern auch zwischen den verschiedenen Typen von Transformation: Verbesserung, Erneuerung und Innovation. Diese Unterscheidung nicht vorzunehmen, würde wiederum zu einem heillosen Durcheinander führen. Offensichtlich benötigt jedes Unternehmen nicht nur alle drei Typen der Transformation, sondern es muss auch ein einzigartiges Wertversprechen formulieren. Jedes sexy Start-up, das groß herauskommt, wird irgendwann einmal ein etabliertes Unternehmen sein. Aber auch dann muss es weiterhin für Innovationen sorgen (Transformation vom Typ 3), um erfolgreich zu bleiben. Indes muss es auch die wichtigsten Prozesse verbessern (Transformation vom Typ 1) und bestehende Modelle erneuern (Transformation vom Typ 2). Am Anfang war Amazon ein hungriges, junges Start-up mit einem innovativen Geschäftsmodell (Transformation vom Typ 3). Heute verbessert und erneuert es sich konsequent, und zwar jeden Tag (Transformation vom Typ 1 und 2). Google und Apple machen dasselbe. Mit ihren neuen Ideen erregen sie Aufmerksamkeit (Transformation vom Typ 3), sorgen aber auch für Stabilität bei ihren bestehenden Produktlinien, beim Umsatz und Geschäftsmodell, indem sie kontinuierlich ihr existierendes Geschäftsmodell verbessern und erneuern (Transformation vom Typ 1 und 2). Jedes Unternehmen benötigt also alle drei Typen der Transformation.

Typ 1: Verbesserung. Permanente Verbesserung und Weiterentwicklung von bestehenden Umsatz- und Geschäftsmodellen, auch unter dem Begriff Operational Excellence bekannt

Jeden Tag die Dinge besser machen: So hat mir eine Führungskraft Transformation vom Typ 1 beschrieben. Obwohl wir in der westlichen Welt einen hohen Lebensstandard haben, ist es nahezu unmöglich, einen Termin für eine Reparatur oder eine Lieferung zu einem Zeitpunkt zu vereinbaren, der uns am besten passt, beispielsweise am Abend oder am Wochenende. Dort gibt es also noch reichlich Raum für Verbesserungen. Exzellenz bei der Transformation vom Typ 1 sorgt für Glaubwürdigkeit bei Kundinnen und Kunden und befördert eine Umsetzungskultur innerhalb des Unternehmens: »Transformation bringt mehr Transformation hervor!« Das wiederum befeuert Typ 2 und 3 der Strategieumsetzung.

Typ 2: Erneuerung. Überarbeitung der bestehenden Umsatz- und Geschäftsmodelle

Bestehende Geschäftsmodelle müssen ebenfalls überarbeitet werden. Bei Transformation vom Typ 2 handelt es sich um die Art von Veränderung, die benötigt wird, wenn bestehende Umsatz- und Geschäftsmodelle verändert werden müssen, um den Fortbestand des Unternehmens zu sichern. Einschneidende Veränderungen können hierbei vonnöten sein, um Kosten zu senken, Produktivität zu steigern, Synergieeffekte durch Übernahmen zu nutzen und das Versprechen an die Kundinnen und Kunden und die Service-Leistungen komplett zu überarbeiten. Dieser Typ der Transformation erfordert fast immer eine deutliche Verbesserung einer der wichtigsten Kennzahlen Ihres Unternehmens, einen deutlichen Anstieg der Performance.

Typ 3: Innovation. Radikale digitale Innovation, komplett neue Umsatz- und Geschäftsmodelle, auch als »Game Changer« bekannt

Innovation definieren: Wir diskutieren oft über Innovation, ohne zu wissen, ob wir über dasselbe sprechen. Definitionen werden zuweilen auch unscharf, da sich Produkt- und Prozessinnovationen zunehmend überschneiden. Denn die Kundinnen und Kunden erachten mittlerweile den Kundendienst als festen Bestandteil der von ihnen gekauften Produkte oder Dienstleistungen. Und Innovationen können auch eine komplette Überarbeitung des Geschäfts- und Umsatzmodells und der entsprechenden Unternehmensstrukturen bedeuten. Folglich müssen wir uns klarmachen, worüber wir sprechen, wenn es um das Thema Innovation geht. Denn Ihr Innovationsansatz wird von Ihrer Definition beeinflusst. Es ist unerlässlich zu definieren, was Sie meinen, denn nichts anderes als das Überleben Ihres Unternehmens steht auf dem Spiel. Wie sichern Sie sich vor dem Hintergrund schrumpfender Märkte, zunehmender Kommoditisierung und jährlich sinkender Rentabilität Ihre Einkünfte? Keiner kann ohne Innovationen überleben, aber

Innovationen sind nur dann erfolgreich, wenn sie auch durchführbar sind. Lee Iacocca sagte einmal: »Erfolgreiche Führungskräfte halten so lange wie nötig am Alten fest und gehen zum Neuen über, sobald es sich als besser erweist.« Sie schlagen tatsächlich ein neues Kapitel auf.

In seinem Blog beschrieb der Silicon-Valley-Unternehmer Steve Blank die Fallen, in die Microsoft und Apple tappen könnten.[21] Er ist der Meinung, dass die Nachfolger von Bill Gates (Microsoft) und Steve Jobs (Apple) – Steve Ballmer und Tim Cook – nur noch die Geschäfte führten und keine Visionäre mehr seien. Ballmer und Cook müssten eigentlich mehr tun, als lediglich das Unternehmen auf Basis des bestehenden Geschäftsmodells zu leiten, zu verbessern und zu erneuern. Sie müssten auch neue Geschäftsmodelle erproben. Wenn sie dieses Gleichgewicht nicht herstellen können, ist das Ende ihrer Unternehmen nur noch eine Frage der Zeit, wie Blank glaubt. Dieses Gleichgewicht aufrechtzuerhalten ist eine Herausforderung, die sich jedem Unternehmen stellt.

Die drei Transformationstypen unterscheiden sich im Hinblick auf ihre Auswirkungen. Jeder Typ erfordert einen anderen Ansatz. Dies wird in Abbildung 5 dargestellt. Typ 1 und 2 beziehen sich auf die bestehenden Geschäfts- und Umsatzmodelle eines Unternehmens. Typ 3 bezieht sich darauf, neue Geschäfts- und Umsatzmodelle zu finden, indem tiefgreifende und digitale Innovationen umgesetzt werden.

Die Grenzen zwischen den Typen verschwimmen jedoch. Die Wirtschaft ist nämlich keine exakte Wissenschaft. Ich konnte beobachten, dass Maßnahmen des Typs 2 so radikal waren, dass sie zu Recht Typ 3 zugeordnet werden könnten. Andere wurden ganz frech als radikale Innovationen dargestellt (Typ 3), bei denen ich gezögert hätte, sie Typ 2 zuzuordnen. Gleichermaßen könnte eine Maßnahme als Transformationsprojekt vom Typ 2 beginnen und sich nach und nach zu Typ 3 entwickeln, ohne dass dies beabsichtigt gewesen wäre, quasi zufällig.

Mit dieser Kategorisierung soll im Grunde gewährleistet werden, dass Sie immer mit denselben Typen und Definitionen arbeiten, sodass im ganzen Unternehmen dieselbe Sprache gesprochen wird. Dies trägt dazu bei, dass sich Unternehmen für Maßnahmen entscheiden, die sich insgesamt zu einem ehrgeizigen, aber dennoch realistischen Portfolio zusammensetzen.

21 Steve Blank, »Why Tim Cook is Steve Ballmer and Why He Still Has His Job at Apple«, Weblog, 24. Oktober 2016. https://steveblank.com/2016/10/24/why-tim-cook-is-steve-ballmer-and-why-he-still-has-his-job-at-apple/.

	Typ 1 - Verbesserung	Typ 2 - Erneuerung	Typ 3 - Innovation
Ziel	Jeden Tag besser werden	Durchbrüche und höhere Rentabilität durch Interventionen in laufende betriebliche Prozesse	Durch zeitnahen Ertrag und Gewinn aus einem komplett neuen Umsatz- und Geschäftsmodell Kontinuität gewährleisten
Anspruchsniveau	Niedrig, einstellige Unterschiede bei den KPIs von einzelnen Prozessen	Hoch	Auf lange Sicht hoch, mit genug kurzfristigen Impulsen, um die Richtung zu rechtfertigen
Beispielhafte Ergebnisse	5 % geringere Misserfolgsquote, 10 % höhere Zufriedenheit mit dem Kundendienst	10 % mehr Cross-Selling, 15 % Kostensenkung in Sekundärprozessen durch Nutzung von Post-Merger-Synergien	5–10 % Umsatzwachstum durch neue Dienstleistungen aus neuen Geschäftsmodellen
Zeithorizont	< 1 Jahr, vierteljährliche Bewertung	1–2 Jahre	2–5 Jahre
Ansatz	Kurze Analysen, praktische Lösungen, die sofort ausgeführt werden	Grundlegende Analysen und Lösungen, die für die Umsetzung in überschaubare Abschnitte aufgeteilt werden; agil	Überschaubare Anzahl an strategischen Tests, »Trial and Error«, Skalierung dessen, was funktioniert
Realistische Anzahl pro Abteilung/ Geschäftsbereich	Maximal 7 parallel	Maximal 5	Bestimmen Sie 5 bis 15. Wählen Sie nicht mehr als 5 für die Umsetzung aus.
Außerhalb des derzeitigen Umsatz- und Geschäftsmodells	Nein	Möglicherweise in Teilen	Ja
Beispielhafte Methoden	Lean	BPO, PMI BPM, BPO	Business Model Canvas

Abb. 5: Die drei Typen der Strategieumsetzung unterscheiden sich grundlegend hinsichtlich ihres Zwecks und ihrer Art.
(Quelle: Turner 2016)

Transformation vom Typ 3 – Innovation – ist von entscheidender Bedeutung. Entdecken oder erschaffen Sie neue Ertragsquellen. Ein Drittel Ihrer strategischen Maßnahmen sollte Ihr Unternehmen und den Markt, auf dem Sie operieren, tiefgreifend verändern. Die Unterscheidung wird durch einen ausgeprägten geschäftlichen Instinkt motiviert. In *Der Schwarze Schwan* und *Antifragilität* beschreibt Nassim Nicholas Taleb das, was er als Schwarzen Schwan bezeichnet: große, unvorhergesehene Ereignisse, die Unternehmen in die Knie zwingen können.[22] Die Lösung dieses Problems besteht nicht im Versuch, Schwarze Schwäne vorherzusehen, sondern im Versuch, resilienter zu werden. Denn alles, was überleben möchte, muss stärker werden. Das ist das Prinzip, das der Antifragilität zugrunde liegt. Taleb postuliert, dass dieses Prinzip auf alle Bereiche des Lebens und selbstverständlich auch auf Unternehmen angewendet werden kann. Das Wichtigste ist, dass das, was nicht tötet, stärker macht. Deshalb sollten Sie auch auf diesen Zug aufspringen. Der entscheidende Punkt ist, in der richtigen Position zu sein, um mit Schwarzen Schwänen umgehen zu können. Thanksgiving dürfte für Truthähne ein Schwarzer-Schwan-Ereignis sein, nicht aber für Schlachter. Mit anderen Worten sollten Sie es tunlichst vermeiden, als Truthahn zu enden. Entdecken oder erschaffen Sie ein neues Wachstumsfeld, und zwar rechtzeitig, sodass sich hier für Sie ohne »Truthahn-Risiko« neue Chancen auftun. Darum geht es auch bei der Blue-Ocean-Strategie: Die existierende Ertragsquelle ist wie ein Ozean, der sich blutrot färbt. Machen Sie sich also auf den Weg und finden Sie einen Markt ohne Konkurrenz, einen unberührten blauen Ozean.

Bei Transformation vom Typ 3, das heißt bei Innovation, geht es darum, dass sich Unternehmen grundlegend verändern. Taleb würde lieber früher als später Typ 1 und 2 loswerden; sie tragen lediglich dazu bei, ein bestehendes Unternehmen robuster zu machen. Die Schwachstellen eines Unternehmens werden hierdurch allerdings auf lange Sicht nicht beseitigt. Er stellt sich gegen die Wissenschaftsexperten, die keine Verantwortung tragen müssen und lediglich beschreiben, wie instabile Unternehmen im besten Fall dafür sorgen können, robuster zu werden, am Ende aber Pleite gehen. Als Pragmatiker halte ich mich an John M. Keynes, der einmal gesagt hat: »Auf lange Sicht sind wir alle tot.« Kurz- und mittelfristig brauchen wir also Transformation vom Typ 1 und 2. Ohne diese Transformationen werden wir das lange Ende gar nicht erreichen, nicht einmal im neuen Normalzustand, in dem Transformationen vom Typ 3 schnell hintereinander erfolgen. Das lenkt jedoch nicht von der unwiderlegbaren Tatsache ab, dass Transformationen vom Typ 3 von entscheidender Bedeutung sind. Der ehemalige CEO von Alcatel-Lucent und British Telecom Ben Verwaayen sagte: »Ein Teil eines jeden Unternehmens muss sich permanent im Wandel befinden.« In dem Abschnitt über Beschleuniger 1 in Kapitel 4 erkläre ich, dass ein ausgewogenes Maßnahmenportfolio zur Strategieumsetzung zu einem Drittel aus Maßnahmen zur Transformation vom Typ 3 bestehen muss. Das ist zwar ein großer, aber dennoch notwendiger Prozentanteil. Manche Leute lesen *Antifragilität* von Taleb und verfallen in Schockstarre. Sie denken, es ergebe keinen Sinn mehr, Typ 1 und 2 auch nur auszuprobieren. Sie argumentieren, dass es keinen Grund gebe, wenn große Innovationen von anderen Unternehmen einen umhauen (Einhorn-Unternehmen wie Uber oder Talebs Schwarzer Schwan). Das ist allerdings genauso sinnlos, wie überhaupt nicht in Transformationen vom Typ 3 zu investieren.

---

22 Nassim Nicholas Taleb, The Black Swan: The Impact of the Highly Improbable. Random House, 2007; Taleb, Antifragile: Things That Gain From Disorder. Random House, 2012.

Es ist äußerst wichtig, die drei Transformationstypen im Gleichgewicht zu halten. Etliche Unternehmen wuseln wie verrückt, um Transformation vom Typ 1 auf die Beine zu stellen, da ihre Branche jedes Jahr um 10 Prozent schrumpft. Das ist so, als würde Sie sich um das schmutzige Geschirr auf der Titanic sorgen. Und eine Finanzkrise wie die im Jahr 2008 trifft solche Unternehmen völlig unvorbereitet. Wenn Sie Ihre Dominanz auf einem schrumpfenden Markt erhalten wollen, ist es für Sie besser, an Transformationen vom Typ 2 zu arbeiten. Vergessen Sie jedoch nicht, dass dieser Typ der schwierigste ist, wie die Beispiele von Kodak und Nokia verdeutlichen. Einst galten die beiden Unternehmen als unbesiegbar, gingen aber unter, als sie versuchten, ihre bestehenden Geschäftsmodelle zu verändern.[23] Glücklicherweise gibt es auch Beispiele von Unternehmen, die es geschafft haben, wie DSM[24], GE[25] und Toyota.[26] Und dennoch ist der wichtigste Innovationstyp immer noch Typ 3. Beispiele für diesen Typ der Transformation können in neuen und etablierten Unternehmen gefunden werden. Tatsächlich sind etablierte Unternehmen wie General Electric und Toyota in dieser Hinsicht vermutlich interessantere Beispiele als Uber und Airbnb. In Kapitel 4 werde ich näher auf die Notwendigkeit eines Gleichgewichts zwischen den verschiedenen Typen der Transformation eingehen.

Wir haben nun also die Bedeutung von Transformationen vom Typ 3 ausreichend erörtert. Als vorsichtiger Niederländer bin ich aber davon überzeugt, dass man erst dann ein altes Paar Schuhe wegwerfen sollte, wenn man ein neues hat. Aus diesem Grund benötigen Sie auch Transformationen vom Typ 1 und 2. Sie ermöglichen es Ihnen, Ihr bestehendes Geschäftsmodell optimal zu nutzen und Innovationen zu finanzieren, die Sie zu einem neuen Geschäftsmodell bringen.

Die vier Beschleuniger, die in Kapitel 4 bis 7 erläutert werden, beschreiben die allgemeingültigen Prinzipien, die für alle drei Typen der Transformation gelten. (Selbstverständlich sollten diese jedoch mit gesundem Menschenverstand und in unterschiedlichem Maß für jeden Typ angewendet werden.)

Sie möchten mehr erfahren?
Sehen Sie sich die weltbeste Webseite über die weltbeste Zeitung an. Dort können Sie erfahren, wie schwierig die Umsetzung von Innovationen im Bereich des Zeitungsjournalismus ist.

23 Michael Moesgaard Andersen & Flemming Poulfelt, Beyond Strategy: The Impact of Next Generation Companies. Routledge, 2014.

24 Wilco Dekker & Jonathan Witteman, »Toen vierde hoogmoed nog hoogtij«, de Volkskrant, 24. März 2014.

25 Brad Power, »How GE Stays Young«, Harvard Business Review, 13. Mai 2014. http://blogs.hbr.org/2014/05/how-ge-stays-young.

26 Brad Power, »Make Your Organization Anti-Fragile«, Harvard Business Review, 24. Juni 2013. http://blogs.hbr.org/2013/06/make-your-organization-anti-fr.

2.2 Erfolgsfaktor 2: Einseitigkeit vermeiden

Was macht eine moderne Vorstellung von Change Management aus? Wodurch kann gewährleistet werden, dass Effektivität und Agilität Hand in Hand gehen und sowohl kurz- als auch langfristigen Zielen dienen? Warum sind Soft-Skill-Kompetenzen genauso wichtig wie Fachkompetenzen? Und wie wichtig ist ein methodischer Ansatz?

2.2.1 Effektivität und Agilität vor Perfektionismus

Hören Sie damit auf, immer wieder und ohne Grund Ihre Konzepte zu Visionen und Strategien neu zu formulieren. Effektivität und Agilität sind weit wichtiger als Perfektion.

Eine moderne Sichtweise auf die Umsetzung von Strategien im neuen Normalzustand erfordert eine grundlegend andere Arbeitsmethode. Heute lautet die funktionierende Gleichung: Strategie = Umsetzung. Das bedeutet nicht, dass Strategien überflüssig geworden sind. Aber jede Strategie braucht noch eine weitere Strategie, nämlich eine Umsetzungsstrategie. Annet Aris, Professorin an der Wirtschaftshochschule ISEAD schrieb in einer Kolumne in der niederländischen Wirtschaftszeitung *Het Financieele Dagblad*: »Bei einer klassischen Strategie werden Marktentwicklungen analysiert, Stärken und Schwächen eines Unternehmens herausgearbeitet, Wettbewerbsvorteile, die genutzt werden können, beschrieben, und auf Basis dieser Aspekte ein Plan dafür, wie und in welchem Umfang ein Unternehmen wachsen kann, entwickelt. Daraus ergeben sich etliche sehr genau berechnete Prognosen für die nächsten drei bis fünf Jahre. Immer mehr Akademiker und sogar Unternehmensberater sowie digitale Unternehmen werfen diesen Ansatz über Bord. Sie ersetzen Strategie durch eine systematische Suche nach einem höheren mit vielen Versuchen und Fehlschlägen sowie unerwarteten Ergebnissen, genau wie bei Columbus' Segel-Expedition nach Asien.«[27]

Unternehmen brauchen eine präzise Strategie, die effektiv und schnell umgesetzt werden kann. Der klassische Ansatz funktioniert nicht mehr. Monatelang auf einer Strategie herumzukauen, das Umfeld zu analysieren, Unternehmensstrukturen zu gestalten und die Umsetzung vorzubereiten, dauert einfach zu lang. Sich für diesen Weg zu entscheiden, wird lediglich zu schlechten Ergebnissen führen. Im neuen Normalzustand müssen Unternehmen eine tragfähige und präzise Strategie haben, die in kurzen Zyklen umgesetzt wird.[28] Mit der Umsetzung von Anfang an zu beginnen liefert Ihnen die nötigen Informationen darüber, wie viel Agilität Sie benötigen, um Ihre strategischen Ziele zu erreichen.

27 Annet Aris, »Is strategie nog wel strategie?«, Het Financieele Dagblad, 03. März 2016.
28 Pijl, Het nieuwe normaal.

Um das Beste aus Ihren knappen Ressourcen herauszuholen, muss Ihr Unternehmen ganz bewusste Entscheidungen treffen und die strategischen Ziele mit den Umsetzungskompetenzen in Einklang bringen. Auf dieser Grundlage müssen Sie Ihr Maßnahmenportfolio jedes Jahr reduzieren. Die Art von Strategie, so wie wir sie früher kannten, existiert nicht mehr. Heute ist Strategie gleich Umsetzung.

Sie kommen nicht ohne eine klare Vision, ohne ein genau definiertes Warum und auch nicht ohne eine ebensolche Strategie aus. Ich erachte es als schiere Faulheit, sich vage, langfristige Ziele zu setzen. Und obwohl starre Planungskonzepte ihre Relevanz verloren haben, ist Planung nach wie vor entscheidend. Harry Starren, Experte für Führungskräfteentwicklung, bezeichnet dies als Planungsparadoxon. Sie müssen planen und nach vorne schauen, aber auch bereit sein, sofort den Kurs zu wechseln. Es geht lediglich um das Gleichgewicht. Klare Unternehmensvisionen und -strategien sind nach wie vor rar. Jedoch arbeiten immer mehr Unternehmen an einer einheitlichen Mission und einer gleichermaßen konkreten wie inspirierenden langfristigen Vision und Strategie. In seinem Buch *Good Strategy/Bad Strategy* schreibt der Strategie-Experte Richard Rumelt, dass viele Unternehmen gar keine Strategie haben, auch wenn sie vom Gegenteil überzeugt sind.[29] Und damit trifft er den Nagel auf den Kopf. Was sie als Strategie bezeichnen, ist oft nicht mehr als eine (lange) Liste von Kennzahlen oder, was noch schlimmer ist, eine vage Wunschliste. Strategie bedeutet, Herausforderungen konsequent anzugehen. Das Wesentliche an einer guten Strategie ist, dass sie sowohl eine Beschreibung der Herausforderungen als auch einen guten Fahrplan enthält, womit die Grundlage für einen konkreten, in sich stimmigen Maßnahmenplan geschaffen wird. Auch wenn das recht offensichtlich erscheint, so sollten Sie sich dennoch vergegenwärtigen, dass nur wenige Unternehmen und Institutionen über solche Strategien verfügen.[30] Vordenker wie Jim Collins und Hans van der Loo haben wiederholt deutlich gemacht, dass Rentabilität von einer klaren Vision abhängt.[31] Nur mit einer klaren Vision kann ein Unternehmen über sich hinauswachsen. Unternehmen mit einer robusten Vision, die von allen mitgetragen wird, sind um mehr als 25 Prozent profitabler als solche, die keine Strategie haben.[32]

Es ist leicht erkennbar, warum sich die Umsetzung von Strategien grundlegend verändert hat. Abbildung 6 zeigt, warum die moderne Art von Strategieumsetzung und Change Management auf Effektivität und Agilität, aber nicht auf Perfektion fußt.

29 Rumelt, Good Strategy/Bad Strategy.

30 Pijl, Het nieuwe normaal, S. 64–67.

31 Siehe Jim Collins & Jerry I. Porras, Built to Last: Successful Habits of Visionary Companies. Random House Business Books, 2005; Hans van der Loo, Energy boost: Voor jezelf, je team en je organisatie. Presteren omdat je er zin in hebt. Van Duuren Management, 2013.

32 Collins & Porras, Built to Last.

		Von		Bis
1	**Strategischer Umfang**	Einzelne Produkt-Markt-Kombinationen auf Geschäftsbereichsniveau	➡	Transformation auf Branchenniveau, Portfolio von Produkt-Markt-Kombinationen, einschließlich aller Folgen auf allen Ebenen des Geschäftsmodells
2	**Art der Waren und Dienstleistungen**	Physische oder einzelne Waren und Dienstleistungen, einmalige, individuelle Transaktionen	➡	Mischung aus physischen und digitalen Dienstleistungen, Preisgestaltung der Dienstleistungen (umfangreiche Aufteilung und Aufgliederung der Wertschöpfungskette), Multikanal
3	**Art der Innovation**	Geplant, geschlossener Kreis	➡	Open Source, offene Projekte, Zusammenfügen von Teilen in der Prozesskette zu Vorschlägen, kontinuierliche Entscheidungsfindungen und Anpassungen
4	**Art des Geschäftsmodells (Prozesse, Mechanismen, Menschen, IKT usw.)**	Unmissverständlich, maximale Komplexität besteht in der hybriden Matrix	➡	Agil, offen, flexibel, Anforderungen über die Matrix hinaus (während diese weiterhin wie normal funktionieren muss)
5	**Branchenstrukturen**	Lineare Veränderungen (zumeist Erosion, Gletscher)	➡	Kleine und große Evolutionen und Revolutionen, Schockwellen, zwei Schritte vor, einer zurück
6	**Art des Vertriebs- und Marketingprozesses**	Vertriebseffektivität, hauptsächlich allgemeine Techniken zur Verbesserung des Vertriebs (Gold, Silber, Bronze, geringe Differenzierung, Coaching)	➡	Kluge Kundensegmentierung und deutliche Differenzierung zwischen Vertriebs- und Kundendienstkonzepten, von Push hin zu Pull, Vertrieb ist nur ein Teil des Vertriebsmanagements, Marketing unterstützt den Vertrieb konsequent
7	**Art und Zeithorizont der Umsetzung**	Einzelne Strategien alle 3–5 Jahre, Nutzung von jährlichen Business Plänen als Bausteine, sequenziell	➡	Neuausrichtung der Mission, Vision und Strategie, alle 2–3 Jahre, wenn nötig. Jährliches Portfolio von individuell strukturierten Maßnahmen. Bitte beachten: das Paradox leben
8	**Raum zum Lernen während der Umsetzung**	Ausreichend	➡	Muss parallel erfolgen, keine Zeit für klassische Lernkurven

		Von		Bis
9	**Art des Umsetzungsmanagements**	Jährliche Festlegung des Budgets und der Ziele in einem in Stein gemeißelten Planungs- und Kontrollzyklus	➡	Sogar noch kürzere Durchlaufzeiten und Lebenszyklen, flexible Budgetfestlegung, und fortlaufende Planungs- und Prognosemodelle; zu beachten ist, dass ein äußerst strukturierter Ansatz weiterhin notwendig ist
10	**Methode**	Analyse – Gesamtentwurf (Blaupause) – detaillierter Entwurf – Umsetzungsvorbereitung – Umsetzung	➡	Knapper, aber fundierter Entwurf (keine vagen Ziele!), in kurzen Zyklen umgesetzt/Arbeitspakete, die aus Analyse/Entwurf/Umsetzung/Business Case bestehen

Abb. 6: Moderne Strategieumsetzung und Change Management – Effektivität und Agilität, aber nicht Perfektionismus
(Quelle: Turner/Strikwerda, H. 2016)

Agilität sollte erhöht und aus einer Helikopter-Perspektive gesteuert werden. Bei Agilität handelt es sich um ein populäres und wichtiges Konzept der modernen Umsetzung von Strategien.[33] Die beiden Professoren der Cornell University Lee Dyer und Richard A. Shafer haben Agilität sehr klar definiert: »Unternehmerische Agilität ist die Fähigkeit, uneingeschränkt anpassungsfähig zu sein, ohne sich verändern zu müssen.«[34] Agile Unternehmen verfügen über die inhärente Fähigkeit, sich auf sich verändernde Bedingungen einzustellen und sich ihnen anzupassen. Es besteht eine Wechselwirkung zwischen Agilität und profitablem Wachstum. Am Massachusetts Institute of Technology (MIT) durchgeführte Studien zeigen, dass das Umsatzwachstum von agilen Unternehmen im Vergleich zu nicht-agilen Unternehmen um 37 Prozent höher liegt. Zudem erzielen sie 30 Prozent höhere Gewinne. Das Beratungsunternehmen Economist Intelligence Unit (EIU berichtet, dass 90 Prozent der interviewten Führungskräfte strategische Agilität als wesentlichen Faktor für den Erfolg ihres Unternehmens erachten.[35] Sie sollten sich jedoch bewusst sein, dass es einen Unterschied zwischen der bloßen Fähigkeit, agil zu sein, und tatsächlich agil zu sein, gibt. Es ist äußerst wichtig, in den monatlichen Geschäftsleitungssitzungen eine Helikopter-Perspektive einzunehmen, um den Durchblick zu haben und zu erkennen, wo Agilität vonnöten ist.

Wir müssen damit beginnen, für Change Management ein neues Konzept zu entwickeln. In Kapitel 6, in dem es um die Frage geht, wie die Umsetzung von Strategien skaliert werden

33 Eelke Pol, »Wendbaarheid: Of hoe Darwin toch een beetje gelijk heeft«, ManagementSite, 01. November 2011. https://issuu.com/rijnconsult/docs/wendbaarheid_-_managementsite.

34 Lee Dyer & Richard A. Shafer, »From human resource strategy to organizational effectiveness: Lessons from research on organizational agility«, Cornell University, CAHRS Working Paper No. 98-12, 06. Februar 1998. From Human Resource Strategy to Organizational Effectiveness: Lessons from Research on Organizational Agility (cornell.edu).

35 Economist Intelligence Unit, »Organisational Agility: How Business Can Survive and Thrive in Turbulent Times«, März 2009. http://www.emc.com/collateral/leadership/organisational-agility-230309.pdf.

kann, werde ich über die Vorstellung, die erste und zweite Geige zu spielen, sprechen. Eigentlich geht es dabei um Folgendes: Manchmal leiten Sie ein Projekt zur Strategieumsetzung – mit anderen Worten spielen Sie die erste Geige. Also besteht Ihre Aufgabe darin, die Transformation für die anderen auf den Weg zu bringen. Und manchmal treten Sie in den Hintergrund – das heißt Sie spielen die zweite Geige – und lassen andere die Transformation auf den Weg bringen. Manchmal führen Sie und manchmal folgen sie. Im neuen Normalzustand zapfen Sie die Umsetzungs- und Erneuerungsfähigkeiten von allen an. Sie profitieren gegenseitig von Ihrer Arbeit und Sie legen die Messlatte hoch. Sie müssen nicht die treibende Kraft hinter jeder Maßnahme sein. Im neuen Normalzustand ist das völlig normal. Wenn es sich bei Effektivität, Agilität und Geschwindigkeit um die entscheidenden Faktoren handelt, können Sie nicht immer die erste Geige spielen.

Sie möchten mehr erfahren?
Strategie-Professor Richard Rumelt spricht über den Unterschied zwischen einer guten und einer schlechten Strategie.

2.2.2 »Weich« ist »hart« und »hart« ist »weich«: Gleichgewicht ist alles

Es sind die weichen Kompetenzen, die am Ende den Ausschlag dafür geben, ob die Transformation erfolgreich ist. Große multinationale Konzerne wie Shell bereiten neue geschäftliche Vorhaben und Übernahmen nicht nur extrem gut vor, sondern auch sehr gründlich nach. Wie sich herausgestellt hat, münden zu wenige Transformationsprojekte in einem Erfolg. Und jedes Mal sind die Gründe dafür dieselben: Den sogenannten weichen Kompetenzen wurde weder genug Zeit gewidmet noch genug Aufmerksamkeit geschenkt. Bei den weichen Kompetenzen geht es hier beispielsweise um kulturelle Unvereinbarkeit; die Unfähigkeit, sich auf ein gemeinsames Ziel zu einigen und dies zu verfolgen; die Unfähigkeit, potenzielle Synergieeffekte zu nutzen; sowie um unterschiedliche Führungs- und Managementstile.

In *Beyond Performance* zeigen Colin Price und Scott Keller, dass gesunde Unternehmen besser sind als der Markt.[36] Die Faktoren, die dafür sorgen, dass das Unternehmen gesund ist, stimmen in großen Teilen mit den von mir bezeichneten weichen Kompetenzen überein. Diese Faktoren bestimmen darüber, ob Sie Ihre Ziele erreichen können oder nicht. Glücklicherweise können wir diese These mit Zahlen untermauern. Price und Keller zeigen nicht nur, dass gesunde Unternehmen besser sind als der Markt, sondern auch, dass die Wahrscheinlichkeit, den Median zu schlagen, 2,2-mal höher ist.

Sie sollten sich gleichermaßen darum bemühen, die weichen wie auch die harten Kompetenzen Ihres Unternehmens zu analysieren und zu bearbeiten. Sprechen Sie aus-

36 Scott Keller & Colin Price, Beyond Performance: How Great Organizations Build Ultimate Competitive Advantage. Wiley, 2011.

drücklich über beide. Zu den weichen Kompetenzen gehört die Kultur, das Verhalten, der Führungsstil und die Zusammenarbeit. Harte Kompetenzen umfassen die Prozesse, die Struktur sowie die Informations- und Kommunikationstechnologie Ihres Unternehmens. Das onlinebasierte Analyseinstrument von Turner, SECA.NU, das entwickelt wurde, um die Kompetenz zur Umsetzung von Strategien ermitteln zu können, ist ein hervorragendes Instrument zur systematischen Analyse der harten und weichen Kompetenzen.[37]

Viele glauben, dass die weichen Faktoren in Unternehmen unantastbar sind. Unternehmenskultur, Klima, Werte, Verhalten und Führungsstil scheinen die Domäne einiger weniger Experten zu sein, die davon überzeugt sind, anderen sagen zu können, wie sie die weichen Kompetenzen eines Unternehmens entwickeln und optimieren können. Es ist also nicht verwunderlich, dass die weichen Kompetenzen für die meisten Angestellten nach wie vor ein Buch mit sieben Siegeln sind.

Die weichen Kompetenzen werden daher oft mit dem Konzept der Unternehmenskultur verwechselt. Es ist richtig, dass die Kultur als Rückgrat der weichen Kompetenzen fungiert. Allerdings sind Versuche, die Kultur zu ändern, nur weil die Kultur geändert werden soll, nutzlos. Ein weit besserer Ansatz besteht darin, die fünf wichtigsten verhaltensbezogenen Themen zu benennen, zu definieren, welches Verhalten im Rahmen dieser Themen erwartet wird, und sicherzugehen, dass es keinen Spielraum dafür gibt, ein bestimmtes Verhalten nicht an den Tag zu legen. Ich werde noch darauf zurückkommen, wenn ich Beschleuniger 2, Baustein 6 beschreibe.

DER BESCHLEUNIGER FÜR STRATEGIEUMSETZUNG UND TRANSFORMATION – SECA.NU

Turner Consultancy hat den onlinebasierten Strategy Execution & Change Accelerator SECA.NU (Beschleuniger für Strategieumsetzung und Transformation) entwickelt. Es handelt sich hierbei um ein Analyseinstrument, das dazu dient, online und in Echtzeit Informationen über ihre Umsetzungskompetenzen im Vergleich zu bestimmten Richtwerten zu liefern. Die Ergebnisse können die Umsetzung einer Strategie verbessern und beschleunigen.

SECA.NU besteht aus 25 Fragen, die zu einer sehr genauen Analyse des Reifegrades eines Unternehmens hinsichtlich der Umsetzung von Strategien führt. Diese Analyse kann in vier Kategorien und dazugehörende Messwerte unterteilt werden: Reifegrad der Geschäftsführung (Führung des Unternehmens), Reifegrad des Change Managements (Transformation des Unternehmens), die Qualität der harten Kompetenzen (Prozesse und Systeme) und die Qualität der weichen Faktoren (Führung und Zusammenarbeit). Diese bilden die vier wichtigsten Komponenten effektiver Strategieumsetzung.

---

37 Siehe http://seca.nu/.

Ich kann es nicht oft genug sagen: Investieren Sie niemals in ein Programm zur Änderung der Unternehmenskultur. Die Unternehmenskultur ist ein Ergebnis, und kein unabhängiges Thema. Sie können das Unternehmensklima nicht unabhängig von anderen Faktoren verändern. Unternehmen bestehen aus komplexen Strukturen und jede Veränderung zieht Veränderungen an anderer Stelle nach sich. Wenn Angestellten neue Verantwortlichkeiten übertragen werden, betrachten sie ihren Einsatz in einem neuen Licht und werden ihr Verhalten sowie ihre Werte entsprechend anpassen. Konzentrieren Sie sich ausschließlich auf echte Ziele, Aufgaben und Maßnahmen, und zwar so, dass die weichen und harten Kompetenzen im Gleichgewicht sind. Dann werden Sie feststellen, dass sich die Kultur automatisch ändert. Jedes Programm, das ausschließlich darauf abzielt, die Unternehmenskultur zu ändern, ist Geldverschwendung.[38]

Sollten wir also unser Hauptaugenmerk auf die weichen Kompetenzen richten? Mitnichten! Es geht immer um das Gleichgewicht. Das Gleichgewicht zwischen harten und weichen Kompetenzen ist das, was wirklich einen Unterschied macht. Es wird oft gesagt, dass der Erfolg eines Projekts davon abhängt, wie es beginnt. Alle sind sich einig, dass ein solider, detaillierter Fahrplan sowie ein klar formuliertes Ziel unerlässlich sind. Der weiche Faktor, der zu Beginn entscheidend ist, ist das Engagement der Führungskraft, die den Plan erstellt und die anderen dazu animiert, sich für das Projekt zu engagieren. Ich nenne das psychologisches Einchecken, ein wesentlicher, aber im Allgemeinen vergessener, nicht beachteter Aspekt eines jeden Projekts. Allzu oft beschränken sich die Top-Managerinnen und -Manager darauf, am Tag vor Projektbeginn einen kurzen Anruf zu tätigen. Tatsache ist jedoch, dass sich jede Minute, die in die detaillierte Besprechung von Rollen und Verantwortlichkeiten gesteckt wird, am Ende exponentiell auszahlt. Es muss sich aber um echtes und nicht um vorgetäuschtes Engagement handeln.

Im neuen Normalzustand ist die Entscheidung zwischen einer Top-down- und einer Bottom-up-Methode kein echtes Dilemma. Wie wir alle wissen, geht es nicht um entweder oder, es geht um beides. Die Vorstellung, dass eine Top-down-Methode nicht funktioniert, ist eine alte, in Verruf geratene Vorstellung, die einige Leute als neu zu verkaufen versuchen. Ähnlich müssen wir das Dogma, dass die Bottom-up-Methode die einzig gangbare Lösung ist, schnell wieder loswerden. Wenn große Unternehmen komplexe, bereichsübergreifende Projekte ins Leben rufen, um echte Innovationen umzusetzen, steckt eine Gefahr darin anzunehmen, dass jeder einzelne, der beteiligt ist, in der Lage ist zu analysieren und zu entscheiden, wie Dinge verbessert werden sollten (Bottom-up-Transformation). Ohne ein klares Top-down-Framework kommt man nicht aus. Und es ist nicht hinnehmbar, dass Abteilungen oder einzelne Angestellte Best Practices ablehnen, nur weil andere sie entwickelt haben. Das »Not-invented-here-Syndrom« stellt für die Angestellten von morgen einen unproduktiven und nicht wünschenswerten Faktor dar.[39] Führungskräfte

38 Jay W. Lorsch & Emily McTague, »Culture is not the Culprit«, Harvard Business Review, April 2016.
39 Pijl, Het nieuwe normaal, S. 76–77.

müssen eine moderne Einstellung zum Change Management entwickeln. Führungskräfte und ihre Mitarbeiterinnen und Mitarbeiter der neuen Generation erwarten mittlerweile eine solche Einstellung und fühlen sich nicht wohl, wenn sie bei jeder Entscheidung einen Konsens herbeiführen müssen. Sie wollen qualitativ hochwertige Arbeit abliefern, wenn sie bei einer Maßnahme die erste Geige spielen. Und wenn sie die zweite Geige spielen, erwarten sie, dass die Person, die das Projekt leitet, dieselbe Einstellung hat. Das Tabu von Top-down-Ansätzen und -Einführungen ist nicht gerechtfertigt. Viele Unternehmen machen den Fehler, die Rahmenbedingungen nicht klar zu skizzieren, da sie glauben, dass die »Angestellten selbst Ideen hervorbringen sollten«. Die Lösung ist, ein echtes Gleichgewicht zwischen top-down und bottom-up zu finden.[40] Es gibt noch weitere falsche Gegensätze, zum Beispiel kurzfristig und langfristig, ergebnisorientierter und mitarbeiterorientierter Führungsstil und das Paradoxon von Achilles und der Schildkröte. Ich gebe Ihnen einen Tipp: Niemals ist es ausschließlich das eine oder das andere. Wenn Sie möchten, nennen Sie es einfach Spagat-Management.

2.2.3 Strategieumsetzung ist ein Prozess wie jeder andere auch

Nichts geht über ein gutes Geschäftsprozessmodell. Moderne Strategieumsetzungsmethoden benötigen ebenfalls ein Geschäftsprozessmodell. Jeder ist darauf getrimmt, in Geschäftsprozessen zu denken: Vertriebs-, Logistik-, Liefer-, Service-, Verwaltungs-, Management- und Personalprozesse. Wenn es aber um Strategieumsetzung geht, kann diese Denkweise plötzlich nicht mehr angewendet werden, so als könne man Strategieumsetzung als selbstverständlich voraussetzen. Und doch ist Strategieumsetzung lediglich ein weiterer Geschäftsprozess, der wie die anderen auch beschrieben und umgesetzt werden muss.

Am Ende des Tages profitiert jeder von einem praktischen Modell. Dieses trägt dazu bei, dass alle dieselbe Sprache sprechen. Und ein Prozessmodell oder -Framework liefert auch einen Haken, an dem die Best Practices aufgehängt werden können. So werden aus den allgemein formulierten Maßnahmen ganz konkrete.

Die Welt, in der wir Strategien umsetzen, wird immer komplexer und volatiler. Eine einzige Methode und Sprache für die Strategieumsetzung zu nutzen, verschafft uns die Zeit und Flexibilität, mit unserer sich ständig verändernden Welt umzugehen. Einen systematischen Ansatz zu wählen und zu wissen, in welcher Phase sich eine Maßnahme befindet, trägt dazu bei, diese Phase und die gesamte Maßnahme erfolgreich abzuschließen. Das trifft nicht nur auf die Analyse zu, sondern auch auf die Umsetzung.

40 Pijl, Het nieuwe normaal, S. 77.

Ich habe einmal einen Top-Manager einer großen Versicherungsgesellschaft dabei unterstützt, eine einzige Methode und Sprache für die Strategieumsetzung zu entwickeln. Als wir über die Nutzung eines in Phasen oder Schritte eingeteilten Modells sprachen, sagte er: »Zu jedem Zeitpunkt ist die Maßnahmen für alle Beteiligten in einer anderen Phase. Aber jeder muss durch jede Phase gehen. Im Eifer des Gefechts wissen wir oft nicht, in welcher Phase sich eine bestimmte Maßnahme befindet. Und wenn sie ins Stocken gerät oder nicht erfolgreich abgeschlossen werden kann, sind wir überrascht. Der Grund dafür ist, dass wir immer wieder in die klassische Falle tappen, unsere Maßnahmen nur zum Zeitpunkt ihrer Beschreibung systematisch anzugehen. Dann, wenn wir am systematischsten vorgehen müssten, nämlich in der Umsetzungsphase, sind wir in der Regel mit den Gedanken woanders.« Einen auf Beschleuniger, Phasen, Stufen oder Schritten beruhenden Ansatz (ganz so, wie sie ihn bezeichnen möchten) zu nutzen, hilft Ihnen zu erkennen, was noch erledigt werden muss.

2.3 Erfolgsfaktor 3: Verändern Sie sich, oder Sie werden verändert

In der Unternehmenswelt gibt es viele große Trends, der größte ist jedoch die digitale Innovation.[41] Die grundlegenden Bedürfnisse der Kundinnen und Kunden erfordern von allen Unternehmen radikale digitale Innovationen. Die Art von Innovation, die wir heute brauchen, ist die digitale Transformation. Wir können Innovation und Digitalisierung nicht mehr als separate Phänomene betrachten. 99 Prozent aller Unternehmen auf der ganzen Welt sind weder Start-ups noch etablierte, erfolgreiche, digitale innovative Unternehmen wie Apple, Google oder Amazon. Und dennoch müssen Sie eine Strategie für digitale Innovation entwickeln, wenn Sie überleben möchten.

Im Jahr 2015 erwarteten die Unternehmen innerhalb der folgenden fünf Jahre durch Digitalisierung 5 bis 10 Prozent Wachstum und Effektivitätssteigerung.[42] Die Ergebnisse sind jedoch hinter den Erwartungen zurückgeblieben. Digitale Ziele sind keineswegs leichter zu erreichen als herkömmliche Strategie-Ziele. Deshalb müssen wir unsere Strategie, unser Wertversprechen, die Kundenprozesse und Organisationsstruktur gründlich analysieren und neu definieren. Neun von zehn Mal sind diese Aspekte miteinander verwoben und betreffen nicht nur einen Unternehmensbereich.

Im Grunde handelt es sich bei digitaler Innovation um kleine Tests, unmittelbare Fehlschläge und rasche Skalierung. »Feuern Sie erst Kugeln und dann Kanonenkugeln ab«,

41 Jacques Pijl, Digitale Innovatie: Verstoor of wordt verstoord! Test het Innovatie & Digitale Quotiënt van uw organisatie. Turner, 09. Juni 2016.

42 Driek Desmet, Ewan Duncan, Jay Scanlan & Marc Singer, »Six building blocks for creating a high-performing digital enterprise«, McKinsey & Company, September 2015. http://www.mckinsey.com/business-functions/organization/our-insights/six-building-blocks-for-creating-a-high-performing-digital-enterprise.

sagte Jim Collins. Und haben Sie keine Angst vorm Scheitern. Jeder, der bereits ein großes Unternehmen aufgebaut hat, musste auf dem Weg dorthin schon einmal eine Niederlage hinnehmen. Platz für Niederlagen zu schaffen, lässt auch Raum für das, was man »glückliches Händchen«[43] nennt. Große Ideen entstehen immer aus dem Ungeplanten.

Für digitale Innovation sind iterative sowie agile Entwicklungs- und Umsetzungsmethoden notwendig. Zudem muss in Projekten gearbeitet werden, um die Geschäftsprozesse, Technologien und Menschen zu koordinieren. Die Fähigkeit eines Unternehmens, einen Gang hochzuschalten, wird als Digital Innovation Quotient (DIQ) bezeichnet.[44] Das ist die digitale DNA von Start-ups und Software-Unternehmen, die viele andere Unternehmenstypen nicht haben, sich aber zu eigen machen sollten. Der DIQ ist kein Geheimnis. Da er auf jeden Aspekt eines Unternehmens angewendet werden kann, ist es jedoch schwer, ihn genau festzulegen.

Erlauben Sie mir, die fünf Bereiche aufzuführen, in denen Sie über sich hinauswachsen müssen, um im digitalen Zeitalter zu überleben und konkurrenzfähig zu sein:

1. Digitale Strategie und Wertversprechen
2. Identifizierung der Kundenbedürfnisse
3. Digitale Strategien und agiles Management
4. Neue Kompetenzen und viel Energie
5. Zweispuriger Technologieansatz

2.3.1 Digitale Strategie und Wertversprechen definieren

Sorgen Sie dafür, eine klare digitale Strategie zu entwickeln, die von allen getragen wird. Das läuft auf eine transformative digitale Vision hinaus, die nicht nur ein neues Verständnis von den Kundinnen und Kunden und deren grundlegenden Bedürfnissen liefert, sondern auch Erkenntnisse darüber, wie auf Grundlage der digitalen Innovation diese Bedürfnisse befriedigt werden können. Mit Ihrer Strategie zur digitalen Innovation müssen Sie ein neues Kapitel innerhalb Ihrer Gesamtstrategie aufschlagen. Die anderen Kapitel befinden sich dann in dessen Schlepptau. Definieren Sie auf Grundlage der Annahme, dass innovative Güter und Dienstleistungen jedes Jahr mehr zum Gewinn beitragen werden, worum es in den nächsten Jahren bei der digitalen Innovation geht. Machen Sie Ihren Mitarbeiterinnen und Mitarbeitern klar, dass es sich hierbei um Ihr Ziel handelt, und dass jeder dafür verantwortlich ist, zur Erreichung des Ziels beizutragen.

Ihre digitale Vision und Ihre digitale Strategie müssen die Dinge aufmischen. Ihre digitale Vision liefert eine neutrale Analyse der idealen Customer Experience, der idealen Ge-

43 Emily Snell, »Making Serendipity Tactical: Is Randomness Part of Your Leadership Strategy?«, Switchandshift.com, 28. Dezember 2013. http://switchandshift.com/making-serendipity-tactical-is-randomness-part-of-your-leadership-strategy.

44 Pijl, Digitale innovatie.

schäftsprozesse und des idealen Geschäftsmodells. Diese digitale Transformation muss von einer Denkweise, die darauf aus ist, etwas in Bewegung zu setzen, inspiriert werden: Sie sind darauf aus, die Märkte und somit auch Ihr eigenes Unternehmen zu verändern. Die Strategie muss die Dinge lockern, Menschen inspirieren und sie zum Handeln bewegen. Am Ende gibt es gar keine digitale Strategie, es gibt lediglich eine Strategie im digitalen Zeitalter.

2.3.2 Die Kunden nicht mehr klischeehaft betrachten

Das Entscheidende ist, eine neue Sicht auf die Kundinnen und Kunden einzunehmen. Wenn Sie die grundlegenden Bedürfnisse Ihrer Kunden nicht kennen, wissen Sie auch nicht, wie Sie digitale Innovationen nutzen können, um diese Bedürfnisse besser, klüger und schneller zu befriedigen. Die Kunden sind schon so lange die Könige, dass unsere Vorstellung davon, wie wir ihre Bedürfnisse befriedigen, mittlerweile alt und verstaubt ist. Die Digitalisierung stellt nun diese überkommene Vorstellung infrage. Sie bietet viele Chancen, sodass die Kundenbedürfnisse auf erfrischende Art neu priorisiert werden. Nehmen wir als Beispiel einmal die App SNKRS, die Nike im Jahr 2015 gelauncht hat. Die Mitarbeiterinnen und Mitarbeiter von Nike hatten bemerkt, dass die Sneaker-Fans Nischen-Seiten und Online-Communitys folgten, um mitzubekommen, wenn neue Produkte auf den Markt kamen. Also führte Nike SNKRS ein. Auf der Plattform haben ausschließlich diese Fans die Möglichkeit, vor Markteinführung die neuesten Modelle zu kaufen. Außerdem können sie über die Plattform die Sneaker direkt vom Hersteller kaufen. Die App liefert auf Grundlage der Präferenzen der Käufer und Käuferinnen personalisierten Content, zum Beispiel Air-Max-Modelle oder Fußballschuhe.

Zusammenarbeit ist an sich schon ein Wertversprechen. Zögern Sie nicht, mit anderen Unternehmen zusammenzuarbeiten. Es gibt einfach nicht genug Zeit, um alles selbst zu entwickeln. Warum gehen Sie nicht eine kluge Partnerschaft mit einem Wettbewerber ein, der Ihnen in einigen Bereichen immer einen Schritt voraus ist, sei es im Content, Vertrieb oder Marketing? Diese Vorstellung widerspricht unserer Intuition, und Unternehmen haben Angst, eine solche Partnerschaft einzugehen. Aber wie ich gesagt habe, ist es für die Kundinnen und Kunden immer weniger von Belang, welches Unternehmen hinter den Produkten und Dienstleistungen, die sie nutzen, steht. Warum sollten Sie sich von einem Kampf mit Konkurrenzunternehmen um Marktanteile ablenken lassen, wenn Sie Ihren Kunden einen Wert liefern wollen? Wenn Sie das tun, dann verlieren Sie Kunden. Amerikanische Unternehmen setzen dieses Konzept bereits um. In *Digital Disruption* führt James McQuivey das Beispiel von Amazon an, dessen Kindle auf der Basis des Android-Betriebssystems läuft.[45] Wenn Sie aber E-Books von Amazon auf einem iPad lesen möchten, können Sie einfach die Kindle-App herunterladen. In ähnlicher Weise sind Filme auf der

45 McQuivey, Digital Disruption.

Xbox One nicht auf die Microsoft-Plattform Zone beschränkt. Hulu oder Netflix können ebenso dafür genutzt werden. Hier handelt es sich um ein neues Geschäftsmodell. Die Gewinnmargen mögen zwar kleiner sein, aber am Ende hat jeder – Kunden und Unternehmen – einen Vorteil.[46]

Digitalisierung ist gleich Automatisierung von Geschäftsprozessen. Bei Digitalisierung geht es um die Notwendigkeit und Nützlichkeit der Automatisierung von Geschäftsprozessen. Und doch funktioniert sie andersherum. Wenn Digitalisierung gut umgesetzt wird, befördert die Automatisierung eine schnelle Skalierung und Effektivität. Bedenken Sie einmal, wie sehr die Effektivität durch Deduplizierung, Sammeln von Informationen zu Beginn eines jeden wichtigen Prozesses, Fehlervermeidung sowie Verkürzung der Durchsatz-Zeiten mithilfe von »Durchgehender Datenverarbeitung« gesteigert werden kann.

2.3.3 Steuerung mithilfe von digitaler Struktur und agilem Management

Wie Menno Lanting schrieb, ist es nicht einfach, einen Öltanker in ein Schnellboot zu verwandelt – oder gar in eine Flotte von Schnellbooten.[47] Die Umstellung auf agil ist eine große Veränderung: Sie lassen Planung, Entwicklung und Einführung hinter sich und gehen über zu testen, scheitern und neu beginnen. Eine andere Unternehmenskultur ist dann ebenfalls nötig. Aber wie ich bereits erwähnt habe, ist die Veränderung der Kultur ein Ergebnis von Veränderungen der Geschäftsprozesse.

Für digitale Innovation ist Führungsstärke nach dem Top-down-Ansatz notwendig. Stellen Sie sicher, dass Digitalisierung konsequent gesteuert wird. Schaffen Sie eine Philosophie der digitalen Steuerung, die als umfassendes, erkennbares, und von allen akzeptiertes Framework dient. Damit digitale Innovation funktioniert, müssen die notwendigen Rollen und Verantwortlichkeiten definiert, zugeteilt und in Gang gebracht werden, bevor mit der Umsetzung begonnen wird. Unternehmen sollten in der Geschäftsführung jemanden benennen, der für die Digitalisierung verantwortlich ist, sozusagen einen Chief Digital Officer (CDO). Dabei handelt es sich um die wichtigste Führungsrolle der Digitalisierung. Allerdings ist die Verantwortung für Digitalisierung nicht ausschließlich auf diese Person beschränkt. Jede Führungskraft sollte für ihren Bereich wissen, worin ihre Digitalisierungsverantwortlichkeiten liegen. Daher ist es wichtig sicherzustellen, dass die Managerinnen und Manager sowie Hauptakteure der Digitalisierung auf derselben Wellenlänge liegen. Sie müssen dieselbe digitale Vision haben, diese in- und auswendig kennen und sie sowohl innerhalb als auch außerhalb ihrer eigenen Zuständigkeiten fördern.

46 Pijl, Digitale Innovatie.
47 Lanting, Olietankers en speedboten.

Erfolgreiche Führungskräfte für Digitalisierung arbeiten selten nach der Bottom-up-Methode. Tausend Blumen blühen zu lassen garantiert noch keinen Erfolg. Für Digitalisierung zuständige Führungskräfte müssen Transformationen steuern, indem sie Orientierung geben und Durchhaltevermögen beweisen. Dafür ist umfassende Koordinierung und eine starke Führung nach dem Top-down-Ansatz notwendig, auch wenn dies dem populären Glaubenssatz des Change Management widerspricht.

Digitale Innovation muss in der gesamten Führungsriege priorisiert werden. Sie kann nicht von einem einzelnen radikalen Innovator oder einem nur dafür aufgestellten Team bewerkstelligt werden, ganz egal wie hart sie dafür arbeiten. Top-Managerinnen und -Manager müssen führen. Das ist das Entscheidende.

Das größte Hindernis für digitale Disruption sind Silos. Je größer das Unternehmen, desto schwieriger ist es, diese Silos aufzubrechen. Identifizieren Sie die Silos in Ihrem Unternehmen und finden Sie Methoden, um diese zu umgehen oder direkt durch sie hindurchzugehen. Mit anderen Worten sollten Sie einen Blick auf das Organigramm werfen, die Hindernisse identifizieren und sie entfernen. Das ist Führungskompetenz im Thema Transformation. Typischerweise läuft dies auf Folgendes hinaus: Rechts- und Finanzgenehmigungen beschleunigen, regionale Vertriebsstrukturen durchbrechen und die Kluft zwischen Produktentwicklung und Marketing schließen.

2.3.4 Neue Kompetenzen entwickeln und eine energiegeladene Unternehmenskultur schaffen

Jeder Angestellte muss über digitale Basiskompetenzen verfügen. Sie brauchen aber auch ein paar Hauptakteure in Sachen Digitalisierung, die den anderen voraus sind und über exzellente Kompetenzen verfügen. Kurz gesagt benötigen Sie nicht nur eine Truppe von kompetenten Soldaten, sondern auch die Vorreiter.

Digitalisierungskompetenzen sind das Kerngeschäft des Personalmanagements. Daher sollte zu jedem Prozess im Rahmen der Personalverwaltung – Personaleinstellung und -auswahl, Aus- und Weiterbildung, Coaching, Mitarbeiterbewertung und Entlohnung – auch ein Schwerpunkt auf Kompetenzen im Bereich der digitalen Innovationen gehören.

Sowohl der CTO als auch der CFO stellen wesentliche Führungsrollen dar. In neuen datenorientierten Unternehmen arbeitet der Chief Technical Officer auf demselben Niveau wie der CEO. Chief Financial Officer sind genauso wichtig, da zu ihrem Job weit mehr gehört als nur die Kontrolle über die Finanzen. Im Zentrum eines jeden digitalen Geschäftsmodells stehen die Product Owner und die Entwickler, die technischen Fachkräfte. Sie sind das Rückgrat Ihres Unternehmens. Vertriebsmitarbeiter sind leicht ersetzbar, aber Produkt- und Technikentwickler sind es nicht.

Start-ups haben eine neue Sicht auf Personalmanagement. »Wenn ich darüber nachdenke, was sich meine Mitarbeiterinnen und Mitarbeiter wünschen könnten, versetze ich mich in jemanden hinein, der kündigt, um sich selbständig zu machen«, sagte einer der Internet-Unternehmer, den ich interviewt habe. »Was macht jemand, der sich selbstständig macht, als erstes? Er kauft sich einen Computer von Apple. Also kaufte ich für alle meine Mitarbeiterinnen und Mitarbeiter einen Apple« Und das ist nur ein kleines Beispiel dafür, wie unternehmerisches Denken in einem Unternehmen am Leben gehalten werden kann, wie er betonte. Derselbe Unternehmer versicherte mir, dass er den weichen Kompetenzen oberste Priorität einräume – Ausbildung, Sinnhaftigkeit, Zufriedenheit am Arbeitsplatz und Anerkennung – und zwar jedem, der für sein Reiseunternehmen arbeitet.

Analytische Fähigkeiten sind bei weitem die wichtigste Kompetenz für neue, datenorientierte Geschäftsmodelle. Die Kennzahlen zu verstehen und die Fähigkeit, gut strukturiert zu denken und zu handeln sind von entscheidender Bedeutung. Die zweite Kompetenz, die kein Unternehmer unterschätzen sollte, sind Projektmanagement-Fähigkeiten. Jemand, der es versteht, Projekte exzellent zu leiten, macht das Leben für alle anderen leichter. »Als Unternehmer schätzt man es ungemein, wenn die Mitarbeiterinnen und Mitarbeiter Talent im Projektmanagement haben und diese Fähigkeit weiter ausbauen möchten«, erzählte mir ein weiterer erfolgreicher Internet-Unternehmer. Diese Kompetenzen sind noch wichtiger als kreative. Allerdings scheint es ein Tabu zu sein, das zu erwähnen. Digitale Unternehmen geben jeden Monat so viel Geld für Marketing aus, dass Sie unbedingt wissen sollten, wohin es fließt, und warum, und wie man das Budget managen sollte.

Für digitale Unternehmen sind Spezialisten das A und O, nicht die Managerinnen und Manager. Ein Internet-Unternehmer formuliert das folgendermaßen: »Wenn ein Spezialist Manager werden möchte, dann sage ich ihm: ›Den Mehrwert, den du an dieser Stelle bringst, ist deine Spezialisierung. Warum möchtest du denn dann Manager werden?‹«

Offensichtlich müssen Ihre Spezialisten und eingefleischten Nerds auch kooperieren können. Jedes Unternehmen hat seine leistungsstarken Sonderlinge und Einzelkämpfer. Das wird sich auch nicht ändern, auch nicht in High-Tech-Unternehmen. Die alte Faustformel gilt immer noch: Wenn Sie weniger als einen Sonderling auf zehn Mitarbeiter haben, haben Sie ein Problem. Wenn Sie mehr haben, haben Sie noch ein Problem.

Digitale Innovation ist Teil Ihrer Unternehmenskultur. Arbeiten Sie daran, eine starke, hoch-energetisierende Kultur der digitalen Innovation zu bekommen, in der sich die Mitarbeiterinnen und Mitarbeiter engagieren und motiviert sind, dazu beizutragen, die digitale Transformation Wirklichkeit werden zu lassen. Allzu oft ist die digitale Strategie eines Unternehmens nichts weiter als ein Strategiepapier. Untersuchungen haben gezeigt, dass in der Regel zwei Drittel der Angestellten nicht einmal wissen, dass es existiert.[48]

48 George Westerman, Didier Bonnet, & Andrew McAfee, Leading Digital: Turning Technology into Business Transformation. Harvard Business Review Press, 2014.

2.3.5 Zweispuriger Technologie-Ansatz

Die IT funktioniert mit zwei unterschiedlichen Geschwindigkeiten. Ob Ihr Unternehmen klein oder groß ist, ob Sie mit alten Systemen arbeiten oder nicht, digitale Innovation erfordert einen zweispurigen IT-Ansatz. Die erste Spur ist für Basis-Digitalisierung gedacht, während sich die zweite der digitalen Transformation widmet. Sie können nur echte Fortschritte machen, wenn Sie die beiden Spuren voneinander getrennt und sie ordentlich zum Laufen gebracht haben. Charakteristisch für die zweite Spur sind autonome IT-Teams, die moderne Methoden wie DevOps und Scrum nutzen. Sie arbeiten mit Marketing, Vertrieb sowie den Kundinnen und Kunden zusammen, um skalierbare Prototypen zu entwickeln, aufzubauen, zu testen und anzupassen.

Digitale Plattformen werden genutzt, um Skaleneffekte zu erzielen. Digitale Plattformen ermöglichen es Ihnen, schnell neue Produkte einzuführen und Kundenbeziehungen aufzubauen und zu erhalten. Heute ist diese Infrastruktur genauso unabkömmlich für Ihr Unternehmen wie es Eisenbahn, Straßen und die Luftfahrt im vergangenen Jahrhundert waren. Eine digitale Plattform ermöglicht es Ihnen zu analysieren, wie Sie Ihren Gewinn exponentiell steigern können, ohne die Kosten zu erhöhen – und ohne die Verpflichtung, den Investoren Ihre Ideen vorstellen oder eine Personalabteilung aufbauen zu müssen. Eine digitale Plattform ermöglicht es Ihnen, mit Ihren Kunden in Kontakt zu treten. Ein gutes Beispiel dafür ist HBO, das James McQuivey in *Digital Disruption* anführt. In den USA sehen 28 Millionen Zuschauer HBO über Satelliten- oder Kabelfernsehen, was sie zu indirekten Kunden macht. Können Sie sich vorstellen, 28 Millionen mögliche Kunden zu haben? Das Unternehmen nutzte die App HBO Go, um mit diesen potenziellen Kunden in Kontakt zu treten und direkte Kundenverbindungen aufzubauen. Dadurch tat sich ihnen eine Schatzkiste voller Nutzerinformationen auf. Mit digitalen Plattformen liegt der Schwerpunkt auf Kundenbeziehungen, wobei die Reibungsverluste verringert werden: eine ideale Kombination für Innovationen.

Es gibt zahlreiche Beispiele für Unternehmen, die digitalen Plattformen genutzt haben, und zu den größten Disruptoren ihrer Branche wurden: Uber – eine Plattform für Personentransport ohne eigene Flotte; Facebook – eine Social-Media-Plattform ohne eigenen Content; Airbnb – eine Beherbergungsplattform ohne eigene Immobilien. Ähnliches lässt sich bei den großen Internet-Einzelhändlern beobachten – Amazon, Alibaba/AliExpress, Cdiscount – keiner hat mehr einen eigenen Lagerbestand.

Die Definition einer Plattform-Strategie ist heute die größte Herausforderung in der Geschäftswelt und das zentrale Strategie-Puzzle für Unternehmen mit neuen Umsatzmodellen. Das Puzzle ist häufig mehrdimensional: Welche Strategie wählen Sie für Ihr B2B-, B2C- und B2B2C-Geschäft? Mit Ihrer Plattform-Strategie wird alles definiert. Sie sollten den Standardisierungsgrad und die Digitalisierung maximieren, um Ihre Aktivitäten skalierbar zu machen und zu erhalten. Skalierbarkeit ist hierbei das Hauptelement.

Datenmanagement ist der zentrale Faktor bei der Umsetzung. Zudem fungiert es als Schaltzentrale für digitale Prozesse. Kennzahlen ermöglichen strategische, taktische und operationale Analysen. Bei digitalen Innovationen und der Iteration von Prototypen ist das Datenmanagement der zentrale Faktor. Der Begriff »Big Data« kann durchaus lähmend wirken. Lassen Sie uns also Big-Data-Analysen entmystifizieren. Jedes Unternehmen hat einen riesengroßen Datencache, der geradezu darum bettelt, für Verbesserungen, Erneuerungen und Innovationen der Geschäftsprozesse genutzt zu werden. Die Herausforderung besteht darin, zu entscheiden, welche Frage Sie beantworten möchten. Nehmen wir zum Beispiel einmal Cattle Care. Dieses Unternehmen liefert Milchbauern Tonnen von Daten über ihre Kühe. Aber nur dann, wenn diese Bauern eine gute Frage stellen (zum Beispiel ›Welche Zahlen sagen vorher, dass eine Kuh krank wird?‹), können sie tatsächlich diese Daten schöpfen.

2.3.6 Zu guter Letzt: Start-ups sind nicht so weit voraus wie vermutet

Etablierte Unternehmen überschätzen in der Regel den Nutzen von neuen Geschäftsmodellen. Sie sind davon überzeugt, dass bereits alles standardisiert und digitalisiert worden ist. Wie wir von einem CEO und Entwickler eines digitalen Geschäftsmodells in der Tourismus-Industrie erfahren haben, gibt es einige falsche Vorstellungen über sein Unternehmen. Die eine ist, dass sein Unternehmen erfolgreich sei, weil das Geschäftsmodell hoch standardisiert und digitalisiert ist. In Wirklichkeit war alles, was er hatte, eine großartige Geschäftsidee: jeden Tag neue, originelle Pauschalreisen anbieten. Tatsächlich sind viele der Prozesse, die benötigt werden, um solche Reisen anzubieten, weit davon entfernt, standardisiert und digitalisiert zu sein, da sie extrem von den Lieferanten abhängig sind. Die Reisebranche mag zwar eine der vielversprechendsten Branchen sein, um dort neue Geschäftsmodelle einzuführen. Aber sie ist auch eine der am meisten umkämpften, da sie sehr stark von der Verfügbarkeit, Geschwindigkeit und Zuverlässigkeit unerfahrener Lieferanten abhängt. Beispielsweise liegen Agritourismus-Unterkünfte bei den Europäern voll im Trend. Allerdings ist es ein Alptraum, Daten über Verfügbarkeiten zu bekommen. Dies nahtlos in Prozesse zu integrieren, ist ein vielköpfiges Monster.

Bei neuen Geschäftsmodellen ergeben sich viele Probleme, genauso wie bei normalen, herkömmlichen Unternehmen. Aber auch neue Unternehmen mit großenteils digitalen Geschäftsmodellen haben ebenfalls Probleme zu bewältigen. Ihre Größe und ihr Umsatz verdoppelt sich häufig alle zwei bis drei Jahre. Das bedeutet, dass ihre Prozesse und das Unternehmen selbst damit Schritt halten müssen. Andernfalls erhöht sich für sie das Risiko, denn die Mitarbeiterinnen und Mitarbeiter sind für den digitalen Erfolg oder auch Misserfolg verantwortlich. Wie unsere Untersuchung gezeigt hat, müssen sich neue Unternehmen neben der Herausforderung des Wachstums auch noch anderen Herausforderungen stellen. Zunächst gibt es da die Personalisierung: die Nutzung von Datenanalysen, um Produkte oder Dienstleistungen an die existierenden oder latent vorhandenen

Bedürfnisse der Kundinnen und Kunden anzupassen. Content, Botschaft, Überbringer und Timing müssen in einer perfekten Kombination in großem Stil zusammengebracht werden. Zweitens gibt es die Notwendigkeit der Einzigartigkeit. Ein immer höheres Service-Niveau zu bieten, wird immer schwieriger. Seitdem FedEx und DHL jedem Internet-Händler ermöglichen, über Nacht zu liefern, ist dies kein Alleinstellungsmerkmal mehr. Digitale Unternehmerinnen und Unternehmer versuchen nun, mit ihrem Produkt oder ihrer Dienstleitung ideenreichen Content zu liefern oder andere Möglichkeiten zu finden, um sich von der Masse abzusetzen. Drittens gibt es das Prinzip des geringen Lagerbestands. Bei jedem neuen Geschäftsmodell versucht man, den »Zara-Effekt« nachzuahmen. Dieses äußerst komplexe und hochentwickelte Logistik-System der erfolgreichen spanischen Einzelhandelskette ermöglicht es, die Kollektion immer wieder zu erneuern und rasch neue und überraschende Artikel zu liefern, die sehr gut auf die Bedürfnisse der Kunden abgestimmt sind, während der Lagerbestand gering gehalten wird. Dieses Prinzip kann auf viele andere Märkte übertragen werden: neue Möglichkeiten finden, um die Kunden mit neuen Produkten zu begeistern, damit deren Loyalität gesichert wird. Die vierte Herausforderung besteht darin, die passenden Digital-Spezialisten zu finden und zu halten. Bei der fünften geht es darum, Ihr Datenmanagement und Reporting in Ordnung zu bringen. Die sechste Herausforderung, die häufig erwähnt wird, ist Qualitätssicherung. Zu guter Letzt besteht die siebte Herausforderung in der Standardisierung und Digitalisierung der Lieferkette.

Immer auf die Bestnote aus sein, sie aber nie wirklich erzielen. Der CEO und Entwickler eines neuen Geschäftsmodells im Einzelhandel berichtete uns, dass in der New Economy von heute bei Customer Intimacy, Operational Excellence und Produktführerschaft immer Bestnoten erzielt werden müssten. Dies ist jedoch nicht zu schaffen. Sie bemühen sich permanent, immer höheren Ansprüchen gerecht zu werden. Sie suchen permanent nach Möglichkeiten, wie sie das Beste herausholen. Bestnoten anzustreben, muss normal für Sie werden. Immer. Jeden Tag müssen Sie besser sein als am Tag zuvor.

Die Entwicklung eines erfolgreichen neuen Geschäftsmodells ist nicht einfach, denn die Messlatte hängt unglaublich hoch. In der Internet-Wirtschaft gilt das Gesetz von Nummer 1, 2 und 3. Unternehmen mit niedrigem Marktanteil überleben schlicht und ergreifend nicht. Im Rahmen der meisten digitalen Geschäftsmodelle werden die meisten Kundenprozesse permanent durch Split-Testing bzw. durch die Durchführung von A/B-Tests verbessert. Mittlerweile ist jedoch auch die permanente Verbesserung der internen Prozesse nötig. Willkommen in der Welt der etablierten Unternehmen!

Digitale Disruption? Eine kritische Anmerkung. Durch radikale digitale Transformation werden Innovationen beschleunigt. Ohne digitale Innovation gibt es kein Überleben. Manche behaupten, das Zeitalter der großen, weltverändernden Erfindungen sei vorbei. Sie sagen, dass wir von einer Revolution zur Evolution übergegangen seien, dass es in den letzten 50 Jahren lediglich darum gegangen sei, existierende Technologien zu verbessern.

In der Tat ist es beeindruckend, was Flugzeuge, Telefone und Computer heute alles können. Das sind aber lediglich Verbesserungen und keine Innovationen. Der Ökonom Robert Gordon ist einer der federführenden Verfechter dieser Ansicht. *In The Rise and Fall of American Growth* behauptet Gordon, dass der starke Anstieg des Wohlstands in den Jahren 1994 bis 2004 zwar auf dem Internet basiere, dass aber die Auswirkungen des technologischen Effekts auf die Wirtschaft seitdem nachgelassen hätten. Er weist darauf hin, dass das Produktivitätswachstum zwischen den Jahren 1920 und 1970 unerreicht sei.[49]

Das Problem an Gordons These ist, dass er technologischen Fortschritt eng mit Wirtschaftswachstum verknüpft. Es gibt zwei Gründe, dem zu widersprechen. Erstens wird durch Robotisierung die kostenlose Verfügbarkeit von Informationen und durch Digitalisierung der Unternehmen die Beschäftigungsquote eher erhöht und nicht reduziert. Zweitens kann nicht alles quantifiziert werden. Die Geschwindigkeit und Einfachheit, mit der wir heute mit unseren Kunden, Kollegen und Chefs kommunizieren können, hat die Art, wie wir Geschäfte machen, grundlegend verändert. Versuchen Sie einmal, das zu quantifizieren.

2.4 Erfolgsfaktor 4: Das Wer ist wichtiger als das Warum, Wie und Was

Dieser Erfolgsfaktor konzentriert sich auf die Bedeutung von Menschen und darauf, wie ihr Engagement bei der Strategieumsetzung gewährleistet werden kann.

2.4.1 Die richtige Person für den richtigen Job

Der mit großem Abstand wichtigste Erfolgsfaktor ist, die richtige Person für den richtigen Job zu haben. Jim Collins ist sogar der Meinung, dass dieser Erfolgsfaktor einer der wichtigsten Parameter sei, durch den Unternehmen hervorragend und nicht bloß gut werden: »[Holen Sie sich] als Erstes die richtigen Leute an Bord.«[50] *Wer* ist wichtiger als *Was*. Schließlich handelt es sich bei Ihren Mitarbeiterinnen und Mitarbeitern um die wichtigsten Kundinnen und Kunden. Gute Leute entwickeln gute Strategien und sorgen für glückliche Kunden.[51] Sie sind auf ihrem Gebiet Spezialisten, sie sind klug und qualifiziert. Sie sind harte Arbeiter. Wir alle wissen, dass Wille und Durchhaltevermögen bessere Faktoren sind, um den Erfolg einer Person vorhersagen zu können, als Talent. Ich bin fest von der 10.000-Stunden-Regel des Psychologen Anders Ericsson, die Malcom Gladwell be-

49 Robert J. Gordon. The Rise and Fall of American Growth: The US Standard of Living since the Civil War. Princeton University Press, 2016.

50 Jim Collins, Good to Great: Why Some Companies Make the Leap ... and Others Don't. Random House Business Books, 2001.

51 Tom Peters, The Little Big Things: 163 Ways to Pursue EXCELLENCE. HarperCollins, 2010.

kannt gemacht hat, überzeugt. Die beiden behaupten, dass mindestens 10.000 Stunden eingesetzt werden müssten, um wirklich gut in etwas zu werden, ungeachtet des Talents oder der Inspiration. Erfolg ist letztendlich das Ergebnis harter Arbeit, insbesondere bei der Strategieumsetzung. Jedoch gibt es in vielen Unternehmen viele talentierte und hart arbeitende Leute auf Führungskräfte-Niveau. Und hier wird durch emotionale Intelligenz die Spreu vom Weizen getrennt. Emotionale Intelligenz ist die Fähigkeit der Selbstreflektion und die Kompetenz, empathisch zu sein und zu den Menschen eine Beziehung aufzubauen, egal ob Sie sie mögen oder nicht.

Strategieumsetzung ist ein Kunsthandwerk und sollte als Kernkompetenz angesehen werden. Ich möchte Ihnen gerne ein Beispiel geben: Ein Grund, warum der Nahrungsmittelkonzern Nestlé erfolgreicher ist als viele seiner Wettbewerber, besteht darin, dass er keine Vorliebe für endlose Analysen hat. Vielmehr neigt er dazu zu handeln. Umsetzungsexzellenz ist in der Führungsriege des Konzerns weit wichtiger als strategische Analysen.[52] Nur so können Agilität und Effektivität befördert werden, wo sie am wichtigsten sind: bei den Menschen.

Seien Sie streng und klug, wenn Sie neue Mitarbeiterinnen und Mitarbeiter einstellen. Denn die richtigen Leute für den richtigen Job zu finden, ist bei der Umsetzung von Strategien von entscheidender Bedeutung. Es gibt leitende Angestellte, die keine Skrupel haben, ein Strategieprojekt um drei Monate nach hinten zu verschieben, nur um die besten Leute zu finden, die die wichtigsten Rollen übernehmen sollen. Denn schließlich sind Ihre Mitarbeiter Ihr größter Hebel. Wenn sich Ihr Geschäftsmodell ändert, müssen Sie auch Ihre Praktiken bei der Einstellung neuer Mitarbeiter verändern. Zum Beispiel hat der CEO von AFAS, einem schnell wachsenden Software-Unternehmen, persönlich das so von ihm bezeichnete Einstellungsvorsprechen entwickelt. Dabei liegt der Fokus nicht mehr darauf, wie jemand über den Job redet, sondern wie er bei der Arbeit handelt.[53] In ähnlicher Weise müssen Sie Mitarbeiterschaft neu definieren und freie Mitarbeiter genauso ernst nehmen wie fest angestellte. Sehr bald wird die Zahl der Freelancer und befristeten angestellten Mitarbeiter die der fest angestellten Mitarbeiter übertreffen.[54]

Widmen Sie dem Onboarding genug Zeit. Integrieren Sie die Brand Experience und Customer Experience in den Onboarding-Prozess und lassen Sie die neuen Mitarbeiterinnen und Mitarbeiter alle Bereiche Ihres Unternehmens durchlaufen. Unterstützen Sie, dass Ihre Mitarbeiter Karriere machen, sodass sie Superspezialisten und keine Manager werden. Viele dieser Mitarbeiter haben größeres Interesse daran, sich selbst und die Kompe-

52 Pijl, Het nieuwe normaal.

53 Robbert de Ruijter, »#2ADVANCE: iedere AFAS-medewerker gaat voor een 9«, AFAS blogt, http://blog.afas.nl/insite-afas/2advance.

54 Anneke Goudswaard, Ellen van Wijk & Sarike Verbiest, »De toekomst van flex: Een onderzoek van TNO naar flexstrategieën van Nederlandse bedrijven«, TNO, 09. Mai 2014. https://www.tno.nl/downloads/de_toekomst_van_flex_tno_rapport.pdf.

tenzen auf ihrem Spezialgebiet zu entwickeln, als den klassischen Weg einzuschlagen und auf eine Führungsposition befördert zu werden. Noch ein wichtiger Tipp: Entlassen Sie die Mitarbeiter genauso, wie Sie sie einstellen: entschlossen und aufrichtig. In der heutigen Welt sind die Angestellten für ihre kontinuierliche Weiterentwicklung verantwortlich. Und jedes Unternehmen trägt die Verantwortung dafür, es ihnen zu ermöglichen. Wenn ein Unternehmen und ein Angestellter denken, dass sie einander nicht mehr genug zu bieten haben, muss das Thema sofort auf den Tisch kommen. Falls nötig, müssen die Führungskräfte oder Unternehmenschefs Mitarbeiter entlassen, und zwar mit Entschlossenheit und Gewissenhaftigkeit.

Sie möchten mehr erfahren?
Jim Collins prägte das »First Who Concept«: zuerst die Leute, dann die Richtung.

2.4.2 Gute Argumente für Engagement

Engagement ist der Treibstoff. Engagierte Mitarbeiterinnen und Mitarbeiter tragen erheblich zur Erreichung der strategischen Unternehmensziele bei: Rentabilität, Kunden- und Mitarbeiterzufriedenheit, Produktivität, Bindung von fähigen Mitarbeitern an das Unternehmen und Reduzierung von Fehlzeiten. Das Engagement hat Auswirkungen auf Ihre Kundinnen und Kunden sowie auf Ihre Ergebnisse. In einer 2015 durchgeführten Umfrage ermittelte Gallup, dass 68 Prozent aller Angestellten nicht engagiert waren.[55] Knapp über 50 Prozent waren auf eine passive Weise nicht engagiert, das heißt weder ablehnend noch disruptiv. Solche Angestellten kommen zwar pünktlich zur Arbeit, erledigen aber nur das absolute Minimum, das von ihnen erwartet wird. Sie engagieren sich nicht für die Ziele und Bestrebungen des Unternehmens. Weitere 17,2 Prozent waren auf aktive Weise nicht engagiert. Solche Angestellten sind feindselig und disruptiv.

Das Verhalten von nicht engagierten Angestellten führt nicht nur zu Verschwendung und Demotivation, sondern auch zu weniger Produktivität. Glücklicherweise ist es möglich, das schnell zu ändern. Was Sie zahlen müssen, um einen Angestellten zu halten, ist ein Bruchteil dessen, was die Einstellung, Einarbeitung und das Onboarding eines neuen Mitarbeiters kostet.

Durch Engagement steigt die Produktivität. Unternehmen mit einem sehr guten Verhältnis zwischen aktiv engagierten und aktiv nicht engagierten Angestellten können eine Steigerung der Rentabilität verzeichnen. Die Aktienrendite dieser Unternehmen ist fast viermal höher als die von Unternehmen, deren Angestellte weniger engagiert sind.[56] Engagement führt auch zu wesentlich höherer Kundenzufriedenheit. In diesen Unternehmen sind mehr

55 Gallup, State of the Global Workplace: Employee Engagement Insights for Business Leaders Worldwide, 2013.
56 Keller & Price, Beyond Performance.

als 60 Prozent der Angestellten aktiv engagiert. Dadurch wird bewiesen, dass das Engagement der Angestellten jedem zugutekommt.[57] Wie aber motivierten diese Unternehmen ihre Angestellten? Unsere Untersuchung liefert ein paar gute Beispiele hierfür:

- Als allererstes sollten Sie wie australisches Weideland sein: nicht umzäunt, aber mit einer sprudelnden Wasserquelle. Wenn Ihre Produkte, Ihre tägliche Routine, Ihr Führungsstil, Ihre Partner und Kunden attraktiv sind, ist es Ihr Unternehmen auch. Sorgen Sie dafür, dass Ihre Vision inspirierend ist. Erklären Sie Ihren Mitarbeiterinnen und Mitarbeitern, warum Ihre Arbeit Bedeutung hat, und warum die verschiedenen Maßnahmen notwendig sind. Kurz gesagt: Erklären Sie das echte, grundlegende *Warum*.[58]
- Starke Führung ist dienstleistungsorientiert und nicht charismatisch. Sie ist vorhersehbar, großzügig, fürsorglich und herausfordernd. Seien Sie in gleichem Maße mitfühlend wie streng. Rekrutieren Sie konsequent und führen Sie mit Nonchalance! Und vor allem wagen Sie es, persönlich zu werden.
- Machen Sie die Personalausstattung zum Kernelement, wenn Sie Projekte und Programme aufsetzen. Finden Sie die richtigen Leute, die daran arbeiten, neue Maßnahmen durchzuführen, und übertragen Sie ihnen Verantwortung. Das motiviert, und sie sind dadurch engagierter.
- Seien Sie ein »rheinische Frohnatur«: sozial und positiv. Viele Kapitalisten in den Regionen entlang des Rheins zögern, wenn es darum geht, angelsächsische, amerikanische positive Einstellung anzunehmen. Dabei ist es so wichtig, das Positive hervorzuheben. Unterschätzen Sie niemals die Macht echter Aufmerksamkeit und eines aufrichtigen Kompliments.
- Stecken Sie Zeit und Bemühungen in die Pflege von Beziehungen. Es gibt nur wenige Dinge, die Ihrer Glaubwürdigkeit mehr schaden, als Engagement zu fordern, sich einmalig zu bemühen und dann die Person, der Sie eine zentrale Rolle bei der Umsetzung gegeben haben, zu vernachlässigen.
- Bauen Sie die Rolle der Personalabteilung bei Einstellungen, Entlohnung, Unternehmensentwicklung und vor allem bei der Talentförderung aus. Bitten Sie noch heute Ihre Personalabteilung um ein Blatt Papier, auf dem nicht nur die wichtigsten Leute stehen, die gehalten werden sollen, sondern auch deren Entwicklungsmöglichkeiten.
- Wenn Sie Ihre Angestellten bewerten und belohnen, sollten Sie sich nicht auf quantitative und finanzielle Aspekte beschränken. Geld ist die teuerste Methode, um Leute zu motivieren. Selbstverständlich sollte die Entlohnung der Leistung entsprechen. Aber persönliche Entwicklung, Chancen, persönliche Betreuung, Coaching, Feedback, Respekt, Gleichheit, Inspiration und Komplimente sind noch viel entscheidender. Sorgen Sie dafür, dass die Ziele und die Leidenschaft Ihrer Mitarbeiterinnen und Mitarbeiter mit dem Gesamtziel des Unternehmens übereinstimmen. Denn Engagement ohne eine solche Übereinstimmung ist bedeutungslos.

57 Gallup, State of the Global Workplace, 2013.

58 Allison Rimm, »Tips for Energizing Your Exhausted Employees«, Harvard Business Review, 26. November 2013. http://blogs.hbr.org/2013/11/tips-for-energizing-your-exhausted-employees.

Habe ich bereits erwähnt, dass den Mitarbeiterinnen und Mitarbeitern Befugnisse übertragen werden sollten? Ich denke, es versteht sich von selbst, dass Sie Ihren Mitarbeitern und Teams im entsprechenden Framework die größtmögliche Freiheit geben sollten. In den letzten zehn Jahren sind so viele Bücher über das Thema Selbstorganisation und selbstgesteuerte Teams sowie über die Bedeutung von Autonomie von Mitarbeitern in Unternehmen erschienen, dass sie eine halbe Bibliothek füllen könnten. Ich erachte die Notwendigkeit von Autonomie lediglich als gute Hygiene, oder einen Hinweis auf das Offensichtliche. Das heißt nicht, dass jedes Unternehmen es immer richtig macht. Das Pflegeunternehmen Buurtzorg hat es richtig gemacht, als es ein neues Geschäftsmodell einführte, bei dem autonome Pflegekräfte in Teams ohne übergeordnete Hierarchien selbst alles regeln. Dies ist jedoch kein Modell, dass einfach so auf jede Situation übertragen werden kann. Wenn es zu schnell eingesetzt wird, wird von den Mitarbeitern erwartet, autonom zu arbeiten, ohne dass sie ausreichend dafür geschult sind, diesen Wandel zu vollziehen.

Unterschätzen Sie nicht die Bedeutung des Verhaltens in Verbindung mit Engagement. Nicht jedes große Engagement ist zugleich funktional. Das ist eine heikle Angelegenheit. Zunächst einmal sollten Sie befördern, dass Input von Ihren Mitarbeiterinnen und Mitarbeitern kommt. Sie müssen jedoch nicht alle Vorschläge für strategische Änderungen akzeptieren und umsetzen. Als Führungskraft müssen Sie ein klares Strategie-Framework schaffen, es erläutern und sich daran halten. Allerdings müssen Sie Ihren Mitarbeitern innerhalb dieses Frameworks den größtmöglichen Raum für Interpretationen sowie Freiheit lassen. Das ist fast so, als wäre es tabu, klare Grenzen zu stecken.

Es gibt auch eine These, die besagt, dass jegliche Art von Mitarbeiterengagement gut ist. Das ist Unsinn. Eine Menge Geld wird dafür ausgegeben, Motivation und Engagement zu erhöhen. Ich sage aber, dass Sie mehr Zeit mit weniger, aber qualitativ besseren Maßnahmen auf diesem Gebiet verbringen sollten. Lassen Sie Ihre Mitarbeiter beispielsweise eine Selbstverpflichtungserklärung schreiben. Dieses beliebte und sehr effektive Instrument des Personalmanagements ist eine hervorragende Methode, um formelle Personalprozesse zu vermeiden, während ein bodenständigerer Dialog über den Antrieb und die Motivation von Mitarbeitern angeregt wird.

Um die falsche Art des Engagements zu vermeiden, sollten wir die Mitarbeiterzufriedenheit als die einzige Kennzahl für das Engagement aufgeben. Wir sollten uns auch das Verhalten der Mitarbeiter ansehen. Jemand könnte behaupten, sehr zufrieden zu sein. Aber lässt er seinen Worten auch Taten folgen? Sean Graber, CEO des Ausbildungszentrums Virtuali, identifiziert negative, gleichgültige und positive Wahrnehmungen der Mitarbeiter und grenzt diese von destruktiven, neutralen und konstruktiven Verhaltensweisen ab.[59] Die sich daraus ergebende Matrix zeigt den Top-Mitarbeiter, der dem Saboteur diametral entgegen-

59 Sean Graber, »The Two Sides of Employee Engagement«, Harvard Business Review, 04. Dezember 2015. https://hbr.org/2015/12/the-two-sides-of-employee-engagement.

gesetzt ist, der Rotzlöffel dem Märtyrer, in der Mitte liegen der Herumlungerer, der Underachiever, der Zyniker, der Delinquent und das Arbeitstier. Auch wenn alle gleichermaßen engagiert sind, kann dies nicht notwendigerweise in einen positiven Beitrag für das Unternehmen übersetzt werden. Selbstredend möchten Sie destruktives Engagement vermeiden. Jeder Mitarbeitertyp erfordert eine andere Art des Führungsstils und des Coachings, um sowohl die Mitarbeiterentwicklung zu fördern als auch um die Leute loszulassen.

Sie möchten mehr erfahren?
Möchten Sie sehen, wie echtes Engagement aussieht? Sehen Sie sich einen Studioleiter kurz vor einer Live-Übertragung an.

2.5 Erfolgsfaktor 5: Strategieumsetzung zur obersten Priorität machen

Wie wichtig ist die Umsetzung von Strategien tatsächlich und warum? In diesem Abschnitt wird deutlich gezeigt, dass jede Führungskraft nur eine Hauptaufgabe hat: Umsetzung. Deshalb steht auch das E in CEO für »Executive«.

2.5.1 Strategieumsetzung ist eine Disziplin für sich

Strategieumsetzung erfordert mehr als nur mit Ideen über Führung um die Ecke zu kommen. Auf Ihre Worte müssen auch Taten folgen, denn Taten sagen mehr als tausend Worte. Wenn Sie Ihre strategischen Ziele aufschreiben, bedeutet das nicht, dass Sie sie bereits erreicht haben. Beim Pudding gilt »Probieren geht über Studieren«, und im Hinblick auf Ihre Strategie gilt die Umsetzung als Bewährungsprobe. Es gibt eine großartige Anekdote über Conrad Hilton, den Gründer der gleichnamigen Hotelkette, der schlussendlich in Rente ging, als er Mitte achtzig war. Zu diesem Anlass wurde er von einigen Großen seiner Branche geehrt. Am Ende des Abends schlurfte er auf die Bühne, um eine Frage des Festredners, mit der schon alle gerechnet hatten, zu beantworten: »Mr. Hilton, was ist das Geheimnis Ihres Geschäftserfolgs?« Seine Antwort darauf war so kurz und knapp wie brillant: »Vergessen Sie nie, den Duschvorhang auf der Innenseite der Badewanne hängen zu lassen.« Damit drehte er sich um und ging von der Bühne.[60]

Es ist offensichtlich, dass dies eine starke Vereinfachung ist. Leadership bei der Umsetzung von Strategien erfordert sehr viel mehr, und zwar alle möglichen Kompetenzen und gutes Timing: das Richtige zum richtigen Zeitpunkt machen. Einer der Change Leader, der sich immer wieder als effektiv erwiesen hat, ist der verstorbene Bürgermeister von Ams-

60 Tom Peters, »EXCELLENCE: Tuck in the Shower Curtain«, YouTube, 16. Mai 2012. https://www.youtube.com/watch?v=2dQXDiicghQ.

terdam Eberhard van der Laan. Er hatte keine Angst davor, schwierige Entscheidungen zu treffen oder seine politische Karriere aufs Spiel zu setzen. Viele leitende Angestellte von Aktiengesellschaften betonen, wie wichtig dies sei. Wenn Sie keine persönliche Verantwortung übernehmen, werden Sie keinen Durchbruch erzielen. Bürgermeister Van der Laan scheute sich auch nicht, seine Meinung zu äußern. Während sich die öffentliche Debatte im Stadtrat und in den Medien darüber, ob Durchsuchungen zur Vorbeugung von Straftaten eine Verletzung der Privatsphäre seien, hinzogen, tat er seine unpopuläre Meinung kund und sagte, dass »eine Waffe am Kopf eine viel schlimmere Verletzung der Privatsphäre ist als Durchsuchungen zur Vorbeugung von Straftaten«.[61]

»Operational Intensity« sollte eine notwendige Kompetenz für jede Führungskraft sein. Einer meiner Freunde ist Vorstandsmitglied bei Unilever. Er ist stolz darauf, dass sein Unternehmen Regeln zur sozialen Verantwortung befolgt und dass seine Kolleginnen und Kollegen zunehmend handlungsorientiert sind. Diese Transformation geht mit sorgfältig ausgewählten Konzepten und einer ebensolchen Sprache einher. Der Begriff der Operational Intensity spiegelt eine Orientierung an der Umsetzung auf jedem Level, von der Führungsetage bis hin zur Poststelle, wider. Beispielsweise erzählte mir mein Freund von einem Problem in Asien, wodurch die Produktion in ein anderes Werk verlegt werden musste. Das Unternehmen musste eine Reihe von wichtigen Entscheidungen treffen, die weitreichende Auswirkungen auf die Bereiche Logistik, Management und sogar Unternehmenskultur hatten. Alle Halal-Produkte des Unternehmens, die in einer halal-zertifizierten Fabrik in einem muslimischen Land produziert worden waren, sollten nun in einer Fabrik hergestellt werden, in der diese Produkte auch hergestellt werden konnten, die jedoch nicht halal-zertifiziert war. Mithilfe einer Gruppe auf WhatsApp konnte das Unternehmen in weniger als 48 Stunden alle Entscheidungen treffen, wobei es völlig unerheblich war, wo sich die Entscheidungsträger auf der Welt befanden.

Papst Franziskus ist ein weiteres gutes Beispiel. Der Pontifex involviert nicht bei allen seinen Entscheidungen die Kurie, die Zentralverwaltung des Vatikans. Infolgedessen tauchen regelmäßig Gäste am Tor des Vatikans auf, um eine Audienz beim Papst zu bekommen, und treffen dann die Kurie ahnungslos und unvorbereitet an.

Wie sich immer wieder herausstellt, ist eine serviceorientierte, konstruktive Führung die beste Führung. Die effektivsten Führungskräfte haben kein großes Ego. Manfred Kets de Vries, Führungskräfte-Coach, Psychoanalytiker und Professor an der Wirtschaftsuniversität INSEAD, hat eine Untersuchung zu den etwas perverseren Aspekten der Persönlichkeit von charismatischen Führungskräften durchgeführt.[62] Da wir alle über Erfahrungen aus erster Hand verfügen, wissen wir, dass Unternehmerinnen und Unternehmer voll von Egos und Politik sind, und zwar von der Führungsetage bis hinunter in die Poststelle. Wir sollten

61 Martin Sommer, »Deugdzaamheid en politiek«, de Volkskrant, 22. März 2014.
62 Manfred F. R. Kets de Vries, Leiderschap ontraadseld: Een handleiding, Nieuwezijds, 2003.

also realistisch sein und die Dinge so weit wie möglich auf den Tisch legen. Wir sollten die Befindlichkeiten und Überzeugungen der anderen respektieren. Denken Sie nur einmal an den Ausspruch des israelischen Generals und Politikers Jitzchak Rabin: »Lassen Sie Ihren Feinden den Spielraum, eine Kehrtwende zu machen, ohne das Gesicht zu verlieren.«[63]

Sie möchten mehr erfahren?
Larry Hrebiniak, Professor an der Wharton School of Business und Autor des Buchs *Making Strategy Work*, spricht über den alarmierend hohen Prozentsatz von gescheiterten Strategien und darüber, was Sie tun können, um dafür zu sorgen, dass Ihre Strategie ein Erfolg wird.

2.5.2 Zauber und Entmystifizierung von Change Leadership

Die Begriffe Notwendigkeit, Einfachheit und Fokus haben einen gewissen Zauber. In *Must-Win Battles* beschreiben Peter Killing, Thomas Malnight und Tracey Keys, wie wichtig es ist, nicht jeden Kampf zu kämpfen, sondern nur einige wenige, die gewonnen werden müssen.[64] Jedoch sollten Sie die Zahl der Kämpfe nicht allzu sehr reduzieren. Setzen Sie nicht alles auf zwei große Kämpfe, sondern verteilen Sie das Risiko mehr. Zerbrechen Sie sich nicht den Kopf darüber, ob Sie sich die Kämpfe auf der Grundlage von Dringlichkeit oder Spannung auswählen. Heutzutage ist es für gewöhnlich eine Mischung. Die Kämpfe, die Sie gewinnen müssen, sind die Arena, in der Sie einen Durchbruch erzwingen müssen.[65] Das ist zwar nicht leicht, aber machbar. Führungskräfte von großen Unternehmen betonen immer wieder Notwendigkeit, Fokus und Einfachheit. Sie formulieren ihre strategischen Ziele klar sowie kurz und knapp, häufig in einer Liste mit drei bis fünf Punkten. Eine solche Einfachheit ist sehr wirkungsvoll. Führungskräfte, die Strategien erfolgreich umsetzen können, verfügen über hervorragende Fähigkeiten, systematisch für einen Fokus zu sorgen. Das bedeutet, dass sie auch wissen, wenn ein Nein angebracht ist. Nach der Pleite des europäischen Elektrotechnik-Unternehmens Imtech im Jahr 2015 gab ein leitender Angestellter eines großen internationalen Handelsunternehmens zu, dass er für seine Aktionäre die besten Ergebnisse dadurch erzielt habe, dass er Forderungen nach neuen Maßnahmen abgelehnt habe.[66]

Führungskräfte, die bei der Umsetzung von Strategien erfolgreich sind, wissen, wie sie mit Ängsten und Versuchungen, mit denen sie entlang des Weges immer wieder konfrontiert werden, umgehen müssen. Dabei geht es zum Beispiel um die Angst, den falschen Fokus zu ha-

63 Siehe auch Sun Tzu's The Art of War. »The Ancient Classic: When surrounding an enemy, allow him an outlet«, Capstone, 2010.

64 Peter Killing, Thomas Malnight & Tracey Keys, «Must-Win Battles: Creating the Focus You Need to Achieve Your Key Business Goals«. Financial Times Prentice Hall, 2005.

65 Scott Belsky, »Thinking: Sometimes it's best to break through, not circumvent«, https://www.facebook.com/scottbelsky/posts/10100981388805765, April 16, 2013.

66 Hans Verbraeken, »De les van Imtech: overnemen klinkt zo makkelijk, maar is zo moeilijk«, Het Financieele Dagblad, 27. August 2015.

ben und noch weiter hinter den Wettbewerbern zurückzubleiben; oder die Angst, Chancen zu verpassen (»Fear Of Missing Out« (FOMO)). Eines ist klar: Führungskräfte ohne Fokus machen sich selbst und alle um sie herum verrückt. Wenn sie selbst nicht einmal wissen, in welche Richtung sie gehen, und warum, warum sollten die anderen ihnen dann folgen? Vermeintliche Agilität und Flexibilität erscheint zunächst frisch und vital. Aber die darunterliegende Wirklichkeit von unbeständigen Unternehmen ohne klare Ausrichtung wird sich sehr schnell zeigen.[67]

Echte Strategieumsetzung erfordert Durchhaltevermögen. Es geht hier per definitionem um verzögerte Belohnung. Führungskräfte, die sich daran halten, treffen auf eine Menge Widerstand. Die schwierigsten Momente sind, wenn jemand hervorragende Argumente liefert, die ihre eigenen Zweifel verstärken. Schließlich gibt es für jede Option Vor- und Nachteile.

Moderne Führungskräfte brauchen neue Kompetenzen, um Strategien erfolgreich umzusetzen. Leadership ist das beliebteste Thema von Managementbüchern. Also ist es nicht schwierig, Informationen ausfindig zu machen. Was jedoch nicht so einfach ist, ist herauszufinden, welche Führungsqualitäten für einen Erfolg bei der Strategieumsetzung verantwortlich sind. Wir haben uns aber bei unserer Untersuchung und unseren Case Studies genau darauf konzentriert. Herausgekommen ist eine Liste mit Kompetenzen, die eine hervorragende Führungskraft des 21. Jahrhunderts von einer mittelmäßigen unterscheiden.[68] Alle Personalabteilungen in Unternehmen und alle Headhunter sind herzlich eingeladen, diese zu nutzen. Moderne Führungskräfte sind

- strategisch und analytisch kompetent;
- können auf ansprechende Weise das Warum, Was und Wie kommunizieren;
- verfügen über Gründer-Mentalität;[69]
- können vereinfachen und Hindernisse beseitigen;
- arbeiten systematisch daran, die Umsetzung zu verbessern;
- schaffen und erzwingen Entscheidungen und Durchbrüche;
- glauben an Schwarmintelligenz und objektivieren so die Entscheidungsfindung;
- bauen Vertrauen auf;[70]
- verfügen über Autorität und das gewisse Maß an Paranoia;
- arbeiten immerzu an sich selbst;
- sind neugierig und haben mehr Fragen als Antworten;
- widerstehen der Tyrannei des altmodischen Change Management.

Eine vollständige Liste befindet sich im Anhang 3.

---

67 Dan Rockwell, »The Power and Freedom of Focus«, Leadership Freak weblog, 15. September 2014. https://leadershipfreak.wordpress.com/2014/09/15/the-power-and-freedom-of-focus.

68 Daniel Goleman, »Eight Must-Have Competencies for Future Leaders«, DanielGoleman.info, 01. Juli 2014. http://www.danielgoleman.info.

69 Chris Zook & James Allen, The Founder's Mentality: How to Overcome the Predictable Crises of Growth. Harvard Business Review Press, 2016.

70 George Kohlrieser, Susan Goldsworthy & Duncan Coombe, Care to Dare: Unleashing Astonishing Potential Through Secure Base Leadership. Jossey-Bass, 2012.

Wenn die Führungskräfte sich nicht weiterentwickeln, ist damit zu rechnen, dass sich auch das Unternehmen nicht weiterentwickelt. Mehr als die Hälfte der Kompetenzen in dieser Liste sind die, die als »Soft Skills« bekannt sind. Dadurch werden hohe Anforderungen an die persönliche Entwicklung von Führungskräften gestellt. Und das ist eine Welt für sich – mit Trainingseinheiten, Büchern, Kursen, Gurus und Coaches. Und alle sind darauf aus, Ihnen zu helfen, ein besserer Mensch, eine bessere Mutter bzw. ein besserer Vater, ein besserer Freund, Kollege und Chef zu werden. Es gibt ein Sammelsurium aus genauso vielen qualitativ hochwertigen wie minderwertigen Methoden zur persönlichen Entwicklung. Wenn Sie sich für qualitativ hochwertige Kurse interessieren, kann ich Ihnen George Kohlrieser, Professor am IMD und Autor von *Gefangen am runden Tisch* (2006) und Brent Smith, Professor an der London Business School, empfehlen. Sie bieten hervorragende Programme zur Führungskräfteentwicklung und Team-Kompetenzen auf akademisch fundierte, aber dennoch praktische und persönliche Weise an. Sie beschränken sich nicht darauf, Ihnen Kompetenzen beizubringen und Instrumente an die Hand zu geben, sondern sie zwingen Sie auch, ganz tief zu graben und sich selbst genau unter die Lupe zu nehmen. Aber so gut diese Trainings auch sind, in der harten Realität des Geschäftsalltags erfahren Sie weit mehr über sich selbst. Und genau darum geht es in diesem Buch.

Diese neue Rollenbeschreibung mag Ihnen vorkommen wie die Forderung nach dem sprichwörtlichen Einhorn. Eine nähere Analyse fördert jedoch ein paar auffällige Veränderungen in der Wahrnehmung dessen, worum es bei guten Führungskräften geht, zutage. Früher wurde Leadership in der Regel im Hinblick auf Charisma und starke Führung definiert. Denken Sie an Jan Timmer, der in den neunziger Jahren Philips durch das Turnaround-Programm Operation Centurion gesteuert hat. Heutzutage lautet das Schlagwort Authentizität. Das ist eine Kompetenz, die Sie nie für sich in Anspruch nehmen können, gleichwohl wird sie jedoch als Messlatte verwendet.

Der Fokus von modernen Führungskräften liegt auf offener Zusammenarbeit. Auf diese Art führen CEOs der neuen Generation wie Ralph Hamers bei der ING Bank und Ton Büchner bei AkzoNobel ihre Unternehmen. Das müssen sie auch, denn die Unternehmen und ihre eigene Leistung sind heutzutage viel mehr dem Blick der Öffentlichkeit ausgesetzt. Also suchen sie sich Leute, die die Vision und Mission ihres Unternehmens teilen, und dann geben sie den Führungskräften und Teams den Raum, den sie brauchen, um zu wachsen.[71] Eine von PwC im Jahr 2015 durchgeführte Befragung von 6.000 Führungskräften zeigte, dass nur 8 Prozent von ihnen über die richtigen Kompetenzen verfügten, um große Transformationen zu erzielen.[72] Die meisten davon waren Frauen. Dieselbe Umfrage war bereits

71 Kathy Caprino, »How much has our perception of great leadership shifted over the past decade and what has changed?«, Forbes, 29. August 2015. http://www.forbes.com/sites/kathycaprino/2015/08/29/how-much-has-our-perception-of-great-leadership-shifted-over-the-past-decade-and-what-has-changed/2/#7f2a65067187.

72 Jessica Leitch, David Lancefield & Mark Dawson, »10 Principles of Strategic Leadership«, Strategy + business, 18. Mai 2016. http://www.strategy-business.com/article/10-Principles-of-Strategic-Leadership?gko=25cec.

im Jahr 2005 mit ähnlichen Ergebnissen durchgeführt worden. Die Transformationsmühlen mahlen sehr langsam.

Spiegelneuronen wirken Wunder. Neue Untersuchungen an der Schnittstelle zwischen Neurobiologie und Wirtschaftspsychologie – darunter auch Arbeiten von Daniel Goleman und Richard Boyatzis – haben große Auswirkungen auf unser Verständnis von Führung.[73] Es ist erwiesen, dass konstruktive, serviceorientierte und positive Führung dazu führt, dass die Mitarbeiterinnen und Mitarbeiter aufgrund des Einflusses von Spiegelneuronen dem Beispiel folgen. Das ist reine Biologie. Spiegelneuronen werden aktiviert, wenn Sie beobachten, wie eine andere Person etwas macht. Interessanterweise stimuliert diese Aktion denselben Punkt im Gehirn beim Beobachter wie bei der Person, die die Aktion ausführt.[74] Vor dem Hintergrund dieser Information müssen Führungskräfte ihr eigenes Verhalten und die Auswirkungen auf andere genauer im Blick behalten. Zudem sollten sie diese Selbsterkenntnis positiv nutzen. Diese neue Erkenntnis hat sogar eine ethische Dimension: Sie kann Abhilfe bei einer der destruktivsten, von Führungskräften gezeigten Verhaltensweisen schaffen, nämlich bei den manipulativen Tendenzen, die sich aus einer Kombination aus hoher emotionaler Intelligenz und einem großen Ego ergeben.[75]

Sie möchten mehr erfahren?
Rosabeth Moss Kanter hat auf TEDx einen exzellenten Vortrag über die sechs Methoden zur Erreichung eines positiven Wandels gehalten.

2.5.3 Kontinuierliche Abstimmung

Sich um Abstimmung innerhalb der Befehlskette der Linienorganisation zu bemühen, ist einfach. Abstimmung ist mehr, als nur dafür zu sorgen, dass die Befehlskette gut geölt ist, und dass die Mitarbeiterinnen und Mitarbeiter, die vertikal auf demselben Niveau arbeiten, ihre mithilfe von KPIs definierten Ziele erreichen. Dank Peter Drucker und den digitalen Balanced Scorecards (BSC) von Norton und Kaplan nutzen viele Unternehmen heutzutage einfache und transparente Systeme für das Performance-Management.

73 Siehe Daniel Goleman & Richard E. Boyatzis, »Social Intelligence and the Biology of Leadership«, Harvard Business Review, September 2008, https://hbr.org/2008/09/social-intelligence-and-the-biology-of-leadership.

74 Radboud Universiteit Nijmegen, »Spiegelneuronen socialer dan gedacht«, Kennislink, 30. Mai 2007. http://www.kennislink.nl/publicaties/spiegelneuronen-socialer-dan-gedacht.

75 Kate Everson, »EQ: A Study in Manipulation«, Chief Learning Officer, 17. Juni 2014. https://www.chieflearningofficer.com/2014/06/17/eq-a-study-in-manipulation/. Siehe auch Pijl, Het nieuwe normaal, S. 133, S. 173–174.

Die Herausforderung besteht in der horizontalen Abstimmung außerhalb der Befehlskette. Mindestens 80 Prozent der Arbeit, die für die Umsetzung von Strategien aufgewendet wird, muss in der Struktur, in der die Mitarbeiterinnen und Mitarbeiter arbeiten, ausgeführt werden. Dabei spielt es keine Rolle, ob die Verantwortung für die Maßnahme der Linienorganisation, einer Abteilung oder dem Team, in dem die Mitarbeiter arbeiten, übertragen wurde, oder ob die Maßnahme in einem Projekt durchgeführt werden soll. Wenn 80 Prozent nicht in der Hauptstruktur, der die Verantwortung übertragen wurde, ausgeführt werden, war es vermutlich eine schlechte Entscheidung, diese Hauptstruktur zu wählen. Zudem brauchen diejenigen, die die Strategie umsetzen, auch Zeit, um ihre Maßnahme mit anderen Maßnahmen und Bereichen zu koordinieren und zu organisieren (wofür 10 bis 20 Prozent der Zeit benötigt werden, die für die Umsetzung von Strategien aufgewendet wird). Außerdem brauchen sie Zeit, um über Fortschritte zu berichten, um Eskalationen zu handhaben und die Zusammenarbeit aufrechtzuerhalten, und zwar sowohl in Projekten oder Programmen als auch in ihrer alltäglichen Arbeit. Diese Art von Abstimmung, oder altmodischer Koordinierung, ist genau das, was den Erfolg befördert.

Bei Abstimmungen handelt es sich um tückische Prozesse, denn eine Menge kann schieflaufen. Je höher man sich im Unternehmen befindet, desto höher ist das Risiko, dass die Führungskräfte isoliert sind.[76] Ein weiteres Problem besteht darin, dass es zwischen dem oberen und mittleren Management kein Führungslevel gibt. Vergessen Sie außerdem nicht, dass es unter dem Deckmantel der Autonomie und Selbstorganisation auf jedem Level zu Fehlern bei der Abstimmung kommen kann. Es kann auch zwischen primären und sekundären Prozessen zu Fehlern bei der Abstimmung oder gar Missachtung führen. In Linienorganisation werden häufig Backoffice-Jobs geringgeschätzt. »Wir erledigen die Arbeit, während die anderen nur Geld kosten und nichts dafür tun, unsere Probleme zu lindern.« Gegebenenfalls gibt es sogar Rivalität zwischen verschiedenen administrativen Abteilungen, beispielsweise zwischen den IT-, Finanz- oder Personalabteilungen.

Und es gibt auch fehlerbehaftete Abstimmung zwischen verschiedenen Linienabteilungen. Zu den typischen Rivalitäten gehören Sätze wie »wir haben eine exzellente Top-Line entwickelt, aber die Versandabteilung lässt uns hängen« (Vertrieb) oder »sie verkaufen unsere Sachen nicht und versprechen zu viel« (Operations). Die gegenseitigen Anschuldigungen zwischen Produktmanagement, Produktgruppenmanagement und Einkauf sind ebenfalls legendär. Und zu guter Letzt gibt es auch noch die schlimmste Form der fehlerhaften oder nicht vorhandenen Abstimmung: die zwischen der Linienorganisation und den Projekten und Programmen. Die Probleme drehen sich immerzu um Kommunikation. Wie der Lenkungskreis sich mit dem Betriebsrat abstimmt, wie sich die Linienorganisation

76 Ron Ashkenas, »The Problem with Executive Isolation«, Harvard Business Review, 09. July 2013. http://blogs.hbr.org/2013/07/why-we-isolate-senior-leaders.

mit den Programmen abstimmt und umgekehrt, und wie das obere Management mit den unteren Levels kommuniziert.

Um zu messen, wie gut die Abstimmungen in Ihrem Unternehmen funktionieren, können Sie das Analyseinstrument SECA.NU von Turner Consultancy nutzen. Dieses onlinebasierte Instrument zur Analyse der Strategieumsetzungskompetenzen hilft Ihnen nicht nur dabei, die Reife Ihres Unternehmens im Hinblick auf Strategieumsetzung zu bewerten, sondern auch Ihre Abstimmungskompetenzen.

Es liegt auf der Hand, dass Führungskräfte die verschiedenen Bereiche dazu anhalten zusammenzuarbeiten. Sie wären gut beraten, die Notwendigkeit sich abzustimmen in jeder ihrer Nachrichten zu betonen. In jedem Businessplan-Zyklus sollte ein Endlosschleife zum Austausch zwischen den verschiedenen Bereichen und Levels - sowohl horizontal als auch vertikal - enthalten sein. Es ist wichtig, vorrangig in Geschäftsprozess-Ketten zu denken und zu arbeiten. Funktionsübergreifende Zusammenarbeit sollte die Regel sein, und bereichsübergreifende Zusammenarbeit sollte gefördert werden. Das ist die beste Methode, um Silos abzubauen.

In der Geschäftsleitung sollte es KPIs zur Zusammenarbeit geben. Außerdem sollten Sie die Ergebnisse und das Feedback zur Qualität des Unternehmens einem breiten Publikum kommunizieren. Die Entstehung von Silos sollte nicht befördert werden. Definieren Sie die Notwendigkeit, dass das Management informieren muss, und zwar auf der Basis von Zusammenarbeit statt auf Unternehmensbereichen. Prüfen Sie auch, ob alle den Begriff Abstimmung so definieren, wie sie es sollten, das heißt als Pflicht, Informationen auszutauschen. Seien Sie ein Vorbild im Hinblick auf Abstimmung.

Wie können Sie das erreichen? Das ist recht einfach. Gehen Sie mindestens zweimal pro Woche zu Ihren Mitarbeiterinnen und Mitarbeitern runter.[77] Gehen Sie ein paar Mal pro Monat hoch und runter, um zu sehen, welche Kanäle wieder gereinigt werden müssen. Echte Abstimmung erfordert echten Kontakt mit festem Rhythmus. Jack Welch bezeichnet solche Gelegenheiten, um miteinander zu sprechen, oder solche Meetings als »Lauschposten«. Diese ermöglichen es Ihnen, mit den operativen Mitarbeitern in Kontakt zu bleiben.[78]

In diesem Szenario sind die Mittelmanagerinnen und -manager von entscheidender Bedeutung. Mittelmanager haben drei Funktionen: die des Umsetzers, des Netzwerkers und des Wegbereiters.[79] Sie können aber ihre Rolle nur wirksam ausfüllen, wenn das obere Management Zeit und Energie in sie investiert. Mittelmanager benötigen die richtigen In-

77 Peters, The Little Big Things.

78 Ron Ashkenas, »The Problem with Executive Isolation.«

79 W. Christian Buss (DeSales University) & Rosalie Kuyvenhoven (Turner Consultancy), »Perceptions of European Middle Managers of Their Role in Strategic Change«, Global Journal of Business Research, Vol. 5, No. 5, 2011.

formationen und das richtige Umfeld, um erfolgreich zu sein. Dazu gehört auch, dass sie genug Zeit bekommen, um in Strategieumsetzung geschult zu werden.

Sie möchten mehr erfahren?
Das berühmte Video »Disconnect to connect« »(Koppeln Sie sich ab, um sich zu verbinden«) zeigt, wie wichtig es ist, Ihr Handy für eine Weile abzuschalten, um wirklich mit den Menschen in Kontakt zu treten.

2.6 Erfolgsfaktor 6: 20 Prozent Strategie und 80 Prozent Umsetzung – das ist das Ziel

Verwendete Zeit wird unser neuer KPI sein. Was erfordert die neue Zeitnutzung von jeder Führungskraft? Wie können Standardisierung und Disziplin dazu beitragen, die Menschen und Ergebnisse in den Mittelpunkt zu stellen?

2.6.1 Umkehren, wie Zeit und Geld verwendet werden

Die Einteilung der Zeit ist letztendlich der größte entscheidende Faktor bei der Umsetzung von Strategien. Eine Strategie fängt mit Wörtern an, eine erfolgreiche Umsetzung mit Handeln. Daher sollten Sie 80 Prozent Ihrer Ressourcen und Zeit nur auf die Umsetzung verwenden (und Ihre Zeit einteilen), und nicht auf Strategieentwicklung und Analyse. So werden Zeit und Geld am besten eingesetzt (siehe Abbildung 7). Aber offensichtlich ist das für Führungskräfte sowie Mitarbeiterinnen und Mitarbeiter recht schwer. Konzeptanalysen sind eine reflexartige Reaktion. Für die Steuerung der Umsetzung ist mehr Anstrengung nötig. Die Umsetzung in eine Gewohnheit zu verwandeln ist zwar eine große Herausforderung, aber dennoch machbar. Nachstehend finden Sie einige praktische Hinweise:

- Halbieren Sie Ihre jährlichen Business-Pläne, sowohl was die Zeit angeht als auch im Hinblick auf den Umfang der Pläne.
- Lassen Sie für jede ausgewählte Maßnahme nur einseitige Präsentationen zu.
- Fördern Sie iterative Entwicklungen und Umsetzungen.
- Machen Sie dies zum Leitgedanken bei der Planung und Kontrolle sowie in jedem Maßnahmenplan.

Gehen Sie im Rahmen von drei Projekten ein Jahr lang so vor und vergleichen Sie die Ergebnisse mit dem vorangegangenen Jahr. Ich bin gewiss nicht dafür, noch mehr KPIs zu formulieren, aber dieser eine wird nicht schaden.

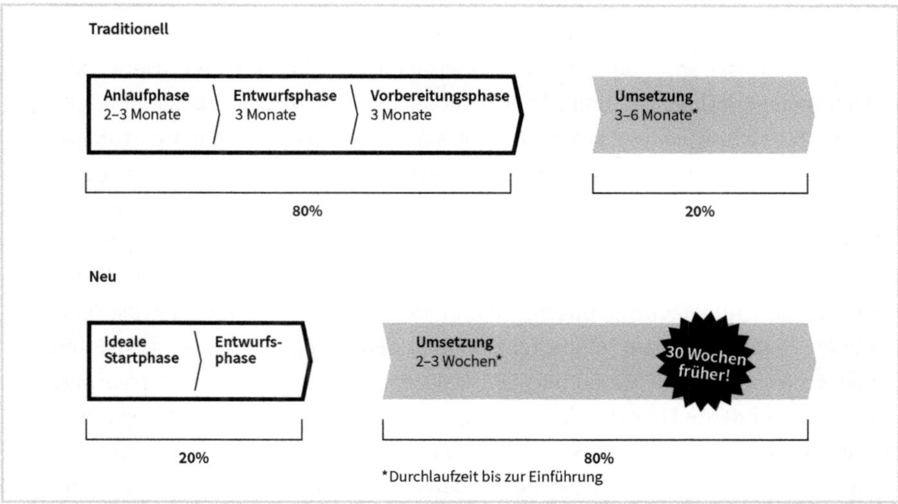

Abb. 7: Verwenden Sie 80 Prozent Ihrer Ressourcen (Zeit, Geld, Energie, Motivation) auf die Strategieumsetzung. (Quelle: Turner 2015)

Werden Sie sich des Werts der Zeit bewusst, und kultivieren Sie sie. Der Slogan von Privium, dem Premium-Konzept des Amsterdamer Flughafens Schiphol lautet »Zeit ist der größte Luxus«. Das ist ein passender Slogan für ein Priority-Programm, bei dem die Reisenden sich nicht mehr anstellen müssen. Bei der Umsetzung von Strategien sind wir daran gewöhnt, uns ausschließlich auf das Budget und nicht auf die Zeit zu fokussieren. Das ist allerdings ein Fehler.

Im Klassiker *The Effective Executive*, der 1966 herauskam, schreibt Peter Drucker, dass Zeit keine erneuerbare Ressource ist. Die Zeit fliegt und vergangene Zeit kann nicht wieder zurückgeholt werden. Drucker erachtet deshalb Zeit als Rohstoff einer Führungskraft. Die produktive Nutzung dieser Ressource bestimmt ihre Effektivität.[80] In den Wirtschaftswissenschaften werden typischerweise die drei zentralen Produktionsfaktoren Arbeit, Boden (natürliche Ressourcen), Kapital unterschieden. Zeit sollte wirklich auch dazu gehören. Sie ist vermutlich die knappste und wichtigste Ressource auf unserem Planeten. Sie ist auch die einzige, die gleichmäßig verteilt ist, was sie zu einer Ressource macht, die Ihnen einen Wettbewerbsvorteil einbringen kann.

Strategien umzusetzen ist wie Marathonlaufen. Sie wissen erst, wogegen Sie antreten, wenn Sie Kilometer 25 erreicht haben. Dann wird es nämlich richtig zäh. Sponsoren und

80 Drucker Institute, »Time again for better time management«, 14. Januar 2013. www.druckerinstitute.com/2013/01/better-time-management/.

Mitsponsoren stellen sich erst dann als echte Change Leader heraus, wenn sie den Weg ebnen, Hindernisse entfernen und Mitarbeiterinnen und Mitarbeiter motivieren. Sie müssen permanent dranbleiben und dürfen nicht anfangen zu trödeln, sobald die Ziellinie in Sicht ist. Sie sollten weder Energie noch Ressourcen vergeuden, denn heutzutage brauchen Sie dann nicht nur einen weiteren Energieschub, sondern noch einen und dann noch einen. Das größte Risiko besteht darin, dass die Befürworter in der Führungsriege, auf die Sie gezählt haben, die Maßnahme plötzlich an die Linienorganisation zurückgeben. Genau an dieser Stelle sollten Sie in höchster Alarmbereitschaft sein. Sogar im Rahmen der erfolgreichsten Strategieumsetzungen, die wir untersucht haben, verspürten die Führungskräfte im Leadership-Team mindestens dreimal den Drang, die Zügel loszulassen. Der niederländische Medien-Tycoon und TV-Produzent John de Mol ist ein hervorragendes Beispiel für moderne Führung. Jeder weiß, dass er anwesend sein wird, sogar während der Aufnahmen der allerletzten Folge von *The Voice*, und dass es ihm nichts ausmacht, niedere Aufgaben wie die Ausrichtung der Beleuchtung zu übernehmen. Er arbeitet hart dafür, alle bei Laune zu halten und legt auch jetzt, da das Format auf der ganzen Welt verkauft worden ist, nicht die Füße hoch.[81]

2.6.2 Standardisierung, Disziplin, Rhythmus und Exzellenz

Durch Standardisierung entstehen Freiheit, Zeit und Flexibilität. Ich bin mir bewusst, dass sich viele Angestellte der Vorstellung von mehr Standardisierung verweigern, oder sie zumindest skeptisch betrachten. Sie ist aber eine hervorragende Methode, um Zeit zu sparen, die wir dann für andere Themen einsetzen können, wodurch ein echter Mehrwert geschaffen wird. IKEA liefert ein sehr gutes Beispiel dafür.[82] Die Führungsmannschaft besteht darauf, jeden sich wiederholenden Prozess zu standardisieren. Das ist nicht verhandelbar, sorgt aber dafür, dass die Managerinnen und Manager Innovationen, Persönlichkeitsentwicklung und fachlichen Gesprächen viel Zeit widmen können.[83]

Neben der Standardisierung benötigen wir Struktur. Klare Ziele und Fahrpläne gewährleisten, dass die Mitarbeiterinnen und Mitarbeiter nicht immer prüfen und koordinieren müssen, sondern vielmehr ihre Aufmerksamkeit den Dingen schenken können, auf die es wirklich ankommt. Der Trick dabei ist, langsam anzufangen und dann schneller zu werden – gehen Sie langsam vor, um schnell zu sein.[84] Diejenigen, die in Projekten und

81 Jan Tromp, »John de Mol: In de Talpahut van Oom John is geen tegenspraak«, de Volkskrant, 31. Januar 2012.

82 Peter Bekkering, »Helena Ohlsson: Branding Ikea-FM grootste uitdaging«; FMM.nl, 07. Oktober 2012.

83 Jim Collins & Morten T. Hansen, Great by Choice: Uncertainty, Chaos, and Luck. Why Some Thrive Despite Them All. HarperBusiness, 2011.

84 Holly Green, »Slowing Down to Go Fast«, Forbes, 15. Januar 2013. http://www.forbes.com/sites/work-in-progress/2013/01/15/slowing-down-to-go-fast.

Programmen arbeiten, beschweren sich häufig darüber, dass sie nicht genug Auszeiten oder Zeit für Reflektion und Qualitätszeit haben, um die wichtigsten Themen mit den Kolleginnen und Kollegen in den Arbeitsgruppen oder Workstreams zu koordinieren. Sie löschen permanent Brände. Teams verfügen häufig nicht über das Minimum an erforderlicher Struktur und Klarheit in Form eines verlässlichen Fahrplans. Dadurch werden sie oft gezwungen, sich spontan etwas einfallen zu lassen. Mitarbeiter neigen dazu, dogmatisch auf der Freiheit des Einzelnen zu bestehen. Dies ist jedoch nicht mehr praktikabel. Zusammenarbeit ist ein Muss, die Menschen müssen sich auf derselben Wellenlänge befinden und dieselbe Sprache sprechen, sodass Zeit übrigbleibt, in der man über die wirklich interessanten Dinge sprechen kann.

Wie der Kolumnist Verne Harnish behauptet, entstehen durch Disziplin Freiheit, Zeit und Flexibilität. Untersuchungen haben gezeigt, dass es sich bei der Disziplin um einen wichtigen Erfolgsfaktor handelt. Die Disziplin, so wie wir sie praktizieren – Priorisierung, Kennzahlen, regelmäßige Meetings –, führt zu mehr Freiheit, Output und Zeit.[85]

Entscheiden Sie sich für die richtige Geschwindigkeit und den richtigen Rhythmus. Schnelligkeit ist genauso wichtig wie Agilität. Zudem können Sie nicht agil sein, wenn Sie zu langsam vorgehen. Wie Untersuchungen gezeigt haben, führt Schnelligkeit zu besseren und nachhaltigeren Ergebnissen (siehe Abbildung 8).[86]

Sie sollten Schnelligkeit anstreben, aber nicht ohne die grundlegende Transformationsgeschwindigkeit in Ihrem Unternehmen zu kennen. Jedes Unternehmen hat seine eigene Transformationsgeschwindigkeit, sei es bei umfänglichen Transformationsprojekten, Produkteinführungen, IT-Erweiterungen oder Fusions- und Integrationsprojekten. Die Transformationsgeschwindigkeit ist keine vage, willkürliche Zahl. Vielmehr kann sie beispielsweise durch die Analyse der letzten drei Change-Projekte objektiv ermittelt werden. Wann haben wir ein dreimonatiges Programm begonnen und am Ende neun Monate gebraucht? Wann war es umgekehrt und wie kam es dazu? Durch dieses Wissen können Sie Unsicherheit und Subjektivität bei strategischen Planungen reduzieren, was in den heutigen unsicheren Zeiten einen enormen Wert darstellt.

---

85 Raphael Klees, »Verne Harnish: Speel niet om niet te verliezen, speel om te winnen«, MKB Servicedesk.nl, 14. November 2013. http://www.mkbservicedesk.nl/8242/verne-harnish-speel-niet-niet-verliezen.htm.

86 Jocelyn R. Davis, Henry M. Frechette Jr. & Edwin H. Boswell, Strategic Speed: Mobilize People, Accelerate Execution. Harvard Business Press, 2010, Abb. 1-2, 1-3.

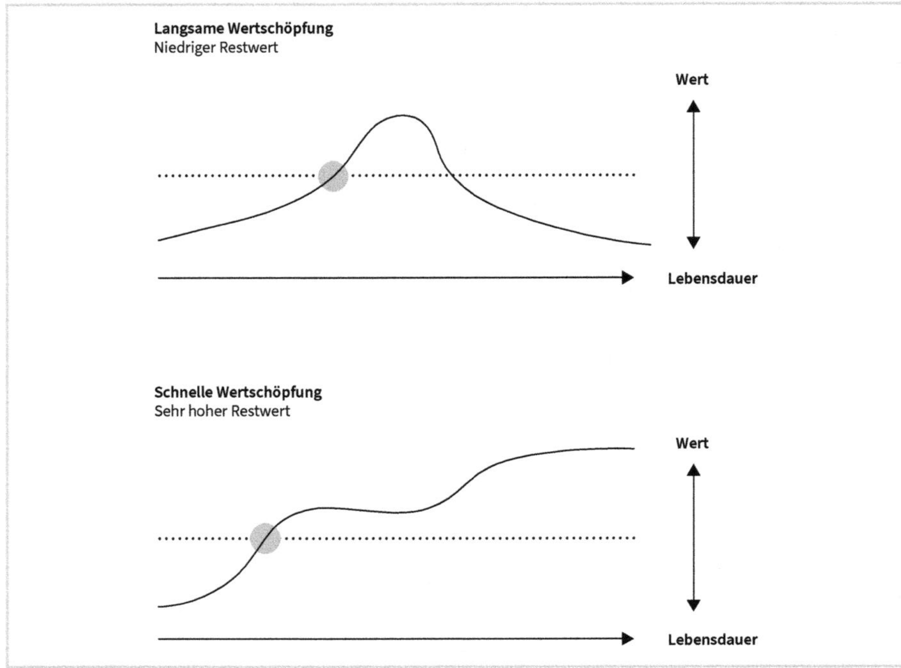

Abb. 8: Bei der Strategieumsetzung geht es ausschließlich um Wertschöpfung. Wertschöpfung funktioniert am besten mit ausreichender Geschwindigkeit.
(Quelle: Ed Boswell, Strategische Geschwindigkeit: Menschen aktivieren, Strategieumsetzung beschleunigen.)

Der Fokus muss auf den Schlüsselmomenten liegen. Sich auf die natürlichen Schlüsselmomente zu konzentrieren ist wichtig und auch irgendwie offensichtlich. Eine neue Mitarbeiterin oder einen neuen Mitarbeiter an Bord holen, einen ersten Entwurf fertigstellen, einen Vertrag abschließen, ein Kickoff-Meeting organisieren, ein erstes minimal funktionsfähiges Produkt fertigstellen oder den ersten Abschnitt eines Umsetzungsplans abschließen; jeder einzelne ist ein wichtiger Moment, den Sie nutzen können. Fragen Sie nach dem Fortschritt und diskutieren Sie über die Schwachstellen, Fehler und Erfolge sowie mögliche Verbesserungen für den nächsten Abschnitt.[87] Nutzen Sie effektive Formen der Beratung mit einer standardisierten Vorgehensweise, um diese Schlüsselmomente zu kennzeichnen.

Exzellenz ist enorm wichtig. Sie ist unverzichtbar, wenn Sie überleben möchten. Sie sollten eine Denkweise befördern, bei der jeder motiviert ist, die Extrameile zu gehen, um dafür zu sorgen, dass alles gründlich und verantwortungsvoll erledigt wird. Zumindest gibt es keinen Stau auf der Extrameile. Mein ehemaliger Kollege Patrick Davidson motivierte seine Leute auf eine großartige Art und Weise. Am Ende eines jeden Meetings stellte der dieselbe Frage: »Ok Leute, zur Extrameile … Morgen beim Workshop in der Zentrale

---

87 Coert Visser, »5 progressiegerichte vragen: een krachtige sequentie«, progressie-gerichtwerken.nl, 14. Juli 2012. http://progressiegerichtwerken.nl/5-progressiegerichte-vragen-een-krachtige-sequentie.

unseres Kunden, was wird unsere Extrameile sein, unser Pluspunkt?« Diese Einstellung ist Gold wert, insbesondere dann, wenn sie in Fleisch und Blut übergeht. Sie sollten nicht nur das tun, was erwartet wird, sondern sich noch ein wenig mehr bemühen und erkennen, dass Sie das hauptsächlich zu Ihrem eigenen Vorteil machen.

Die Messlatte hochhängen ist von Natur aus befriedigend. Selbstverständlich müssen sich viele Unternehmen an regulatorische Vorschriften und Branchenstandards halten. Es ist jedoch noch viel überzeugender, wenn sie sich an ihre eignen positiven und selbst aufgestellten Normen für Produkte und Service-Levels halten. Wie der Fußball-Coach Louis van Gaal bei der WM 2014, kurz nachdem die niederländische Nationalmannschaft 5:1 gegen Spanien gewonnen hatte, sagte: »Wir werden noch besser.«[88]

Exzellenz kann nur im Zentrum der Primärprozesse Ihres Unternehmens während der Arbeit kultiviert werden, indem Exzellenz bei der Herstellung von Produkten und Dienstleistungen, in persönlichen Meetings vorgelebt wird. Sie können Exzellenz nicht fördern, indem Sie ein Memo schreiben.

Sie möchten mehr erfahren?
»Umsetzung mit strategischer Geschwindigkeit«: Ed Boswell, CEO der Forum Corporation, erklärt, warum Sie langsamer werden müssen, um schneller zu werden.

Kompakt

Erfolgsfaktor 1	Drei Typen der Transformation erkennen und ausführen
Erfolgsfaktor 2	Einseitigkeit vermeiden
Erfolgsfaktor 3	Verändern Sie sich, oder Sie werden verändert
Erfolgsfaktor 4	Das Wer ist wichtiger als das Warum, Wie und Was
Erfolgsfaktor 5	Strategieumsetzung zur obersten Priorität machen
Erfolgsfaktor 6	20 Prozent Strategie und 80 Prozent Umsetzung – das ist das Ziel

Das sind die sechs Erfolgsfaktoren, die sich bei unserer Untersuchung immer wieder gezeigt haben. Insgesamt und in Verbindung miteinander sind sie von enormer Bedeutung. Obwohl ich sie als Imperative oder nachdrückliche Empfehlungen formuliert habe, versuche ich nicht arrogant oder überheblich zu sein. Ich bin mir sehr wohl über die Menge an Arbeit und deren Komplexität im Klaren, mit denen es Führungskräfte zu tun haben. Ich weiß, dass Sie sehr viel auf dem Teller haben. Also, an alle Manager, Mitarbeiter und Unternehmer: Begreifen Sie die Erfolgsfaktoren als Hinweise, die Ihnen dabei helfen sollen, effektiver mit der Komplexität bei der Umsetzung von Strategien umzugehen.

88 »Van Gaal: We hebben nog niets«, NOS, 13. Juni 2014. http://nos.nl/artikel/660781-vangaal- we-hebben-nog-niets.html.

3 Das Modell Strategie = Umsetzung: Wie wird es angewendet?

Genießen Sie das Essen auf diesem Teller / Ein guter Koch stützt sich auf Grundsätze, nicht auf Rezepte

3.1 Das Framework mit vier Beschleunigern: Auswählen, Initiieren, Ernten, Sichern

Die im letzten Kapitel beschriebenen sechs Erfolgsfaktoren sind das Fundament für Exzellenz bei der Strategieumsetzung. Sie benötigen aber auch ein Framework, um diese Exzellenz zu erreichen: das Modell Strategie = Umsetzung.

Bei den Ergebnissen der von mir durchgeführten Untersuchung haben sich vier Beschleuniger der Strategieumsetzung herauskristallisiert. Abbildung 9 zeigt die Hauptelemente und gibt einen Überblick über das Modell Strategie = Umsetzung.

Der erste Beschleuniger gilt für den Prozess, der das ganze Unternehmen betrifft: die Festlegung der Gesamtstrategie. Die anderen drei gelten hingegen für die Umsetzung strategischer Maßnahmen wie Programme oder Projekte. Jeder Beschleuniger besteht aus vier Bausteinen, die eine Orientierung geben. Zwei davon betreffen die harten Kompetenzen, die anderen beiden die weichen Kompetenzen.

In der obersten Reihe der Bausteine mit den harten Kompetenzen befinden sich die Ziele und der Benefit, das heißt das *Warum*. Die nächste Reihe der Bausteine mit den harten Kompetenzen bezieht sich auf den Inhalt der Strategie und das Maßnahmenportfolio, das heißt das Was. In der obersten Reihe der Bausteine mit den weichen Kompetenzen geht es um die Umsetzung und die Change-Strategien, beziehungsweise das *Wie*. Die zweite Reihe der Bausteine mit den weichen Kompetenzen umfasst Informationen zu den Verantwortlichen der Maßnahme und den gewünschten Benefit, das heißt das *Wer*. Insgesamt handelt es sich bei den Beschleunigern und Bausteinen um eine Anleitung für die Zukunft. In diesem Sinne sind sie die »Future Practices« und nicht die »Best Practices«.

Eine notwendige Voraussetzung dafür, diese Bausteine richtig zu nutzen, ist die Fähigkeit, in Projekten und Programmen zu arbeiten. Nur so ist es möglich, alle harten, inhaltsbasierten Kompetenzen mit den weichen, transformationsorientierten Aspekten der Strategieumsetzung zu verbinden. Sie werden feststellen, dass diese ganzheitliche Methode das Rückgrat des gesamten Modells Strategie = Umsetzung ist.

Das ist das Framework, das ich in den folgenden Kapiteln erläutern werden. Ich werde mich durch den Prozess hangeln, Beschleuniger für Beschleuniger, um eine komplette Methode und einen kompletten Prozess für die Strategieumsetzung aufzubauen. Nach jedem der 16 Anleitungsbausteine wird eine umfassende Case Study einer erfolgreichen Strategieumsetzung aufgeführt. Beginnen wir mit einer kurzen Zusammenfassung der Beschleuniger und der 16 Bausteine.

3.2 Vier Beschleuniger und 16 How-to-Bausteine

Das gesamte Unternehmen betreffend:

Beschleuniger 1: Auswählen
Beschleuniger 1 beschreibt den Prozess der Entwicklung einer Strategie, die von allen getragen wird.

- **Baustein 1: Ambition.** Ihre Zielsetzung besteht darin, eine klare, nur auf Inhalte fokussierte Strategie zu formulieren. Achten Sie darauf, es richtig anzugehen, nehmen Sie sich aber nicht so viel Zeit dafür, wie Sie es eigentlich möchten. Egal wie viel Zeit Sie darauf verwenden, Ihre strategische Richtung zu bestimmen, Sie sollten sich genauso viel Zeit dafür nehmen zu entscheiden, ob Ihre Strategie effektiv, agil und schnell ist.
- **Baustein 2: Auswahl.** Hier übertragen Sie die Strategie in ein Maßnahmenportfolio. Sie sollten eine gründliche Auswahl treffen, sodass Sie die Aufgaben und die unverzichtbaren Anforderungen im Hinblick auf deren Umsetzung klar und deutlich beschreiben können.
- **Baustein 3: Attraktivität.** Fragen Sie zuerst nach Feedback zu Ihrer Strategie, und anschließend reichern Sie sie an, um dafür zu sorgen, dass sie zu einem lebenden und dynamischen Plan wird. Dafür ist mehr als nur einseitige Kommunikation nötig. Die Rechtfertigung der Strategie, oder das Warum, muss ganz klar sein. Und die beste Methode, den Zweck zu kommunizieren, besteht darin, eine attraktive Geschichte zu erzählen.
- **Baustein 4: Aktivierung.** Ihr Ziel sollte darin bestehen, echtes Verantwortungsbewusstsein für die Maßnahme zu befördern. Führungskräfte spielen hierbei eine entscheidende Rolle. Die Führungsriege muss einheitlich auftreten. Sorgen Sie dafür, dass alle Verantwortlichen und Hauptakteure auch willens sind, die Verantwortung zu übernehmen. Ohne Engagement können Sie auch gleich den Stecker ziehen.

Für jede Maßnahme, jedes Projekt oder Programm:

Beschleuniger 2: Initiieren

Beschleuniger 2 beschreibt den Analyse-, Konzeptions- und Anfangsprozess der Umsetzung einer Maßnahme.

- **Baustein 5: Must-Haves.** Welche Basiselemente sind für jede Maßnahme ein Muss? Ein klarer Auftrag, Vorfreude und ein Gefühl der Dringlichkeit, die Maßnahme umsetzen zu wollen, eine Antwort auf das »kleine Warum«, ein Business Case und eine hypothesenorientierte Analyse.
- **Baustein 6: Durchbruch.** Warum der Inhalt so wichtig ist: Er ist das Rückgrat jeder Maßnahme. Das minimal funktionsfähige Produkt (MFP), das Sie entwickeln, muss auf mindestens einem innovativen Durchbruch basieren.
- **Baustein 7: Erfolgreicher Start.** Das MFP wird von einer ersten Gruppe von Mitarbeiterinnen und Mitarbeitern ausgeführt, wobei der Umsetzungszyklus, der aus einer Reihe von Schritten mit fester Abfolge besteht, genutzt wird. In dieser ersten Umsetzungswelle sind Ihre Prioritäten schnelles Scheitern und schnelle Erfolge.
- **Baustein 8: Psychologischer Check-in.** Die für die Umsetzung verantwortliche Person (der Projekt- oder Programmmanager, die Projekt- oder Programmmanagerin) und die anderen Hauptakteure der Umsetzungskoalition checken psychologisch in die Maßnahme und deren Ziele ein.

Beschleuniger 3: Ernten

Beschleuniger 3 beschreibt den Benefit, die kontinuierliche Entwicklung und die Skalierung.

- **Baustein 9: Benefits.** Nun, da sich unser MFP im ersten Umsetzungszyklus befindet, können Sie mit der Kontrolle beginnen und ziehen Ihren ersten Benefit aus der Maßnahme. Entwickeln Sie Kennzahlen und führen Sie ein System zur Benefit-Kontrolle ein. Lassen Sie sich von den Zahlen leiten.
- **Baustein 10: Kontinuierliche Weiterentwicklung.** Entwickeln Sie Ihre Ressourcen kontinuierlich bis hinunter auf das Implementierungsniveau weiter. Richten Sie ein System zur Überprüfung des Business Case ein. Es sollte Ihnen in Fleisch und Blut übergehen, sich konsequent mit den Akteuren anderer Maßnahmen und Bereiche abzustimmen. Machen Sie mit der Entwicklung des MFPs auf der Basis der Kundenbedürfnisse und Reaktionen weiter.
- **Baustein 11: Skalierung.** An dieser Stelle wählen, konkretisieren und realisieren Sie die Skalierungs- und Implementierungsmethoden. Womöglich müssen Sie zu diesem Zeitpunkt die Mitarbeiterzahl von 15 auf 1.500 aufstocken. Gut, dass nicht alle 1.500 bereits in der anfänglichen Analyse- und Entwicklungsphase beteiligt waren.
- **Baustein 12: Brücken bauen.** Die Unternehmensführung und die Umsetzungskoalition räumen alle Hindernisse aus dem Weg und sorgen dafür, dass alle Erfolge gefeiert werden. Wichtig ist, einen Wert zu erschaffen und positiven Einfluss zu nehmen. Jeder

Mitarbeiter, der Verantwortung trägt, wird zu einem leidenschaftlichen Befürworter, der dazu beiträgt, die Transformation unumkehrbar zu machen.

Beschleuniger 4: Sichern
Beschleuniger 4 beschreibt den Prozess, wie der Benefit sichergestellt werden kann, und wie Lehren aus dem Umsetzungsprozess gezogen werden können.

- **Baustein 13: Justierung.** Mitarbeiterinnen und Mitarbeiter brauchen den Spielraum, ihre eigenen Prioritäten festzulegen. Selbstkontrolle ist dabei effektiver als Supervision. Das von Ihnen gewählte System zur Kontrolle des Business Case wird Ihnen helfen, genau das zu tun. Setzen Sie zudem Visuelles Management ein, wo immer es möglich ist.
- **Baustein 14: Offene Architektur.** Durch eine einfache, offene Architektur für die Beschreibung der Prozesse, Technologien, Kenntnisse, Kompetenzen und Verhaltensweisen wird die kontinuierliche Weiterentwicklung erleichtert. So sollte die selbstverständliche und einfache Pflege und Entwicklung des MFPs gestaltet sein. Die neue Methode, die Entwicklung, wird sichergestellt, kontrolliert und angepasst, wo immer es nötig ist.
- **Baustein 15: Lernen.** In Unternehmen wird sich selten genug Zeit genommen, um von bereits abgeschlossen Maßnahmen zu lernen. Das muss sich ändern, denn durch Lernen verbessern Sie Ihre Umsetzungskompetenzen. Unternehmen, in denen sich alle die Mühe machen, aus den Maßnahmen etwas zu lernen, werden bei der Umsetzung von Strategien durch die Anwendung der Lehren aus den jeweiligen Maßnahmen besser.
- **Baustein 16: Die Extrameile.** Jede Maßnahme wird schlussendlich an die für den Benefit verantwortliche Person in der Linienorganisation übergeben. Sie werden die Verantwortlichen für die Erreichung der Ziele und des neuen Geschäftsmodells. Eine erfolgreiche Umsetzung hängt davon ab, ob sie in die Primärprozesse Ihres Unternehmens integriert werden. Am besten lässt sich dies durch die Extrameile realisieren.

Die Arbeit in Projekten und Programmen ist ein Muss. Sie ist unverzichtbar und stellt eine der Kernkompetenzen für die Umsetzung von strategischen Maßnahmen dar. In Abbildung 9 ist das Modell der Strategieumsetzung dargestellt.

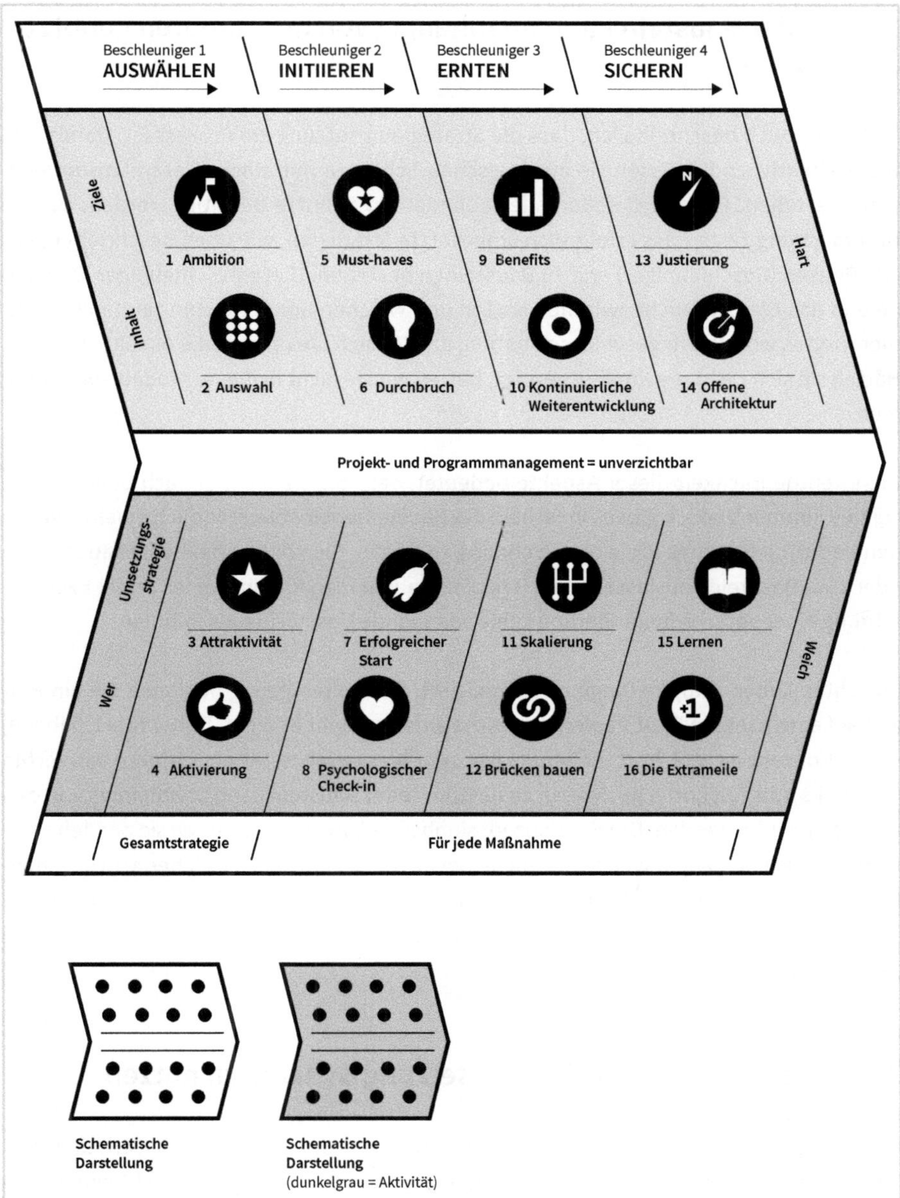

Abb. 9: Das Modell Strategie = Umsetzung – Die Strategieumsetzung ist ein Prozess wie jeder andere auch. Vier Beschleuniger eines modernen Prozesses.
(Quelle: Turner 2016)

3.3 Jeder Baustein kann unabhängig von den anderen genutzt werden

In diesem Buch beschreibe ich, dass die Strategieumsetzung ein Prozess ist. Damit Prozesse effektiv sind, müssen sie aus logischen Schritten mit einem Gesamtzusammenhang bestehen. Prinzipiell sollen alle redundanten Schritte beseitigt werden. Unsere Untersuchung zeigt, dass erfolgreich umgesetzte Strategien, wie oben beschrieben, aus vier Phasen (Beschleuniger) und 16 Bausteinen bestehen. Diese Beschleuniger, Bausteine und das Gleichgewicht zwischen harten und weichen Kompetenzen zeigten sich immer wieder, woraus wir geschlossen haben, dass es sich um universelle Aspekte handelt. Hätten sie sich nicht regelmäßig gezeigt, hätten wir sie nicht in dieses Modell aufgenommen.

Die Unentbehrlichkeit dieser Aspekte bedeutet, dass Sie sie nicht einfach beliebig auswählen können. Jedoch gibt es innerhalb der Bausteine selbstverständlich Spielraum, um den Bedürfnissen Ihres Projektes Rechnung zu tragen. Sie können bei Bedarf auch einen oder zwei Bausteine auslassen. Zum Beispiel braucht man für ein kleines Projekt zur Einführung einer Vorschriftenänderung keine spannende Geschichte als Rahmen.

Im echten Leben sind die Dinge oft kompliziert, und selten genug beginnen Sie ein Projekt auf einem leeren Blatt Papier. Von vorne anfangen gibt es nicht. Daher rate ich Ihnen, dieses Konzept nicht Schritt für Schritt nach der Wasserfallmethode, sondern von rechts nach links und von unten nach oben zu nutzen. Jeder Baustein kann unabhängig von den anderen genutzt werden. Um das Konzept sinnhaft anzuwenden, müssen sie per definitionem berücksichtigen, in welcher Branche Sie angesiedelt sind, in welcher Art Unternehmen Sie arbeiten, welches Thema Sie angehen möchten, und welche Ziele, Kompetenzen und welchen Reifegrad Ihr Unternehmen hat. Ein guter Koch stützt sich auf kulinarische Grundsätze und nicht auf Standardrezepte.

3.4 Das Modell Strategie = Umsetzung dynamisch nutzen

Abbildung 10 stellt die Dynamik des Modells Strategie = Umsetzung dar. Sie erhalten hier die für die Nutzung wichtigsten Anleitungen. Die linke Spalte zeigt die wichtigsten Kontrollen, die Ihnen die Informationen darüber liefern, ob sich harte und weiche Kompetenzen im Gleichgewicht befinden, und ob 20 Prozent Ihrer Ressourcen in die Strategie und 80 Prozent in die Umsetzung fließen. Die zweite Spalte enthält häufig wiederkehrende Muster bei der Strategieumsetzung, die Sie vermeiden sollten. Und die dritte Spalte zeigt Ihnen, wie Sie das Modell richtig, das heißt dynamisch, nutzen.

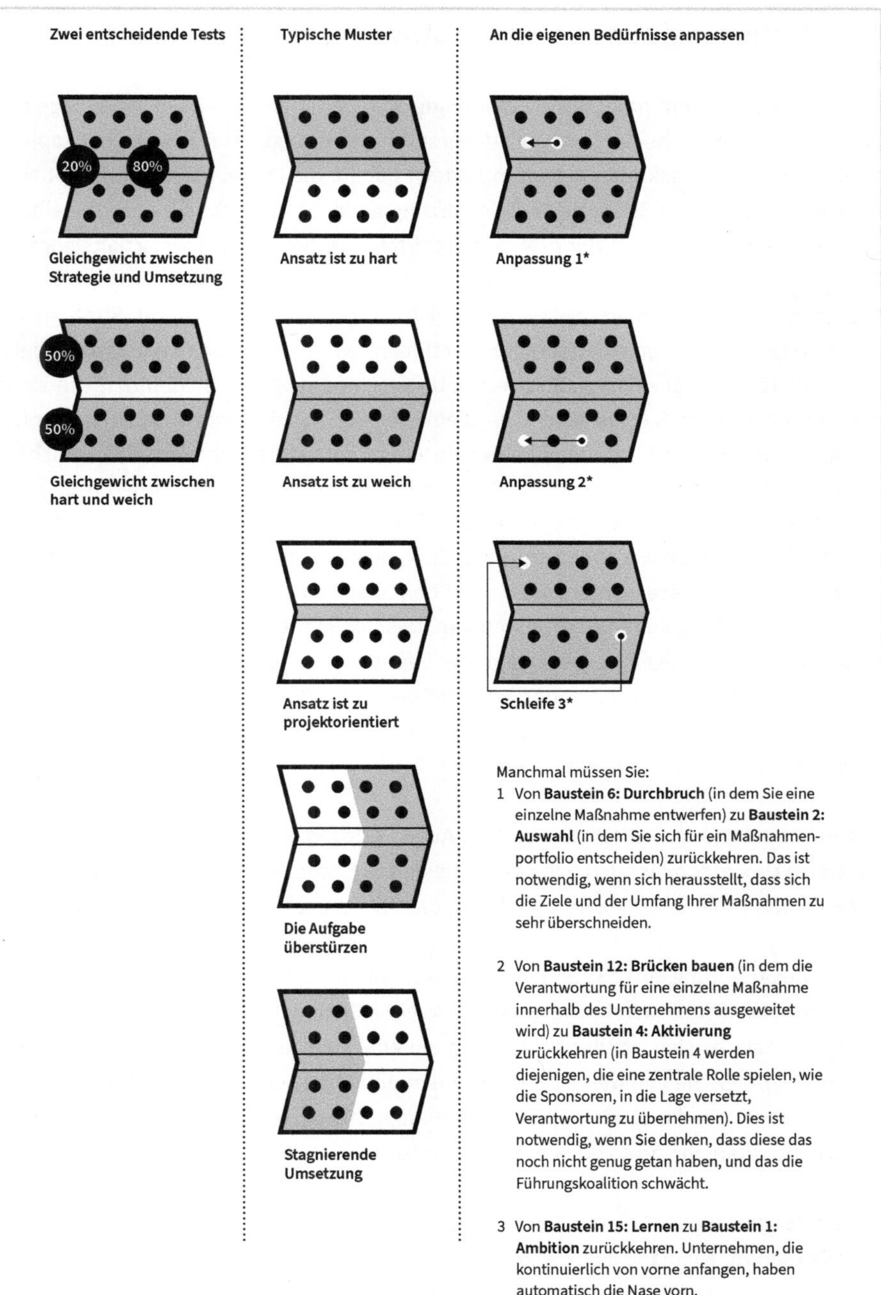

Manchmal müssen Sie:

1 Von **Baustein 6: Durchbruch** (in dem Sie eine einzelne Maßnahme entwerfen) zu **Baustein 2: Auswahl** (in dem Sie sich für ein Maßnahmenportfolio entscheiden) zurückkehren. Das ist notwendig, wenn sich herausstellt, dass sich die Ziele und der Umfang Ihrer Maßnahmen zu sehr überschneiden.

2 Von **Baustein 12: Brücken bauen** (in dem die Verantwortung für eine einzelne Maßnahme innerhalb des Unternehmens ausgeweitet wird) zu **Baustein 4: Aktivierung** zurückkehren (in Baustein 4 werden diejenigen, die eine zentrale Rolle spielen, wie die Sponsoren, in die Lage versetzt, Verantwortung zu übernehmen). Dies ist notwendig, wenn Sie denken, dass diese das noch nicht genug getan haben, und das die Führungskoalition schwächt.

3 Von **Baustein 15: Lernen** zu **Baustein 1: Ambition** zurückkehren. Unternehmen, die kontinuierlich von vorne anfangen, haben automatisch die Nase vorn.

Abb. 10: Dynamische Nutzung des Modells Strategie = Umsetzung – Dieses Modell soll nicht als Wasserfallmodell genutzt werden. Ganz im Gegenteil, denn das Wasserfallprinzip ist mit hohem Risiko verbunden. (Quelle: Turner 2016)

3.5 Unterscheidung zwischen Strategie und Umsetzung

Eine Strategie kommt nicht ohne Umsetzung aus. Dennoch sollten Sie in der Lage sein, die beiden zu unterscheiden. Im Laufe unserer Untersuchungen stellten die philosophisch orientierten Führungskräfte, die wir interviewt haben, die Frage, ob es überhaupt einen Unterschied zwischen Strategie und Umsetzung gebe. Sei es nicht ein und dasselbe? In den neunziger Jahren wies Henry Mintzberg, Professor für Betriebswirtschaftslehre und Management, auf die Bedeutung der Interaktion zwischen Strategie und Umsetzung hin.[89] Das ist eine zentrale Unterscheidung, die nicht vergessen werden sollte. Strategie und Umsetzung beeinflussen einander und Iterationen zwischen den beiden müssen möglich sein. Und dennoch ist es notwendig, einen Unterschied zwischen beiden zu machen. Andernfalls bekommen Sie das gleiche Problem wie bei den Verantwortlichkeiten. Wenn jeder verantwortlich ist, übernimmt keiner die Verantwortung. Es gibt wesentliche Schritte bei der strategischen Planung und der Strategieumsetzung, die nicht in einen Topf geworfen werden dürfen. Für jeden ist ein spezieller Fokus und eine spezielle Herangehensweise erforderlich. Genauso wie es sich bei einer Einkaufsliste und dem Einkauf im Supermarkt verhält. Wenn Sie diesen Unterschied nicht beherzigen, werden Sie weder Ihre Strategie noch die Umsetzung in den Griff bekommen. Deshalb gibt es in unserem Modell vier verschiedene Beschleuniger. Bei Beschleuniger 1 geht es darum, die Strategie zu entwickeln, wohingegen Beschleuniger 2, 3 und 4 die Umsetzung betreffen. (Allerdings könnte man auch der Meinung sein, dass es bei Beschleuniger 2 um den Aspekt der Analyse geht und somit nicht wirklich die Umsetzung betrifft.)

Das Grundprinzip, das niemals aus dem Auge verloren werden darf, ist, dass Strategie gleich Umsetzung ist. Ich habe den Titel dieses Buches nicht aus einer Laune heraus gewählt. Wenn Sie Strategie so definieren, dass Sie entscheiden, warum Sie ein besonderes Ziel erreichen möchten, wie Sie das tun und mit wem, dann beeinflusst und initiiert die Ausarbeitung einer Strategie gemeinsam mit anderen bereits einen Prozess. Und wenn Umsetzung als Ausführung dessen, was entwickelt wurde, definiert wird, bedeutet das nicht, dass es sich bei der Umsetzung um eine passive, geistlose Aufgabe handelt. Vielmehr können Sie von den Mitarbeiterinnen und Mitarbeitern in Ihrem Unternehmen erwarten, dass sie die Strategiepläne in Abhängigkeit davon, was funktioniert und was nicht, kontinuierlich und so oft wie möglich anpassen.

Offen oder geschlossen, festes Reiseziel oder Rucksackurlaub ohne Plan: Wen interessiert das schon? Niemand sollte sich wirklich darum kümmern, ob es eine offene oder geschlossene, geplante oder sich entwickelnde, grüne oder violette Transformationsvision ist. Wen interessiert es schon, ob es ein Modell ist nach dem Motto festes Reiseziel oder abenteuerlicher Rucksackurlaub? Experten für Change Management möchten unbedingt

89 Henry Mintzberg, »The Design School: Reconsidering the Basic Premises of Strategic Management«, Strategic Management Journal, März/April 1990.

jeden Ansatz in eine bestimmte Schublade stecken. Dadurch entstehen viele unnötige Polarisierungen. Das Modell Strategie = Umsetzung beschreibt universelle Elemente oder Bausteine. Jeder Baustein hat sich bei der Strategieumsetzung als wertvoll erwiesen. Gleichzeitig kann das Modell individuell angepasst und in unterschiedlichen Situationen angewendet werden. Daher lege ich auf die dynamische Nutzung des Modells in diesem Kapitel Wert.

Nichtsdestoweniger kann ein offener Change-Management-Ansatz, bei dem gilt »Der Weg ist das Ziel«, eine hervorragende Methode sein, um einen Prozess in Gang zu setzen. Zudem sind messbare und spürbare Ergebnisse der Strategieumsetzung im Bereich des Möglichen. Ein solcher offener Ansatz verwandelt sich schrittweise in einen geschlossenen, je weiter der Prozess voranschreitet und sich dem zunehmend klarer werdenden Ziel und den ebensolchen Lösungen nähert. Das gilt sogar auch für Transformationen vom Typ 3 (radikale Innovationen), bei denen der einzig mögliche Ansatz in gezielten Tests besteht, die Sie, so gut es eben geht, planen können, um am Ende so viele Informationen wie möglich zu bekommen. Lassen Sie uns also keine Zeit damit verschwenden, über geplante und sich entwickelnde Transformationen zu diskutieren.

Stattdessen sollten wir uns auf den direktesten Ansatz konzentrieren, der infrage kommt: Konkrete Maßnahmen von Anfang bis Ende durchführen, um einen Erfolg zu erzielen. Wenn jemand einen Großteil meiner Thesen als Befürwortung einer Vorlage oder einer »strukturierten Sicht« auf Strategieumsetzung beschreibt, dann sei's drum. Wenn Sie es so bezeichnen wollen, können Sie das gerne tun. Ich bin überzeugt, dass strukturierte Strategieumsetzung eine der besten Methoden ist, um sich während eines Transformationsprozesses Zeit für Anpassungen, Flexibilität und dingende benötigte Interaktion freizuschaufeln.

4 Beschleuniger 1: Auswählen

Der faulste aller Change-Verantwortlichen / Korsakow-Syndrom in Unternehmen / Zombie-Projekte / Amsterdamer Taxizentrale / Bodenständige und ausgefallene Meetings am Nachmittag

Wann und wo ist dieser Beschleuniger relevant?
Laut unserer Untersuchung besteht einer der Haupterfolgsfaktoren für eine erfolgreiche Strategieumsetzung darin, dass Sie radikal verändern, wie Sie die Zeit und die Ihnen zur Verfügung stehenden Ressourcen zuteilen. Im Grunde sollten 80 Prozent Ihrer Zeit und Ressourcen in die Umsetzung und nicht in die Analyse und Festlegung der Strategie fließen. Das bedeutet allerdings nicht, dass strategische Planung weniger wichtig ist als die Umsetzung. Nichts ist weniger sinnlos als die perfekte Umsetzung eines Projektes, das erst gar nicht hätte durchgeführt werden sollen.

Empfohlene maximale Dauer/Ressourcenzuteilung für diesen Beschleuniger
Timebox: fünf Wochen pro Jahr

Überarbeiten Sie Ihre Strategie einmal pro Jahr. Von Anfang bis Ende sollten Sie nicht mehr als fünf Wochen dafür aufwenden. Jedes dritte Jahr sollte sie dann gründlicher überarbeitet werden. Jedoch sollte der Prozess nicht mehr als zehn Wochen dauern. Nach fünf Jahren sollte die Strategie noch etwas gründlicher justiert werden. Wenden Sie aber nicht mehr als zusätzliche 25 Prozent dafür auf. Ich möchte nicht anmaßend sein und bin mir bewusst, dass jedes Unternehmen und jede Situation anders ist. Aber es könnte Ihnen durchaus zum Vorteil gereichen, den Kern meiner Empfehlungen zu beherzigen. Und wie ein Top-Manager zugegeben hat: »Eigentlich sollten wir das wörtlich nehmen, denn wir verbringen in der Regel sowieso schon viel zu viel Zeit mit strategischer Planung.«

Die harten Bausteine in Beschleuniger 1: Ambition und Auswahl
Jeder Beschleuniger hat zwei harte und zwei weiche Bausteine. Die ersten zwei Bausteine in Beschleuniger 1, Ambition und Auswahl, sind hart.

- **Baustein 1: Ambition.** Ihr Ziel besteht darin, eine klare, nur auf den Inhalt fokussierte Strategie zu formulieren.
- **Baustein 2: Selection.** Hier übersetzen Sie Ihre Strategie in ein Maßnahmenportfolio.

4.1 Baustein 1: Ambition

In Baustein 1 sollte Ihr Ziel darin bestehen, eine klare, nur auf den Inhalt fokussierte Strategie zu formulieren. Sie sollten zwar darauf achten, es richtig zu machen, aber viel weniger Zeit dafür aufwenden, als Sie eigentlich möchten. Egal wie viel Zeit Sie der Entscheidung über Ihre strategische Richtung widmen, sollten Sie genauso viel Zeit darauf verwenden, zu überlegen, ob Ihre Strategie effektiv, agil und schnell ist. In diesem Baustein bestimmen Sie Ihre Mission, Vision und Werte und machen sich auf die Suche nach dem großen Warum. Ihre Analyse muss gründlich, einheitlich und stimmig sein.

4.1.1 Die Mission, Vision, Werte und das große Warum bestimmen

Baustein 1 besteht aus den Elementen Mission, Vision, Werte und dem großen Warum. Zusammengenommen bilden sie einen guten Ausgangspunkt für die weitere Entwicklung Ihrer Strategie, für das *Wie* und das *Was*. Die zentralen Fragen lauten hier: Warum gibt es Ihr Unternehmen? Was möchte es sein und für wen? Woran glaubt es? Es ist immer gut, diese grundlegenden Fragen zu beantworten, denn diese Konzepte neigen ganz besonders dazu, große Missverständnisse zu verursachen. Ihre Mission spiegelt die Ziele Ihres Unternehmens, quasi Ihre Daseinsberechtigung, wider. Die Werte beschreiben die Motive Ihres Unternehmens, die sich im Verhalten aller Angestellten zeigen. Zusammengenommen sind sie der Kompass, der den täglichen Kurs aller bestimmt. Ihre Vision, die in einer ambitionierten, visionären und inspirierenden Sprache formuliert ist, drückt die zukünftige Position Ihres Unternehmens nicht nur auf dem Markt, sondern auch in Beziehung zu Ihren Kundinnen und Kunden aus. Beim großen Warum geht es um den Zweck, das bedeutet um den Grund, warum Ihr Unternehmen im Hinblick auf tieferliegende Motive und Beweggründe tut, was es tut. Lassen Sie uns den letzten Punkt etwas näher erläutern.

Das Warum ist extrem wichtig. Das Beispiel des früheren US-Präsidenten J.F. Kennedy, der Anfang der sechziger Jahre überzeugt davon war, dass Amerika bis Ende des Jahrzehnts den ersten Mann auf den Mond schicken würde, ist durchaus klischeehaft, was ehrgeizige Ziele angeht, erklärt die Sache aber ganz gut.[90] Ein weiteres, etwas bodenständigeres Beispiel ist die Aussage von Paul Polman, dem ehemaligen CEO von Unilever, der sagte, er wolle, dass das Unternehmen bis 2020 den Umsatz verdoppele und die CO2-Emissionen halbiere.[91]

Ein weiteres gutes Beispiel liefert Starbucks. Das einst kleine Unternehmen hatte ein scheinbar unmögliches Ziel. Angefangen hat die bekannte Kaffee-Marke im Jahr 1971 mit einem einzigen Coffee Shop in Seattle. Als der CEO und geistige Vater Howard Schulz das Unternehmen 1987 kaufte, lautete sein Mission-Statement, »Starbucks zum führenden Anbieter von feinstem Kaffee in der Welt zu machen, wobei wir gleichzeitig an unseren

90 John F. Kennedy, »John F. Kennedy Speeches. President Kennedy's Special Message to the Congress on Urgent National Needs, May 25, 1961.« http://www.jfklibrary.org/Research/Research-Aids/JFK-Speeches/United-States-Congress-Special-Message_19610525.aspx.

91 Jelle Brandsma, »We moeten op zoek naar een nieuwe vorm van kapitalisme«, Trouw, 18. Oktober 2011.

Prinzipien ohne Kompromiss festhalten, während wir wachsen.«[92] Am Ende des Geschäftsjahres hatte die Starbucks Corporation erst 17 Coffee Shops und die Mission von Schultz schien immer noch recht abwegig zu sein. Aber wie wir alle wissen, blieb er hartnäckig, und im Jahr 2015 hatte das Unternehmen 22.519 Shops und Starbucks-Kaffee wurde in über 65 Ländern verkauft.[93]

Der springenden Punkt in diesen Beispielen ist, dass es immer ein großes Warum geben muss, das den Zielen der Unternehmen zugrunde liegt, sei es, um einen großen Schritt für die Menschheit zu machen, oder um eine weltbekannte Kaffeemarke zu schaffen.

Es gibt verschiedene gängige Begriffe, die mehr oder weniger als Synonyme des großen Warums angesehen werden, was allerdings zu Verwirrungen führen kann. Ein gutes Beispiel ist das Big Hairy Audacious Goal (BHAG).[94] Insbesondere auf dem Gebiet der digitalen Innovationen gibt es ein weiteres: das Massive Transformative Purpose (MTP). Laut Yuri van Geest der Singularity University hat jede exponentielle Organisation einen MTP, der als höheres Ziel für radikale Veränderungen definiert wird, wobei die Welt gleichzeitig zu einem besseren Ort gemacht wird.[95]

Exponentielle Organisationen sind Unternehmen, die im Vergleich zum Durchschnitt eine mindestens 10-mal bessere Performance haben, was sowohl die Zeit als auch die Qualität angeht. Sie erzielen einen zehnfach höheren Gewinn pro Mitarbeiter als das durchschnittliche Unternehmen in der Branche. In der Realität erfüllen diese Unternehmen mindestens vier der zehn wichtigsten Erfolgsfaktoren, die von den Autoren des Buches *Exponential Organizations* ermittelt wurden. Zu den Beispielen zählen Airbnb, Uber, Netflix, Tesla, Quirky, WhatsApp, Waze und Xiaomi. Van Geest listet sechs Geheimnisse des Erfolgs auf: ein höheres Ziel formulieren, Arbeitskräfte auf Abruf bereitstellen, Communities und die Massen nutzen, Algorithmen anwenden, das Eigentum anderer Leute nutzen und Engagement erzeugen.

Es macht weder einen Unterschied, ob sie über sozial verantwortliche Ziele oder kommerzielle Absichten sprechen, noch ob das fragliche Unternehmen groß oder klein ist. In allen Kontexten brauchen Sie ein hochgestecktes Ziel, das es zu erreichen gilt. Zudem müssen Sie Ihre Mitarbeiterinnen und Mitarbeiter motivieren, Talente im Unternehmen halten und dem, was Sie jeden Tag tun, einen Sinn geben. Solch ein ehrgeiziges Ziel hat jedoch auch seine eigenen Kriterien. Es sollte ein starkes Bedürfnis auf dem Markt oder in der Gesellschaft ansprechen, und es sollte auf logischen Argumenten basieren.

---

92 Jeroen Geelhoed, Salem Samhoud & Nur Hamurcu, Creating Lasting Value: How to Lead, Manage and Market Your Stakeholder Value. Kogan Page Publishers, 2014.

93 Starbucks Corporation, »Starbucks Company Timeline«, http://www.starbucks.com/about-us/company-information/starbucks-company-timeline, 2016.

94 Jim Collins & Jerry Porras, Successful Habits of Visionary Companies. HarperBusiness, 1994.

95 Salim Ismail & Yuri van Geest, Exponentiële organisaties. Waarom nieuwe organisaties tien keer beter, sneller en goedkoper zijn – en hoe jij dat ook wordt. Business Contact, 2015.

Und ja, bevor Sie nun anfangen, Einwände dagegen vorzubringen, ich bin mir darüber im Klaren, dass es sich hier um subjektive Kriterien handelt – das sollte Sie jedoch nicht abhalten. Vor noch nicht allzu langer Zeit sagte ein 16 Jahre alter niederländischer Teenager, er habe eine Methode entwickelt, wie der große pazifische Müllstrudel vom Plastik gereinigt werden könne. Die Leute behaupteten, das sei unmöglich, aber heute wird das Ocean-Cleanup-System von Boyn Slat tatsächlich im Pazifik genutzt. Der Traum wurde in eine Reihe von konkreten Tests verwandelt; Iterationen erzeugen schnelles Scheitern und schnelle Erfolge und zeigen, was funktioniert und was nicht. Innovation = Umsetzung.

Das große Warum ist der wichtigste Anker für alle nachfolgenden Fragen. Warum tun Sie als Führungskraft genau das, was Sie tun? Und warum macht Ihr Unternehmen das, was es macht? Was sind die zugrundeliegenden Motive und Beweggründe dafür, dass es sich lohnt, jeden einzelnen Tag dafür zu arbeiten, Ihre Ziele zu erreichen? Ein weiteres hervorragendes Beispiel liefert die Heilsarmee, deren Ziel darin besteht, Menschen zu helfen, die wirklich bedürftig sind. Das ist ihr größter Antrieb. Sie leben nach dem Credo: »Wir glauben, aber nicht an die Gleichgültigkeit.«

Wann auch immer Sie eine strategische Analyse durchführen und Ihren Kurs bestimmen, ist es am vernünftigsten, mit der Beantwortung der Frage nach dem großen Warum anzufangen. Simon Sinek erklärt dies in seinem beliebten Buch *Frag immer erst: warum.*[96] Er behauptet, dass Unternehmen nur dann ihre Existenz rechtfertigen könnten, wenn klar ist, warum sie tun, was sie tun, und wenn sie in der Lage sind, ihren Kunden und Angestellten zu kommunizieren, dass sie davon überzeugt sind. Wenn diese beiden Personengruppen von Ihren Motiven überzeugt sind, werden sie auch weiterhin Botschafter Ihres Unternehmens sein.[97]

Allerdings brauchen Sie noch mehr als nur ein Warum. Nur die faulsten der Change-Verantwortlichen wären damit zufrieden, lediglich die Frage nach dem Warum zu beantworten. »Fangen Sie mit dem Warum an«, schrieb Sinek, »aber belassen Sie es nicht dabei.« Nach dem Warum kommen das Was, Wann und Wie. Und unsere Untersuchung hat gezeigt, dass das Mit Wem noch viel wichtiger ist als das Was, Warum, Wann und Wie.

Ziele. Die zentrale Frage lautet: Was wollen wir erreichen? Welche Ziele werden wir uns stecken und wie hoch hängen wir die Messlatte? Ziele müssen als Endziele und Output-Ziele, Fortbestehen, Rentabilität, Kunden- und Mitarbeiterzufriedenheit sowie Flexibilität formuliert werden.

96 Simon Sinek, Start With Why: How Great Leaders Inspire Everyone to Take Action. Portfolio Penguin, 2009.

97 Siehe auch Simon Sinek, »How Great Leaders Inspire Action«, TEDtalk, September 2009. Simon Sinek: How great leaders inspire action | TED Talk.

Unsere Untersuchung stützt zwei Empfehlungen, die mit der Festlegung von Zielen verbunden sind. Erstens sollten Sie dafür sorgen, dass die Ziele, die Kunden, Angestellte und Aktionäre betreffen, ausgewogen sind. Dies sind die Ziele, bei denen es um Rentabilität, Kosten, Produktivität und Flexibilität geht. Zweitens sollten Sie nicht vergessen zu eruieren, für welche Bereiche eher Investitionen statt Kürzungen nötig sind. Werfen Sie dafür einen Blick in das Prozessmodell in diesem Buch in Anhang 9. Prozesse sind objektive Instrumente, mit denen die Qualität oder eine Kompetenz, die gestärkt werden muss, genau bestimmt werden können. Wenn Sie Prozesse nutzen, werden Ihre Diskussionen sachlicher und praxisorientierter durchgeführt.

Diese zwei Empfehlungen basieren auf den Trends, die wir im Laufe unserer Untersuchung ermittelt haben. Beispielsweise trafen wir auf den Fall einer Versicherungsgesellschaft, die Gegenwind zu spüren bekam, als sie die Benchmarks nicht erreichen konnte und deshalb eine Sparmaßnahme nach der anderen durchführte. Allerdings setzten diese Maßnahmen im gesamten Unternehmen an. Eine vernünftige Analyse dahingehend, wo der Gürtel enger geschnallt und wo sinnvollerweise eigentlich investiert werden sollte, wurde nicht durchgeführt. Am Ende verschlechterte sich der Kundenservice erheblich und die Kundenzufriedenheit ging in den Keller. Das erinnerte mich an einen Cartoon, den ich einmal gesehen habe. Darauf war eine mittelalterliche Galeere zu sehen, auf der das Management auf dem Oberdeck ein Meeting abhielt und das x-te Lean-Programm zur Kostensenkung diskutierte. Auf dem Unterdeck gab es nur noch ein Crew-Mitglied, das wirklich ruderte.

Die beste Grundlage, um Ziele zu setzen, bildet das Buch *Balanced Scorecard* von Kaplan und Norton. Um die großen strategischen Ziele in Einzelziele für jede Maßnahme zu übersetzen, ist hohe Präzision erforderlich.[98] Wir wollen das aber nicht aufwärmen, sondern anwenden. Abbildung 11 enthält Beispiele für strategische Ziele und im Anhang 10 gibt es eine detaillierte Liste mit KPIs. Die meisten Führungskräfte sind sich mittlerweile bewusst, dass es eine schlechte Idee ist, zu viele Ziele zu setzen. Sie wissen auch, dass es genauso schädlich sein kann, unklare oder falsche Ziele zu setzen. In unseren Interviews erwähnten viele das Modell Objectives & Key Results (OKR), das bei Intel entstanden ist und von Google, Uber und vielen anderen angewendet wird, um klare Ziele zu setzen, und sie bis hinunter zum einzelnen Mitarbeiter zu kontrollieren.

Ziele zu setzen hat nur einen Zweck, nämlich sie zu erreichen. Deshalb ist das Benefit Realization Management ein Prozess, der sorgfältig in allen vier Beschleuniger eingebettet ist. Mit anderen Worten: Wenn Sie das Modell Strategie = Umsetzung anwenden, werden Sie das automatisch in das, was Sie tun, einbeziehen.

98 Robert S. Kaplan & David P. Norton. The Balanced Scorecard: Translating Strategy Into Action. Harvard Business Review Press, 1996.

Ziele	Unterziele
1. Kontinuität	Puffer im Zusammenhang mit der Entwicklung des Betriebskapitals und der Finanzierung
2. Rentabilität	Eigenkapitalrendite, EBIDTA
3. Markt- und Kundenziele	Marktanteil, Wettbewerbsfähigkeit, Anteil an Kundenausgaben, Markenbekanntheit und Markenwert
4. Kundinnen und Kunden	Zufriedenheit, Loyalität, Umsatz, Wachstum für jedes Segment
5. Angestellte	Zufriedenheit, Abwesenheitszeiten, Umsatz, Loyalität, Flexibilität
6. Gesellschaft	Ziele der Übernahme sozialer Verantwortung eines Unternehmens
7. Effizienz und Effektivität	Produktivität, Kapazitätsauslastung, Betriebssicherheit, Serviceniveau
8. Ergebnisse	Zielerreichung, insgesamt und für jede Maßnahme
9. Umsetzung und Transformation	Beitrag zum Ziel durch Verbesserung (Typ 1), Erneuerung (Typ 2) und Innovation (Typ 3)

Abb. 11: Es gibt klare, allgemeine Zielkategorien, aber der Inhalt ist für jede einzelne Maßnahme anders! (Quelle: Turner 2016)

Wir haben nun also die Bedeutung von Mission, Vision, Werten und des großen Warum beleuchtet. Dies ist ein wichtiger Schritt im ersten Baustein. Aber Sie wissen auch, dass Sie nicht nur auf das schauen können, was Sie gerne in einer idealen Welt erreichen möchten. Sie müssen sich auch der harten Wirklichkeit stellen. Was kann Ihr Unternehmen erreichen, und was nicht? Über welche Kompetenzen verfügt Ihr Unternehmen? Darauf möchten wir nun eingehen.

4.1.2 Einen kritischen Blick auf den Ausgangspunkt werfen

In der Management-Terminologie ist das auch als Analyse der Kompetenzen bekannt. Wir bezeichnen sie allerdings als Qualitäten. Messen Sie die harten und weichen Qualitäten Ihres Unternehmens. Zu den harten Qualitäten gehören Struktur, Performance-Management-Systeme, Prozesse und Technologien. Zu den weichen Qualitäten zählen Unternehmenskultur, Verhalten, Führungsstile und Zusammenarbeitsformen. Harte und weiche Qualitäten gelten für das tägliche Management, bzw. die Führung des Unternehmens, aber auch für Veränderung des bestehenden Geschäftsmodells, bzw. der Transformation des Unternehmens. Die Qualitäten zu analysieren, die die Effektivität der Strategieumsetzung in Ihrem Unternehmen bestimmen, ist ein wichtiger Schritt, den Sie machen müssen, bevor Sie die Mission, Vision und Strategie finalisieren. Diese Analyse verschafft Ihnen eine Vorstellung von der Stärke, Reife und Stimmigkeit der Grundqualitäten Ihres Unternehmens.

Wenn Ihre Grundqualitäten gut sind, können Ihre Ziele, das heißt Ihre Messlatte, entsprechend hoch sein. Wenn Sie über weniger gute Grundqualitäten verfügen, muss das nicht unbedingt der Fall sein. Ihre strategischen Ziele müssen mit der Umsetzungs- oder Transformationskompetenz Ihres Unternehmens übereinstimmen. Ein niedriger Wert bei den harten Qualitäten bedeutet nicht unbedingt, dass Sie Ihre Ziele herabsetzen müssen. Allerdings bedeutet es, dass Sie zusätzliche Anstrengungen unternehmen müssen, um sie zu realisieren. Wenn Ihre Analyse der harten Qualitäten beispielsweise zeigt, dass Ihre grundlegende Struktur keine effektive Plattform für Management und Erneuerung ist, dann ergibt es Sinn, diese Struktur anzupassen, bevor eine neue Strategie auf den Weg gebracht wird. Eine alte oder fehlerbehaftete Struktur stellt niemals einen guten Ausgangspunkt für die Strategieumsetzung dar.

An diesem Punkt finden Sie sich womöglich in einer Henne-oder-Ei-Situation wieder. Nehmen wir einmal an, Sie bestimmen im Baustein 2, dass Ihr Portfolio fünf strategische Maßnahmen umfassen soll, entdecken aber bei der Messung der harten Qualitäten, dass die Struktur Ihrer Führungsmannschaft überarbeitet werden muss, was für sich genommen schon ein Projekt ist. Das kann wiederum zu einem vorbereitenden Projekt, einer separaten Maßnahme werden.

Auf SECA.NU können Sie den Strategy Execution & Change Accelerator (SECA) nutzen, um die Werte für Ihr Unternehmen in den Bereichen Führung und Transformation sowie Ihre harten und weichen Kompetenzen zu ermitteln. Es dauert weniger als 20 Minuten, um zu erfahren, wie Sie Ihre Strategieumsetzung stärken und beschleunigen können. In Baustein 1 geht es darum, die harten Kompetenzen zu analysieren. Abbildung 12 zeigt, wie die zentralen Kompetenzen bei der Strategieumsetzung bewertet werden.

Es muss nicht extra erwähnt werden, dass es sich auszahlt, wenn Sie die Ergebnisse der SECA.NU-Analyse für die strategische Analyse heranziehen. Denn so können Sie Ihre strategischen Ziele mit Ihren Kompetenzen in Einklang bringen. Ich rege an, die folgenden drei Punkte als Grundlage für Ihre Diskussion zu nutzen:

1. Bestimmen Sie die speziellen harten Kompetenzen und Fähigkeiten, die gestärkt werden müssen, um die strategischen Ziele zu erreichen.
2. Wo ist das Geschäftsmodell nicht schlüssig und bedarf der Veränderung?
3. Welche Entscheidungen müssen getroffen werden, um Punkt 2 zu erreichen? Welche Entscheidungen müssen auf der Seite der Führung des Unternehmens getroffen werden, und welche Maßnahmen sind auf der Transformationsseite zu finden?

Mit diesem Analyse-Instrument können Sie ebenfalls die weichen Kompetenzen messen, wenn die Zeit dafür reif ist.

Abb. 12: Bewerten Sie die strategischen Kompetenzen Ihres Unternehmens bei der Strategieumsetzung. (Quelle: Turner 2016)

So weit, so gut. Nun verfügen Sie über eine Grundvorstellung der Kompetenzen Ihres Unternehmens bei der Strategieumsetzung. Zwangsläufig gibt es aber auch noch Bereiche, die es noch tiefer zu beleuchten gilt, bevor wir Schlussfolgerungen zu den Strategien ziehen können.

4.1.3 Eine gründliche Analyse durchführen

Externe Analyse. Die zentrale Frage an dieser Stelle lautet: Wie können wir die Bedürfnisse unserer Kundinnen und Kunden befriedigen? Die Analyse der Kunden, Märkte und Konkurrenten sind die Basis für Ihre Strategie, und sie wird es auch immer sein. Die grundlegenden Strategiemodelle von Michael Porter erfüllen in dieser Hinsicht immer noch ihren Zweck. Der Kernpunkt der externen Analyse besteht darin herauszufinden, was die Kunden wollen, und was ihnen tatsächlich angeboten wird. Allzu oft verlieren wir in unseren Strategiepapieren die Kunden aus dem Blick und gehen nicht über eine grobe Analyse der Kunden und Märkte hinaus. Der wahre Kern der Dinge zeigt sich in einer gründlichen Analyse Ihrer wichtigsten Kundensegmente und in dem von den Kunden wahrgenommenen Wert. Ein Beispiel für eine praktische Wert-Analyse besteht in der Gegenüberstellung des vermeintlichen Nutzens eines Produkts oder einer Dienstleistung und des angenommenen Preises. Damit bekommen Sie einen ziemlich guten Indikator des Marktanteils, den Sie zu gewinnen oder zu verlieren haben. Und vergessen Sie nicht, dass alles, was Sie brauchen, zufriedene Kunden sind, um die meisten Ihrer strategischen Ziele zu erreichen.

Interne Analyse. Die zentrale Frage an dieser Stelle lautet: Wie sollten wir uns selbst organisieren? Eine interne Analyse, das heißt eine Analyse Ihres Unternehmens, ist genauso wertvoll wie eine externe Analyse. Das ist die Drecksarbeit, insbesondere wenn Ihr Unternehmen noch nicht über ein System zur regelmäßigen Überprüfung verfügt. Es gibt aber etliche Hilfen, die Sie dabei unterstützen. In Anhang 4 finden Sie eine Zusammenfassung der 16 wichtigsten Methoden und Modelle, um Ihre Wachstumsstrategie zu bestimmen. Dazu gehören auch das Fünf-Kräfte-Modell von Porter, die BCG-Matrix und die Ansoff-Matrix mit vier Wachstumsstrategien.[99]

Die Festlegung der Strategie sollte je nach Unternehmenstyp und Kontext anders sein. Wir wählen bei der Festlegung von Strategien in der Regel einen allgemeinen Ansatz, müssen aber auch der Tatsache Rechnung tragen, dass große Unterschiede zwischen Unternehmen und dem Kontext, in dem sie operieren, existieren. Die Festlegung von Strategien funktioniert in der petrochemischen Industrie völlig anders als in der Software-Branche. Bei den Erstgenannten geht es nur um große Kapital-Investitionen, die einer gründlichen Rechtfertigung bedürfen, während man in Software-Unternehmen alles Mögliche planen kann. Allerdings ändern hier schnelle Entwicklungen alles. Wenn Technologie-Giganten wie Microsoft oder Oracle sich dazu entschließen, Innovationen zu beschleunigen, können sie ihre Konkurrenten aus dem Rennen werfen. Dadurch werden gänzlich andere Anforderungen an Ihre Strategie gestellt.

Martin Reeves, Claire Love und Philipp Tillmanns von der Boston Consulting Group haben grundlegende Untersuchungen zum Thema Strategiefestlegung durchgeführt, woraus ihr Buch *Your Strategy Needs a Strategy* entstanden ist.[100] Das von ihnen beschriebene Modell unterscheidet Märkte nach hoher oder niedriger Vorhersehbarkeit und Anpassungsfähigkeit. Darin werden fünf archetypische Stile und Gebote detailliert beschrieben.

99 Michael Porter, Competitive Strategy: Techniques for Analyzing Industries and Competitors. Free Press, 1980.
100 Martin Reeves, Knut Haanæs & Janmejaya Sinha, Your Strategy Needs a Strategy. Harvard Business Review Press 2015.

1. **Anpassungsfähig.** Seien Sie schnell! (in Märkten mit niedriger Vorhersehbarkeit und Anpassungsfähigkeit)
2. **Formend.** Seien Sie der Regisseur! (in Märkten mit niedriger Vorhersehbarkeit und hoher Anpassungsfähigkeit)
3. **Klassisch.** Seien Sie groß! (in Märkten mit hoher Vorhersehbarkeit und niedriger Anpassungsfähigkeit)
4. **Visionär.** Seien Sie der Erste! (in Märkten mit hoher Vorhersehbarkeit und hoher Anpassungsfähigkeit)
5. **Erneuernd.** Bleiben Sie lebensfähig! (in Branchen, die unter einem enorm großen Druck stehen, sodass das Unternehmen erst verlorenen Boden zurückgewinnen muss, wofür es lebendiger und resilienter werden muss)

4.1.4 Die Voraussetzungen erfüllen

Früher gab es mehrere strategische Voraussetzungen, aus denen man auswählen konnte. Heute gelten hingegen alle Voraussetzungen als selbstverständlich und unverzichtbar.

Jedes Unternehmen muss im traditionellen Dreieck aus Customer Intimacy, Operational Excellence und Innovation Bestnoten erzielen. Die meisten der traditionellen Methoden zur Strategiefestlegung werden mittlerweile aufgrund des gravierenden Wandels als obsolet erachtet. Dies ist bis zu einem gewissen Grad gerechtfertigt, da sich einige der Spielregeln grundlegend verändert haben. Beispielsweise gingen Airbnb und Uber in mehreren Ländern gleichzeitig an den Start.[101] Nach klassischen Strategien wird ein neues Produkt oder eine neue Dienstleistung zunächst nur in einem Land auf den Markt gebracht und erst später in anderen Ländern.[102] Ein weiteres Beispiel ist das strategische Dreieck von Treacy and Wiersema, das jahrzehntelang genutzt wurde, um zu bestimmen, ob ein Unternehmen auf Customer Intimacy Excellence, Operational Excellence oder Produktinnovation fokussiert war[103]. Unternehmen sollten bei jedem Prozess in einer Ecke des Dreiecks eine Eins erzielen, wodurch hingenommen werden konnte, dass in den anderen beiden nur Zweien oder Dreien erzielt wurden. Damals war das Dreieck nützlich, um Unternehmen dazu zu bewegen, sich für einen klaren Fokus zu entscheiden. Heutzutage ist es aber völlig obsolet, denn jedes Unternehmen muss mittlerweile in allen drei Ecken des Dreiecks mindestens eine Zwei plus, besser noch eine Eins plus in einer davon erzielen. Alle bekannten disruptiven Unternehmen schlagen die etablierten Unternehmen in jeder

101 Martin Reeves, Claire Lov & Philipp Tillmanns, »Your strategy needs a strategy«, Harvard Business Review, September 2012.

102 H. Igor Ansoff, »Strategies for Diversification«, Harvard Business Review, September-Oktober 1957.

103 Michael Treacy & Fred Wiersema. »Customer Intimacy and Other Value Disciplines«, Harvard Business Review, Januar-Februar 1993.

Hinsicht: Niveau des Kundendiensts, Operational Excellence und Produktinnovation.[104] Jedes Unternehmen muss sowohl sein bestehendes Geschäftsmodell nutzen als auch Innovationen hervorbringen, um neue Modelle zu kreieren. Heute verändern sich die Dinge so schnell, dass Kontinuität nicht mehr gewährleistet werden kann. Sie müssen mit der Zeit gehen.

Jedes Unternehmen muss wachsen. Durch Wachstum entstehen Ressourcen, wodurch Sie für neue Mitarbeiterinnen und Mitarbeiter attraktiver werden. Diese können Sie wieder in die Nutzung und Innovation Ihres Geschäftsmodells stecken. Dies wird immer wichtiger.

Jedes Unternehmen muss Puffer einbauen, Daten sammeln sowie Innovationen vereinfachen und mit ihnen experimentieren. Im Grunde geht es um »fressen oder gefressen werden«. Wenn es mit der Metapher von Nassim Nicholas Taleb ausgedrückt werden soll: Am besten vermeiden Sie es, der Truthahn zu sein, der für das Weihnachtsfest geschlachtet wird, indem Sie dafür sorgen, der Schlachter zu sein, für den Weihnachten die Hauptsaison ist. Und die beste Methode, zum Schlachter zu werden, besteht darin, die vier Schritte des VUCA-Modells strukturiert auszuführen (siehe Glossar auf Seite 332): (1) Puffer einbauen (»gut gefüllte Getreidesilos für schlechte Zeiten«), um mit schwierigen Situationen umzugehen, (2) machen Sie das Sammeln von Daten zur Selbstverständlichkeit, (3) vereinfachen Sie kontinuierlich Innovationen und (4) testen Sie die Innovationen. Ich wette, Sie kennen kein erfolgreiches Unternehmen, das es sich leisten kann, das nicht zu tun.

4.1.5 Für Agilität sorgen

Bei der Umsetzung von Strategien ist Agilität ebenso wichtig wie Effektivität und Geschwindigkeit. Es gibt viele Methoden und Denkschulen, die unter dem Begriff der Agilität zusammengefasst werden können, und deren Ziel es ist, Flexibilität zu erhöhen. Agilität ist auch in diesem Buch ein zentraler Begriff. Michael Wade, Professor für Innovation und Strategie am IMD Lausanne, schreibt in seinem Blog, dass es sich Weltklasse-Athleten immer noch leisten können, herkömmliche Methoden der Strategieumsetzung zu nutzen.[105] Denn schließlich wissen sie, auf welches Rennen sie sich vorbereiten müssen, sie kennen die Distanz, die Strecke, ihre Konkurrenten, das Datum und die Uhrzeit. Im Gegensatz dazu haben es Unternehmen bei all diesen Aspekten mit zunehmender Unsicherheit zu

104 Siehe Brad Power, »Operational Excellence, Meet Customer Intimacy«, Harvard Business Review, 29. März 2013. https://hbr.rg/2013/03/operational-excellence-meet-cu; Steven Van Belleghem, »Niet meer kiezen tussen operational excellence en customer intimacy«, Marketingfacts.nl, 26. November 2014. http://www.marketingfacts.nl/berichten/niet-meer-kiezen-tussen-operational-excellence-en-customer-intimacy. Airbnb und Uber punkten sowohl bei der Kundennähe als auch bei der operativen Exzellenz.

105 Michael Wade, »Forget strategy, embrace agility«, IMD.org. https://www.linkedin.com/pulse/forget-strategy-embrace-agility-michael-wade.

tun. Um eine Strategie nach traditioneller Art festzulegen, werden solche Informationen benötigt, die auch den Athleten zur Verfügung stehen, sodass die Strategie stufenweise aufgebaut, vorbereitet und Schritt für Schritt umgesetzt werden kann. Dies ist jedoch mittlerweile ein Luxus, den sich nur wenige Unternehmen leisten können. Unsicherheit ist hier das Schlagwort. Wade verdeutlicht dies, indem er hinterfragt, warum Volkswagen so lange gebraucht hat, um angemessen auf den Emissionsskandal zu reagieren. Und wie viele Taxiunternehmen haben Uber kommen sehen, hatten aber keine Strategie, um darauf zu reagieren? Wade behauptet, dass langfristige Strategien wie Handschellen sind, die Sie schnell behindern. Heute geht es immer um Effektivität, Agilität und Geschwindigkeit. Wir brauchen eine iterative Festlegung und Umsetzung von Strategien. Die Betonung bei einer Strategie liegt auf der Umsetzung. Die Verwirklichung dieser Vision von Strategieumsetzung erfordert ein Höchstmaß an Selbstwahrnehmung oder, wie Wade es bezeichnet, Hyperwahrnehmung. Das ist die Fähigkeit, rechtzeitig die Transformationen in Ihrem Kontext und das, was darin funktioniert und was nicht, zu bewerten, sowie auf der Grundlage dieser Bewertungen Kursänderungen vorzunehmen. »Die meisten Unternehmen sind sich hauptsächlich ihrer selbst übermäßig bewusst«, sagt er.

Die Vision benötigt auch eine fundierte Entscheidungsfindung. Und das ist wiederum nur möglich, wenn Ihr Unternehmen systematisch Daten sammelt, analysiert und auswertet. Nur so können Sie erfahren, welche Maßnahmen Sie ergreifen müssen. Aber auch dann wird das nur funktionieren, wenn die Maßnahme schnell genug durchgeführt wird. Die Umsetzung muss gezielt erfolgen, und diejenigen, die sie umsetzen, müssen schnell aus dem, was nicht funktioniert, lernen. Auf der anderen Seite müssen sie das, was funktioniert, schnell und umfassend anwenden. Bei unserer Untersuchung konnten wir 12 Faktoren ermitteln, die Agilität bestimmen. Diese sind Abbildung 13 zu entnehmen. Neben jedem Faktor haben wir praktische Methoden aufgeführt, wie Sie das Agilitätsniveau in Ihrem Unternehmen bestimmen können.

Agilität	Agil
1 **Strategie-Inhalt**	Klare Vision. Flexibilität auf ganzer Linie. Kurzfristige und langfristige Strategien sind gleich wichtig. Iterative Entwicklung, sich entwickeln lassen, statt Vorgaben zu machen. Aufgewendete Zeit und Ressourcen: maximal 20 Prozent.
2 **Geschäftsmodell und Vorschläge**	Einziger Fokus: Schaffung eines Kundennutzens. Geltungsbereich: gesamte Wertschöpfungskette und das gesamte Netzwerk.
3 **Struktur**	Strukturiert aber nicht in Stein gemeißelt. Flexibilität, die von bereichsübergreifenden Teams und durch Zusammenarbeit gewährleistet wird.
4 **Innovationsvision**	Dualismus: verschiedene Geschwindigkeit bei Innovationen. Auf Grundlage einer separaten Struktur sowie Informations- und Kommunikationstechnologien.

Agilität	Agil
5 **Prozesse**	Wenn möglich, aufeinander abgestimmt; wenn nötig, flexibel. Vertikal ausgerichtete Prozesse in der Linie, statt Abteilungsprozesse.
6 **Unternehmens-struktur und Leitungsorganisation**	Kleine Teams. Autonomie und Freiheit (Freifahrtschein). Schnelle Reaktion auf Chancen und Bedrohungen, effektives Risikomanagement und schnelle Iterationen und Anpassungen auf der Basis von Scheitern/Erfolg. Entscheidungen basierend auf systematischer Datensammlung und -analyse.
7 **Leadership**	Den Wunsch nach der einzig wahren Lösung aufgeben und Führungsqualitäten.
8 **Unternehmenskultur und Personal**	Intrinsisch motivierte Übernahme von Verantwortung, »wollen« statt »müssen«. Selbstmanagement. Bereichsübergreifend arbeiten ist in Fleisch und Blut übergegangen.
9 **Umsetzungsvision und Methoden**	Strategie ist gleich Umsetzung. Strategien basieren auf den Erkenntnissen, die aus der Umsetzung gewonnen wurden. Einen Prototyp/ein minimal funktionsfähiges Produkt entwickeln, rasch mit der Umsetzung beginnen, aus Scheitern lernen, anpassen, das, was funktioniert, skalieren.
10 **Abstimmung**	Immer, über alle Dimensionen hinweg.
11 **Flexibilität und Durchhaltevermögen**	Die Weisheit, zu wissen, wann man durchhalten, und wann man den Kurs ändern muss.
12 **Fokus und Einfachheit**	Je weniger Ballast, desto einfacher sind Kurswechsel.

Abb. 13: Agile Strategieumsetzung ermöglicht es Unternehmen, kontinuierliche Veränderungen zu kontrollieren.
(Quelle: Turner 2016)

Wodurch wird eine Strategie agil? Zur Beantwortung dieser Frage betrachten wir einige der wichtigsten Punkte aus der vorstehenden Tabelle noch einmal genauer. Dabei lautet die zentrale Frage: Welche Faktoren sind dafür verantwortlich, ob Ihre Strategie, Ihre strategische Analyse und Ihre Planung agil sind?

Durch die Aufwendung von maximal 20 Prozent Ihrer zur Verfügung stehenden Zeit und Ressourcen für die Festlegung der Strategie als Grundlage wird Ihre Strategieumsetzung agil. Erst wenn Sie Ihre strategischen Pläne umsetzen, können Sie erkennen, ob sie erfolgreich sind oder scheitern. Daher müssen Sie die anderen 80 Prozent Ihrer Zeit und Ressourcen für die Umsetzung aufwenden. In der Umsetzungsphase erhalten Sie das Feedback, das für Anpassungen hilfreich ist, wodurch Ihre Strategie agil wird. Daher empfehle ich »maximale Zeit« bei der Einführung in jedem Beschleuniger aufzuwenden.

Sie sollten nicht mehr alle drei oder fünf Jahre diese zähen strategischen Planungsrunden abhalten. Sie täten besser daran, eine langfristige Vision für eine längere Zeitperiode zu definieren. Diese sollte weder zu vage noch zu detailliert sein, denn beides ergibt wenig

Sinn. Ihre Vision, Mission, Strategie und das große Warum sollten ein stimmiges, einheitliches Ganzes sein, das mindestens fünf Jahre hält. Die »Haltbarkeitsdauer« ermöglicht es den Managerinnen und Managern während dieser Periode zu entscheiden, wie sich das Unternehmen an sich ändernde Umstände anpassen kann. Es spricht nichts dagegen, sich über die Zukunft Gedanken zu machen, aber sorgen Sie dafür, dass die strategische Planung kurz und knapp ist. Die alte Gewohnheit, alle drei bis fünf Jahre eine strategische Planung vorzunehmen, ist zu zeitaufwändig. Tun Sie es ruhig alle drei Jahre, aber halten Sie es kurz.

Dasselbe gilt für den Businessplan, der praktisch und kurz sein sollte. Sorgen Sie dafür, dass bei Ihren Plänen zwischen den Zielen für das Management (Führung des Unternehmens) und jenen für die Erneuerung Ihres bestehenden Geschäftsmodells (Transformation des Unternehmens) unterschieden wird. Auf der Transformationsseite sollten Sie nicht mehr als fünf Schlachten, die gewonnen werden müssen, definieren.[106] Das ist die gesamte Strategie, die Sie benötigen, um mit der Umsetzung zu beginnen. Skalieren Sie, was funktioniert, und bleiben Sie agil, damit Sie die nötigen Anpassungen vornehmen können.

Ihre Strategie wird zudem agiler, wenn Sie die strategische Analyse und Planung als iterativen Prozess gestalten. Betrachten Sie sie als eine sich entwickelnde und nicht als eine in Stein gemeißelte Strategie. Wenn das Dreijahresintervall, das ich zuvor erwähnt habe, noch nicht verstrichen ist, jedoch eine strategische Anpassung notwendig wird, nehmen Sie diese ruhig vor. In der Realität wird es vorkommen, dass es zwei oder drei Strategiethemen pro Jahr gibt, bei denen es um Neuausrichtungen oder Anpassungen Ihrer langfristigen Strategieausrichtung geht. Ich bezeichne sie als Fragen zur strategischen Priorität.

Zögern Sie nicht, an verschiedenen Elementen der Strategie-Festlegung gleichzeitig zu arbeiten. Ein Manager berichtete mir davon, dass einige seiner Mitarbeiterinnen und Mitarbeiter wütend geworden seien, als sie erfuhren, dass grundlegende Projekte bereits definiert und einige Projekte bereits gestartet worden waren. Sie waren davon ausgegangen, dass die Prozesse zur Mission und Vision zunächst abgeschlossen werden müssten, und dass alle folgenden Aktivitäten später, Schritt für Schritt in logischer Reihenfolge durchgeführt werden sollten. Aber wir können es uns nicht mehr leisten, so vorzugehen. Parallele und iterative Prozesse stellen eine vernünftige Vorgehensweise dar. Die endgültige Strategie hängt von ihrer Umsetzung ab. Sie erinnern sich? Strategie = Umsetzung.

Agilität führt nicht zwangsläufig zu Unbeständigkeit. Agilität stützt sich auf die Weisheit, zu wissen, wo Sie Durchhaltevermögen zeigen, und wo Sie Ihre Strategie anpassen müssen. Agilität beschreibt die Fähigkeit, alle Entwicklungen und Muster unter die Lupe zu nehmen und jene Bereiche zu identifizieren, die mit Blick auf Ihre langfristige Vision

106 Killing, Malnight & Keys, Must-Win Battles, S. 3.

in Angriff genommen werden müssen. Ich habe einmal mitbekommen, dass ein Sponsor in der Finanzdienstleistungsbranche seufzte, weil er und sein Team schon so oft eine 180-Grad-Wende hinlegen mussten. Sechs Monate vorher hatte er daran mitgearbeitet, eine neue Marketingstrategie zu entwickeln, die überstürzt umgesetzt werden musste, weil ein wichtiger Nischenmarkt zusammengebrochen war. Allerdings sagte der neu ernannte CEO des Unternehmens schon kurz nachdem die Strategie startklar war, dass die Zielgruppensegmentierung priorisiert werden sollte. Also musste das Team wieder bei null anfangen. Vermutlich ist dies ein Beispiel für Agilität. Es könnte aber auch ein schwerer Fall von Korsakow-Syndrom in Unternehmen sein, bei dem jede Führungskraft das Bedürfnis verspürt, das Rad neu zu erfinden, und zwar nicht als Mittel zum Zweck, sondern als Ziel an sich.[107]

Unsere Untersuchung hat gezeigt, dass einer der zentralen Faktoren, die für das Scheitern verantwortlich sind, in fehlender intelligenter Agilität besteht. Mit anderen Worten werden Chancen nicht ergriffen und Bedrohungen nicht kontrolliert. Eine Führungskraft, mit der ich gesprochen habe, nannte das verantwortungsbewusste Agilität. Um Ihre Strategie agil umzusetzen, benötigen Sie ein klares Framework. Zu große Unbeständigkeit ist so, als hätten Sie einen Kompass, der Ihnen immerzu eine andere Richtung nach Norden anzeigt.

Es gibt viele Mythen über neue digitale Unternehmen. Viele sind der Meinung, dass ihr Unternehmen agil ausgerichtet ist, nur weil sie ein modernes, hippes Internet-Unternehmen haben. Diese falsche Vorstellung basiert auf der Tatsache, dass solche Unternehmen schnell wachsen. In der Vergangenheit mussten schnell wachsende (nicht digitale) Unternehmen ihre Prozesse, Strukturen, Systeme, das Management und die Unternehmenskultur alle paar Monate anpassen. Jedes Unternehmen, das dies nicht getan hat, brach zusammen. Das hat Wachstum so an sich. Und es macht auch keinen Unterschied, ob Ihr Unternehmen neu oder alt ist. Die Menschen verallgemeinern zu stark, wenn sie sagen, Start-ups seien flexibel und etablierte Unternehmen schwerfällig. Aber Flexibilität ist modernen Internet-Unternehmen nicht in die Wiege gelegt. Wie ein Unternehmer sagte: »Wir wachsen so schnell, dass es sich anfühlt, als seien wir schon auf einem Öltanker. Wir sind aber tatsächlich immer noch auf einem Schnellboot.« Wirklich? Sie können es sich nicht leisten, anzunehmen, Sie seien agil. Wenn Sie das tun, erkennen Sie womöglich, dass Sie schon zu einem Öltanker geworden sind – aber dann ist es schon zu spät.

4.1.6 Auf Stimmigkeit prüfen

Ihre harte Strategie muss am Ende die von mir als Rumelt-Check bezeichnete Prüfung bestehen. Sie ist nach dem amerikanischen Professor Richard Rumelt benannt, den ich

107 Pijl, Het nieuwe normaal, S. 68–69.

im Kapitel über Erfolgsfaktor 2 bereits erwähnt habe. Beim Rumelt-Check geht es um Folgendes: Enthält ihre Strategie eine ausreichend genaue Beschreibung der zentralen Herausforderungen Ihres Unternehmens und der Maßnahmen, die nötig sind, um diese zu meistern? Die Schlüsselfrage lautet: Was wollen Sie erreichen und wie wollen Sie das tun? Das ist die Grundlage für die Umsetzung, und sie stellen für viele Unternehmen schon eine große Herausforderung an sich dar, wie Rumelt in *Good Strategy/Bad Strategy* beschreibt.[108] Das Wesentliche einer guten Strategie besteht in einer klar definierten Herausforderung, einem Angriffsplan, Ihren strategischen Optionen und Szenarien, einer Sensitivitätsanalyse und einer Liste mit praktischen und kohärenten Maßnahmen, die sich aus der Strategie ableiten und das große Warum des Unternehmens zum Thema haben und den Kernkompetenzen des Unternehmens entsprechen. Das mag selbstverständlich klingen, aber tatsächlich sind nur wenige Unternehmen so gut organisiert und vorbereitet. Eine gute Analyse ist unabkömmlich. Die Menschen halten in der Regel Ausschau nach Wettbewerbern und Disruptoren. Vielleicht lauern aber Gefahren dort, wo Sie sie nicht vermuten.

Zentrale Themen und Fragen, die beantwortet werden müssen:

1. Welche Märkte und Kunden wollen wir bedienen? Warum genau diese Märkte, und warum diese Kunden?
2. Mit welchen Produkten, Dienstleistungen und welchem Wert? Welches Geschäftsmodell? Welches Wertversprechen haben wir?
3. Welche Anforderungen an unser Geschäftsmodell und somit auch an unsere Geschäftsprozesse und Kompetenzen sowie an unser Management, Daten-Management, Wissen und an unsere Unternehmenskultur, Struktur und Technologie ergeben sich hieraus?
4. Welches Maßnahmenportfolio brauchen wir? (Darum geht es in Baustein 2.)

Wenn Sie Ihre zentralen Themen herausarbeiten, müssen Sie klarmachen, für welche Optionen Sie sich entscheiden, und warum Sie davon überzeugt sind, mit diesen erfolgreich zu sein.[109] Anders ausgedrückt: Welche Kompetenzen versetzen Ihr Unternehmen in eine Position, das Wertversprechen besser als alle anderen zu erfüllen? Diese zentralen Themen zu bestimmen und zu definieren ist das Kernstück Ihrer Strategie. Wenn Sie sich hier anstrengen, wird sich der Rest – der Angriffsplan und das Maßnahmenportfolio – mit relativer Leichtigkeit ergeben.

Die oben angeführten zentralen Themen können als universell einsetzbare Standard-Komponenten Ihrer Strategie genutzt werden. Detailliertere Factsheets für jeden Be-

---

108 Rumelt, Good Strategy/Bad Strategy.

109 Ken Favaro, »Defining Strategy, Implementation, and Execution«, Harvard Business Review, 31. März 2015. https://hbr.org/2015/03/defining-strategy-implementation-and-execution.

schleuniger finden Sie in Anhang 11. Über den QR-Code können Sie die Factsheets und Vorlagen zur Planung für jeden Beschleuniger herunterladen.

Im Folgenden stelle ich Ihnen ein Unternehmen vor, dass Baustein 1 erfolgreich umgesetzt hat.

BAUSTEIN 1 – AMBITION ERFOLGREICH UMGESETZT

Case Study: Wie der Online-Krankenversicherer Ditzo Einfluss auf den Markt nimmt

Durchbruch: 2007 setzte sich die Muttergesellschaft von Ditzo, ASR, an die Spitze des Online-Vertriebs von Versicherungspolicen in den Niederlanden. In den Vereinigten Staaten waren die Progressive Corporation, Esurance und GEICO bereits seit Ende der neunziger Jahre im Online-Versicherungsgeschäft tätig. Der Durchbruch bestand darin, das Geschäft direkt mit den Kundinnen und Kunden zu machen (Verträge selbst abschließen), ohne über einen Broker gehen zu müssen. ASRs Erfolg gründete sich auf Effektivität, Agilität und Geschwindigkeit. Effektivität, oder eher Entschlossenheit, war nötig, um eine klare Entscheidung zu treffen, als das Unternehmen mit einer schwierigen Entscheidung konfrontiert wurde. Agilität ermöglichte es dem Unternehmen im Zuge seiner Entwicklung zu reagieren und sich anzupassen. Der wichtigste Grund für den Durchbruch war jedoch die Geschwindigkeit, die das Unternehmen zum ersten auf dem niederländischen Markt und Vorreiter von Internet-Versicherungen werden ließ.

Ergebnis: Das Entstehen von Vertriebskanälen für Versicherungen im Internet hat den Schaden- und Unfallversicherungsmarkt komplett transformiert. Er wurde transparenter, die Prämien günstiger und die Margen kleiner. Die Tatsache, dass ASR so schnell war, ist einer der Gründe dafür, dass das Unternehmen bis heute immer noch einer der wichtigen Player auf dem niederländischen Markt ist. Mittlerweile hat sich Ditzo auch erfolgreich auf dem Krankenversicherungsmarkt etabliert. Im ersten Jahr verkaufte ASR über 50 Prozent mehr neue Policen.

4.2 Baustein 2: Auswahl

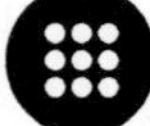

In diesem Baustein übertragen Sie die Strategie in ein Maßnahmenportfolio. Dabei müssen Sie selektiv vorgehen, damit Sie klare Aufträge verteilen und eindeutige Anforderungen hinsichtlich der Umsetzung formulieren können. Bevor Sie entscheiden, welche Maßnahmen Sie in das Portfolio aufnehmen möchten, müssen Sie Ihr bestehendes Portfolio bereinigen, Ihr Unternehmen so umorganisieren, dass die Maßnahmen durchgeführt werden können, und sich darüber im Klaren werden, warum Sie sich für einen zweispurigen Ansatz entscheiden müssen.

Ein sorgfältig ausgewogenes Portfolio aus Tests füttert die Strategie. Strategie ist gleich Umsetzung. Dieser Satz wird wahrscheinlich die Führungskräfte und Strategen der alten Schule irritieren, wohingegen ihre moderneren Pendants genau verstehen werden, was Sie meinen.

4.2.1 Das Portfolio bereinigen

Überarbeiten Sie Ihr Portfolio der strategischen Maßnahmen, um Ihre Ziele auf Durchführbarkeit abzustimmen. Ein paar Diskrepanzen und Übertreibungen sind durchaus gut, aber nur in Maßen. Für gewöhnlich läuft das Maßnahmenportfolio über und einige der Maßnahmen müssen aussortiert werden. Sie kommen schnell voran, wenn Sie Management-Exzellenz (Tagesgeschäft) und Umsetzungsexzellenz (echte Projekte) voneinander trennen. Viele erfolgreiche Managerinnen und Manager berichteten davon, dass die Bereinigung des Projektportfolios schnell Ergebnisse hervorbringe. Das Wesentliche an einer Maßnahme, die es verdient, in einem Projekt umgesetzt zu werden, ist eine Veränderung, die zu komplex ist, als dass sie im Tagesgeschäft erreicht werden kann. Für Maßnahmen, die von Natur aus mehrere Bereiche betreffen, müssen immer Projekte aufgesetzt werden. Projekte, die diese Kriterien nicht erfüllen, sind im Grunde Aufgaben der Linienorganisation. In jedem Portfolio bestehen 33 Prozent der Arbeit aus Routineaufgaben.

Das Tabu, ein weiteres Projekt aufzusetzen, könnte dazu führen, dass die Menschen zögern, eine Maßnahme im Rahmen eines Projekts umsetzen zu wollen, auch wenn dies der einzig richtige Ansatz ist. Wenn das Zögern die Oberhand gewinnt, landet die Arbeit, die eigentlich in einem Projekt erledigt werden müsste, auf dem Teller der Linienorganisation. Das ist genauso nachteilig wie die Überfrachtung eines Projekts mit Routinearbeit. Die verbleibenden Projekte und Programme müssen komprimiert werden, da weitere 33 Prozent der Projektarbeit in einem Portfolio wahrscheinlich einen veralteten, sich überschneidenden oder schlecht definierten Auftrag sowie einen ebensolchen Umfang und Ansatz haben. Somit sind die Transformationsmöglichkeiten stark beeinträchtigt. Nach der Bereinigung muss das, was übriggeblieben ist, Jahr für Jahr mittels strategischer Prioritätskriterien bewertet werden.

Und dann gibt es auch noch Zombie-Projekte. Das sind Projekte, die immer größer werden, da immerzu etwas hinzugefügt oder weggenommen wird. Solche Projekte können sich fast zu eigenständigen kleinen Unternehmen entwickeln, die eine eigene Unternehmenskultur haben. Sie allerdings sind leicht zu erkennen. Sie müssen sich nur einmal ansehen, wie lange es sie schon gibt (seit Ewigkeiten); wie groß ihr Umfang ist (immer anders); und wie sich ihre Struktur (unter dem Deckmäntelchen der Freiheit praktisch nicht vorhanden), ihr Management (siehe oben) und die Kommunikation (ad hoc, weitestgehend nicht auf Fakten basierend, voller Meinungsäußerungen und Emotionen) gestalten. Erstaunlicherweise scheint niemand zu hinterfragen, warum diese Projekte weitergeführt werden dürfen.[110] Glücklicherweise verschwinden solche Projekte jedoch nach und nach von der Bildfläche.

Übertragen Sie strategische Ziele in Maßnahmen. In Baustein 1 haben Sie Ihre strategischen Ziele definiert. Nun heißt es, sie in Maßnahmen zu übertragen. Um das zu tun, können Sie das Portfolio-Factsheet nutzen. Verwenden Sie den QR-Code in Anhang 11, um es herunterzuladen. Neben der Bereinigung der Maßnahmen dürfte Sie interessieren, ob Sie die richtigen Maßnahmen auswählen, und ob Ihr Portfolio ausgewogen ist. Für gewöhnlich übersteigt die Ambition die Umsetzungskompetenzen. Priorisieren, integrieren und konsolidieren Sie, wann immer es möglich ist. Wählen Sie klug und klar umrissen aus. Womöglich führt das wiederum dazu, dass Sie viele Ihrer bestehenden und neuen Maßnahmen konsolidieren, verlangsamen oder sogar stoppen. Prüfen Sie erneut, ob Ihre Umsetzungskompetenzen für Ihre Ambition ausreichen. In Baustein 1 haben Sie mithilfe des Analysetools SECA.NU die Umsetzungskompetenz Ihres Unternehmens ermittelt. Nun ist es an der Zeit, diese Informationen zu nutzen, um ein angemessenes Verhältnis zwischen Ihrer strategischen Ambition und Ihrer Umsetzungskompetenz herzustellen.

Richten Sie ihr Portfolio alle sechs Monate neu aus. Ein Unternehmen mit 500 Angestellten könnte eine Mission, Vision und Strategie mit vier Programmen und zehn Projekten oder mit zwei Programmen und vier Projekten umsetzen. Die erste Möglichkeit scheitert vermutlich, während die zweite eine echte Erfolgschance hat. Unternehmen überschätzen viel zu oft ihre Umsetzungs- oder Transformationskompetenz. Zudem rufen Sie viel zu viele Maßnahmen ins Leben, während andere noch nicht abgeschlossen sind. Sie lassen sich Maßnahmen und Erwartungen ohne echte Verbindung zu ihrer tatsächlichen Fähigkeit zur Veränderung anhäufen. Und wenn sie das tun, ist ihr Scheitern schon vorprogrammiert.

Sie sollten alle sechs Monate Ihr Portfolio strategischer Maßnahmen aktualisieren und neu ausrichten. Das muss keine schwierige oder zeitraubende Übung sein. Sie sollten dies zeitlich nur begrenzen und auch gut vorbereiten, indem Sie den wirklichen Status aller existierenden Maßnahmen vorher bewerten. Sobald Sie das gemacht haben, können Sie an einem einzigen Nachmittag schon sehr weit kommen.

Machen Sie eine Liste mit allen Dingen, die Sie nicht tun sollten. Ein Manager sagte einmal: »Unternehmen lernen genauso viel davon, etwas nicht zu tun, wie davon, etwas zu tun.« Genau zu beschreiben, was Ihr Unternehmen nicht tun sollte, verhindert Opportu-

110 Elizabeth Harrin, »Z to A: Making the zombie project more agile«, BCS Books Blog, 03. Februar 2014. http://www.bcs.org/content/conBlogPost/2284.

nismus. Sie sollten verhindern, dass Lieblingsprojekte, die in der Neuausrichtung Ihres Portfolios aufgegeben wurden, sich durch die Hintertür wieder hereinschleichen, indem sie in andere Maßnahmen integriert werden.

4.2.2 Das Portfolio ausgewogen gestalten

Ein gutes Portfolio besteht aus gezielten Schüssen auf ein strategisches Ziel. Wie gezielt Ihre Schüsse sind, hängt von den vier Dimensionen ab, die in Abbildung 14 gezeigt werden.[111] Es handelt sich um eine praktische, oft genutzte Matrix, die dazu gedacht ist, strategische Maßnahmen zu überprüfen und sie mit der Transformationskompetenz eines Unternehmens abzugleichen. Abbildung 14 ist für inhaltliche Überlegungen und für die Kommunikation sehr wertvoll; wenn etwas nicht in der Matrix erfasst ist, existiert es nicht!

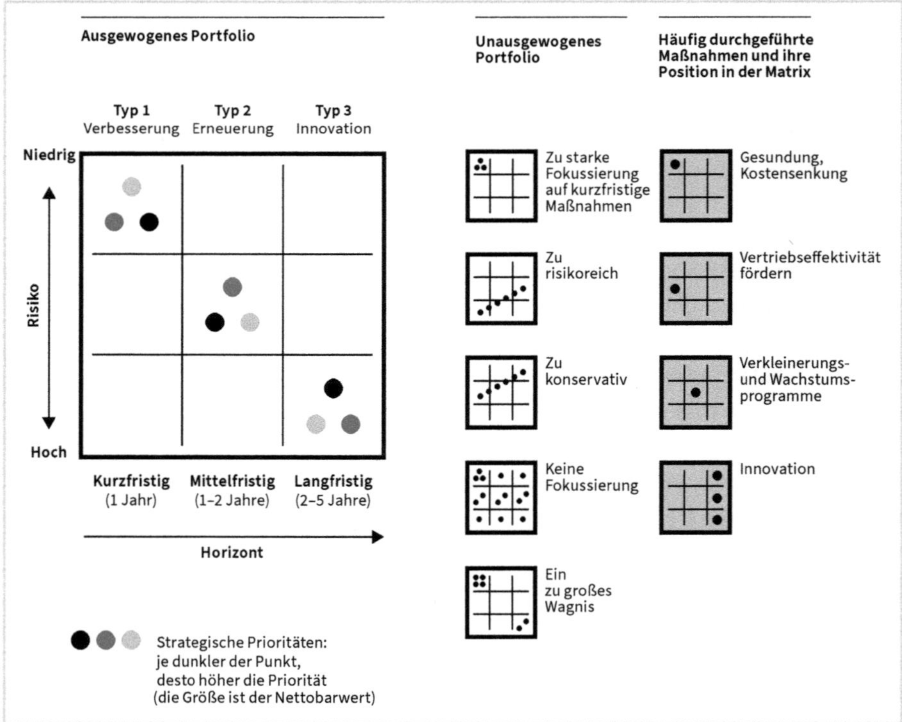

Abb. 14: In einem soliden Portfolio sind die drei Umsetzungstypen, die Zieltypen und lang- bzw. kurzfristige Zeithorizonte ausgewogen.
(Quelle: Bettina Büchel, Xavier Gilbert und Rhoda Davidson: *Smarter Execution*; Scott Keller und Colin Price: *Beyond Performance*)

111 Lowell L. Bryan, »Just-In-Time Strategy for a Turbulent World«, McKinsey Quarterly, Juni 2002. http://www.mckinsey.com/capabilities/strategy-and-corporate-finance/our-insights/just-in-time-strategy-for-a-turbulent-world.

Zunächst sollten Sie bewerten, ob das Verhältnis der Maßnahmen vom Typ 1 (Verbesserung), Typ 2 (Erneuerung) und Typ 3 (Innovation) ausgewogen ist. Jeder Typ hat seinen eigenen, angemessenen Umsetzungshorizont. Ein Optimierungsprozess im Rahmen des Lean Management (Typ 1) sollte innerhalb eines Jahres abgeschlossen sein und ein Projekt zur Neugestaltung der Geschäftsprozesse innerhalb von zwei Jahren. Und ein Greenfield-Innovationsprojekt sollte maximal einen Zeithorizont von fünf Jahren haben.

Die zweite Dimension für die Bewertung Ihres Portfolios ist das Risiko und somit auch Ihre Erfolgschance. Das Risiko wird auf der y-Achse abgetragen. Es ist recht offensichtlich, dass mit Typ 1 wenig Risiko, mit Typ 2 ein moderates Risiko und mit Typ 3 ein hohes Risiko einhergeht. Nutzen Sie das jedoch nicht, um Vorhersagen zu treffen. Wie wir von Taleb wissen, nimmt unsere Fähigkeit, akkurate Vorhersagen zu machen, stark ab. Sehen Sie es stattdessen als einen Hinweis darauf, die Dinge im Gleichgewicht zu halten. Taleb war Broker an der Wall Street, bevor er zum revolutionären Denker auf dem Gebiet der Statistik wurde. Sein Erfolg als Broker basierte auf der sogenannten Barbell-Strategie: 85–90 Prozent werden in risikoarmen Investments angelegt (Typ 1 und Typ 2, obwohl Investments vom Typ 2 ein höheres Risiko haben als vom Typ 1). Und nur 10–15 Prozent des Geldes fließen in hochspekulative Investments (Typ 3).

Die Gesamtzahl der Maßnahmen und die Zahl für jeden Typ bilden die dritte Dimension. Die richtige Anzahl an Maßnahmen ist die Zahl, bei der Sie das optimale Gleichgewicht zwischen Ambition und Realitätssinn erzielen. Als Regel könnte formuliert werden, dass am besten funktioniert, wenn Sie drei bis fünf Maßnahmen von jedem Typ umsetzen. Das folgende Kapitel enthält ein Factsheet für jede Maßnahme. Somit erhalten Sie die Möglichkeit, die Ambition hinter jeder Maßnahme, den Umfang, die Ziele und den Ansatz detailliert auszuarbeiten und gleich zu Beginn des Prozesses eine ehrliche Einschätzung des optimalen Gleichgewichts zwischen Ambition und Machbarkeit vorzunehmen. Sie wollen nicht, dass jemand auf höhere Kundenzufriedenheit (darunter kann man alles verstehen) aus ist, ohne zuvor klare Entscheidungen hinsichtlich der Zielgruppen und des Umfangs zu treffen.

Für Typ 3 – radikale Innovationen von neuem Umsatz- und Geschäftsmodellen – stellen sich die Dinge etwas anders dar. Auf diesem Gebiet haben Sie es mit großer Unsicherheit und niedrigen Erfolgschancen zu tun. Um Ihre Ziele zu erreichen, müssen Sie eine größere Anzahl an Tests durchführen. Glücklicherweise gibt es immer mehr Daumenregeln, um mit der Welt der disruptiven digitalen Innovationen klarzukommen. Ich persönlich nutze die folgende: Entwickeln Sie kontinuierlich und unbegrenzt Ideen. Wählen Sie jedes Jahr 20 Ideen aus und analysieren Sie sie. Beschäftigen Sie sich mit 10 Ideen näher und wählen Sie drei bis fünf aus, um sie in Form von Tests umzusetzen. Wenn Sie weniger als drei auswählen, spielen Sie Russisches Roulette. Und wenn Sie mehr als fünf auswählen, zeigt dies, dass Sie es nicht schaffen, sich zu entscheiden. Führungskräfte, die sich auf digitale Innovationen verstehen, haben alle die Fähigkeit, klare Entscheidungen zu treffen, die weder zu weit noch zu eng gefasst sind. Sie wählen Tests, die nicht nur zu einem erheblichen Anstieg der Kundenzufriedenheit und -erwartungen führen können, sondern auch schnell zu Ergebnissen führen und grundlegend innovativ sind. Solche Führungskräfte sind sich bewusst, dass schnelles Scheitern und rasches Lernen aus dem Scheitern auch wertvolle Ergebnisse sind.

Nutzen Sie explizite Kriterien, um Tests auszuwählen. Erstens muss jeder Test zu den grundlegendsten unbefriedigten Bedürfnissen der Kundinnen und Kunden beitragen. Zweitens muss der Test durchführbar sein und zu den bestehenden Kompetenzen und Fähigkeiten Ihres Unternehmens oder zu denen, die Sie mobilisieren können, passen. Als Letztes muss jeder Test auf demselben Markt, auf dem Ihr Unternehmen wachsen möchte, durchgeführt werden.

Die letzten zwei Dimensionen eines professionellen Portfolios. Die vierte Dimension stellt den strategischen Wert der Maßnahme dar. Dieser Wert kann durch die Farbschattierung des Punktes ausgedrückt werden, den Sie in Ihrer Matrix benutzen. Die fünfte Dimension besteht darin, der Art des Ziels, auf die eine Maßnahme ausgerichtet ist, einen Code zuzuweisen: Geht es um (A) Kunden, Umsatz oder Marktanteil, (B) Kosten und Produktivität, (C) Mitarbeiterzufriedenheit, (D) Flexibilität, (E) Effektivität, (F) soziale Verantwortung des Unternehmens oder (G) Compliance? Wenn Sie diese Fragen beantworten, können Sie auch prüfen, ob Sie die Bedürfnisse Ihrer Stakeholder, das heißt Ihrer Kunden, Angestellten, Aktionäre, des Managements und der Gesellschaft befriedigen.

Prüfen Sie, ob sich in Ihrer Matrix eine gleichmäßige Gewichtung zeigt. Ein ausgewogenes Portfolio weist eine klare Diagonale von oben links nach unten rechts auf und nicht die stereotype Form eines Hockeyschlägers. Sie benötigen alle drei Maßnahmentypen. Die nicht ausgewogenen Portfolios auf der rechten Seite von Abbildung 14 bieten eine schnelle Übersicht, um zu bestimmen, ob etwas falsch ist. Managerinnen und Manager sind verblüfft, wenn Sie erkennen, dass sich die Situation ihres Unternehmens so darstellt. Wenn die Punkte überall verteilt sind, wird Ihnen deutlich gezeigt, dass es Ihnen an Fokus fehlt. Eine Kombination aus zwei helleren Punkten und ein paar dunkleren spiegelt ein risikoreicheres Portfolio wider. Wenn es viele Punkte im unteren Bereich gibt, wissen Sie, dass Sie zu vorsichtig sind. Und falls Sie das noch nicht wussten: Auf Nummer sicher gehen, ist in volatilen und disruptiven Zeiten mit dem größten Risiko verbunden. Zum Schluss erzählen die Buchstabencodes der Ziele ihre eigene Geschichte. In manchen vertriebsorientierten Unternehmen sehen Sie nichts außer Code A, beziehungsweise Vertriebsprojekte. In Branchen mit kleinen Margen, in denen alle Dienstleistungen standardisierte Angebote sind, gibt es häufig einen großen Prozentanteil an Code B, beziehungsweise Kostensenkungsprojekten. Hier sind die Menschen so entmutigt, weil sie in schrumpfenden Märkten zu überleben versuchen, dass sie noch nicht einmal einen Gedanken daran verschwenden, ein Vertriebsziel zu erreichen.

Zeit für Entscheidungen: volle Kraft voraus oder zurück an den Anfang? Wenn Sie an dieser Stelle aufzuhören, Entscheidungen zu treffen, bedeutet das in der Regel, dass es unter den Hauptakteuren immer noch zu viele verschiedene Meinungen hinsichtlich der Ziele, des Warums, des Auftrags, des Ansatzes, der Unternehmensstruktur (Sponsor, Verantwortlicher, Hauptakteur, Benefit-Verantwortlicher), der Kompetenzen und der Erfolgsfaktoren für jede ausgewählte Maßnahme gibt. In diesem Fall müssen Sie noch etwas tiefer graben und herausfinden, ob die Erwartungen der Beteiligten miteinander vereinbar sind. Das ist an sich schon eine Aufgabe des Change Management, das zwangsläufig zu Interessenkonflikten führt, die gelöst werden müssen.

Und nun ist es an der Zeit, die Ärmel hochzukrempeln und mit dem Schreiben zu beginnen. Schreiben Sie die gesamte Strategie auf und füllen das Portfolio-Factsheet aus. Nutzen Sie das Factsheet für Beschleuniger 1 (das Sie mit dem QR-Code in Anhang 11 herunterladen können). Sie könnten es auch als Strategie- und Portfolio-Factsheet bezeichnen.

4.2.3 Jede Maßnahme planen und auf den Weg bringen

Ein neu ausgerichtetes Maßnahmenportfolio ist nicht zu gebrauchen, wenn die Maßnahmen nicht ordentlich auf den Weg gebracht werden. Erfolgreiche Führungskräfte haben eine erfrischend bodenständige Herangehensweise. Sie diskutieren einmal im Quartal eingehend über das Portfolio und einmal im Monat über die wichtigsten Maßnahmen. In Beschleuniger 3 beschreibe ich, wie Management und Kontrolle eine entscheidende Rolle bei der Beschleunigung der Maßnahmen spielen. Zunächst möchte ich jedoch erklären, wie Sie Ihre Maßnahmen auf den Weg bringen sollten.

Wie Sie eine Maßnahme vom Typ 1 auf den Weg bringen. Es gibt zahllose altbewährte Methoden der kontinuierlichen Verbesserung. Lean Management und Lean Six Sigma sind die bekanntesten. Lean Management ist beispielsweise ein Framework, das Unternehmen nutzen, um die Kundenzufriedenheit strukturell zu verbessern und (finanzielle) Ergebnisse zu erzielen (siehe Anhang 5, wo Sie eine Aufstellung der zehn wichtigsten Prinzipien des Lean Management finden). Durch die Konzentration auf den Kundennutzen und die Reduzierung von Umsetzungsfehlern verringern Sie die Anzahl an Prozessschritten (Lean) und machen die Ergebnisse der Prozesse vorhersehbar (Six Sigma).[112] Beispiele für erfolgreiche Einführung von Lean Six Sigma können bei Motorola, General Electric, Ford und gefunden werden. GE Medical Systems hat Six Sigma genutzt, um einen Diagnose-Scanner zu entwickeln, der den Scan-Prozess von 180 Sekunden auf 17 Sekunden verkürzt.

112 Lean Six Sima.nl, »Wat is Lean Six Sigma«, 2016. http://www.sixsigma.nl/wat-is-lean-six-sigma.

Und ein Six-Sigma-Team in der GE-Plastics-Sparte konnte die Produktion von Plastik auf 10 Millionen Pfund erhöhen.[113]

Die zentralen Aspekte der Lean-Philosophie werden dringend für Typ 2 und 3 der Transformation (Erneuerung beziehungsweise Innovation) benötigt. Ein typisches Merkmal des Lean Management besteht in kleinen, überschaubaren Phasen der Performance-Verbesserung. Es ist genau diese Iteration, die für Transformationen vom Typ 2 und 3 wesentlich ist. Es ist besser, mit einem minimal funktionsfähigen Produkt (MFP) in die Umsetzung zu gehen, als ein Jahr zu warten, um Ihre strategische Vorlage fertigzustellen. Ein Manager berichtete in einem Interview: »Ich möchte, dass wir bei den guten alten Business-Projekten damit anfangen, das einzusetzen, was seit einiger Zeit bei IT-Projekten normal ist: agile und Scrum-Methoden.«

Häufig handelt es sich bei Transformationen vom Typ 2 und 3 um eine stufenweise Leistungsverbesserung in Form von etlichen kleinen Projekten innerhalb einer Abteilung oder eines Bereichs; anders ausgedrückt: eine Reihe von Transformationen vom Typ 1. Für solche Transformationen bleiben andere Abteilungen oder Bereiche außen vor. Daher gibt es keine Entschuldigung dafür, sie nicht zu machen. Alles, was Sie brauchen, ist, sich für eine Methode zu entscheiden und eine Abteilung oder einen Mitarbeiter zu finden, der sein Gewicht in die Waagschale werfen möchte, um Lean Management im gesamten Unternehmen einzuführen. Viele mögen behaupten, dass all dies Teil der Führung des Unternehmens sei. Das ist es aber nicht, da hierfür zu viele spezielle Methoden und Kompetenzen nötig sind. In Wirklichkeit ist es Teil der Transformation des Unternehmens.[114]

Wie Sie eine Maßnahme vom Typ 2 auf den Weg bringen. Business Project Reengineering (BPR) ist immer noch die wichtigste der bewährten herkömmlichen Methoden, um Erneuerung zu erzielen. Glücklicherweise ist BPR in seiner derzeitigen Ausgestaltung kurz und iterativ. Früher dauerte die Analyse- und Konzeptionsphase noch Monate, bevor mit der Umsetzung angefangen werden konnte, heute hingegen nur noch Wochen. Wir bezeichnen diese Methoden als »unternehmerische Agilität und Scrum«. Begnügen Sie sich immer mit einer speziellen Methode für Transformationen vom Typ 2. Egal, welche Methode Sie wählen – ob Geschäftsprozessmanagement, Business Project Redesign, Scrum oder andere agile Methoden – sorgen Sie immer dafür, dass Sie hervorragend darin sind.

Sie kommen nicht wirklich ohne eine gute, herkömmliche Methode für Transformationen vom Typ 2 aus. Aber eine herkömmliche Methode ist kein Allheilmittel, da es sehr riskant ist, sich ausschließlich darauf zu stützen. Moderne Zeiten erfordern spezialisierte Expertise und Methoden. Es ist wichtig, spezielle Methoden bei speziellen Themen anzuwenden. Beispielsweise wird für die Reduzierung der Gemeinkosten eine Gemeinkosten-

113 George Eckes, The Six Sigma Revolution: How General Electric and Others Turned Process into Profits, John Wiley & Sons, 2002.

114 Peter Hines, Pauline Found, Gary Griffiths & Richard Harrison, Staying Lean: Thriving, Not Just Surviving. CRC Press, 2010.

Wertanalyse benötigt. Um Synergieeffekte zu realisieren, benötigen Sie hingegen eine Post-Merger-Integrationsmethode. Um den Umsatz pro User zu steigern, benötigen Sie eine Kunden- und Vertriebsprozessanalyse und so weiter. Wir werden dies eingehender im Beschleuniger 2, Baustein 5 erläutern.

Wie kann entschieden werden, ob eine Maßnahme vom Typ 2 in die Linienorganisation gehört oder in ein separates Projekt oder Programm? Lassen Sie so viel wie möglich in der Linienorganisation, zögern Sie aber nicht, Projekte oder Programme aufzusetzen. Zuweilen habe ich den Eindruck, es gebe ein Tabu bei den beiden P-Wörtern Projekt und Programm. Es ist an der Zeit, das zu enttabuisieren. Jede Maßnahme, die (1) grundlegende Ziele hat und (2) mehrere Bereiche betrifft, muss in einem Projekt oder Programm angesiedelt werden, ob Sie das mögen oder nicht. Dies gilt für alle Transformationen vom Typ 2 (Erneuerung) und im Übrigen auch vom Typ 3 (Innovation). Wenn Sie das wissen und trotzdem darauf bestehen, sie der Linienorganisation aufzudrücken, machen Sie sich der allzu starken Vereinfachung schuldig und die Enttäuschung aller Beteiligten ist vorprogrammiert. Die Polarisierung zwischen der Umsetzung in ihren Primärprozessen und in Programmen ist eine der schädlichsten Zwickmühlen, die Unternehmen beschäftigt.

Paradoxerweise ist es ein durchaus vernünftiger Impuls, wenn Sie Ihre Projekte und Programme, wann immer es möglich ist, von der Linienorganisation umsetzen lassen wollen. Das ist ein gesunder Dualismus, den viele Managerinnen und Manager richtigerweise versuchen zu unterstützen. Denn sie möchten endlose, ziellose und mäandernde Programme vermeiden. Wie kann man das richtig angehen? Sie sollten diesen Dualismus auf jeder Ebene und in jedem Meeting einsetzen, als wäre er die Norm und sie sollten funktionsübergreifende Team aufsetzen und Beratung vertikal organisieren.

Es gibt etliche Gründe für diese wahrgenommene Dichotomie und das scheinbare Tabu der P-Wörter. Erstens wissen Sie, dass jede Erneuerung am schnellsten vollzogen werden kann, wenn Sie sie separat auf den Weg bringen. Jedoch wissen Sie auch, dass sie schlussendlich wieder in die regulären Geschäftsprozesse integriert werden muss, in den laufenden Betrieb. Zweitens werden die bestehenden Vorurteile genährt, dass separate Projekte und Programme Zeit- und Geldverschwendung sind und außerdem eine schlechte Erfolgsbilanz im Hinblick auf Ergebnisse haben. Zudem werden sie innerhalb des Unternehmens zu Silos, die zuweilen sogar ihre eigene Kultur entwickeln.

Wie Sie eine Maßnahme vom Typ 3 auf den Weg bringen. Transformationen vom Typ 3, bzw. Innovationen, werden häufig an ein separates Start-up abgegeben, können aber auch als separate Maßnahme innerhalb eines etablierten Unternehmens auf den Weg gebracht werden.[115] Beide Optionen haben ein wichtiges Merkmal gemein: eine Geschichte

115 Charles A. O'Reilly and Michael L. Tushman, »The Ambidextrous Organization«, Harvard Business Review, April 2004. https://hbr.org/2004/04/the-ambidextrous-organization.

von mehrfachem Scheitern, um zu dem einen Erfolg zu gelangen. Es ist eine Geschichte von Blut, Schweiß und Tränen, von grenzenloser Geduld und Durchhaltevermögen. Daher bringen etablierte Unternehmen solche Maßnahmen auf unterschiedliche Weise auf den Weg. Die Frage, wie radikale Innovationen – die fast immer digitaler Natur sind – am besten auf den Weg gebracht werden sollten, ist so elementar, dass sie einen eigenen Abschnitt verdient (siehe unten).

4.2.4 Einen zweispurigen Ansatz wählen

Radikale Innovationen (Transformationen vom Typ 3) beschäftigen Unternehmen seit zehn Jahren. Es gibt viele verschiedene Strategien, um solche Veränderungen auf den Weg zu bringen und zu managen. Zuletzt waren die neuen digitalen Geschäftsmodelle die Haupttreiber für Innovation, wodurch es erfolgreiche Innovationen ganz nach oben auf die Agenda in der Führungsriegen geschafft haben. Innovationsgurus haben die Gunst der Stunde genutzt und entweder absichtlich oder unabsichtlich einen Hype um Innovationen geschaffen. Sie sind der Meinung, dass die für erfolgreiche radikale Innovationen benötigte Kreativität und Brillanz von Struktur und Management erstickt werden. Sie bezeichnen Kennzahlen als ultimatives Todesurteil. Diese falsche Auffassung führt dazu, dass alle möglichen Ideen wahllos ausprobiert werden, wodurch enorme finanzielle und intangible Kosten entstehen. Solche Innovationsgurus hatten freie Hand, bis Eric Ries seinen Bestseller *Lean Startup*[116] herausbrachte. Die Grundidee hinter dieser hervorragenden Innovationsmethode ist Validiertes Lernen: Eine Möglichkeit für Start-ups, unter unsicheren Bedingungen zu beweisen, dass sie einen Fortschritt erzielen.[117] Das ist viel praktischer, akkurater und schneller als Marktvorhersagen oder traditionelle Businesspläne. Es geht immer ums Lernen. Alles andere, das heißt, was nicht benötigt wird, um von Kundinnen und Kunden zu lernen, wird außer Acht gelassen. Validiertes Lernen ist Lernen, das auf der tatsächlichen Entwicklung des Unternehmens basiert und durch echte Kundendaten gestützt wird. Alles, was ein Start-up macht, ist, Tests durchzuführen, um zu lernen, wie das Unternehmen durch eine Phase der Unsicherheit gesteuert werden kann.

In der Praxis werden Transformationen vom Typ 3, das heißt digitale Innovationen, auf unterschiedliche Weise auf den Weg gebracht und gemanagt. Abbildung 15 zeigt, auf welche verschiedenen Formen wir dafür während unserer Untersuchung gestoßen sind. Um das ordentlich machen zu können, müssen Sie einen gesunden Dualismus herstellen. Ihr bestehendes Geschäftsmodell anzuwenden und Änderungen an diesem Modell vorzunehmen (Transformationen vom Typ 1 und 2: Verbesserung und Erneuerung) zielt darauf ab, Ihr derzeitiges Geschäftsmodell voll auszuschöpfen. Ihr existierendes Unternehmen

116 Eric Ries, The Lean Startup: How Today's Entrepreneurs Use Continuous Innovation to Create Radically Successful Businesses. Penguin Books Limited, 2011.

117 Marijn Mulders, »Uittreksel Lean Startup Eric Ries«, Tolo Branca, September 2015. http://www.tolobranca.nl/wp-content/uploads/Uittreksel.pdf.

kann damit umgehen. Transformationen vom Typ 3 haben eine andere Qualität. Hier geht es um radikale Innovationen, mit denen neue Geschäftsmodelle eingeführt werden. Dadurch verändert sich die Art und Weise, wie Sie Ihre Geschäfte machen, radikal. Diese Art der Transformation kann nur durch eine differenzierte, unabhängige Umsetzungsstrategie, die von Ihrer normalen Struktur losgelöst ist, erreicht werden. Jedoch ist eine kleinstmögliche Schnittstelle notwendig, um Querverbindungen zu erleichtern und einander zu unterstützen. Das bedeutet nicht, dass Sie Innovationen in Ihrer normalen Unternehmensstruktur nicht fördern sollten. Allerdings sollten Sie nicht alles auf eine Karte setzen.

Wie bringen Sie alle drei Transformationstypen im Hinblick auf die Geschäftsleitung auf den Weg? Wie bringen Sie die Transformation des Unternehmens im Hinblick auf die Führung des Unternehmens auf den Weg? Die Lösung besteht darin, Dualismus zu institutionalisieren. Abbildung 15 zeigt, auf welche Art radikale Innovationen vom Typ 3 auf den Weg gebracht werden können. Das ist für etablierte Unternehmen überlebenswichtig. Start-ups werden zu Scale-ups und es wird der Tag kommen, wenn aus ihnen ein etabliertes Unternehmen geworden ist. Wie Sie selbst feststellen können, hat sich das Unternehmen, das man einst als Google kannte, dazu entschieden, seine etablierten Umsatz- und Geschäftsmodelle (wie Google Search und YouTube) von Innovationen vom Typ 3 (wie Google X und Google Capital) zu unterscheiden, indem es eine neue Unternehmensstruktur namens Alphabet einführte. Dies ist ein hervorragendes Beispiel für Strategieumsetzung, bei der eine Unterscheidung in drei Transformationstypen notwendig ist. Google kann seine bestehenden Umsatz- und Geschäftsmodelle durch Typ 1 und 2 nutzen, während es gleichzeitig dafür sorgt, dass es die Innovationen, die »Moonshots« von übermorgen, in einer Weise entwickelt, die speziell für diese Art von Geschäftsmodell geeignet ist. Aus diesem Grund werden Innovationen vom Typ 3 womöglich immer in separaten Unternehmen auf den Weg gebracht, die niemals in eine größere, bereits existierende Geschäftseinheit integriert werden.

Aktionäre mögen diese Logik und Transparenz ebenfalls, da deutlich wird, welche Risiken in welche Bereiche gehören. Durch die rigorose Trennung der Aktivitäten kann Google – oder vielmehr Alphabet – seine Marken schützen und mit ihnen experimentieren.

Der Management-Vordenker John Kotter plädiert für dieses duale Unternehmenssystem in seinem 2014 veröffentlichten Buch *Accelerate (XLR8)*.[118] In einem dualen Managementsystem wird die normale Arbeit von den Innovationen getrennt, funktionieren aber in Verbindung zueinander.

118 John Kotter, Accelerate (XLR8): Building Strategic Agility for a Faster-Moving World. Harvard Business School Press, 2014.

	1. Integriert	2. Quasi unabhängig (50 %)	3. Unabhängig (100 %)	4. Gemeinschaftsprojekt	5. Akquisition	Alle vorgenannten Optionen
Unternehmen	Jeder Unternehmensbereich führt individuell Innovationen durch.	Innovationen finden innerhalb der existierenden Struktur statt, werden aber separat auf den Weg gebracht.	Innovationen finden außerhalb der Hauptstruktur statt, für gewöhnlich an einem anderen Ort.	Die Parteien setzen speziell zum Zweck der Innovation ein Gemeinschaftsprojekt auf.	Völlig getrennt vom laufenden Betrieb.	Alle vorgenannten Optionen.
Management	»Business as usual«. Es ist unerlässlich, zwischen der Führung und der Transformation des Unternehmens zu unterscheiden.	Wenn die Innovation in der Nähe des laufenden Betriebs anzusiedeln ist, muss sie von der Linienorganisation gesteuert werden. Aber eine Trennung der Tätigkeiten ist unbedingt nötig.	Häufig überwacht eine Back-Office-Support-Abteilung den Fortschritt und berichtet direkt an den CEO.	Jede Partei trägt ihre Kompetenzen und Ressourcen bei; für das Gemeinschaftsprojekt kommt Expertise von außen, falls nötig.	Der Markt wird systematisch gescannt, um vielversprechende und notwendige Innovationen zu finden.	Häufig überwacht eine Back-Office-Support-Abteilung die Kohärenz zwischen den Aktivitäten.
Wann zu nutzen	Wenn klar ist, welche Innovation notwendig ist, und es sich herausgestellt hat, dass das Unternehmen innovationsfähig ist.	Wenn noch nicht klar ist, welche Innovation notwendig ist, und es sich noch nicht herausgestellt hat, dass das Unternehmen innovationsfähig ist.	Wenn klar ist, welche Innovation notwendig ist, und es sich herausgestellt hat, dass das Unternehmen innovationsfähig ist.	Wenn die Motive einer Partei die der anderen Partei vervollständigen, und wenn ein Gleichgewicht zwischen Geben und Nehmen existiert.	Wenn eine Chance oder Notwendigkeit besteht, und wenn die Akquisition günstiger, schneller oder besser ist als eine anderer Strategie.	Wenn das Unternehmen die Chance hat oder die Notwendigkeit sieht, anders aufzutreten.

	1. Integriert	2. Quasi unabhängig (50 %)	3. Unabhängig (100 %)	4. Gemeinschaftsprojekt	5. Akquisition	Alle vorgenannten Optionen
Vorteile	Nachhaltig.	Geschwindigkeit.	Geschwindigkeit.	Risiko- und Kostenteilung.	Geschwindigkeit.	Innovationen umsetzen, wenn möglich, kaufen, wenn nötig.
Nachteile	Langsam und unmöglich, wenn die Kompetenzen unzureichend sind.	Komplizierte Integration.	Komplizierte Integration.	Langsame Entscheidungsfindung.	Hohe Kosten und komplizierte Integration.	Risiko eines halbherzigen Ansatzes.
Beispiele	PostNL	New York Times Zwitserleven	NPO: NLZiet	School of One, eine europäische öffentlich-private Initiative	Die Banken ING und Aegon	RELX

Abb. 15: Sechs Unternehmensstrategien, um radikale Innovationen (Typ 3) zu steuern (Quelle: Turner 2016)

Ein weiteres hervorragendes Beispiel für diesen zweispurigen Ansatz liefert Alex Osterwalder, der das Business Model Canvas (Leinwand) entwickelt hat, in seinem erfolgreichen Buch Business Model Generation.[119] In seinem Blog auf der Webseite von Strategyzer mit der Überschrift »6 Roles That Can Position Your Company for The Future« präsentiert er ein modernes Organigramm. Dieses zeigt, wie ein zweispuriges System funktioniert, und wie sich die Verbesserung und Erneuerung von existierenden Umsatz- und Geschäftsmodellen (Typ 1 und 2) sowie von Innovationen (Typ 3) in der Unternehmensstruktur darstellen.[120] Auf der Innovationsseite des Organigramms unterscheidet Osterwalder sechs moderne Rollen: den Chief Entrepreneur, den Chief Portfoliomanager, den Chief Venture Capital, den Chief Risk Officer, den Chief Internal Ambassador und die Entrepreneure. All diese Formen und Modelle erfüllen das Bedürfnis des Managements, bestehende Geschäftsmodelle zielgerichtet von rechtzeitig umgesetzten Innovationen zu trennen,

119 Alexander Osterwalder & Yves Pigneur, Business Model Generation: A Handbook for Visionaries, Game Changers, and Challengers. John Wiley & Sons, 2009.

120 Alexander Osterwalder, »6 Roles That Can Position Your Company For The Future«, Strategyzer, 17. August 2015. https://blog.strategyzer.com/posts/2015/7/2/6-roles-position-your-company-for-future.

um zu überleben. Das Management zieht eine lose Verbindung zwischen diesen beiden »Kräften« vor, um eine Beziehung aufrechtzuerhalten und gegenseitige Unterstützung zu ermöglichen.

Management. Ein praktisches Beispiel für Dualismus liefern die A- und B-Agenden, die von einem Manager benutzt werden, mit dem ich gesprochen habe. Bei einer A-Agenda in einem Meeting geht es um die tagtägliche Geschäftsleitung, während es bei einer B-Agenda um den Fortschritt der Transformationen vom Typ 3 geht. Zusammen sind sie für die Umsetzungs-Agenda verantwortlich. Mit diesem extrem systematischen Ansatz können zwei Fliegen mit einer Klappe geschlagen werden. Die Geschäftsführung und die Transformation des Unternehmens können separat gehalten werden, und gleichzeitig kann zwischen den drei Typen der Veränderung sowie zwischen kurzfristigen und langfristigen Zielen unterschieden werden. Dies ist die praktischste Ausgestaltung einer agilen Strategieumsetzung, die ich je gesehen habe. Egal, für welche Innovationsstruktur Sie sich entscheiden, sorgen Sie immer dafür, eine zweite Geschwindigkeit, eine zweite Spur, für radikale Innovationen zu schaffen (siehe Abbildung 16).

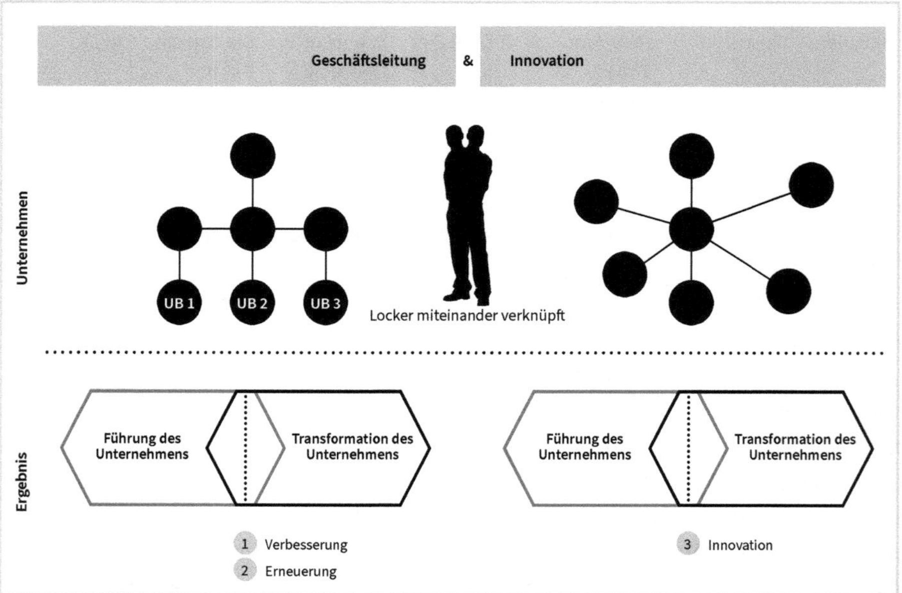

Abb. 16: Egal, für welche Innovationsstruktur Sie sich entscheiden, sorgen Sie dafür, eine zweite Spur für radikale Innovationen zu schaffen.
(Quelle: Turner 2016)

Infolgedessen wird das Unternehmen am Ende einen robusten zweispurigen Ansatz mit zwei verschiedenen Geschwindigkeiten haben. Es ist ein ziemlich radikaler Schritt, diesen Ansatz in Ihrer Organisationsstruktur konsequent umzusetzen. Manche Unternehmen empfinden es als leichter, mit dieser Art »gesunder Schizophrenie« umzugehen als andere. Allerdings ist dies die beste Methode, um mit Ihrer bestehenden Belegschaft radikale Innovationen hervorzubringen. Das hört sich schwierig an, weil es schwierig ist. Aber überall, wo gearbeitet wird, treten zuweilen Schwierigkeiten auf.

General Electric ist ein gutes Beispiel hierfür. Mitte 2015 machte das Unternehmen seinen Plan publik, den größten Teil seiner Finanzsparte zu verkaufen und sich nur noch auf industrielle Produktion zu konzentrieren. Damals wurde die Hälfte des Gesamtumsatzes im Geschäftsbereich GE Capital erzielt. Aber das Unternehmen entschied sich dafür, nur einen Teil seines Leasinggeschäfts für Flugzeuge und Ausrüstungen zu behalten. Im Jahr 2018 sollen durch diese Aktivitäten 10 Prozent der Einnahmen erzielt werden. Aber auch die Industrieproduktion wird derzeit radikal transformiert. Heute sind viele der Maschinen, die GE herstellt (Anlagen für Ölbohrungen in der Tiefsee, Triebwerke für Militär- und Verkehrsflugzeuge sowie Züge) mit Sensoren ausgestattet, mit denen Daten gesammelt werden. Also entwickelte GE Predix, eine Predictive Maintenance Software (Software zur vorausschauenden Wartung), die diese Daten nutzt, um die Performance zu kontrollieren und Verbesserungsmöglichkeiten zu identifizieren. GE hat nun eine neue digitale Geschäftseinheit, die untersucht, ob Tiefseeölbohrungen als Service und nicht als Produkt angeboten werden können.

Und ganz ehrlich hätte die Medienbranche Blendle und Netflix selbst geschaffen und vermarktet, anstatt ein ganzes Jahrzehnt damit zu verschwenden, von neuen Geschäftsmodellen zu träumen, wenn etablierte Unternehmen die Umsetzung von Strategien professionell angegangen wären. Und Hilton hätte das Airbnb-Modell entwickelt, und aus der Amsterdamer Taxizentrale wäre Uber hervorgegangen.

Im Folgenden stelle ich Ihnen ein Unternehmen vor, das Baustein 2 erfolgreich umgesetzt hat.

BAUSTEIN 2 – AUSWAHL ERFOLGREICH UMGESETZT

Case Study: Aegon Bank. Ein einziges Team, eine einzige Vision, eine einzige Umsetzung

Durchbruch: Die Jahre 2008–2010 waren für den Finanzsektor eine schwierige Zeit. Aegon Life & Mortgage standen unter enormem Druck, da sie strategische Entscheidungen treffen mussten. Der Lebensversicherungsmarkt hatte seinen Tiefpunkt erreicht und der Hypothekenmarkt stand am Rande des Zusammenbruchs. Aber Aegon hatte eine klare Strategie. Um ihre Vision Wirklichkeit werden zu lassen, musste die Bank verschiedene Bereiche schrittweise verändern. Es war unumgänglich, in das Team zu investieren, das die Aufgabe hatte, die Change-Agenda zu planen. Dieses Team übersetzte die Strategie in klare, übersichtliche Pläne für jede Geschäftseinheit. Das Maßnahmenportfolio enthielt klare Aufgabenstellungen, Bedingungen und Fristen. Diese basierten auf einer eindeutigen

Strategie der kontrollierten Transformation mit einer steilen Lernkurve, während das Team dafür sorgte, dass sich jeder an das Transformationsportfolio hielt.

Ergebnis: Das Ergebnis war eine erhebliche Verbesserung der Umsetzungskompetenz. Es wurden nicht nur Veränderungen an der Struktur, am Prozess und am Management vorgenommen, sondern auch am Verhalten und an der Unternehmenskultur. Nicht weniger als 90 Prozent der geplanten Projekte und Aktivitäten in der Linienorganisation wurden vollendet. Die Ergebnisse waren greifbar und substanziell. Das Hypothekenportfolio wuchs entgegen dem Markttrend, und seit 2008 hat die Bank ihren Marktanteil vervierfacht.

Die weichen Bausteine in Beschleuniger 1: Attraktivität und Aktivierung
Jeder Beschleuniger hat zwei harte und zwei weiche Bausteine. Die weichen Bausteine in Beschleuniger 1 sind Attraktivität und Aktivierung. **Baustein 3, Attraktivität,** dient dazu, Ihre Strategie zu prüfen und zu erweitern. In **Baustein 4, Aktivierung,** arbeiten Sie daran, ein echtes Verantwortungsgefühl für jede Maßnahme zu erzeugen, wobei die Führungskräfte hier eine zentrale Rolle spielen.

4.3 Baustein 3: Attraktivität

In **Baustein 3, Attraktivität,** bitten Sie um Feedback zu Ihrer Strategie und anschließend erweitern Sie sie. Damit möchten Sie sicherstellen, dass Ihre Strategie zu einem lebendigen und dynamischen Plan wird. Dafür ist mehr als nur eine einseitige Kommunikation nötig. Die Rechtfertigung der Strategie, das heißt das *Warum*, muss klar sein. Und die beste Methode, um einen Zweck zu vermitteln, besteht darin, eine interessante Geschichte zu erzählen. Führungskräfte müssen systematisch vorgehen, Feedback annehmen und Kreativität fördern.

4.3.1 »Tone from the top«: die Strategie leben

Führungskräfte müssen die gegenseitige Verantwortung für die ausgewählten Maßnahmen prüfen. Um das Leadership-Team tatsächlich zu mobilisieren, muss jeder Verantwortung übernehmen. Wenn *Sie* nicht daran glauben, wird Ihnen niemand folgen. Dreijährige strategische Planungsphasen sind in der Regel technische Verfahren, die abgeschlossen sind, sobald die Strategiepapiere geschrieben wurden, wodurch sich ihr Wert verringert. Das unten beschriebene Erweiterungsverfahren kann dazu beitragen, die Nützlichkeit zu erhöhen, aber das Ziel, Menschen in die Strategieüberprüfung einzubeziehen, ist recht allgemein gefasst. Was Sie wirklich tun müssen, ist, dafür zu sorgen, dass alle Change Leader dieselben Ansichten und Erwartungen in Hinblick auf das Ziel des Portfolios haben. Sie müssen sicherstellen, dass alle »denselben Film« schauen.

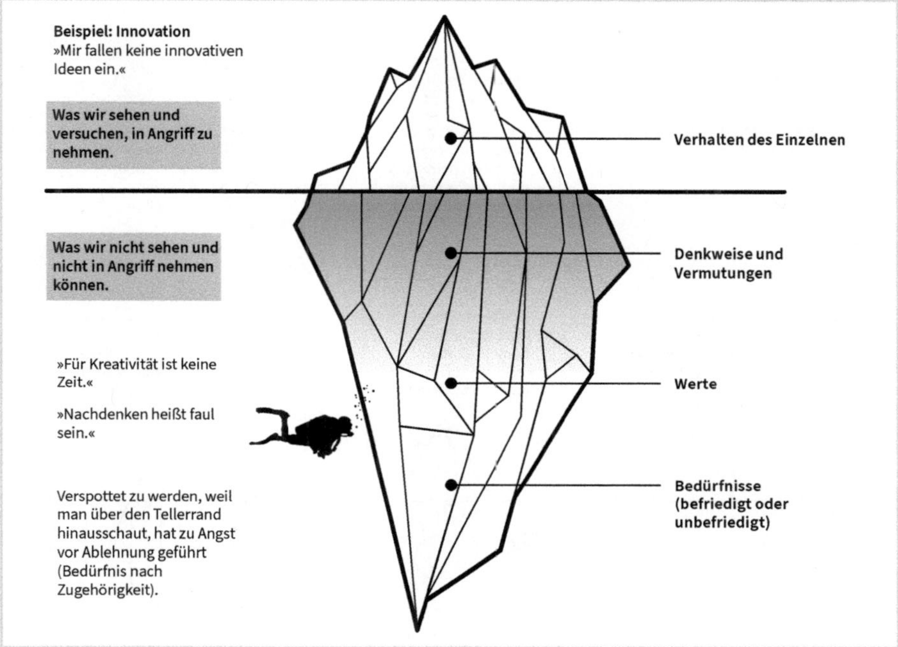

Abb. 17: Werfen Sie einen Blick unter die Oberfläche, wenn Sie die weichen Kompetenzen bei der Strategieumsetzung bewerten. Tauchen Sie in die Denkweise der Menschen ein.
(Quelle: Scott Keller, Colin Price: *Beyond Performance*, Abbildung 4.3)

Nehmen Sie sich die Zeit, um gegenseitig das echte Engagement zu prüfen. Beginnen Sie damit, jede Maßnahme im Portfolio einem Change Leader zuzuordnen. Dann sollten Sie dafür sorgen, dass genug Zeit bleibt, um die Reichweite der getroffenen Entscheidungen vollständig zu begreifen, um die Meinungen zu synchronisieren sowie Ihre Absichten, Prinzipien, Präferenzen und Erwartungen miteinander zu teilen. Der Trick besteht darin, unter die Oberfläche zu schauen und zu fragen: Was treibt uns wirklich an? Welche Vermutungen bestimmen, wie wir einander betrachten, und was wir tun?[121] (Siehe Abbildung 17). Die Entmystifizierung der weichen Aspekte ist auf einem guten Weg. Nutzen Sie Techniken und Formate, um das in den Griff zu bekommen.

Abbildung 18 zeigt, dass es umso persönlicher wird, je tiefer Sie graben. Tiefe ist auch notwendig, um Authentizität zu erzeugen. Die Führungsriege gibt sich in der Regel mit einem Farbtest zufrieden, da das recht sicher ist. Tiefer zu graben und in der Lage zu sein,

121 Keller & Price, Beyond Performance, S. 94. Bitte beachten Sie: Das Eisberg-Modell basiert auf Freuds Theorie der menschlichen Psyche. Es gibt viele Variationen des Eisbergmodells, auch im Management. Ein bekanntes Beispiel ist der Change-Management-Eisberg von Wilfred Krüger, siehe http://www.data-group.com.au/change-management-iceberg.

die richtigen Veränderungen im Führungskräfte-Team vorzunehmen, erfordert hingegen persönlichen Mut und hoch entwickelte Führungsfähigkeiten (siehe Abbildung 18, Mitte und rechte Seite und die Führungsqualitäten in Anhang 3).

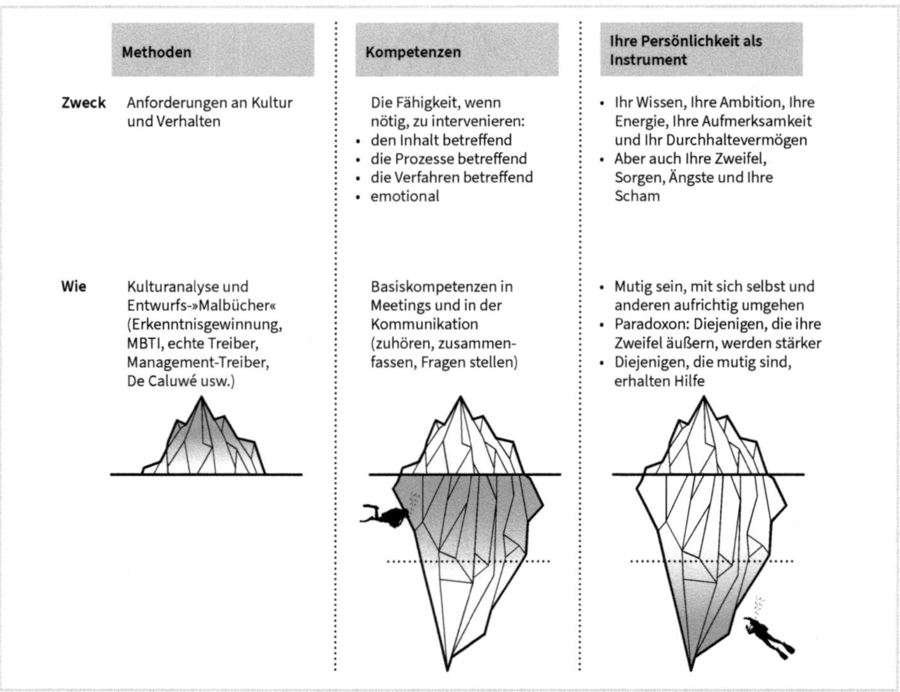

Abb. 18: Je tiefer Sie graben, desto persönlicher werden die Soft Skills. Sie erstrecken sich von »soften« Methoden bis zu soften persönlichen Kompetenzen.
(Quelle: Turner 2016)

Hier ein praktischer Hinweis: Sie können ein eintägiges Off-Site-Meeting organisieren, um die strategische Phase dieses Beschleunigers zu beenden. Eine andere Umgebung kann den Übergang von der strategischen Analyse und der Planung des Kurses hin zu der Mobilisierung des Leadership-Teams, das sich einzig und allein auf die Aspekte in diesem Abschnitt konzentriert, unterstreichen. Dies ist ein wirklich bedeutsamer Moment.

4.3.2 Die Strategie prüfen und erweitern

Erweitern Sie die Verantwortung durch Prüfung, Kommunikation und Interaktion über den inneren Kreis hinaus. Das strategische Framework wird ausschließlich von der Führungsriege und den Managerinnen und Managern festgelegt. Die Schritte von Baustein 1 und 2 werden dann von den entsprechenden Leuten auf angemessene Weise ausgeführt. Darüber möchte ich eigentlich nicht mehr viel sagen. Ich denke, man kann davon ausgehen, dass keiner einen übermäßig langwierigen Ansatz bei der strategischen Planung wählt.

Als Daumenregel kann man sagen, dass nur 5 bis 10 Prozent der Organisation auf die Festlegung der Strategie entfallen. Mehr ist nicht sinnvoll, da – wie wir aus Erfahrung wissen – eine vollständige strategische Planung von unten nach oben zu Oberflächlichkeit führt. Das wird immer wieder deutlich. Die Führungskräfte sowie die Mitarbeiterinnen und Mitarbeiter auf den unteren Hierarchieebenen, die mit der Planung befasst sind, müssen eine klare Mission, Vision und Strategie ausarbeiten. Dazu gehört auch, dass ein repräsentativer Querschnitt durch das Unternehmen in die Planung einbezogen wird, das heißt einige Mitarbeiter auf verschiedenen Hierarchieebenen. Das Framework für die langfristige Mission des Unternehmens muss eindeutig und klar definiert sein, aber auch flexibel genug, um Erweiterungen zu ermöglichen.

Bei der Erweiterung des strategischen Frameworks müssen alle mitmachen. Sobald Sie das strategische Framework ausgearbeitet haben, ist es Zeit, es zu erweitern. Zu Erweiterung gehört mehr als nur Kommunikation. Das Framework muss geprüft, verbessert, ergänzt und spezifiziert werden. Das Wort »Kommunikation« ist eine oft verwendete und viel zu enge Definition dessen, was passieren muss. Wenn es sich bei der Kommunikation um eine Einbahnstraße handelt, was sehr oft der Fall ist, ist das gleich zu Beginn der Strategieumsetzung eine verpasste Chance. Bei der Erweiterung geht es nicht um eine Formalie, deren Ergebnisse in einer Schublade verschwinden. Ganz im Gegenteil: Es ist unbedingt notwendig, dass Sie sich für jedes Feedback öffnen, da Feedback Gold wert ist. Sie sollten Feedback und konstruktive Kritik aufsaugen wie ein Schwamm. Wenn Sie nicht kritikfähig sind, werden Sie keinen Erfolg haben.

Nehmen Sie Feedback an. Wenn Sie mit einer absichtlich heterogenen Gruppe zusammengearbeitet haben, um eine Strategie zu formulieren, ist es womöglich schwer, sie in die Welt zu entlassen, das heißt einer größeren Gruppe zu kommunizieren, die sich selbst noch nicht dazu verpflichtet hat. Sie sollten es aber dennoch tun.

Wenn Sie die Story der Strategie oder des Plans nicht mit einfachen Worten erklären können, ist etwas nicht richtig. Also möchten Sie jedes Feedback haben, das Ihnen dabei helfen kann, die Story zu verbessern. Nichts bleibt einem so im Gedächtnis wie konstruktiv formuliertes Feedback und eine ebensolche Kritik, die Sie in letzter Sekunde vor einer Katastrophe bewahrt und die Qualität der Maßnahme erheblich verbessert. Das ist das beste Beispiel dafür, wie menschliche Synergie funktioniert.

Trauen Sie sich, diffuse Kritik und fragwürdiges Feedback auszusortieren. Landläufig gilt, dass Feedback und Kritik jeglicher Art gut sind. Dieses Dogma sorgt allerdings nicht dafür, dass Sie einen kühlen Kopf bewahren können. Vergessen Sie nicht, dass das von Ihnen erhaltene Feedback und die Kritik auch immer ein gewisses Maß an Unsinn enthalten kann, was auf einen Mangel an Erfahrung zurückzuführen ist. Ich habe Manager getroffen, die jegliches Feedback in ihre Strategie mitaufgenommen haben. Diese Feedback-Tyrannei beraubt Sie der Fähigkeit, klar zu denken, und am Ende nehmen Sie auch noch schlechtes Feedback in Ihre Strategie auf. Feedback von jenen, deren Motive Sie infrage stellen, kann Sie lähmen. Deren arrogante, zynische und narzisstische Einstellung und deren ebensolcher Ton können so bösartig sein, dass Sie womöglich denken: »Wer braucht bei solchen Freunden Feinde?« Das heißt nicht, dass sie nicht auch einmal einen guten Punkt haben. Auch eine stehengebliebene Uhr zeigt zweimal am Tag die richtige Zeit an.

Ihr strategisches Framework steckt die Grenzen Ihrer Kreativität ab und leitet diese in die richtigen Bahnen. Aber Ideen entstehen auch außerhalb dieser Grenzen. Zögern Sie nicht, solche Ideen auch zu berücksichtigen, denn Sie können außerhalb wie innerhalb der Grenzen auf Gold stoßen. Der Management-Vordenker Verne Harnish ist der Ansicht, dass die Kraft der Ideen entscheidend für die Umsetzung der Strategien von morgen und damit auch für Überleben und Wachstum sei.[122] Je mehr Spielraum Sie sich selbst dafür einräumen, fernab vom Tagesgeschäft über Ideen nachzudenken, desto größer ist deren Potenzial. Unternehmen, die die meisten Ideen von den unterschiedlichsten Menschen nutzen, gewinnen. Zu diesem Zweck sollten Sie sich mit Menschen umgeben, die klüger sind als Sie selbst. Und seien Sie nicht »das eine Genie, das sich mit 1.000 Helfern umgibt«, wie Jim Collins jene Führungskräfte bezeichnet, die sich nicht mit Leuten umgeben wollen, die klüger sind.[123] Sie müssen darauf vertrauen, dass die Menschen, die mit dem Erweiterungsprozess betraut sind, die vorbereiten, vereinfachen und berichten, über genügend Erfahrung und die richtigen Kompetenzen verfügen.

Übrigens ist das digitale Zeitalter eine großartige Zeit, um Ihre Mission, Vision und Strategie zu erweitern. Sie haben so viele wundervolle und bewährte soziale und technologische Mittel zur Verfügung, um das ganze Unternehmen auf kreative, effektive und effiziente Art an der Erweiterung der Strategie zu beteiligen. Wie ich zu Beginn dieses Kapitels sagte, sollten Sie nicht das ganze Unternehmen daran beteiligen, eine Strategie von Anfang an zu entwickeln, da das zu Oberflächlichkeit führt. Sobald Sie aber ein Framework haben, sollten sich so viele wie möglich daran beteiligen, es zu prüfen und zu erweitern.

Es zahlt sich aus, die Schritte, die zur Erweiterung – Kommunikation, Prüfung, Ergänzung und Spezifikation – führen, systematisch umzusetzen. Wählen Sie ein angemessenes Format für jeden Schritt und jede Zielgruppe. Es ist klug, zu differenzieren. Vielleicht möchten Sie die Strategie jedem zur selben Zeit kommunizieren (»Breitband«) und dann eine differenzierte Interaktion pro Zielgruppe (»Schmalband«) folgen lassen. Da Mittelmanagerinnen und -manager häufig eine wichtige Rolle bei vielen Maßnahmen der Strategieumsetzung spielen, zahlt es sich aus, eine Reihe von individuellen Korrekturschleifen für Mittelmanager zu implementieren, um alle Hebel in Bewegung zu setzen, damit Sie deren Input bekommen und in die Strategie integrieren können. Ein weiteres Beispiel für ange-

122 Verne Harnish, »Maximizing Your Return on Luck: The Key Strategic Insight«, Gazelles.com, 30. November 2012. https://www.gazelles.com/article/maximizing-yout-return-on-luck-the-key-strategic-insight.

123 Jim Collins, »Good to Great«, JimCollins.com, Oktober 2001. http://www.jimcollins.com/article_topics/articles/good-to-great.html.

messene Differenzierung ist das folgende: Im kommenden strategischen Plan werden einige Abteilungen stärker betroffen sein als andere und müssen auch mehr »verdauen« als andere. Daher müssen Sie die Art und Intensität Ihrer Aktivitäten zur Erweiterung entsprechend anpassen. Siehe auch Abbildung 19. So geben Sie Ihrem Unternehmen eine Stimme.

Format und Ressourcen	Breitband	Schmalband	Zweispurig?	Online-Optionen zusätzlich zu Live-Interaktionen?	Beschleuniger			
Bitte beachten Sie: Dies sind andere Ressourcen als in der Produktion und im Personalwesen.	teilweise gezielt, grob differenziert	gezielt, klar differenziert			1	2	3	4
1 Storytelling	●		×	✓	●			
2 Customer Experience Podiumsdiskussion		●	✓	✓	●	●		
3 Meetings zu Herausforderungen und zum Dialog		●	✓	✓	●	●		
4 Vertrauenserklärung	●		×	×	●	●		
5 Persönliches Manifest		●	×	×		●	●	
6 Fragen und Antworten	●	●	×	✓			●	
7 Botschaftergeschichten	●	●	✓	✓			●	
8 Erfahrungsforum		●	✓	✓			●	
9 Meister-Lehrling		●	✓	×			●	
10 Coaching-Menü		●	✓	×				●
11 Umsetzung und Peer-Review-Karusselle		●	✓	✓				●
12 Icons und Symbole	●		×	✓				●

Format und Ressourcen Bitte beachten Sie: Dies sind andere Ressourcen als in der Produktion und im Personalwesen.	Breitband teilweise gezielt, grob differenziert	Schmalband gezielt, klar differenziert	Zweispurig?	Online-Optionen zusätzlich zu Live-Interaktionen?	Beschleuniger 1	2	3	4
13 Feiern oder Anreize		●	✓	×				●
14 Individuelle Interventionen		●	✓	×			●	
15 Auf Handlungen basiertes Lernen	●	●	✓	✓				●

Abb. 19: Erweitern Sie Ihre Strategie und bauen Sie Verantwortlichkeiten auf. Passen Sie die Arbeitsform und Technologie an Ihr Ziel und Ihre Zielgruppe an.
(Quelle: Turner 2016)

Streben Sie nach und schaffen Sie ein Gefühl der Dringlichkeit und Begeisterung. Warten Sie nicht darauf, dass jeder dieses Gefühl auf dieselbe Art und Weise erlebt. Früher haben die Menschen darüber diskutiert, was wohl der beste Treiber sei: ein geteiltes Gefühl der Dringlichkeit, etwas zu verändern, oder ein Gefühl der Begeisterung wegen neuer Chancen. Wir wollen damit keine Zeit mehr verschwenden. Dieses Gefühl der Dringlichkeit ist ein wesentlicher Bestandteil heutigen Wirtschaftens. Ziele ohne Dringlichkeit sind fromme Wünsche, und ein Gefühl der Begeisterung ist zu allen Zeiten eine notwendige Voraussetzung. Also ist es nicht entweder – oder, es ist beides. Unternehmen, die nur mit Begeisterung auskommen, sind in der Tat recht selten.

Es ist gut zu wissen, wo Sie im Hinblick auf Dringlichkeit und Begeisterung stehen, wenn Sie Ihre Story im Leadership-Team vorbereiten. Zu den Symptomen von mangelndem Gefühl der Dringlichkeit gehören folgende: Die Mitarbeiterinnen und Mitarbeiter wollen ihre Komfortzone nicht verlassen, Errungenschaften der Vergangenheit werden aufgeblasen, irritierte Kunden und neue Mitarbeiter, sich mit Mittelmäßigkeit zufriedengeben, um den heißen Brei herumreden, unbeteiligtes und distanziertes Management, Probleme herunterspielen und Meetings, aus denen keine Aktionen resultieren.[124]

124 Dan Rockwell, »15 Ways to Generate Urgency Now«, Leadership Freak weblog, 20. Mai 2014. https://leadershipfreak.wordpress.com/2014/05/20/15-ways-to-generate-urgency-now.

Sie brauchen also sowohl ein Gefühl der Dringlichkeit als auch ein Gefühl der Begeisterung. Hüten Sie sich vor dem Mythos, dass Sie Ihre Mitarbeiter nur durch Begeisterung für sich gewinnen können. Es ist psychologisch ganz einfach zu erklären, dass die Menschen eher einen Verlust vermeiden wollen als einen Traum Wirklichkeit werden zu lassen. Daher ist eine gesunde Dosis Dringlichkeit eine gute Sache.

4.3.3 Ihre Story erzählen

Wenn Sie Ihre Strategie kommunizieren, müssen Sie Ihre Mitarbeiterinnen und Mitarbeiter erreichen und informieren. Es ist recht wahrscheinlich, dass Ihre genau beschriebene und vollständig erweiterte Strategie langweilig und öde ist. Trotz des Hypes um Storytelling haben die meisten Unternehmen keine Ahnung, wie sie ihre Mission, Vision und Strategie intern und nach außen verkaufen sollen. Dieser traurige Zustand ist in den auf dem europäischen Festland noch schlimmer als in den angelsächsischen Ländern. Sie werden es nicht glauben, wie unvorbereitet einige große Konzerne und die Geschäftsleitung Betriebsversammlungen abhalten. Sie klicken sich durch viele zu viele PowerPoint-Folien und ignorieren die Drei-Minuten-Regel pro Folie. Unter Garantie überziehen sie ihre anvisierten 20 Folien in 30 Minuten um eine halbe Stunde. Das ist einfach so. Und die andere Daumenregel, ein Viertel der zur Verfügung stehenden Zeit für Fragen und Diskussion zu reservieren, wird auch nicht beachtet.

Eine gute Strategie-Story taucht nicht wie von Zauberhand einfach auf. Der Schleier des Mystischen, der Storytelling umgibt, muss gelüftet werden. Um eine Strategie in eine attraktive Story zu verwandeln, wird eine Abfolge von Schritten benötigt. Zugegebenermaßen können einige Dinge nicht geplant werden, wie beispielsweise der Aha-Moment einer Führungskraft, wenn ihr auf der Joggingrunde am Samstagmorgen plötzlich ein Aufhänger, eine Metapher oder ein Beispiel einfällt. Sie kommen aber nicht ohne einen systematischen Ansatz aus. In Abbildung 20 werden die Anforderungen und Eckpunkte des Storytellings aufgelistet. »Das ist auch harte Arbeit«, sagte ein leitender Angestellter. »Vergessen Sie nicht, dass es immer darum geht, wie etwas aufgenommen wird, und nicht, wie es gesagt wird.«

Verlieren Sie die Fakten nicht aus dem Blick! Wer hat eigentlich jemals gesagt, dass eine Story ein Märchen sein muss, und keine harten Fakten oder Zahlen enthalten soll? Ich habe bemerkt, dass es eher einen Mangel, denn einen Überfluss an Zahlen gibt. Öffnen Sie nur einmal irgendeine PowerPoint-Präsentation und Sie werden hauptsächlich qualitative Aussagen in endlosen Bullet-Point-Listen finden (häufig ohne Zahlen, eine weitere Todsünde). Oder Sie sehen nur Bilder, da jeder weiß, dass ein Bild mehr als tausend Worte sagt. Aber Fakten sind eindeutig nicht vorhanden.

1 Vorbereitung	Bedenken Sie Ihr Publikum und Ihr Ziel. Versetzen Sie sich in den richtigen Zustand. Geben Sie sich genug Zeit für die Vorbereitung.
2 Beginn	Der Beginn ist von entscheidender Bedeutung. Wählen Sie einen Blickwinkel, einen Aufhänger aus.
3 Hauptteil	Vermitteln Sie nicht mehr als drei Botschaften. Sprechen Sie leidenschaftlich und professionell, und zwar sowohl im Hinblick auf die quantitativen als auch auf die qualitativen Aspekte. Gestalten Sie den Inhalt und die Emotionen ausgewogen. Nutzen Sie verbale und visuelle Hilfen. Vermitteln Sie ein Gefühl der Dringlichkeit und der Begeisterung. Nutzen Sie Pausen und Schweigen, aber übertreiben Sie es nicht. Nutzen Sie Humor – das ist unerlässlich, aber gar nicht so einfach. Halten Sie es einfach, aber nicht zu einfach. Ziehen Sie Interaktionen in Erwägung.
4 Schluss	Bereiten Sie eine attraktive abschließende Aussage vor, vielleicht einen Cliffhanger.

Abb. 20: Storytelling – Anforderungen und Eckpunkte
(Quelle: Peter Meyers, Stand & Deliver Group/Turner 2016)

Eine gute Story wird ihr Ziel verfehlen, wenn sie nicht gut erzählt wird. Peter Meyers, eine Autorität in Sachen Strategie-Kommunikation sagt, dass der Hauptteil einer Story nicht mehr als drei Botschaften enthalten solle.[125] In *As We Speak* erklärt er auch, dass der Inhalt und die Präsentation der Story nur zwei der drei wichtigen Faktoren sind, die für den Erfolg Ihrer Story verantwortlich sind. Der dritte Faktor ist der mentale Zustand der Person, die die Story erzählt. In Situationen, in denen es um viel geht, muss der Sprecher alles geben, um die Botschaft zu vermitteln; andernfalls verpufft sie. Und dennoch wird dieser entscheidende Faktor, nämlich der mentale Zustand des Sprechers, häufig vernachlässigt.

Sorgen Sie dafür, dass die Mitarbeiterinnen und Mitarbeiter von den Zielen Ihrer Story ausreichend inspiriert werden. Sozialwissenschaftlerinnen und -wissenschaftler wie Danah Zohar haben entdeckt, dass Manager und Mitarbeiter möchten, dass sich an fünf Stellen Auswirkungen zeigen: in der Gesellschaft, im Unternehmen, bei den Kunden, den Kollegen und bei sich selbst.[126] Führungskräfte neigen dazu, die Auswirkungen auf das Unternehmen und die Kunden zu unterstreichen, wobei sie allerdings 60 Prozent des Motivationspotenzials einer Story vernachlässigen. Das ist sehr schade. Hier wird noch einmal deutlich, dass es durchaus sinnvoll ist, die Story in Zusammenarbeit mit Kolleginnen und Kollegen zu kreieren.

125 Peter Meyers & Shann Nix, As We Speak: How to Make Your Point and Have It Stick. Atria, 2011.

126 Carolyn Aiken & Scott Keller, »The Irrational Side of Change Management«, McKinsey Quarterly, April 2009. www.mckinsey.com/business-functions/organization/our-insights/the-irrational-side-of-change-management.

Im Folgenden stelle ich Ihnen ein Unternehmen vor, das Baustein 3 erfolgreich umgesetzt hat.

BAUSTEIN 3 – ATTRAKTIVITÄT ERFOLGREICH UMGESETZT

Case Study: Unilever integrierte seine eigenständig operierenden Unternehmen in ein operatives Unternehmen pro Land.

Durchbruch: Diese Integration wurde zwar schon vor mehr als 15 Jahren durchgeführt, wird aber in der Betriebswirtschaftslehre immer noch als eine erfolgreiche Case Study angeführt. Durch eine akribische Vorbereitung konnten nicht nur eine nahtlose Integration, sondern auch hervorragende Ergebnisse erzielt werden, und zwar in den Niederlanden eine Verringerung der Gemeinkosten (< 8,7 Prozent der Einnahmen); mehr Autonomie (Reduzierung des oberen Managements um 50 Prozent), eine größere Leitungsspanne (10–12), eine vereinfachte Struktur (Reduzierung der Management-Levels um 15 Prozent), eine Plattform für Wachstum und Nachhaltigkeit und keine ungewollte Fluktuation von Kunden und Mitarbeitern (das Hauptproblem bei Fusionen und Integrationen).

Ergebnis: Der echte Durchbruch bestand darin, dass harte und weiche Ziele ausgewogen waren. Die Auftaktveranstaltung an Tag Eins – bei der ein eindrucksvolles Video, das auf dem U2-Song *One* basierte, gezeigt wurde – bestand aus einer glaubwürdigen Story, die »Sie wirklich für die Zukunft begeistert hat«, wie ein Angestellter es formulierte. Die Leute waren davon tatsächlich gefesselt. Ein cooles Video ist aber nicht genug. Durch eine Reihe von Diskussionen in den Teams über die Chancen und Verantwortlichkeiten in dieser neuen Situation wurde die Integration zum Leben erweckt. Praktisch jeder Mitarbeiter konnte die Chancen erkennen.

4.4 Baustein 4: Aktivierung

In Baustein 4, Aktivierung, besteht das Ziel darin, die Verantwortungsbereitschaft für eine Maßnahme zu fördern, wobei die Führungskräfte hier eine zentrale Rolle spielen. Es ist unbedingt erforderlich, dass die Top-Managerinnen und -Manager alle auf derselben Wellenlänge sind. Sorgen Sie dafür, dass jeder, dem eine Aufgabe übertragen wurde, und jeder Hauptakteur die Verantwortung bereitwillig übernimmt. Denn ohne Engagement können Sie auch gleich den Stecker ziehen. In diesem Baustein geht es darum, wie echte Verantwortungsbereitschaft ausgestaltet ist, wie die Umsetzungskoalition zusammengestellt wird, und wie die weichen Kompetenzen beurteilt werden.

4.4.1 Ein Führungsteam auf Grundlage der Ziele zusammenstellen

Bei der Strategieumsetzung besteht das Ziel darin, die strategischen Ziele umzusetzen. Verantwortung – oder Verantwortungsbewusstsein, Engagement, Verbindlichkeit – ist ein Mittel zu diesem Zweck. Im Rahmen einiger Change-Management-Theorien wird behauptet, dass das Engagement der Mitarbeiterinnen und Mitarbeiter für Unternehmen das ultimative Ziel sei, und dass sich die Performance und die Ergebnisse daraus ergeben würden. Dieses Konzept wird oft so geschickt formuliert, dass Sie dem nicht widersprechen können. Hohes Engagement führt tatsächlich zu erheblich besseren Ergebnissen für alle Stakeholder, aber Engagement zeigt nur dann eine echte Wirkung, wenn Unternehmen ihre eigene Vision, Mission und folglich die strategischen Ziele ernst nehmen. In dieser Henne-Ei-Diskussion stehen die strategischen Ziele vor dem Engagement.

4.4.2 Zwischen Umsetzung und Benefit-Verantwortung unterscheiden

Es gibt zwei Haupttypen der Verantwortung und verschiedene Rollen, in denen die Mitarbeiterinnen und Mitarbeiter Verantwortung übernehmen müssen. Das ist eine grundlegende Unterscheidung, und das Verbindungsglied zwischen den beiden muss stark genug sein, damit die Strategieumsetzung funktioniert. Zunächst möchte ich die beiden Typen der Verantwortung erläutern. Der erste ist die Verantwortung für die Umsetzung einer Maßnahme, und der zweite bezieht sich auf die Verantwortung für die angestrebten Benefits einer Maßnahme. Die Akteure, die die zentrale Rolle in den Phasen Analyse, Entwicklung und Umsetzung spielen, sind für die Umsetzung verantwortlich. Den Akteuren, die eine zentrale Rolle bei der Realisierung der Benefits von erreichten strategischen Zielen spielen, »gehören« die Benefits, und sie tragen die Verantwortung dafür. Jeder Akteur kann jede der zentralen Rolle spielen oder auch beide, und zwar in jeder Phase des Umsetzungsprozesses. Daher ist diese Unterscheidung relevant.

Ich möchte Ihnen ein Beispiel geben. Jemand ist vielleicht für die Umsetzung von neuen Vertriebsverfahren und -systemen verantwortlich, ohne dass damit ein einziger neuer Kunde hinzugewonnen wird. Sie benötigen aber auch explizite Benefit-Verantwortliche, denen das Gefühl sagt: »All diese neuen Prozesse und Systeme sind ganz wunderbar. Aber wie können sie mich dabei unterstützen, neue Kundinnen und Kunden zu gewinnen?«

Ein Akteur, der eine zentrale Rolle bei der Strategieumsetzung spielt, muss vielleicht die Verantwortung für die Benefits übernehmen, weil er für den Service oder Prozess, auf den sich die Umsetzung bezieht, verantwortlich ist. Dieselbe Person spielt vielleicht eine zentrale Rolle in den Phasen Analyse, Entwicklung und Umsetzung, oder vielleicht auch nicht. Ein solcher Akteur könnte zum Beispiel ein Vertriebsmanager sein, der bei der anfänglichen Analyse eines Projekts, mit dem die Vertriebseffektivität gesteigert werden sollte, nicht an Bord war, der aber jetzt den neuen Geschäftsprozess nutzen muss, um Ergebnisse und Ziele zu erreichen.

4.4.3 Die Umsetzungskoalition ins Leben rufen

Die Umsetzungskoalition ist ein wichtiges, innovatives Konzept in diesem Buch. Wie Abbildung 21 zeigt, besteht die Umsetzungskoalition aus fünf zentralen Rollen, die in allen Beschleunigern gleich sind. Unsere Untersuchung hat gezeigt, dass jede dieser voneinander abhängigen Rollen gebraucht wird. Sie sind notwendig, um Umsetzung und Benefit-Verantwortung klar zu definieren und zuzuteilen. Die Umsetzungskoalition institutionalisiert zwei wichtige Prinzipien.

Zunächst einmal wird so die notwendige Unterscheidung zwischen denjenigen, die eine Lösung erarbeiten (Rollen 1 bis 4) und denjenigen, die die Benefits realisieren (Rolle 5), gemacht. Diese Unterscheidung und ihre Bedeutung werden nur selten berücksichtigt. Die Benefit-Verantwortung (Rolle 5), die bei Weitem die wichtigste Rolle ist, wird für gewöhnlich sogar als fünftes Rad am Wagen angesehen.

Zweitens sind diese Rollen enorm wichtig für den Prozess der Abstimmung als wesentliches Element in der Liste der Erfolgsfaktoren, die in Kapitel 2 beschrieben wurden. Die Macht der Umsetzungskoalition ergibt sich daraus, dass aus der Abstimmung die besten Erfolgschancen resultieren. Damit meine ich die Abstimmung zwischen der Führung und der Transformation des Unternehmens sowie die bereichsübergreifende und vertikale Abstimmung. Die Umsetzungskoalition ist ein wirksames Instrument, da es Sie von der Abhängigkeit von zufälligen Akteuren und deren Bewusstsein und Bereitschaft dafür, sich abzustimmen, befreit. Durch die Unterscheidung der Rollen in der Koalition gehören Abstimmungen zum Tagesgeschäft und sind somit ein fester Bestandteil des Tagesablaufs. Durch diese Routine erhöhen sich zudem Ihre Erfolgschancen.

Die Koalition deutet auf einen grundlegenden Wandel hin. Sie ist so viel mehr als nur Projektmanagement bei der Strategieumsetzung. Sie ist der Transformationsmotor, der jede Maßnahme ans Laufen bringt. Sie behält systematisch das Change Leadership durch den oder die Sponsoren und den Umsetzungsverantwortlichen sowie das Change Management der Umsetzungsverantwortlichen, das heißt derjenigen, die an der Umsetzung beteiligt sind, und die Benefit-Verantwortlichen im Auge.

Das klingt womöglich ein bisschen langweilig. Aber das ist überhaupt nicht der Fall. Die Umsetzungskoalition ist ein wahrer »Durchsatz-Motor«, wie ein Mitarbeiter das einmal bezeichnet hat. Das liegt nicht an der formalen Macht, sondern zum einen daran, dass es sich um eine A-priori-Koalition handelt, die die Führungsetage mit der Poststelle verbindet, und zum anderen daran, dass durch die bereichsübergreifende Zusammenstellung Abstimmungen institutionalisiert werden.

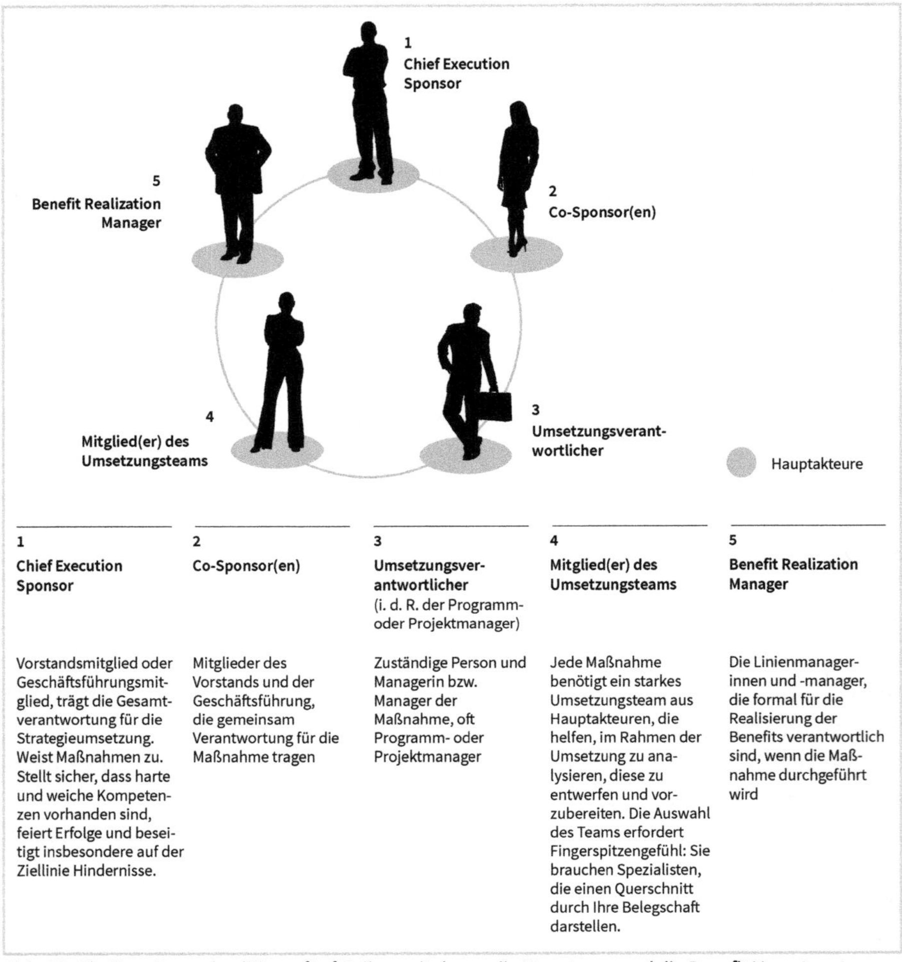

Abb. 21: Die Umsetzungskoalition – fünf Rollen, mit denen die Umsetzung und die Benefit-Verantwortung klar definiert und zugeteilt werden
(Quelle: Turner 2016)

1 Der Chief Execution Sponsor

Er ist Mitglied der Geschäftsleitung oder einer der geschäftsführenden Direktoren mit Gesamtverantwortung: der Chief Sponsor. Diese Person stellt die harten und weichen Kompetenzen sicher, feiert Erfolge und baut insbesondere auf der Zielgeraden Hindernisse ab. Jeder im Führungsteam – normalerweise die Geschäftsleitung oder die Direktoren eines Bereichs oder einer Geschäftseinheit – ist Chief Execution Sponsor von einer oder mehreren strategischen Maßnahmen.

Führungskräfte sollen Transformationen nicht nur annehmen, sondern sie auch aktiv nach vorne bringen, und zwar nicht nur einmal, sondern den ganzen Tag, jeden Tag und auf jeder Hierarchieebene. Sie spielen eine zentrale Rolle dabei, zu gewährleisten, dass das Maßnahmenportfolio mit der Strategie übereinstimmt. Sie stimmen das Portfolio regelmäßig mit den strategischen Gesamtzielen ab. Sie unterhalten eine enge Verbindung mit den Hauptakteuren in den verschiedenen Programmen. Als leitende Angestellte sind sie eine wichtige Konstante bei der Strategieumsetzung.

Die Rolle des Chief Execution Sponsors wird in der Regel unterbewertet. Daher ist es kein Zufall, dass es eine Reihe von Büchern und Kursen zu dem Thema, wie man ein guter Sponsor wird, gibt. Und wie wir noch sehen werden, kann das Verhalten des Chief Execution Sponsors in jedem der vier Beschleuniger von entscheidender Bedeutung sein.[127]

2 Die Co-Sponsoren

Geschäftsleitungsmitglieder und geschäftsführende Direktoren, die für die Maßnahme gemeinsam verantwortlich sind. Tatsächlich bedeutet ein großer Maßnahmenumfang häufig, dass sie sich auf verschiedene Abteilungen und Verantwortlichkeiten auswirkt. Nehmen wir einmal ein Projekt zur Vertriebseffektivität. Während die Gesamtverantwortung und das Sponsoring typischerweise beim Vertriebschef (CCO) liegt, ist das Projekt im hohen Maße abhängig vom Unternehmensbetrieb und sorgt dort auch für Auswirkungen. Daher ergibt es Sinn, dass der COO auch als Co-Sponsor der Maßnahme fungiert. Nur so ist es möglich, diese Art von »starker Führungskoalition«, die John Kotter in seinem Buch *Leading Change*[128] empfiehlt, zu schaffen. Die Verantwortlichkeiten der Co-Sponsoren sind so sehr mit der Maßnahme verwoben, dass sie genauso gut die Chief Sponsoren sein könnten. Es versteht sich von selbst, dass die gesamte Geschäftsführungsriege voll und ganz hinter dem Businessplan und den darin beschriebenen Maßnahmen steht. Mitglieder der Geschäftsführung, die abwarten, um ihre Zweifel hinsichtlich einer Maßnahme zu äußern, bis der Umsetzungsprozess schon zur Hälfte durch ist, oder sie komplett untergraben, indem sie das Gegenteil der Maßnahmenziele behaupten, haben ihr Geld nicht verdient.

3 Die für die Umsetzung verantwortliche Person

(für gewöhnlich die Programm- oder Projektmanagerin oder der Programm- oder Projektmanager). Ihr wurde die Maßnahme zugeteilt und sie managt sie häufig in der Rolle eines Programm- oder Projektmanagers. Wegen des Fortschritts einer Maßnahme verliert die für die Umsetzung verantwortliche Person als erste ihren Schlaf oder darf ihn feiern. Diese Person ist der Dreh- und Angelpunkt einer Maßnahme, und sie tut, was immer nötig ist, um sie zu einem Erfolg zu machen.

127 Timothy J. Kloppenborg & Debbie Tesch, »How Executive Sponsors Influence Project Success«, MIT Sloan Magazine, Frühjahr 2015. http://sloanreview.mit.edu/article/how-executive-sponsors-influence-project-success/.

128 John P. Kotter, Leading Change: Why Transformation Efforts Fail. Harvard Business Review Press, 1996.

4 Die Mitglieder des Umsetzungsteams
Für jede Maßnahme ist ein starkes Umsetzungsteam mit Hauptakteuren notwendig, die dazu beitragen, die Umsetzung zu analysieren, zu konzipieren und vorzubereiten. Die Zusammenstellung dieses Teams ist eine heikle Angelegenheit. Sie brauchen Spezialisten, die aber auch einen Querschnitt Ihrer Belegschaft widerspiegeln. Ihre Kriterien sind von qualitativer und quantitativer Natur. Was die Quantität angeht, so gibt es einen genau definierbaren Arbeitsaufwand, der eine bestimmte Anzahl an Stunden erfordert. Hinsichtlich der Qualität brauchen Sie Menschen mit den richtigen Spezialkompetenzen und einer ebensolchen Expertise. Es ist aber auch logisch, alle Unternehmenseinheiten miteinzubeziehen, auf die sich die Maßnahme auswirkt. Daher gehören die weichen Kriterien auch zu den wichtigen Überlegungen im Auswahlprozess. Es dürfte klug sein, auch einige der widerwilligsten Mitarbeiterinnen und Mitarbeiter einzubeziehen. Zudem sollten Sie dafür sorgen, dass die richtigen »Blutgruppen« dazu gehören. Innovationen erfordern Hauptakteure mit einem nach außen gerichteten Ansatz und einer nach innen gerichteten Fähigkeit zu handeln.

5 Die Benefit Realization Managerin/der Benefit Realization Manager
Diese Benefit-Verantwortlichen sind Linienmanager, die formal für die Realisierung der Benefits, die aus der Umsetzung der Maßnahme hervorgehen, verantwortlich sind. Das ist es, worum es geht! Gehen wir noch einmal zurück zu meinem zuvor erwähnten Beispiel eines Vertriebsmanagers, der in die anfängliche Analyse eines Projekts, mit dem die Vertriebseffektivität verbessert werden sollte, nicht involviert war, jetzt aber die neuen Geschäftsprozesse nutzen muss, um Ergebnisse und Ziele zu erreichen. Andere Benefit-Verantwortliche wären diejenigen, die für einen Teil der Umsetzungsergebnisse unter demselben Manager verantwortlich wären. Zum Beispiel könnten sie für eine höhere Konversionsrate in einem bestimmten Untersegment verantwortlich sein. Auf dieser Ebene könnten es ein Dutzend Teamleiter sein, die wiederum ihr eigenes Team mit einem Dutzend Mitgliedern haben.

Diese fünf Rollen gibt es durchgängig in jeder Art der Strategieumsetzung und des Change-Prozesses. Im Zeitalter von Agile und Scrum werden viele verschiedene Bezeichnungen und Definitionen verwendet. Beispiele dafür sind Product Owner, Scrum Master, Agile Coach, Tribe-Mitglied, und Chapter-Mitglied. Meine Liste ist jedoch anders. Denn meine fünf Rollen sind universell. Sie sind in jeder Art der Umsetzung unabkömmlich. Mit weniger als fünf zu arbeiten erweckt den Eindruck der Einfachheit. Aber eigentlich sorgt dies nur für Verwirrung. Mit mehr als fünf zu arbeiten sorgt für Komplexität und Inflexibilität. In Anhang 12 finden Sie einen Überblick über die Rollen in den populären Innovationsmethoden wie Agile und Scrum und die universellen Rollen der Umsetzungskoalition.

Sie denken, das sei hierarchisch? Ich werde keine Zeit auf Streitereien über die Frage, ob die Definition von zentralen Rollen hierarchisches Denken der alten Schule ist, verschwenden. Eigentlich ist es ganz einfach. Sie nutzen die individuellen fachlichen Qualitäten der Mitarbeiter und bieten ihnen maximale Autonomie und Freiheit. Da die meisten Maßnahmen der Strategieumsetzung radikale, innovative, bereichsübergreifende und komplizierte Probleme beinhalten, müssen Sie die Ergebnisse der Mitarbeiterinnen und Mitarbeiter zusammenführen, um die Benefits in ihrer Gesamtheit zu erzielen. Um eine maximale Freiheit des Einzelnen zu erreichen, ist es hilfreich, mit standardisierten Rollen zu arbeiten. Das befördert Flexibilität und schafft Zeit für den Austausch zwischen den Mitarbeitern, da keine Notwendigkeit besteht, die Zeit mit der Definition der notwendigen Rollen zu verschwenden.

Echte, psychologische Verantwortung bedeutet so viel mehr als nur formale Verantwortung. Verantwortung ist gleich formaler Verantwortung und Zuständigkeit auf der Basis der Rollen- und Aufgabenbeschreibung. Diese wird häufig mithilfe von RRA- oder RACI-Matrizes beschrieben.[129] Psychologische Verantwortung ist der »weiche« Gegenpart, sie muss aber von ganz tief innen kommen. Sind sich alle bewusst, wofür sie verantwortlich sind? Haben sie sich aktiv darum bemüht und es angenommen? Engagieren sie sich psychologisch uneingeschränkt? Die zentrale Frage lautet, ob jemand Verantwortung übernehmen *möchte*, und nicht, ob er oder sie es *muss*.

4.4.4 Die Umsetzungskoalition – das Fundament für die Umsetzungs- und Benefit-Verantwortung legen

Im Grunde genommen sollte Ihr Anliegen darin bestehen, ein Verantwortungsgefühl für jede strategische Maßnahme in Ihrem Portfolio zu erzeugen. Daher werden Sie in jedem Beschleuniger dazu aufgefordert, die Besetzung der zentralen Rollen und der Prioritäten zu überdenken.

Umsetzungs- und Benefit-Verantwortung zu schaffen, erfordert einen systematischen Ansatz. Verantwortung taucht nicht einfach aus dem Nichts auf. Abbildung 22 zeigt die Arten von Verantwortung und die Rollen in Beschleuniger 1.

Die Umsetzungskoalition sorgt für die Umsetzung und leitet sie. Um die Leitung zu übernehmen, auch als Change Leadership bekannt, ist es notwendig, dass Führungskräfte nicht nur persönlich die nötigen Kompetenzen analysieren und stärken, sondern auch die harte Strategie und ihr weiches Gegenstück (Storytelling) übermitteln und ergänzen. Eine echte Ergänzung findet nur durch reale Interaktionen mit den Menschen statt, wobei deren persönliche Motive, ihre Denkstruktur und Muster ans Licht kommen und darüber diskutiert wird. Dies hilft dabei, das Umsetzungsportfolio zu entwerfen und zu strukturieren. Unsere Untersuchung hat gezeigt, dass erfolgreiche Unternehmen die strategischen

129 In einer RRA-Matrix werden alle Rollen, Verantwortlichkeiten und Zuständigkeiten in einem Unternehmen, einer Abteilung unter einem Projekt aufgelistet. Eine RRA-Matrix kann durch die Anwendung des RACI-Modells erweitert werden. Eine RACI-Matrix zeigt, wer welche Rolle hat: Responsible, Accountable, Consulted or Informed. Responsible – zuständig für die eigentliche Durchführung. Accountable – Kosten- und Gesamtverantwortung. Consulted – wird konsultiert und liefert Informationen. Informed – hat das Recht, über den Verlauf oder das Ergebnis informiert zu werden.

Maßnahmen systematisch auswählen, ihr Portfolio ausgewogen gestalten und jede Maßnahme hinsichtlich ihres Auftrags, ihres Umfangs, ihrer Methode und Planung usw. von Anfang bis Ende definieren. Das mag sich nach einer Plackerei anhören, und zum großen Teil ist es das auch. Aber wie unsere Untersuchung gezeigt hat, ist ein systematischer Ansatz effektiver als Risikomanagement-Systeme zu stärken.

Die Stärke der Umsetzungskoalition liegt in der fest integrierten Struktur der Abstimmung zwischen Führung und Transformation des Unternehmens sowie über alle Bereiche und Schleifen hinweg begründet. Dadurch haben Sie die besten Erfolgsaussichten. In Beschleuniger 1 geht es bei der Abstimmung um rechtzeitige Einbeziehung von Aufsichts- und externe Zielgruppen, wie zum Beispiel des Aufsichtsrats.

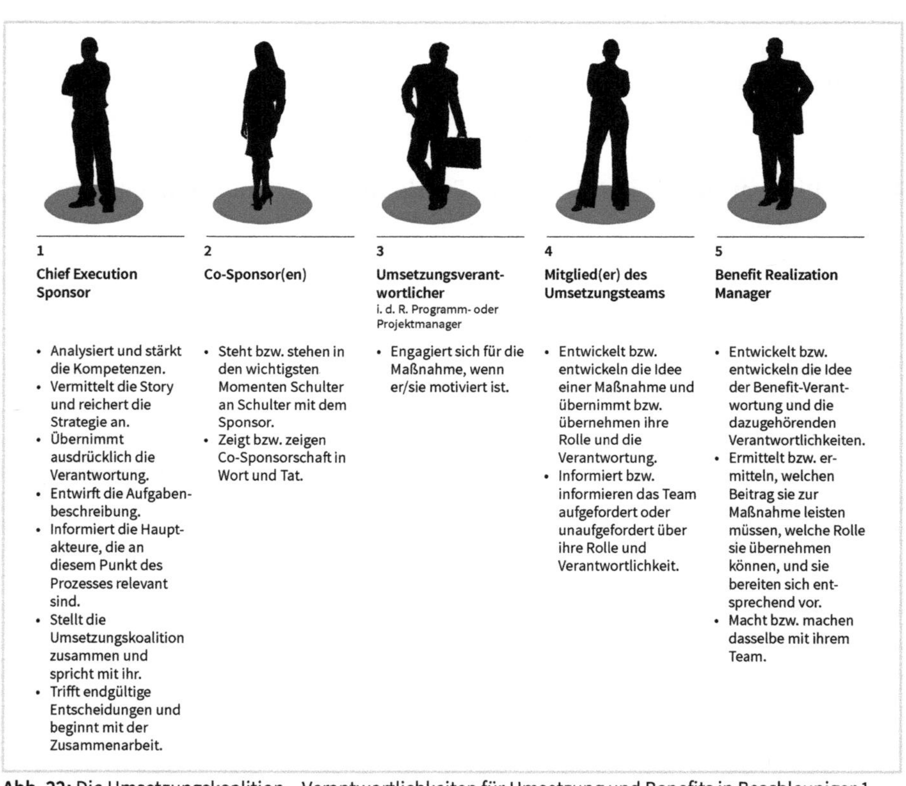

Abb. 22: Die Umsetzungskoalition – Verantwortlichkeiten für Umsetzung und Benefits in Beschleuniger 1 (Quelle: Turner 2016)

4.4.5 Bewertung der weichen Umsetzungs- und Transformationskompetenzen

In der ersten Hälfte dieses Kapitels habe ich darüber gesprochen, warum es notwendig ist, eine Bestandsaufnahme der Fähigkeiten und Kompetenzen Ihres Unternehmens zu machen. Sie müssen wissen, wo Ihre Kernkompetenzen liegen und identifizieren, welche noch ausgebaut werden müssen. Mit dem Analysetool SECA.NU können Sie dies schnell und bequem tun. Dieses Tool können Sie ebenfalls nutzen, um die weichen Kompetenzen Ihres Unternehmens zu analysieren.

Diese Analyse ist von entscheidender Bedeutung, da die weichen Kompetenzen darüber entscheiden, ob Sie Ihre Ziele erreichen können oder nicht, wie wir im Rahmen des Erfolgsfaktors 2 erfahren haben. Unternehmen mit ausgeprägten weichen Kompetenzen erzielen ein 2,2-fach besseres Ergebnis als der Durchschnitt.[130]

Zu den weichen Kompetenzen zählen die Unternehmenskultur, das Verhalten sowie die Führungs- und Zusammenarbeitsstile. Diese Kompetenzen spielen sowohl bei der Führung des Unternehmens als auch bei der Transformation des bestehenden Geschäftsmodells eine Rolle. Entgegen der landläufigen Meinung sind weiche Kompetenzen eindeutig quantifizierbar. Eine Analyse der weichen Variablen, mit der die Effektivität der Strategieumsetzung eines Unternehmens ermittelt wird, ist nicht nur möglich, sondern auch notwendig. Sie stellt einen wichtigen Schritt und eine Vorbedingung dafür dar, den Umfang der Mission, Vision und Strategie eines Unternehmens aufzuzeigen. Es zahlt sich wirklich aus, wenn Sie die Ergebnisse Ihrer SECA-Analyse in einem der Meetings zur strategischen Analyse und Festlegung des Kurses Ihre strategischen Ziele und die Kompetenzen aufeinander abstimmen.

Im Folgenden stelle ich Ihnen ein Unternehmen vor, das Baustein 4 erfolgreich umgesetzt hat.

BAUSTEIN 4 – AKTIVIERUNG ERFOLGREICH UMGESETZT

Case Study: FrieslandCampina; Teambildung und Planung zur gleichen Zeit mit unglaublicher Tiefe

Durchbruch: Dieser Baustein wurde genutzt, um die besten 70 Mitarbeiterinnen und Mitarbeiter von Royal FrieslandCampina zu aktivieren. Zusammen schwierige Zeiten zu meistern, macht ein starkes Team aus. Vor dem Umsetzungsstart eines mehrjährigen Strategie-Programms entschloss sich die Führungsmannschaft von FrieslandCampina dazu, zunächst in seine Mitarbeiter zu investieren. »Wer mit an Bord ist, ist genauso wichtig wie das Ziel.« Es gibt eine eindeutige Korrelation zwischen dem Umsetzungsteam und den strategischen Zielen eines Unternehmens. Die Führungsmannschaft rief ein Intensivprogramm ins Leben, um die Führungskräfte auf ein höheres Niveau zu bringen und eine gemeinsame Vision zu formulieren. In diesem Programm ging es nicht nur um diejenigen, die

130 Keller & Price, Beyond Performance.

»an Bord« waren, sondern auch um ihre Zusammenarbeitsstile und persönliche Entwicklung.

Ergebnis: Einen gemeinsamen Anfangs- und Endpunkt zu haben, trägt dazu bei, den besten Kurs zu bestimmen. Auf der Basis der persönlichen und fachlichen Entwicklung unternahmen die besten 70 Mitarbeiterinnen und Mitarbeiter Reisen innerhalb der Niederlande und ins Ausland, nicht nur um eine Verbindung zueinander aufzubauen, sondern auch um sich selbst und gegenseitig herauszufordern, sich und die anderen zu entdecken und zu formen, und zwar jeder einzelne für sich und zusammen. Diese geteilten Erfahrungen spielten eine entscheidende Rolle dabei, wie die Strategie des Unternehmens formuliert wurde. Durch dieses gemeinsam geschmiedete Band konnten alle möglichen potenziellen (sowohl rollen- als auch statusbasierten) Widerstände beseitigt werden. Somit wurde aus der Festlegung der Strategie mehr als nur eine kognitive Übung einer Gruppe von intelligenten Leuten, nämlich eine gemeinsame Erfahrung. Alle waren persönlich engagiert, was zur Festigung der Strategie beitrug. Zudem wurden die besten 70 dazu motiviert, diese Strategie glaubwürdig zu vertreten, wodurch die Umsetzung befördert wurde.

4.5 Praktische Tipps von erfolgreichen Führungskräften

Jedes Kapitel schließt mit einigen Praxisideen, die sich für Führungskräfte und ihre Mitarbeiterinnen und Mitarbeiter als nützlich erwiesen haben. Sie können diese auch als kleine Case Studies oder Lerneinheiten ansehen.

1 Bodenständige und spezielle Meetings am Nachmittag

Ein leitender Angestellter in der Finanzdienstleistungsbranche, der das bestehende Umsatz- und Geschäftsmodell erneuern und radikale Innovationen einführen wollte, stellte fest, dass er am Ende gar nichts erreichte, wenn er beides zur gleichen Zeit machen wollte. Seine Lösung bestand darin, die Aktivitäten zu trennen und normale Nachmittagsmeetings für die Erneuerung und spezielle Meetings für fundamentale Innovationen abzuhalten.

2 Portfolio-Doktor

Ein Business Development Manager war so frustriert, weil die kontinuierlich steigende Zahl an Projekten die realistische Transformationskapazität überschritt, dass er sich dazu entschloss, dem ein Ende zu setzen. Er setzte diese Priorität so hoch auf die Agenda der Geschäftsleitung, dass es zur Freude aller mittlerweile zu den Kernaufgaben der Führungsriege geworden ist, das Portfolio alle sechs Monate zu optimieren.

3 Alles auf einer einzigen Seite

Ein leitender Angestellter, der an die Macht der Einfachheit glaubt, hat dies zu einer Kunst gemacht. Er verlangt, dass jede strategische Maßnahme und jedes Projekt in gestochen scharfer und präziser Sprache auf einer einzigen Seite beschrieben wird. Möchten Sie das auch so machen? Dann nutzen Sie das Factsheet aus Beschleuniger 2, das Sie mit dem QR-Code in Anhang 11 herunterladen können.

4 Businessplan-Minimalismus

Ein leitender Angestellter erzählte mir, dass er Präzision in jeglicher Hinsicht priorisiert, sowohl was die Zeit angeht als auch im Hinblick auf den Umfang der Pläne auf dem Papier.

5 Storytelling

Ein leitender Angestellter, den ich interviewt habe, ist für sein kleines schwarzes Notizbuch bekannt. Er zieht es jedes Mal, wenn sich ein Aufhänger für eine Story auftut, aus der Tasche und notiert sich alles. Impulse können dabei von einem Kunden, einem Mitarbeiter oder einem Chef kommen. Es spielt keine Rolle, von wem. Und er nutzt diese Storys systematisch.

6 Die Last auf sich nehmen

Der Präsident einer niederländischen Universität forderte seine Kolleginnen und Kollegen auf, das Sponsoring ihrer Projekte und Programme ernster zu nehmen. Er war der Meinung, dass es sich bei vielen von ihnen nur um ein Lippenbekenntnis handele.

Für solche Ideen ist wertvolles, allerdings auch zeitaufwändiges Engagement nötig. Zum großen Teil geht es bei der effektiven Strategieumsetzung nur um den zeitlichen Aufwand. »Wie setzen wir unsere Zeit bestmöglich ein?«, ist eine Frage, die Sie sich unbedingt stellen sollten.

5 Beschleuniger 2: Initiieren

Ersticken Sie die Phantasie nicht im Keim / Sensitivitätsanalyse 13c / Wasser ist nass / 1.016 Soldaten / Überwinden Sie die Kluft / Radio Moskau

Wann kommt dieser Beschleuniger ins Spiel? Dieser Beschleuniger beschreibt, wie der Inhalt von jeder Maßnahme, für die Sie sich entschieden haben, beschrieben wird, wie Sie Ihren Ansatz wählen, und wie jede Maßnahme umgesetzt wird. Der Fokus auf einzelne Maßnahmen ist gänzlich anders als bei Beschleuniger 1, bei dem die gesamte, das ganze Unternehmen betreffende Strategie beschrieben wird. Ab hier liegt der Fokus von jedem Beschleuniger darauf, was benötigt wird, um jede strategische Maßnahme, für die Sie sich entschieden haben, erfolgreich umzusetzen. Das bedeutet, dass wir nun den Punkt erreicht haben, an dem die tatsächliche Umsetzung beginnt.

Empfohlene maximale Dauer/Ressourcenzuteilung für diesen Beschleuniger
Timebox: durchschnittlich fünf Wochen für jede Strategiemaßnahme

Das ist zwar schon extrem schnell, aber trotzdem gibt es immer noch Managerinnen und Manager sowie Mitarbeiterinnen und Mitarbeiter, die mit der Umsetzung noch schneller beginnen möchten. Tappen Sie nicht in diese Falle. Vergessen Sie nicht, dass es klug ist, mit Umsicht vorzugehen, langsam zu sein, um schnell zu sein. In jedem Fall müssen Ihre Analyse und das Konzept gründlich erarbeitet werden, wenn es Ihnen gelingen soll, während der Umsetzung schneller zu werden.

Die harten Bausteine in Beschleuniger 2: Must-haves und Durchbruch
Jeder Beschleuniger besteht aus zwei harten und zwei weichen Bausteinen. Die ersten beiden Bausteine in Beschleuniger 2, Must-haves und Durchbruch sind hart. In **Baustein 5, Must-haves**, geht es um die Grundlagen, die für jede Maßnahme nötig sind, nämlich um einen klaren Auftrag, ein Gefühl der Begeisterung und der Dringlichkeit, eine Antwort auf das kleine Warum, einen Business Case und eine hypothesenorientierte Analyse. In **Baustein 6, Durchbruch**, erkennen Sie, warum der Inhalt so wichtig ist. Er ist das Rückgrat einer jeden Maßnahme. Das minimal funktionsfähige Produkt (MFP), das Sie entwickeln, muss auf mindestens einem Innovationsdurchbruch basieren.

5.1 Baustein 5: Must-haves

In diesem Baustein geht es um die Grundlagen, die für jede Maßnahme nötig sind, nämlich einen klaren Auftrag, ein Gefühl der Begeisterung und der Dringlichkeit, eine Antwort auf das kleine Warum, einen Business Case und einer hypothesenorientierten Analyse. Sie lernen das kleine Warum kennen. Wir beleuchten Ihre besonderen Strategiefragen, Ihre Hauptthemen und wie Sie den richtigen Ansatz sowie die richtige Expertise auswählen.

5.1.1 Die Frage nach dem kleinen Warum und Klärung der offenen Fragen

Vom großen zum kleinen Warum – wie kommen Sie dorthin? In meiner Beschreibung von Beschleuniger 1, Auswählen, habe ich dargelegt, dass in einer guten Strategie ein klares, spannendes Warum definiert ist. Warum sind Ihre Mission, Vision und Strategie so ausgedrückt, wie sie es sind? Warum sollten Sie als Mitarbeiterin oder Mitarbeiter so motiviert sein, dass Sie durch die Hölle gehen, um das zu erreichen? Die Antwort auf diese Fragen finden Sie in dem, was Sie in Beschleuniger 2, Initiieren, tun. Schlüsseln Sie das große Warum für jede Maßnahme auf, und definieren Sie das kleine Warum in so einfachen Worten, dass sogar ein Kind verstehen würde, wie es zum großen Warum beitragen könnte. Verwechseln Sie aber nicht das kleine Warum mit »klein denken«, denn das ist weit weg von der Wahrheit.

Stellen Sie sich vor, Ihr Unternehmen bereitet eine Maßnahme vor – in diesem Fall eine Übernahme. Dann würde das kleine Warum die Frage, wie die Akquisition dazu beiträgt, das große Warum zu erreichen, beantworten. Das könnte folgendermaßen formuliert werden: »Diese Übernahme wird uns ermöglichen, die Erneuerung, die wir anstreben, zu beschleunigen. Das Unternehmen, das wir übernehmen, hat einen großen und wachsenden Anteil an unserem Zielmarkt. Zudem verfügt es über Rechte am geistigen Eigentum, die die Grundlage für weitere Innovationen bilden.«

In jeder Maßnahme gibt es offene strategische Fragen. Sobald das große Warum in das kleine Warumübersetzt worden ist, liegt ein weiterer Schritt vor uns, nämlich die Identifizierung und Beantwortung der offenen Fragen. Sogar die beste aller Strategien lässt einige der grundlegenden Fragen unbeantwortet. Aber an dieser Stelle müssen Sie nun eine Antwort auf alle diese Fragen finden. Gehen wir einmal davon aus, dass die Maßnahme, mit der Sie gerade in Beschleuniger 2 anfangen, ein Programm für operative Exzellenz ist. In Beschleuniger 1 wurde dieses Programm als Maßnahme mit besonderer Bedeutung im diesjährigen Portfolio bezeichnet. Allerdings wurde die Strategie bereits vor 18 Monaten festgelegt, und im aktuellen Jahresplan wird lediglich erwähnt, dass das Programm zur operativen Exzellenz in diesem Jahr beginnen muss. In einer solchen Situation gibt es zu Beginn der Maßnahme wahrscheinlich viele offene Fragen. Diese müssen geklärt werden, bevor Sie den Kick-off organisieren und mit den Analysen beginnen. Beispiele für solche offenen Fragen sind: Was ist das gewünschte Ergebnis dieses Programms zur operativen Exzellenz? Welche Verbindungen zur Wertschöpfungskette müssen wir als Erstes in Angriff nehmen? In welchem Geschäftsbereich und in welcher Geschäftseinheit wollen wir anfangen?

Wir halten uns an Kaplan und Norton. Die Arbeit von Kaplan und Norton bildet die Grundlage für diesen Teil: die großen strategischen Ziele in Ziele für jede einzelne Maßnahme übersetzen.[131] Um das einmal anzuwenden, fahren wir mit dem Beispiel des Programms zur operativen Exzellenz fort. Wir könnten entscheiden, dass es sich um einen Kampf, der gewonnen werden muss, handelt. Mit dem Programm soll Folgendes erreicht werden: eine um 10 Prozent höhere Effizienz, eine Produktivitätssteigerung von 7,5 Prozent und eine um 5 Prozent höhere Kundenzufriedenheit. Denn schließlich führen bessere Geschäftsprozesse zu einer höheren Verlässlichkeit, woraus sich mehr Zeit ergibt, die man einem besseren Service widmen kann.

5.1.2 Das Hauptthema identifizieren

Ihre Ziele geben Ihnen einen Hinweis auf das Hauptthema. Wenn es sich um Front-Office-Ziele handelt, besteht das Hauptthema darin, wie Sie die strategischen, taktischen und operativen Prozesse, die diese Ziele befördern, verbessern und erneuern können. Wenn Ihr Hauptziel darin besteht, Ihren Marktanteil zu vergrößern, möchten Sie womöglich etwas an Ihrer Vertriebsstrategie, der Einteilung Ihrer Kundinnen und Kunden in Segmente, Ihrem Vertriebsservice vorher und nachher und Ihrer Auslieferung verändern. Sie möchten vermutlich die Art des Verhaltens, das für diese Strategien und Prozesse angemessen ist, die Managementstruktur sowie die Stellenbeschreibungen Ihrer Vertriebsmitarbeiter und Ihres Support-Teams genau unter die Lupe nehmen. Es gibt also etliche untergeordnete Aspekte bei einem einzigen Vertriebsthema. Bei der Strategieumsetzung ist jedoch die Einfachheit das Schlüsselelement. Daher sollten Sie das Thema, das für die Zielerreichung von entscheidender Bedeutung ist, identifizieren. In diesem Beispiel könnte das Hauptthema aus zwei oder drei Unteraspekten bestehen.

5.1.3 Die richtige Methode und Expertise wählen

An dieser Stelle ist das Risiko, unprofessionell zu sein, am größten. Sicherlich ist es nicht falsch, sich auf den guten, alten gesunden Menschenverstand zu stützen. Aber in einer Welt, in der die Unterschiedlichkeit schneller als je zuvor schwindet, kann man einen echten Durchbruch nur dann erzielen und diesen Charakter der Unterschiedlichkeit fördern und unterstützen, wenn man spezialisierte Methoden wählt. Für jedes Thema wird eine eigene, spezielle Methode benötigt. Ein gebrochener Arm kann nicht mit einem Pflaster geheilt werden. Genauso wenig kann ein Thema bei der operativen Exzellenz in der Lieferkette durch die Anwendung der Expertise für ein Vertriebseffizienzthema gelöst werden. Und ganz klar wird für eine Analyse der Synergieeffekte in der Risikoprüfungsphase eine andere Methode gebraucht als für eine Gemeinkostenwertanalyse.

131 Kaplan & Norton, The Balanced Scorecard.

Es ist selbstverständlich möglich, Expertise outzusourcen, indem man sich Unternehmensberater ins Haus holt. Aber jedes Unternehmen muss selbst über die grundlegenden Methoden, die spezialisierten Mitarbeiter und das Wissen verfügen, um die Themen, die am häufigsten auftreten, in den Griff zu bekommen. Das Business Model Canvas von Osterwalder und Peigneur stellt ein sehr nützliches und erfolgreiches Format dar, um Geschäftsmodelle innovativ zu gestalten.[132]

In Anhang 5 werden die am häufigsten auftretenden Themen der Strategieumsetzung aufgelistet: Integration und Synergien nach einer Fusion, Vertriebseffizienz, Lean, Unternehmenskultur und Verhalten, Unternehmensstruktur und Leitungsorganisation. Mit dem QR-Code in Anhang 5 können Sie ein Dokument mit den zentralen Grundprinzipien für diese großen Themen bei der Strategieumsetzung herunterladen. Bei diesen Prinzipien handelt es sich um äußerst praktikable, sofort anwendbare Anleitungen.

Sie sollten nicht in die Falle tappen, sich für irgendeine Methode sehr schnell zu entscheiden oder gar amateurhaft eine Methode selbst zu entwickeln, und zwar nur um vergeblich zu versuchen, die Dinge überschaubar zu machen.

Eine Methode, beziehungsweise ein Instrument, ist ein Mittel zum Zweck und nicht der Zweck an sich. Methoden und Instrumente sollten auf fundierten Kenntnissen und Erfahrungen basieren. Denken Sie gründlich über die Methode, für die Sie sich entscheiden, und warum Sie sich für sie entscheiden, nach. Ich gebe Ihnen ein Beispiel, und zwar eines, das die MBA-Nerds unter Ihnen lieben werden. Schauen wir uns einmal an, welche Methode Sie für die Lösung eines Problems beim Typ 3, radikale Innovation, wählen würden. Mitarbeiterinnen und Mitarbeiter setzen sich oft leidenschaftlich ein, wenn es darum geht, eine passende Methode zu finden. Einige dürften der Meinung sein, dass die Lean-Startup-Methode von Eric Ries Anwendung finden solle, andere sprechen sich für Change by Design von Tom Brown et al. aus. Verfechter der Lean-Startup-Methode betonen, dass es keine bessere Möglichkeit für Innovationen gebe, als den Prozess auf Vertrauensvorschüsse zu basieren; ein Prototyp wird produziert und durch Validiertes Lernen weiterentwickelt. Dabei gibt es kurze Zyklen für Iterationen, die sich aus dem direkten Kundenfeedback ergeben. Befürworter von Browns Design Thinking sind im Gegensatz dazu der Meinung, dass Ries' Ansatz so klinisch und systematisch ist, dass die echten Durchbrüche und kreativen Lösungen übersehen werden. Sie haben keine Skrupel, sogar Einstein zu zitieren, der einmal geäußert hat, dass Phantasie so viel wichtiger sei als Wissen. Anders als beim Wissen existieren bei der Phantasie keine Grenzen. Zudem lässt sie dem Fortschritt und der Evolution freien Lauf. Also sagen sie, man solle die Phantasie nicht im Keim ersticken. Vielleicht besteht der beste Ansatz darin, die beiden Methoden zu kombinieren und das Beste aus beiden Welten zu nehmen.[133]

---

132 Osterwalder & Peigneur, Business Model Generation.

133 Marina Krakovsky, »Lean Startup and Design Thinking: Getting the Best Out of Both, How to Create a Customer-Centric Venture«, Insights by Stanford Business, 20. September 2016. http://www.gsb.stanford.edu/insights/lean-startup-design-thinking-getting-best-out-both.

Analysieren Sie die Innovationen auf dem Markt. Sie sollten auf Ihre eigene Innovationskompetenz und Originalität setzen, schrecken Sie aber nicht davor zurück, sich von den Analysen der Innovationen anderer Anregungen zu holen. Jedes Unternehmen sollte die neuen Geschäfts- und Umsatzmodelle, die es sowohl in der eigenen Branche als auch darüber hinaus gibt, kennen. Aus diesem Grund haben wir einen Überblick über innovative Geschäfts- und Umsatzmodelle, den Sie in Anhang 8 finden, zusammengestellt. Dort finden Sie eine Liste mit Innovationen vom Typ 3 (neue Geschäftsmodelle) und Links zu einer Liste im Internet, die regelmäßig aktualisiert wird – dies vor dem Hintergrund, dass Innovationen vom Typ 3 eine hohe Misserfolgsquote aufweisen und dass es jedes Jahr viele neue Innovationen gibt.

5.1.4 Analysieren

Die Zeiten, in denen eine Geschäftsanalyse ein brauchbares Thema für eine Dissertation war, sind längst vorbei. In der Vergangenheit wurden monatelang Analysen durchgeführt, bis jemand den Mut aufgebrachte, sich bei der Suche nach einer Lösung für eine Richtung zu entscheiden. Heute ist das weder notwendig noch möglich. Es ist nicht notwendig, da sich die Analysemethoden und -fähigkeiten stark weiterentwickelt haben. Unmöglich ist es, weil Geschwindigkeit und Agilität zählen, wenn Sie überleben möchten. Das neue Credo lautet: rigoros, wenn nötig; praktisch und schnell, wenn möglich. Analysen um ihrer selbst willen sind sinnlos. Sensitivitätsanalyse 13c, Variante 2, habe keinen Einfluss auf Nummer 4 und führe bloß zu Krämpfen und »Analyselähmung«, wie einmal ein Berater von McKinsey sagte. Sie können auch in einer Suche münden, die so lange dauert, bis ein Grund dafür, nichts zu tun, oder für »Tod durch Analyse« gefunden wurde. Also muss das Offensichtliche nicht bewiesen werden. Ja, Wasser ist nass.

Vermeiden Sie falsche Präzision. Auf eine lockere Art und Weise habe ich viele Berater mit ihrer falschen Präzision konfrontiert. Dazu habe ich ihnen eine Geschichte erzählt (die wahrscheinlich nicht ganz der Wahrheit entspricht!). Sie handelte von einer Schlacht zwischen den amerikanischen Ureinwohnern und US-amerikanischen Truppen im Jahr 1860. Zu einem Zeitpunkt hatten die Sioux einen Außenposten der Truppen umzingelt. Da der Häuptling wissen wollte, wie viele Soldaten zu der Garnison gehörten, schickte er einen Späher aus, der das Fort in der Nacht auskundschaften sollte. Als der Späher ins Lager zurückkehrte, ging er sofort ins Tipi seines Häuptlings und berichtete ihm davon, was er gesehen hatte:

> »Es gibt dort 1.016 Soldaten, Häuptling«, sagte er.
> »Woher weißt du so genau, wie viele es sind, Späher?«, fragte der Häuptling.
> »Also, Häuptling«, antwortete der Späher. »Der Zaun hat vier Wachtürme, und auf jedem davon stehen vier Wachen. Das sind also 16. Und ich vermute, dass es innendrin ungefähr 1.000 Soldaten gibt.«

Analysieren Sie die wichtigsten Prozesse und die Aspekte des Geschäftsmodells, die für das Erreichen oder Nichterreichen der Ziele verantwortlich sind. Arbeiten Sie dabei mit »Ist«- und »Soll«-Hypothesen. Bei den »Ist«-Hypothesen werden die existierenden Fakten wie Probleme oder Stärken analysiert. Bei den »Soll«-Hypothesen geht es um eine Analyse der Chancen. Eine solche Analyse kann durch Marktforschung durchgeführt werden, um das Marktpotenzial von möglichen Kundinnen und Kunden zu bewerten. Nur mit einer hypothesenorientierten Analyse kann man Probleme und Chancen in den Griff bekommen.

Abbildung 23 gibt Ihnen einen Überblick über die Arten von Themen, Einblicken, häufig verwendeten Analysen und Methoden. Gute Analyseinstrumente sind dabei entscheidend. Ich konnte beobachten, dass sich etliche gute Kundeninterview-Formate zu strukturiert genutzten Instrumenten entwickelt haben. Es gibt kein größeres Kompliment für Ihre Arbeit.

Analysieren Sie Ihre weichen Kompetenzen für jede Initiative, indem Sie ein hartes Analyseinstrument einsetzen. Analysieren Sie die Unternehmenskultur und das Verhalten in Bezug auf die Ziele, die Sie für die Initiative festgelegt haben, genauso, wie Sie das in Beschleuniger 1 für die gesamte Organisation gemacht haben. Zu diesem Zweck können Sie das Analyseinstrument SECA.NU nutzen, um Ihre weichen Umsetzungskompetenzen zu ermitteln. Sie können die Ergebnisse nutzen, um ein paar qualitätsorientierte Meetings durchzuführen, in denen Ihre derzeitige Kultur in Bezug auf Ihre momentanen und neuen Ziele analysiert wird.

Im Folgenden stelle ich Ihnen ein Unternehmen vor, das Baustein 5 erfolgreich umgesetzt hat.

BAUSTEIN 5 – MUST-HAVES ERFOLGREICH UMGESETZT

Case Study: Zwei niederländische Rundfunkunternehmen im Vorfeld ihrer Fusion

Durchbruch: Ihr Ziel war es, zum größten Rundfunkunternehmen im niederländischen öffentlich-rechtlichen Rundfunksystem zu werden, während gleichzeitig die von der Regierung geforderten Kürzungen vorgenommen werden sollten. Gemeinsame Integrationsteams wurden mit der Aufgabe betraut, dieses Ziel zu verwirklichen und einen Bruch mit der Vergangenheit zu forcieren. Jedem Integrationsteam wurde ein spezielles, auf Synergieeffekte ausgerichtetes Stretch Goal gegeben. Dadurch erhielten Sie eine Orientierungshilfe, um fundierte Entscheidungen in Hinblick auf den Strategieentwurf zu treffen.

Ergebnis: Die Arbeit des Integrationsteams führte zu einer Integration und einem Umstrukturierungsplan, durch den es dem neuen Unternehmen möglich wurde, sowohl seine Ziele hinsichtlich seiner Qualitätsprogramme als auch der

Finanzen zu erfüllen. Zu den erreichten Zielen gehörte eine FTE-Reduzierung der Overhead-Funktionen um 39 Prozent und eine Reduzierung der primären Mitarbeiterinnen und Mitarbeiter um 25 Prozent. Seitdem hat sich das neue Rundfunkunternehmen eine herausragende Stellung unter den Öffentlich-Rechtlichen in den Niederlanden erarbeitet.

Thema	Betroffene Teile des Geschäftsmodells	Erkenntnisse	Analysen und Methoden	Typ der Strategieumsetzung
1 **Strategie**		Markt	Porter, Ansoff-Matrix	❷ ❸
		Produktportfolio	SWOT, BCG-Matrix	❶ ❷
2 **Geschäftsmodell, Innovation, Verkaufseffektivität**		Verkaufseffektivität, Umsatz pro Nutzer, Marktattraktivität	Wertversprechen, Produkt-Markt-Kombinationen, Pareto (Umsatz, Kosten, Gewinn), Customer Journey Mapping, Abwanderungsquote, BMC, OGSM, Massive Transformative Purpose (Singularität), Lean Startup	❶ ❷ ❸
3 **Betrieb (Auslieferung, Logistik, Sourcing)**		Effektivität und Effizienz von Primärprozessen	Wertstromanalyse, Abfallanalyse, Sägezahnkurve, Flussdiagramm, Zeiteinteilung	❶ ❸
4 **Overhead-Prozesse (Finanzen, Personal, IT, Beschaffung, Gebäude-Management)**		Effektivität und Effizienz von Sekundärprozessen	Gemeinkostenwertanalyse, Wertstromanalyse, Sägezahnkurve, Zeiteinteilung, Vendor Management	❶ ❷
5 **Wissen und Daten**		Nutzung und Anwendung von Wissen	Wissensmanagement in der Wertschöpfungskette	❷ ❸
		Leistungshistorie auf der Grundlage von Daten	Hypothesengestützte Big-Data-Analysen (von Korrelation bis hin zu maschinellem Lernen)	❷ ❸

Thema	Betroffene Teile des Geschäfts-modells	Erkenntnisse	Analysen und Methoden	Typ der Strategie-umsetzung
6 **Synergie**		Synergie- und andere Partner-schaftsziele	100-Tage-Methode, Synergie-Musterbuch, Risikoprüfung des Integrationstyps	❷
7 **Unternehmens-struktur und Leitungs-organisation**		Management-effizienz und -effektivität	Gemeinkostenwert, Business Performance Management, Balanced Scorecards	❶ ❷
		Finanzstruktur	DuPont	❶ ❷
8 **Personal-management, Kultur und Verhaltenskodizes**		Unternehmens-normen und -werte	Kulturanalyse und -entwicklung, Bewertungen (MBTI, MD, ID)	❷ ❸
9 **Leadership**		Führungsstil	Analyse und Entwicklung des Führungsstils	❷
10 **Gesamt-umsetzung**		Strategie-umsetzung, Programm- und Projekt-management	MSP, Prince, LeSS, Agil, Scrum, Kanban, SECA. NU, Design Thinking	❶ ❷ ❸

Abb. 23: Die Art des Themas ist allesentscheidend. Sorgen Sie dafür, dass die richtige Analyseart, Methode und Expertise für jedes Thema genutzt wird.
(Quelle: Tjalle Hoekstra, Turner 2016)

5.2 Baustein 6: Durchbruch

Auf den Inhalt kommt es an. Er ist das Rückgrat jeder einzelnen Maßnahme. Das minimal funktionsfähige Produkt (MFP), das Sie in diesem Baustein entwickeln, muss auf mindestens einem Innovationsdurchbruch basieren. Um Ihren Wertversprechen-Durchbruch zu identifizieren, müssen Sie eine Reihe von methodischen Schritten befolgen. Ich werde auf folgende Punkte eingehen: Kreativität, Erstellung einer Customer Journey Map, die Notwendigkeit von Einfachheit, die Folgen des Entwurfs für Ihre Unternehmensstruktur.

5.2.1 Methodische Schritte

Nur noch einmal zur Wiederholung möchte ich erwähnen, dass Sie an diesem Punkt klare Ziele und Prioritäten haben. Sie haben das Hauptthema, das Sie angehen möch-

ten, identifiziert. Sie haben sich für eine geeignete spezielle Methode und Expertise entschieden, um das zu tun. Und Sie haben die Hauptprozesse analysiert und die weichen Kompetenzen Ihres Unternehmens bewertet. Jetzt ist der Weg frei für die eigentliche Arbeit. Ihr nächster Schritt besteht darin, eine Reihe von grundlegenden Schritten zu unternehmen und einige Basisprinzipien anzuwenden, nämlich die ewigen Grundlagen der Problemanalyse und der Entscheidungsfindung.

Die methodischen Schritte, die Sie immer und bei jeder Maßnahme von einem guten Entwurf zu einem minimal funktionsfähigen Produkt (MFP) bringen, sind:

- Systematisch Ideen sammeln
- Das Durchbruch-Wertversprechen identifizieren
- Strategieentwurf, Überarbeitung des Entwurfs und Vereinfachung
- Ermitteln, wie die neuen Prozesse die Unternehmensstruktur verändern
- Unerlässliche weiche Kompetenzen in den Entwurf integrieren
- Einen Entwurf für den Business Case und die Ziele formulieren

Diese Schritte bedürfen durchaus der Erläuterung. In meinen Erklärungen werde ich diese Schritte als Beispiel einer Maßnahme zur Erneuerung bzw. Innovation von Kundenprozessen heranziehen. Am Ende sind diese Prozesse nicht die wichtigsten. Wenn Sie eine andere Maßnahme durchführen wollten, wie beispielsweise eine Post-Merger-Integration, wären die Schritte und Prinzipien natürlich anders, und in einem Vertriebseffektivitätsprogramm wären sie nochmal anders und so weiter und so fort. In Anhang 5 werden die gängigsten Arten von Themen aufgelistet. Zudem gelangen Sie über die Links zu einer Liste der Hauptprinzipien für jedes dieser Themen, die Sie herunterladen können.

5.2.2 Systematisch Ideen sammeln

Schaffen Sie sich einen physischen und mentalen Raum, um Kreativität zu fördern. Das mag Ihnen wie ein Paradoxon vorkommen, da Kreativität und Stress nicht zusammenpassen. Zudem betone ich immer wieder, dass Geschwindigkeit notwendig ist – denn schließlich sollte es nur drei bis fünf Wochen dauern, um diesen Beschleuniger abzuschließen. Und doch ist es ein Muss, in dieser Phase Inseln der Kreativität zu befördern, was auch machbar ist. Wenn Sie den in diesem Buch erläuterten Ansatz befolgen, werden Sie ein Klima von permanenter Verbesserung, Erneuerung und Innovation erzeugen. Das bedeutet, Sie werden aus einer Fülle von Ideen schöpfen können. Es ist produktiver, sich für Ideen zu entscheiden und zu ernten, die vor langer Zeit geäußert wurden und Zeit für Entwicklung hatten, als auf ein Wunder während eines kurzen Workshops am Nachmittag, den Sie in Ihren Zeitplan gequetscht haben, zu hoffen. Deshalb sollten Sie eine Vorschlagsbox einführen, in die jeder seine Ideen einwerfen kann. Dadurch erhalten Sie viele Ideen, aus denen Sie in dieser Phase auswählen können.

Ideen zu entwickeln, sollte immer und überall möglich sein. Kreativität muss ein fester Bestandteil der Führung des Unternehmens sein. Genauso wie es sich dabei verhält, den Kundinnen und Kunden einen Mehrwert zu bieten, handelt es sich auch hier um einen permanenten Prozess. Wenn Ihr Plan vorsieht, dass die brillante Idee in einer Implementierung in Projektwoche 3 münden soll, möchten Sie etwas erzwingen, was nicht erzwungen werden kann. Zudem steigt die Wahrscheinlichkeit, dass Sie einige großartige Ideen verpassen. Wenn es einen konstanten Ideenfluss gibt, müssen Sie sich nur noch die Rosinen herauspicken. Das ist viel einfacher als die Kreativität zu unterdrücken, wenn gerade keine Maßnahme umgesetzt wird, und dann schnell wieder den Schalter umlegen, wenn Sie plötzlich Ideen brauchen.

Die Auswahl von Ideen ist ein Balanceakt. Es handelt sich um die gleiche Art von Prozess wie bei der Auswahl des Portfolios (Beschleuniger 1), die ich in Kapitel 4 beschrieben habe. Im Grunde gilt es, eine Ausgewogenheit zwischen den Ideen für Transformationen vom Typ 1 (Verbesserung), Typ 2 (Erneuerung) und Typ 3 (Innovation) herzustellen. Eine andere Sichtweise besteht darin, eine Balance zwischen Ideen mit kurzfristig großen Erfolgschancen (Typ 1) und jenen mit niedrigeren Erfolgsaussichten (Typ 3) herzustellen. Typ 2 liegt genau in der Mitte. Die hohe Unsicherheit bei Typ 3 (radikale Innovationen) zwingt uns, eine Liste mit 20 Ideen zu erstellen und dann nicht mehr als vier oder fünf dieser Ideen auszuwählen, um sie auszuprobieren. Übrigens sollte dieser Auswahlprozess definitiv nicht als Top-down-Ansatz gestaltet werden! Untersuchungen von Stanford-Professor Justin Berg haben gezeigt, dass Managerinnen und Manager sowie Geschäftsführungsmitglieder am schlechtesten voraussagen können, welche Ideen sich als erfolgreich herausstellen. Mitarbeiterinnen und Mitarbeiter auf den unteren Ebenen können das viel besser. Das ist gut zu wissen, bevor jemand vorschlägt, die Geschäftsführung dazu einzuladen, an der Auswahl der Ideen teilzunehmen. Vergessen Sie nicht, dass es sich bei denjenigen, die Harry Potter und Star Wars ablehnten, jeweils um Geschäftsführer handelte.[134]

Ersticken Sie den Zufall nicht im Keim. Penizillin wurde durch Zufall entdeckt. Es gibt Möglichkeiten, wie die Chancen auf solch zufällige Ereignisse erhöht werden können. Eine der wichtigsten besteht darin, zu wissen, in welche Richtung Sie gehen. Je besser Ihr Gespür dafür ist, desto empfänglicher sind Sie für Ideen, die Ihnen über den Weg laufen. Es ist die Flexibilität, die es Ihnen ermöglicht, sich außerhalb Ihrer Komfortzone zu bewegen.[135]

Einen kritischen Blick auf die ehrgeizigen und kreativen Ideen, die zu einem Durchbruch führen können, zu werfen ist gesund. Allerdings ist es gefährlich, dies zu früh zu tun. Ideen zu entwickeln und Ideen auszuwählen sind zwei völlig andere Prozesse. Marty Neumeiner, Experte für Innovation und Design Thinking, hat die folgenden sechs Faktoren identifiziert, die die

134 Louise Lee, »Managers are Not Always the Best Judge of Creative Ideas«, Stanford Business, Januar 2016. http://www.gsb.stanford.edu/insights/managers-are-not-best-judge-creative-ideas.

135 Jane Perdue, »3 Ways to Harness the Power of Serendipity«, ToddNielsen.com. http://www.toddnielsen.com/international-leadership-blogathon/3-ways-harness-power-serendipity.

Phantasie während eines Brainstormings im Keim ersticken: eine unbegründete Verurteilung, mangelndes fachliches Know-how, ein starres mentales Modell, Cafeteria-Verhalten (eine Idee aus dem Zusammenhang reißen), Angst zu scheitern, Fixierung auf die richtige Antwort.[136]

5.2.3 Das Durchbruch-Wertversprechen identifizieren

Denken Sie von außen nach innen. Außen sind Ihre Kundinnen und Kunden. Wenn Sie sich auf das Außen konzentrieren, bedeutet das, dass Sie sich an allererster Stelle auf Ihre Kunden und das Wertversprechen, das Sie für sie haben, fokussieren. Wenn es eine Falle gibt, die Sie unbedingt vermeiden sollten, so ist das, Ihre Maßnahme einer nach innen gerichteten Perspektive zum Opfer fallen zu lassen. Unsere Untersuchung hat gezeigt, dass die meisten strategischen Projekte alle einen durchgängig nach außen gerichteten Fokus hatten. Bei allen Analysen und Lösungen waren sich alle Beteiligten der Notwendigkeit bewusst, konsequent von außen nach innen zu denken.

Verknüpfen Sie jede Lösung und jeden Entwurf mit den Zielen und Bedürfnissen Ihrer Kunden und Stakeholder. Das ist das Markenzeichen von erfolgreichen Projekten. Um sicherzugehen, dass diese Art der Argumentation beibehalten wird, sollten Sie Ihr Team zu Beginn aller Meetings zur Strategieentwicklung und zum Projektfortschritt an diese Ziele erinnern. Projektmanagerinnen und -manager mögen dies als schwierig empfinden, aber im weiteren Verlauf werden sie für gewöhnlich für ihr Durchhaltevermögen gelobt. Eine erfrischende Art und Weise, wie Sie Ihr Team an diese Ziele erinnern können, besteht darin, ein Kunden-Forum ins Leben zu rufen. Kundinnen und Kunden geben gerne ehrliches Feedback, insbesondere wenn sie wissen, dass ihre Meinung ernst genommen wird. Sich nur die Mühe zu machen, um deren Feedback einzuholen, wird nicht funktionieren und kann sich sogar nachteilig auswirken. Zudem ist es wichtig, dass der Feedback-Prozess modern und professionell gestaltet wird, sowohl was die Methoden als auch was die Kommunikation angeht. Nicht nur B2C-Kunden, sondern auch B2B-Kunden kennen sich mit Maßnahmen der Erneuerung und der radikalen Transformationen aus. Unternehmen wie Dell und Salesforce.com stützen sich auf kollaborative Strategieentwicklung.

Sie streben nach einem Wertversprechen-Durchbruch. Identifizieren Sie die Kundenprozesse und Lösungen, die zu einem Durchbruch führen können. Es gibt häufig viele mögliche Lösungen, aber Vollständigkeit ist an dieser Stelle nicht Ihr Ziel. Sie müssen Lösungen finden, die die größten Auswirkungen auf Ihre Ziele haben, den größten Unterschied machen und daher zu einem Durchbruch führen können. Viele Lösungen sind zuvor schon einmal getestet worden. Es macht also keinen Sinn, auf einem toten Pferd reiten zu wollen. Die Frage lautet, welche neue Lösung (oder Lösungskombination) etwas bewirken wird.

136 Marty Neumeier, »Keep Your Ideas in a Liquid State«, Medium, 16. April 2014. https://medium.com/rules-of-genius/keep-your-ideas-in-a-liquid-state-566ba7c81620#.nr314vo42.

Ermitteln Sie, welche versteckten Bedürfnisse Ihre Kundinnen und Kunden haben. Durch digitale Innovation können Sie radikal verändern und verbessern, wie Sie bestehende und latent vorhandene Kundenbedürfnisse antizipieren. Die grundlegenden Faktoren für Kundenzufriedenheit sind die Qualität Ihres Produkts bzw. Ihrer Dienstleistung, die Qualität der Lieferung und des Kundendiensts (vollständig und rechtzeitig) und das Preis-Leistungs-Verhältnis. Diese Faktoren bestimmen die KPIs Ihrer Kundinnen und Kunden: Kundenzufriedenheit (Net Promoter Score, NPS), Umsatz pro Kunde (Average Revenue per User, ARPU), Wert des Kunden für das Unternehmen über die Zeit seiner Kundschaft (Customer Lifetime Value, CLV), Cross-Selling, Kundenbindung, Konversion, Umsatz und EBIDTA. Aber welche Hebel stellt Ihnen digitale Innovation zur Verfügung, um ein einzigartiges Wertversprechen zu erzeugen? Das Wichtigste besteht darin, nicht nur zu verbessern, wie Sie die Bedürfnisse Ihrer Kunden befriedigen können, sondern wie Sie die versteckten zukünftigen Bedürfnisse Ihrer Kunden befriedigen werden, so merkwürdig sich das auch anhören mag. Untersuchungen haben gezeigt, dass jede zehnprozentige Verbesserung der Kundenzufriedenheit eine Umsatzsteigerung von 2 bis 3 Prozent zur Folge hatte.[137] Anhang 6, »Identifizieren Sie die verborgenen Bedürfnisse Ihrer Kundinnen und Kunden«, zeigt, wie digitale Innovationen die Art, wie Sie die Kundenbedürfnisse befriedigen, radikal verändert.

Der von den Kundinnen und Kunden empfundene Wert basiert auf dem Gesamterlebnis. Was Unternehmen letztlich liefern, ist nicht nur ein Produkt oder eine Dienstleistung. Produkte und Dienstleistungen bilden den Kern des gesamten Produkt- oder Dienstleistungserlebnisses, das mit der ersten Erkundung durch den Kunden anfängt und bis zur letzten Kundendiensterfahrung dauert. Das stimmt, ob Sie es mögen oder nicht. Und wenn Sie sich das nicht zu Herzen nehmen, werden Sie von einem Konkurrenten überholt, dessen Produkt oder Dienstleistung womöglich minderwertig ist, dessen gesamtes Kundenerlebnis aber besser ist als Ihres. Dieses Erlebnis besteht zunehmend aus digitalen Elementen. Botschaften in den sozialen Medien zu einem Produkt oder einer Dienstleistung sind nicht nur Medien-Botschaften. Sie sind vielmehr Teil des Produkterlebnisses selbst geworden. Heute ist jedes Objekt von einer Wolke aus Informationen und Diensten umgeben. Dieses Verhältnis ist sehr wertvoll. Kurz gesagt erfordert Digitalisierung Zusammenarbeit zum Kundenerlebnis über die verschiedenen Unternehmensbereiche hinweg – mit mehr interaktiven Momenten, woraus sich mehr Chancen ergeben.

Schaffen Sie eine logische Customer Journey. Customer Journey Maps werden schon seit einiger Zeit erstellt, sind aber dank der digitalen Innovation recht schnell beliebt geworden. Der herkömmliche Funnel für Marketing und Vertrieb (Attention, Interest, Desire, Action), der Ihre Kundinnen und Kunden zu Ihrem Produkt führt, existiert kaum noch. Auf Markentreue können Sie nicht mehr zählen.

137 Joao Dias, Oana Ionutiu, Xavier Lhuer & Jasper van Ouwerkerk, »The Four Pillars of Distinctive Customer Journeys«, McKinsey Insights, September 2016. http://www.mckinsey.com/business-functions/digital-mckinsey/our-insights/the-four-pillars-of-distinctive-customer-journeys.

Laut McKinsey handelt es sich bei dem Entscheidungsprozess der Kunden um eine kreisförmige Journey (Ende-zu-Ende) mit vier Phasen: Orientierung; aktive Bewertung (Recherche) kurz vor dem Kauf; Kauf; Bewertung nach dem Kauf, um zu eruieren, ob man das gleiche Produkt beim nächsten Mal wieder kaufen würde.[138]

In dieser neuen Dynamik erhalten Sie durch die Erstellung von Customer Journey Maps eine Hilfestellung, damit Sie sich in Ihre Kunden hineinversetzen können und diese Sichtweise auch nicht mehr verlieren. Der größte Vorteil dieser Methode besteht darin, dass die Kunden bei Ihnen oberste Priorität haben, Sie damit latente Kundenbedürfnisse identifizieren können und somit auch Wachstumschancen haben, während Sie auch mögliche Synergieeffekte von (digitalen) Kanälen identifizieren können. Zudem sind Erläuterungen und Erklärungen aufgrund der visuellen Darstellungen recht einfach. Für Kunden wie für Mitarbeiter hat diese Methode einen hohen Wiedererkennungswert, was bei der Strategieumsetzung immer sehr hilfreich ist. Falls Sie sich dazu entscheiden, eine Customer Journey Map zu erstellen, sollten Sie folgende wichtige Prinzipien nicht vergessen:

- Nutzer sind Nutzer-Archetypen, die zusammengenommen das entsprechende Kundensegment repräsentieren.
- Sie erstellen eine Customer Journey Map, um die Kundenprozesse zu analysieren und für Innovationen zu sorgen. Wenn Sie das tun, bedeutet das, dass Sie die gesamte Customer Journey genau unter die Lupe nehmen müssen. Wenn Sie kontinuierlich die Sichtweise Ihrer Kundinnen und Kunden einnehmen, gehen Sie durch jede Phase der Customer Journey, von der Identifizierung der Kundenbedürfnisse bis hin zum Teilen der Erfahrungen. Zwischen diesen beiden Endpunkten der Journey gibt es andere typische Kundenaktionen: Recherche, Auswahl, Kauf, Erhalt, Nutzung, Meinungsänderung, Kundendienst.
- Im Grunde ist jede Customer Journey Map ungeachtet des Segments und Kanals immer gleich. Um zu gewährleisten, dass Sie Ihre Kundinnen und Kunden ausreichend segmentieren und die Konzepte (oder eher Prozesse) vor und nach dem Kauf differenzieren, erstellen Sie eine Customer Journey Map unter Verwendung von Personas.
- Sie analysieren jeden Kontaktpunkt in jedem Kanal, um zu beurteilen, ob an dieser Stelle die Kundenbedürfnisse befriedigt werden oder nicht. Wenn Sie vollständig die Sichtweise Ihrer Kundinnen und Kunden einnehmen, können Sie mit Sicherheit alle Unstimmigkeiten Ihres Angebots und in den unterschiedlichen Kanälen finden (Web/mobil/soziale Medien/Smartphone/Ladengeschäft). Abbildung 24 zeigt den Prozess der Erstellung einer Customer Journey Map.

138 David Court, Dave Elzinga, Susan Mulder & Ole Jørgen Vetvik, »The Consumer Decision Journey«, McKinsey Quarterly, Juni 2009. http://www.mckinsey.com/business-functions/marketing-and-sales/our-insights/the-consumer-decision-journey.

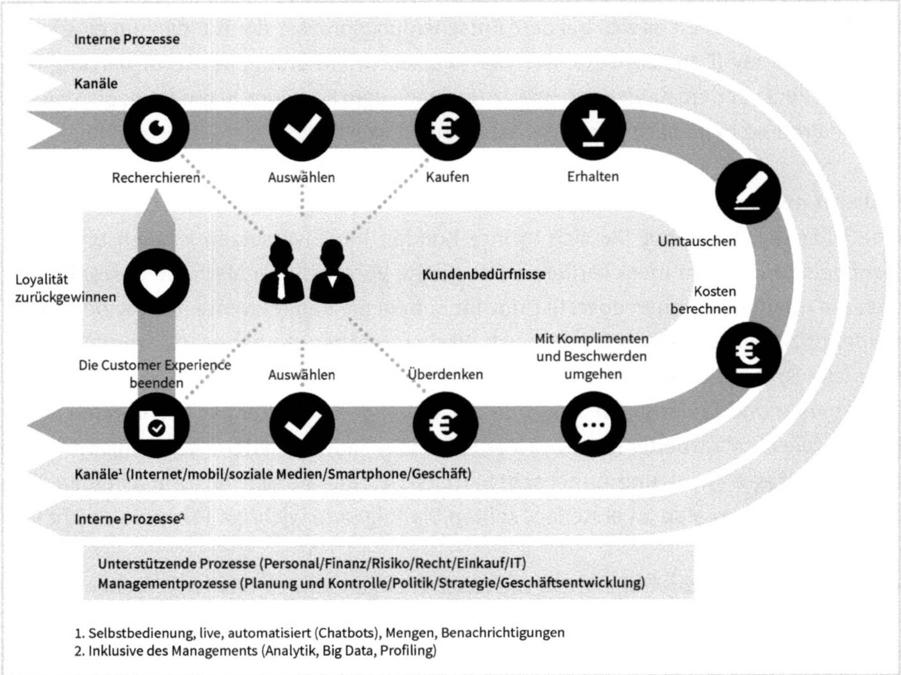

Abb. 24: Die Erstellung von Customer Journey Maps – (digitale) Prozessinnovation, bei der der Kunde im Mittelpunkt steht
(Quelle: Bas van Rooij und Patrick Eppink, Turner 2016)

Wenn Sie das tun und aktiv das Feedback Ihrer Kundinnen und Kunden erfragen, können Sie die »Moments of truth« (Augenblicke der Wahrheit) oder Punkte der Freude identifizieren. Sicherlich wollen Sie die Punkte der Freude mit der größten Auswirkung und Einzigartigkeit finden und die Pain-Points (Schmerzpunkte) eliminieren. Hier gibt es zwei Erkenntnisse: 1. Sorgen Sie für ausreichend viele Spitzenerlebnisse, die das Versprechen der Marke erfüllen und die wichtigsten Kundenbedürfnisse befriedigen. (Vergessen Sie nicht, dass 20 Prozent der Kundenbedürfnisse für 80 Prozent ihrer Zufriedenheit verantwortlich sind. Also müssen Sie herausfinden, um welche 20 Prozent es sich handelt) 2. Die Erlebnisse an den Kontaktpunkten am Ende der Customer Journey bestimmen die Erinnerung an das Gesamterlebnis.[139] Abbildung 25 zeigt, welche Kontaktpunkte in der Customer Journey die größten positiven und negativen Auswirkungen haben.

139 Robert-Jan van Nouhuys, »Customer Journey Mapping: klantervaring als inspiratie voor strategie en ontwerp«, Frankwatching.nl, 29. März 2011. https://www.frankwatching.com/archive/2011/03/29/customer-journey-mapping-klantervaring-als-inspiratie-voor-strategie-en-ontwerp/.

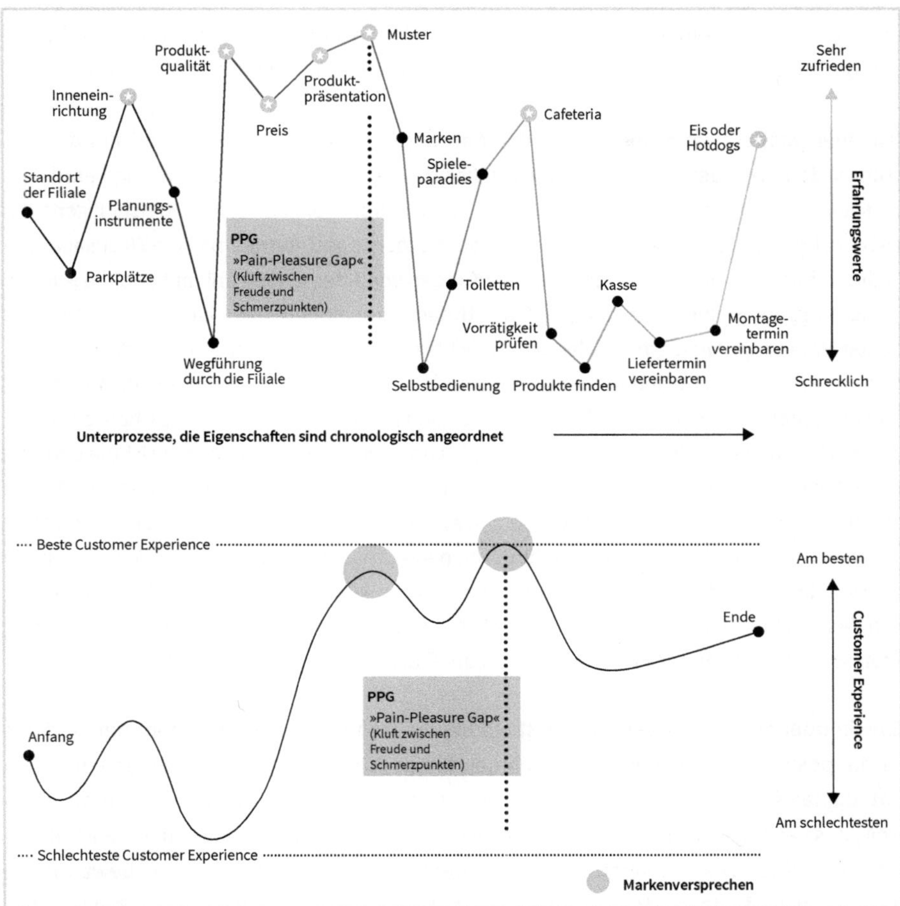

Abb. 25: Mit einer Customer Journey Map können Sie darstellen, welche Kontaktpunkte die größten positiven und negativen Auswirkungen haben.
(Quelle: Ikea Customer Journey)

Kundenprozesse *sind* die Erlebnisse des Kundennutzens. In digitalen Geschäftsprozessen ist die Customer Journey der Haupttreiber. Die Beraterinnen und Berater von McKinsey basieren ihre wichtigsten Schlussfolgerungen immer auf einer soliden Grundlage. Sie beweisen, dass Sie die Customer Journey durch Digitalisierung der Prozesse erheblich verbessern können. Die Kundenzufriedenheit bei den Kundenberichten steigt um bis zu 20 Prozent. Am besten ist jedoch, dass der Umsatz um 10 bis 15 Prozent steigt und die Kosten um 15 bis 20 Prozent sinken.[140] Höhere Kundenzufriedenheit ist das Ergebnis von neuen und besseren Möglichkeiten, die Bedürfnisse der Kundinnen und Kunden zu befriedigen. Die Customer Journey muss alle Prozesse steuern, insbesondere dann, wenn diese digitalisiert werden. Jeder Prozess muss zum Erlebnis des Kundennutzens beitragen. Durch gut entwickelte und

140 Harald Fanderl & Jesko Perrey, »Best of both worlds: Customer experience for more revenues and lower costs«, McKinsey & Company, April 2014. http://www.mckinseyonmarketingandsales.com/best-of-both-worlds-customer-experience-for-more-revenues-and-lower-costs.

umgesetzte digitale Innovationen können die tiefer liegenden Kundenbedürfnisse befriedigt und eine Community aufgebaut sowie der gefühlte Nutzen verbessert werden.

Was hier passiert, ist grundlegend. Die Wahrnehmung der Kundinnen und Kunden bestimmt den Wert des Produkts und *ist* daher das Produkt. Das herkömmliche Paradigma im Marketing lautete, für Kundenbindung zu sorgen, indem die Kunden im Kreislauf gehalten werden. Im Grunde ist dies ein negativer Ansatz, bei dem das Unternehmen die Wechselkosten in die Höhe treibt, die Aufmerksamkeit der Kunden von Alternativen ablenkt und die Kunden in Richtung der Bedürfnisse drängt, die das Unternehmen befriedigen kann. Im Rahmen des neuen Marketing-Paradigmas holen Sie zunächst einmal Luft und akzeptieren, dass die Kunden das Recht haben, wann immer sie wollen, den Anbieter zu wechseln, und dies auch verdienen. Unternehmen müssen das, so gut sie können, antizipieren und jede Chance nutzen, die sich ihnen bietet. Eine wie in Abbildung 25 dargestellte Customer Journey ist die perfekte Grundlage für diesen neuen Ansatz. Dabei ist durchaus vielversprechend, dass sich die Anzahl an Interaktionen mit Ihren Kunden im digitalen Zeitalter erheblich erhöht, in einigen Fällen sogar von drei auf elf. Der Trick besteht darin, neue Umsatzmodelle zu entwickeln, wodurch die sich daraus ergebenden Chancen genutzt werden können, da es sich bei der Schaffung von Wert nicht um dasselbe handelt wie Wert in Geld zu verwandeln, wie es Henk Volberda, Professor für Strategisches Management an der Erasmus Universität, formuliert hat.

Eine kundenorientierte Denkweise ist ein heißer Trend in neuen Unternehmen, und das ist die positive Entwicklung. Unternehmen bitten ihre Kundinnen und Kunden immerzu um (digitales) Feedback. Dieses Phänomen ist so allgegenwärtig, und geht womöglich so weit, dass es tatsächlich die Kunden zuweilen verärgern könnte. Daher möchte ich Ihnen ein Beispiel für eine erfolgreiche kundenorientierte Denkweise geben. Im Bewusstsein, dass die nicht digitalisierten Prozesse die Achillesverse waren, entschloss sich ein Unternehmen mit einem neuen Online-Handel dazu, diese Prozesse sehr genau zu prüfen. Es informierte seine Lieferanten darüber, zukünftig eine Drei-Ermahnungen-Regel anzuwenden. Nach zwei Warnungen wegen fehlerhafter Lieferungen hatten die Lieferanten eine letzte Chance. Das Unternehmen hatte auch einen Stopp-Button, über den sie ein Produkt unverzüglich von der Webseite nehmen konnten, wenn ein Lieferant der Ermahnung beim dritten Mal nicht nachgekommen war. Diese Maßnahme sorgte dafür, dass die Kunden keine schlechten Erlebnisse hatten, weil der Lieferant seine Pflicht nicht erfüllt hatte. Das Unternehmen konnte zwischen 30 und 250 Prozent Wachstum pro Jahr erzielen und wurde so zum Paradebeispiel dafür, wie Qualität sichergestellt werden kann.

5.2.4 Strategieentwurf, Überarbeitung des Entwurfs und Vereinfachung

Identifizieren Sie die wichtigsten Prozesse, die Sie nutzen können, um Ihre Ziele zu erreichen. Von all diesen Prozessen in Ihrem Unternehmen müssen Sie genau die identifizieren, die dafür entscheidend sind, dass Sie die Ziele Ihrer Maßnahme erreichen oder auch nicht. Das sind die wichtigsten Prozesse, an denen Sie arbeiten müssen, um einen Durchbruch hin zu einem neuen Geschäftsmodell zu schmieden. Idealerweise bestehen diese wichtigsten Prozesse aus nicht mehr als zehn Unterprozessen auf operativem Niveau.

Geschäftsprozessorientierung ist die Grundlage für Strategieumsetzung. Eines der guten Vermächtnisse aus der Blütezeit des Business Process Redesigns in den neunziger Jahren ist die dauerhafte Orientierung an Kunden- und Geschäftsprozessen bei der Analyse und Neugestaltung von Prozessen.[141] Dies ist ein objektiver Weg, sicherzustellen, dass Sie bei Ihrer Argumentation den Fokus von außen nach innen legen. Schließlich sind Prozesse anders als politisch aufgeladene Strukturen an der Unternehmensspitze, Management- und Leadership-Themen, Stellenbeschreibungen und Analysen der Unternehmenskultur neutral. Das einzige Werturteil, das Sie über Prozesse abgeben können, besteht in der Frage, ob man damit Ziele des Unternehmens erreichen kann. Und genauso sollte es sein.

Unternehmensprozesse sind auch praktisch, um eine Reihe von grundlegenden Angelegenheiten zu handhaben. Sie sind dafür nützlich, exakt zu bestimmen, wo die strategischen Kompetenzen eines Unternehmens gestärkt werden müssen; den Umfang einer Maßnahme zu begrenzen; Prioritäten festzulegen, zu analysieren und zu gestalten sowie um Diskussionen objektiv zu gestalten. Zudem sind sie hilfreich, wenn es darum geht zu bestimmen, welche Abhängigkeiten sorgfältig gesteuert werden müssen, um logische Verbindungen zu gewährleisten. Indem Sie das Modell einsatzbereit und auf dem neuesten Stand halten, sorgen Sie dafür, dass die Umsetzung mit einem Auge auf dem Gesamtbild erfolgt (siehe Abbildung 26). Eine Abbildung der Geschäftsprozesse, das sogenannte Business Process Mapping, in der Größe eines Platzdeckchens unterstützt Sie dabei, einen Überblick zu bekommen und ihn zu bewahren. Eine solche Abbildung kann ausgedruckt und an die Wand gehängt werden, damit Sie Ihre Ärmel aufkrempeln, mit der Arbeit beginnen und diese zeitlose Geschäftsprozessorientierung effektiv nutzen können. Nutzen Sie Ihre Geschäftsprozesse als Grundlage, da sie objektiv sind. Dieses Diagramm mit den Geschäftsprozessen in der Größe eines Platzdeckchens sind dafür sehr praktisch.

Trainieren Sie sich selbst darauf, in Prozessen zu denken. Vergegenwärtigen Sie sich einmal, wie viele Prozesse es in jedem Unternehmen gibt. Jedes Unternehmen, das größtenteils autonom operiert, hat mehr als 150 Prozesse (siehe Anhang 9; dort sind 153 Geschäftsprozesse aufgelistet). Wenn wir diese kategorisieren, gibt es 29 Prozesse auf dem Niveau der gesamten Wertschöpfungskette, es gibt 40 primäre Prozesse, 36 sekundäre oder unterstützende Prozesse und 32 Managementprozesse. Und natürlich gibt es noch 16 Transformationsprozesse, die Gegenstand dieses Buches sind: die vier Beschleuniger und die entsprechenden harten und weichen Unterprozesse. Diese Prozesse werden herunter bis zu Level 3 definiert. IT-Entwicklung und Standardvorgehensweisen (Standard Operating Procedures, SOPs) befinden sich auf Level 4 und haben zahlreiche Unterpro-

141 Michael Hammer & James Champy, Reengineering the Corporation: A Manifesto for Business Revolution. Harper Business, 1993.

zesse und Arbeitsabläufe sogar auf noch niedrigeren Leveln. Ganz klar ist das Wasser auf den Mühlen derjenigen, die ein Unternehmen für seine Komplexität kritisieren wollen. Ich fordere allerdings jeden heraus, einen unnötigen Prozess unter diesen 153 Prozessen zu finden. Selbstverständlich sollten Sie versuchen, diese Prozesse mittels Standardisierung und Automatisierung so einfach wie möglich zu halten. Das bedeutet aber nicht, dass diese Prozesse nicht existieren. Kurz gesagt, handelt es sich um eine realistische Zahl.

IT-Funktionalitäten sind für gewöhnlich auf Level 3 zu finden, SOPs für primäre Kernprozesse auf Level 4. Es handelt sich um einen Irrtum zu glauben, dass nur IT-Projekte eine Prozessarchitektur benötigen. Ganz im Gegenteil sollte jedes Thema mit derselben Objektivität angegangen werden und von Ihren Kunden- und Geschäftsprozessen gesteuert werden. Abbildung 26 zeigt die Bedeutung der Geschäftsprozessorientierung bei der Strategieumsetzung. In Anhang 9 wird jeder dieser Prozesse noch weiter heruntergebrochen.

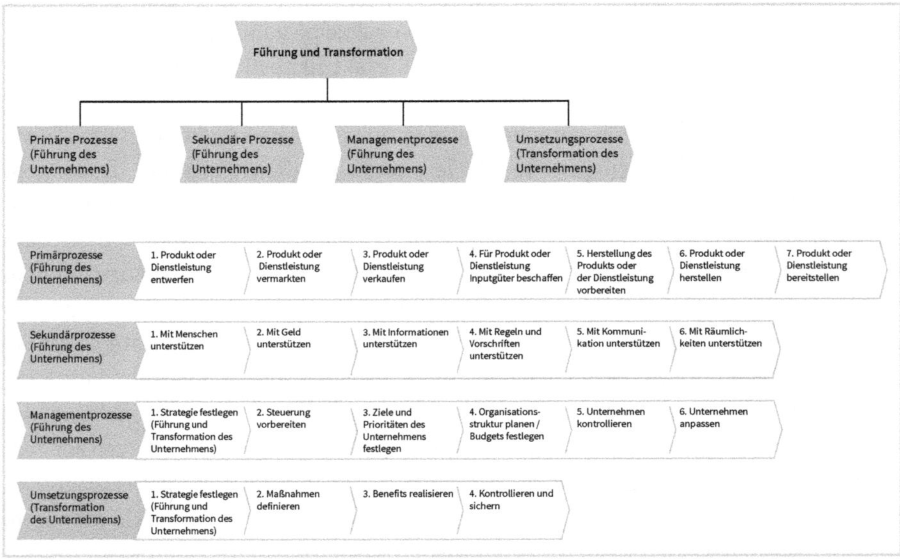

Abb. 26: Geschäftsprozessorientierung ist die Grundlage für Strategieumsetzung. Eine Business Process Map in der Größe eines Platzdeckchens ist ziemlich praktisch.
(Quelle: Jürgen Frumau, Turner 2016)

Zusammenfassend sollte in diesem Abschnitt die Bedeutung der Geschäftsprozessorientierung gezeigt werden, damit Sie dafür sorgen können, die Hauptprozesse für jede Maßnahme zu identifizieren.

Überarbeiten Sie ihre Hauptprozesse. Durch die kreativen Lösungen, die Sie im vorangegangenen Schritt gewählt haben, könnten Sie einen Durchbruch-Kundennutzen identifizieren. Nun ist es an der Zeit, diese Ideen zu Entwurf-Prinzipien herauszuarbeiten. Beispiele für solche zeitlosen Prinzipien sind:

- jeden Schritt, der nicht zur Wertschöpfung beiträgt, eliminieren
- Proaktivität einführen (vor Baubeginn den Grundstein legen)

- horizontal integrieren (vorangehende und nachfolgende Prozesse)
- Produktionsspitzen oder antizyklische Gestaltung vermeiden
- segmentieren und differenzieren (als Daumenregel brauchen Sie drei bis fünf Prozessvarianten, mit weniger als drei differenzieren Sie nicht ausreichend; mit mehr als fünf wird die Umsetzung zu komplex)
- die 80/20-Regel anwenden
- vorhersehbare oder beobachtbare Kunden- und Produktsignale nutzen
- die Dinge beim ersten Mal richtig machen
- standardisierbare Prozessschritte automatisieren.

Beginnen Sie mit dem Entwurf aus freier Hand. Modellieren Sie später. Aus freier Hand bedeutet, dass das Medium zunächst unwichtig ist. Einige der besten Entwürfe, die ich gesehen habe, haben als Comic angefangen. Aber irgendwann müssen Sie Ihren Entwurf in einer Architektur gestalten, um eine Umsetzung in großem Stil zu erreichen. Daher müssen Sie eine Methode zur Gestaltung der Prozessarchitektur wählen und anwenden.

Einfachheit. Einfachheit ist so wichtig, dass die Vereinfachung es verdient, als separater Schritt angesehen zu werden. Jede neue Vorgehensweise wird Auswirkungen auf Ihre derzeitigen Prozesse haben und erfordert eine Anpassung an diesen neuen Prozess. Prozesse sind wie Algen: Sie wachsen, aber sie gehen nie ein. Daher sollten Sie jedes Projekt vereinfachen, egal ob es sich auf einen bestehenden oder neuen Prozess bezieht. Da es nicht zählt, wie kreativ oder brillant ein Entwurf ist, ist es für gewöhnlich zu komplex denn zu einfach. Wie der Management-Vordenker Robin Sharma sagte: »Der Schlüssel zur Exzellenz ist Einfachheit. Bauen Sie Ihr Leben und Ihr Unternehmen um ein paar wichtige Prioritäten herum auf, und konzentrieren Sie sich fast ausschließlich auf diese. Ablenkungen verschleiern, worin Sie gut sind. Aber übertreiben Sie es nicht.« In gleicher Weise zitieren die Menschen häufig Einstein, der gesagt hat: »Man sollte alles so einfach wie möglich machen.« Was sie aber auslassen, ist, was er danach sagte: »... aber nicht einfacher.«[142]

5.2.5 Die Auswirkungen auf die Unternehmensstruktur bewerten

Der nächste Schritt besteht darin zu bewerten, welche Implikationen Ihre neu gestalteten Prozesse im Hinblick auf Management, Personalverwaltung, Verhalten, Wissen und Ressourcen haben. Ein brandneuer Prozess funktioniert nicht, wenn Sie nicht die notwendigen Änderungen an den Stellenbeschreibungen, dem Management und der IT vornehmen. Nehmen wir noch einmal das Thema der Vertriebseffektivität, das wir bereits beschrieben haben. Wir gehen einmal davon aus, dass Sie eine neue Kundensegmentierung entwickelt und die entsprechenden Service-Prozesse vor und nach dem Kauf gestaltet haben. Für gewöhnlich sind dafür Veränderungen des Managements, des Verhaltens, des Supports und der Ressourcen nötig. Scheinbar handelt es sich um kleinere, prakti-

142 Zitat von Albert Einstein siehe https://en.wikiquote.org/wiki/Albert_Einstein.

sche Anpassungen, die aber dennoch von großer Bedeutung sind. Eine gute Übertragung von der Konzeption in das Unternehmen gewährleistet, dass der neue Prozess greift, wodurch eine »neu gestaltete Kultur« entsteht, wie ich einmal jemanden sagen hörte. Für diese Übertragung ist hohe Präzision nötig, wie in Abbildung 27 dargestellt. Hier wird auch

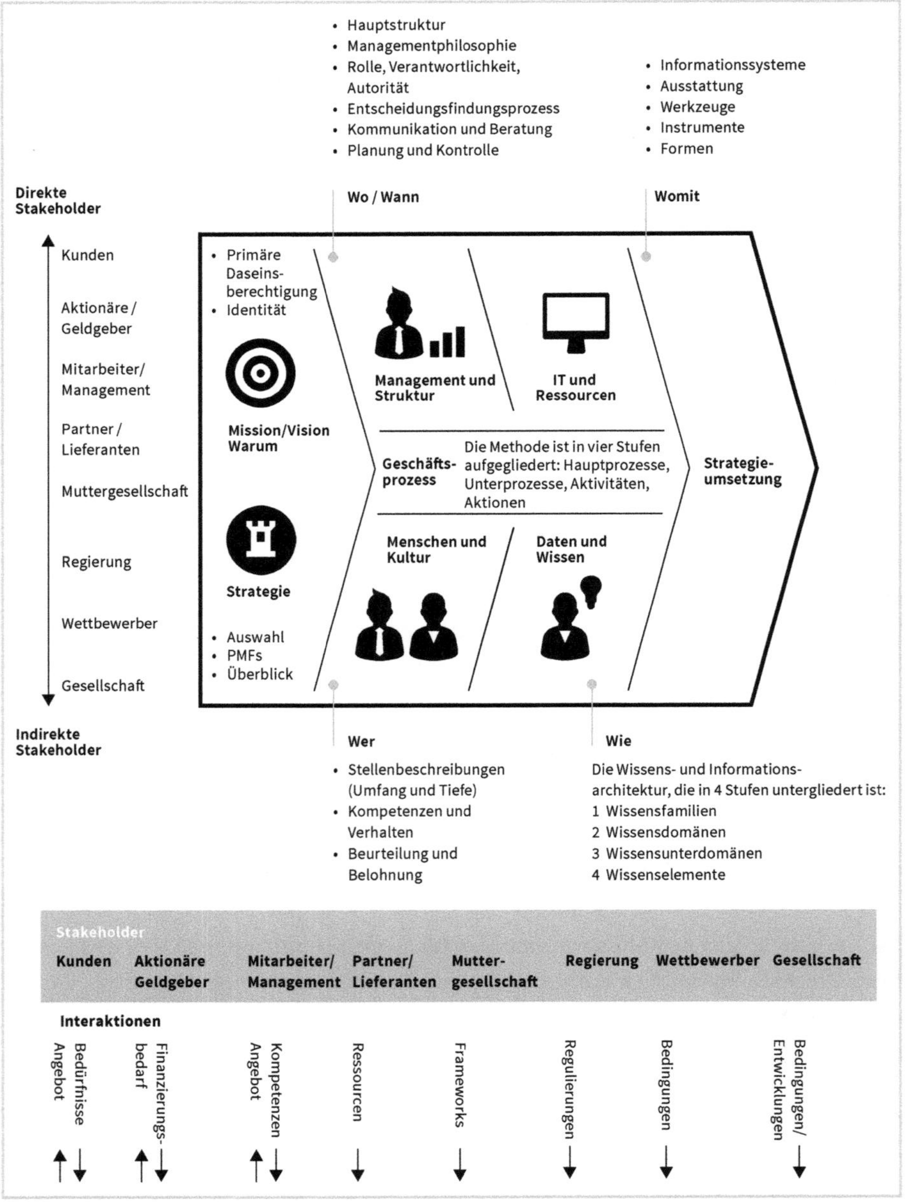

Abb. 27: Ein klares Verständnis des Kontextes und Modells Ihres Geschäfts ist von entscheidender Bedeutung. (Quelle: Turner 2016)

deutlich, wie viele Facetten des Geschäfts von einem neuen Geschäftsprozess betroffen sein können. Sie können es sich nicht leisten, das zu ignorieren. Ohne eine richtige Übertragung wird Ihr hervorragend entworfener Prozess nicht ausgewogen sein und nicht durch Kompetenzen, Verhalten und Ressourcen unterstützt werden. Ihr neuer Prozess wird dann unrund sein wie eine verbogene Fahrradfelge.

5.2.6 Gestaltung der weichen Aspekte

Neue Prozesse, Systeme und Strukturen sind nicht genug, um für dauerhafte Veränderungen zu sorgen. Die Unternehmenskultur muss sich auch ändern.

Das Verhalten der Mitarbeiterinnen und Mitarbeiter wird von verschiedenen Faktoren bestimmt. Gezielt zu intervenieren kann dazu beitragen, das gewünschte Verhalten zu befördern. Dies gilt für Zusammenarbeit, Leadership, Verantwortlichkeiten, Kommunikation und die Konfrontation der Kolleginnen und Kollegen mit unerwünschtem Verhalten oder mit der Notwendigkeit, sich anders zu verhalten. Aber wie und wann treffen Sie die Entscheidung zu intervenieren?

Edgar H. Schein vertritt die Auffassung, dass die einzige Möglichkeit für die Entwicklung der Unternehmenskultur in der Entwicklung des tatsächlichen Verhaltens bestehe.[143] Verhaltensentwicklung ist seiner Meinung nach nur dann sinnvoll, wenn Sie verhaltensorientierte Themen wählen, die in direkter Beziehung zu den spezifischen Zielen und Geschäftsprozessen stehen. Mit anderen Worten funktioniert die Transformation der Unternehmenskultur nur im Kontext.

Versuche, die Kultur und das Verhalten zu transformieren, funktionieren nur in Verbindung mit dem Inhalt, das heißt mit den harten Zielen. Die weichen Aspekte des Entwurfs müssen in den Gesamtentwurf integriert werden, indem das tatsächliche Verhalten der Mitarbeiter definiert wird, das sie zeigen müssen, damit der gestaltete Prozess funktioniert, und indem die dafür zuträglichen Interventionen gewählt werden. Vergessen Sie die inspirierenden Plakate mit Kernwerten Ihres Unternehmens. Sie haben überhaupt keinen Einfluss auf das Tagesgeschäft oder auf Innovationen. Folgendermaßen können Sie die weichen Kompetenzen in zwei Schritten gestalten:

1. **Wählen Sie maximal fünf Verhaltensthemen aus.** Jedes Thema beschreibt eine Verhaltensweise und die Veränderung des Verhaltens zur Bestärkung des Ziels und zur Entwicklung der Kultur. Ihre Beschreibung muss eine eindeutige Verbindung des Verhaltens mit den harten Zielen enthalten sowie eine Spezifizierung, wo das Verhalten, um das es geht, im Gesamtentwurf – in welchen Geschäftsprozessen – gezeigt werden

143 Edgar H. Schein, Sense and Nonsense about Culture and Climate. Sloan School of Management, MIT, 1999.

muss. Verhaltensthemen müssen eine Eins-zu-Eins-Entsprechung mit Ihren strategischen Zielen haben.

2. **Wählen Sie maximal zehn Interventionen aus.** Eine Intervention, die als Stimulus oder Aktivität, die mit einem Verhaltensthema im Zusammenhang steht, definiert wird, wird parallel zu den Aktivitäten einer bestimmten Maßnahme durchgeführt, um das Verhalten zu fördern, das notwendig ist, um die harten Ziele zu erreichen. Um Wirkung und Fokus zu gewährleisten, versuchen Sie, nicht mehr als zwei Interventionen pro Verhaltensthema zu wählen. Andernfalls läuft Ihr Ansatz Gefahr, zu einem allgemeinen Programm zur Unternehmenskultur zu degenerieren.

Ich möchte Ihnen zwei Beispiele für ein effektives Verhaltensthema geben, das auf dem Inhalt basiert und mit harten Zielen verbunden ist.

Beispiel 1. Positive Stärkung des Entrepreneurships

1. **Ziel:** Umsatz + 10 Prozent
2. **Grund dafür, dass Sie eine weiche Intervention benötigen:** Im Hinblick auf den Inhalt ist Ihre Maßnahme gut konzipiert und lösungsorientiert gestaltet. Sie bemerken jedoch einen Mangel an Inspiration. Die Maßnahme hat etwas nötig, eine Intervention, die das Feuer in den Vertriebsmitarbeiterinnen und -mitarbeiter, die dieses Projekt umsetzen, entfacht.
3. **Verhaltensthema:** Entrepreneurship
4. **Mögliche Intervention:** Die Höhle der Löwen. Obwohl dieses Format schon etwas abgedroschen ist, stellt es doch eine effektive Methode dar, bei dem eine Mitarbeiterin oder ein Mitarbeiter vor einer Jury etwas präsentieren muss. Wenn Sie dabei systematisch vorgehen, wird der Grundsatz gefestigt, dass Ideen notwendig und willkommen sind, und dass diese kritisch bewertet werden, bevor die Entscheidung getroffen wird, sie zu übernehmen oder abzulehnen.

Beispiel 2. Positive Stärkung der Gesamt-Exzellenz

Qualität in den kleinen Dingen = hohe Professionalität.

1. **Ziel:** Exzellenz, oder 0 Fehler anstreben
2. **Grund dafür, dass Sie eine weiche Intervention benötigen:** Schreibfehler, kleine Versprechen nicht einhalten, sich nicht an Vereinbarungen halten; all diese Verhaltensweisen haben einen überproportional negativen Effekt auf die Kundenzufriedenheit. Und sie können vermieden werden, was mit dem Bewusstsein dafür beginnt.
3. **Verhaltensthema:** Exzellenz
4. **Mögliche Intervention:** Gehen Sie mit gutem Beispiel voran. Das können Sie tun, indem Sie dafür sorgen, dass jegliche interne Kommunikation einwandfrei und ohne

Schreibfehler ist. Schärfen Sie das Bewusstsein für die Notwendigkeit, den Details mehr Aufmerksamkeit zu schenken, indem Sie locker, aber konsequent die Zahl der Tage ohne Schreibfehler und andere kleiner Fehler kontrollieren. Sie wollen den Leuten nicht im Nacken sitzen, aber Sie wollen, dass sie Exzellenz ernst nehmen.

Das sind nur zwei Beispiele. Zögern Sie nicht, mich zu kontaktieren, wenn Sie weitere Beispiele für Interventionen mit dem Ziel der Verhaltensänderung haben möchten. Seien Sie sich darüber im Klaren, dass weiche Interventionen eine große Falle darstellen können. Jedes Unternehmen hat auch Mitarbeiterinnen und Mitarbeiter, die vergessen, die weichen Interventionen – die auf die Entwicklung des Einzelnen und des Teams ausgerichtet sind – mit den Unternehmenszielen in Verbindung zu bringen. Sie lassen sich hinreißen und interessieren sich für alle möglichen spirituellen und esoterischen Formate. Seien Sie gewarnt: Lassen Sie sich nicht von unspezifischen Personalentwicklungskursen verführen. Wählen Sie Ihre Interventionen mit Bedacht aus, da sie die Grundlage für den nächsten Baustein, Erfolgreicher Start, darstellen. Um ein MFP zu entwickeln, brauchen Sie sowohl die harten Kompetenzen (Prozesse) als auch die weichen (Verhalten, Führungs- und Zusammenarbeitsstile).

5.2.7 Einen Business Case entwickeln und Ziele festlegen

Entwickeln Sie ein kompaktes MFP für ein einziges Ziel und ein einziges Thema. Kompakt bedeutet in diesem Zusammenhang, mit einem Minimum an notwendigen Spezifikationen, das Allernötigste, das Wesentliche. Die Ausarbeitung und nachhaltige Konkretisierungen folgen später. An dieser Stelle müssen Sie damit beginnen, sich vor Verkomplizierung zu schützen. Wie ich schon zuvor gesagt habe: Diese Phase sollte nicht länger als fünf Wochen dauern.

Entwickeln Sie nicht mehr als das, was notwendig ist, um mit der ersten Umsetzungswelle zu beginnen. Zudem müssen Sie die Anzahl an Zielen und Prozessen innerhalb der Maßnahme begrenzen. Die Maßnahme mag drei Ziele und fünf Prozesse enthalten, aber Sie sollten Ihr MFP für die anfängliche Umsetzung auf ein einziges Ziel und ein einziges Thema begrenzen.

Bereiten Sie Ihr MFP auf die Umsetzung vor. Nutzen Sie agile Prinzipien. Der Begriff minimal funktionsfähiges Produkt (MFP) kommt aus der Welt der digitalen Innovationen, hat aber seinen Weg in die Welt der Strategieumsetzung in etablierten Unternehmen gefunden.

Abb. 28: Entwickeln Sie ein minimal funktionsfähiges Produkt (MFP) – einen begrenzten, aber dennoch vollständigen anfänglichen Entwurf für ein einziges Ziel mit einem begrenzten Umfang.
(Quelle: Turner 2016)

Beachten Sie bitte, dass minimal nicht minderwertig bedeutet. Vielmehr bedeutet minimal, ein qualitativ hochwertiges Produkt für ein genau definiertes Ziel mit einem überschaubaren Umfang zu entwickeln, und es auf die Umsetzung vorzubereiten. Es bedeutet zudem, das minimal notwendige Kundenerlebnis, die Ziele und Funktionalitäten ans Tageslicht zu bringen. Vergessen Sie nicht die 80/20-Regel: 80 Prozent der Wirkung ergeben sich aus 20 Prozent der Ursachen.[144] Obwohl diese Regel nicht immer stimmt, wird dieses Prinzip häufig in der Wirtschaft angewendet, und zwar sowohl was Probleme angeht (80 Prozent der Beschwerden kommen von 20 Prozent der Kundinnen und Kunden), als auch was positive Aspekte betrifft (20 Prozent Ihrer Kundinnen und Kunden sorgen für 80 Prozent Ihres Umsatzes). Die 80/20-Regel ist auch praktisch, wenn Lösungen definiert werden müssen. Und so wird sie hier auch angewendet. Wenn Sie ein MFP entwickeln, konzentrieren Sie sich auf die 20 Prozent der Funktionalitäten, die die größten Auswirkungen auf das Kundenerlebnis und Ihre Ziele haben (siehe Abbildung 28).[145] In Beschleuniger 3 werden Sie erfahren, wie Sie ein MFP auf der Grundlage von agilen und Scrum-Prinzipien skalieren und Iterationen entwickeln können.

Das Konzept und die Prinzipien eines MFPs sind universell auf Transformationen vom Typ 1, 2 und 3 anwendbar. Selbstverständlich ist ein MFP für Verbesserung (Typ 1) anders als ein MFP für Innovation (Typ 3), aber das Wesentliche teilen sie sich: der Entwurf sollte nicht zu detailliert sein. Sie sollten nicht einer voll entwickelten Vorlage nachjagen, da Sie

144 Mike Hoogveld, Agile managen: Snel en wendbaar werken aan continue verbetering in organisaties. Van Duuren Management, 2016. S. 84.

145 Idem, S. 6.

so schnell wie möglich mit der Umsetzung beginnen wollen. Das ist für alle Transformationstypen dasselbe, ob es nun ein Lean-Projekt mit Fokus auf die Eliminierung von Fehlern im Backoffice ist (Typ 1), ein Projekt zur Nutzung von Post-Merger-Synergien (Typ 2) oder die Durchführung von Split-Tests für digitale Produktinnovationen mit Kundengruppen (Typ 3).

Testen Sie, ob das MFP Ihrem Business Case gerecht werden kann. Sie haben Ihre Ziele festgelegt, Ihre Analysen durchgeführt, und entschieden, mit welcher Lösung die Aufgabe erfüllt werden kann. Nun benötigen Sie die Kennzahlen, die Sie dem Entwurf hinzufügen müssen. Sie müssen nun definieren, was Sie während der Umsetzung messen wollen, und wie Sie diesbezüglich vorgehen. Das ist immer schwer, da Sie die Umsetzung unabhängig messen müssen, um zu einem eindeutigen Messwert zu gelangen. Wie viel Inkubationszeit ist nötig? Wo ziehen Sie die Grenze zwischen direkten und indirekten Auswirkungen?

Gehen Sie so schnell wie möglich zum nächsten Baustein über: Erfolgreicher Start. Sie erfahren am meisten, wenn Sie Ihre Ideen und Lösungen in der Praxis testen. Eine ideale Welle dauert fünf Wochen. Das bedeutet, dass die Timebox die empfohlene Dauer für Beschleuniger 2 überschreitet. Hier gehen wir nun über zu Beschleuniger 3, in dem es ausschließlich um die Implementierung geht. Das Umsetzungsteam bestimmt die konkreten Aufgaben und teilt die Arbeit auf.

Machen Sie die Wertschöpfung und die Zielerreichung zu Ihren obersten Prioritäten. Es handelt sich hier um dieselben Prioritäten, die Sie im Kopf hatten, als Sie diese Maßnahme ausgewählt haben (als Sie das Strategie-Portfolio in Beschleuniger 1 zusammengestellt haben). Dieselben Prinzipien gelten auf dem Niveau der Maßnahme: auf Grundlage von Wert und Dringlichkeit priorisieren. Um Angelegenheiten, die nicht so wichtig wie Wertschöpfung oder Zielerreichung sind, kann sich auch in späteren Umsetzungswellen gekümmert werden. So können Sie dafür sorgen, jede Idee zu verwirklichen, was wichtig ist, da Ideen, die nicht weiterverfolgt werden, nur wertvolle schöpferische Leistungen vernichten.

Der Unterschied zwischen dieser und anderen Methoden besteht darin, dass Sie viel schneller aufhören zu analysieren und zu konzipieren (entwerfen), und viel früher anfangen umzusetzen. Sie wollen so schnell wie möglich Ihren Entwurf testen, sodass Sie erfahren, was funktioniert und was nicht, und warum das so ist. Je früher Sie damit beginnen zu testen, desto früher können Sie Ihr MFP anpassen und eine zweite Welle starten. Ja klar, Sie haben mehr Ungewissheit, was den endgültigen Entwurf Ihres Produkts angeht, aber an dieser Stelle des Prozesses bedeutet Gewissheit einen Mangel an Vorstellungskraft.

Agilität für Geschäftsprozesse. Diese Art zu arbeiten erinnert sehr stark an agil und Scrum, die in der IT-Branche seit Jahren sehr beliebt sind. In agil und Scrum werden die

Wellen Sprints genannt. Indes haben sich diese Methoden auch einen Weg in andere Branchen gebahnt.[146] Es gibt auch Überschneidungen mit dem Business Model Canvas, und zwar in der Hinsicht, dass diese Art des Arbeitens radikal und praktisch ist.[147]

Im Folgenden stelle ich Ihnen ein Unternehmen vor, das Baustein 6 erfolgreich umgesetzt hat.

BAUSTEIN 6 – DURCHBRUCH ERFOLGREICH UMGESETZT

Case Study: fonQ löst eine Revolution im niederländischen Online-Handel aus

Durchbruch: Genau wie Amazon ersetzte der Online-Händler fonQ das herkömmliche Kaufhaus in den Herzen der niederländischen Konsumentinnen und Konsumenten im Handumdrehen. Das Unternehmen bietet eine Reihe von Produkten an, die es täglich an die sich ändernden Geschmäcker und Moden anpasst. Die Lieferungen erfolgen am gleichen oder nächsten Tag, wobei die Produkte den Kundinnen und Kunden in derselben Zeit an die Haustür geliefert werden, die sie brauchen, um ins Geschäft zu gehen. An diesen Punkt zu gelangen war nicht einfach. Das Unternehmen hatte mit allerhand Problemen zu kämpfen und musste schwierige Entscheidungen treffen. Das Geschäftsmodell war überladen mit Details und Bedingungen. Bei digitalen Geschäften ist jedoch »testen« das operative Verb. Der Unterschied wird durch operationales Testen auf der Grundlage von Fakten (echten Daten), Prognosen (saisonabhängig/Mustererkennung) und Kundeneigenschaften (keine Segment-Charakteristika, sondern eindeutige Marker) gemacht. Hier suchen Unternehmen kontinuierlich nach Durchbrüchen bei der Performance.

Ergebnis: Die Strategie von fonQ ist die Umsetzung. Die Entwicklung des Unternehmens erfolgt nicht gradlinig. Es entwickelt kontinuierlich immer bessere Paradigmen auf der Grundlage einer Kombination aus harten Daten und seinem Gespür dafür, was der nächste Trend sein wird. Die Geschichte von fonQs Entwicklung ist insofern einzigartig, als seine Implementierung und Strategie Hand in Hand erfolgten. Aus dem Funken wurde ein Feuer: Klein wurde größer, und Übung machte den Meister. Aus Scheitern wurden Lehren gezogen. Das Unternehmen basiert auf einer einzigen grundlegenden Anwendung: ein Balanceakt mit großer Auswirkung.

Die weichen Bausteine in Beschleuniger 2: Erfolgreicher Start und psychologischer Check-in

Wie Sie mittlerweile wissen, besteht jeder Beschleuniger aus zwei harten und zwei weichen Bausteinen. Da wir uns bereits mit den zwei harten Bausteinen (Must-haves und Durchbruch) beschäftigt haben, ist es nun an der Zeit, die beiden weichen Bausteine

146 Jeffrey Sutherland, Rini van Solingen & Eelco Rustenburg, The Power of Scrum. Createspace, 2011.
147 Osterwalder & Peigneur, Business Model Generation.

in Beschleuniger 2 zu beleuchten: Erfolgreicher Start und Psychologischer Check-in. In **Baustein 7, Erfolgreicher Start,** entwickeln Sie einen Umsetzungsplan, der die Ziele und Prioritäten Ihrer Maßnahme widerspiegelt, und führen Ihr MFP ein. In **Baustein 8, Psychologisches Check-In,** drücken der oder die Umsetzungsverantwortliche (Programm- oder Projektmanagerin bzw. Programm- oder Projektmanager) und die anderen Hauptakteure an vorderster Front ihr Engagement für die Maßnahme und deren Ziele aus.

5.3 Baustein 7: Erfolgreicher Start

Entwickeln Sie mithilfe des Umsetzungszyklus (siehe Abbildung 29) einen Umsetzungsplan, der die Ziele und Schwerpunkte Ihrer Maßnahme widerspiegelt, und implementieren Sie Ihr MFP. Jetzt heißt es: umsetzen. In der ersten Umsetzungswelle sollte Ihr Fokus auf schnellem Scheitern und schnellen Erfolgen liegen. Ihr Ziel ist es herauszufinden, was funktioniert und was nicht, und dieses Muster dann im Zuge mehrerer aufeinanderfolgender Wellen zu wiederholen, in denen Sie immer schneller Fortschritte erzielen. Zudem geht es darum, neue Gewohnheiten und Verhaltensweisen zu etablieren, die die Erfolgschancen der Umsetzung erhöhen.

5.3.1 Mit der Umsetzung beginnen

Die Umsetzung beginnt mit der Erstellung eines präzisen Plans. Wenn Ihre Maßnahme klar definierte Ziele und Schwerpunkte umfasst (und das sollte sie), stellt Ihr Umsetzungsplan eine Verbindung zwischen Akteuren mit Zielen her und legt dar, wer für die Umsetzung verantwortlich ist und wie diese aussehen soll. Er definiert, *wer* die Truppen mobilisiert und *wie* diese vorgehen. Dem Factsheet zu Beschleuniger 2 zufolge (siehe Anhang 11) hat ein guter Plan zwei Funktionen: Er informiert und motiviert. Gleichzeitig sollten Sie ihn jedoch nicht überbewerten und in die Erstellung definitiv weniger Zeit investieren, als Sie dies früher getan hätten. Wichtiger ist, wer den Plan erstellt und wie die Personen dabei vorgehen. Auch wenn es Ihnen vielleicht bereits klar ist: Wenn der oder die Umsetzungsverantwortliche und die Hauptakteure hinter der Umsetzung den Plan erstellen, fühlen sie sich bereits zu einem großen Teil für ihn verantwortlich und entwickeln eher die zum erfolgreichen Ausfüllen ihrer Rolle nötige Motivation. Zu diesem Zeitpunkt ist selbstverständlich auch der Chief Execution Sponsor der Maßnahme involviert. Kurzum: Die Erstellung des Plans muss gemeinsam in Co-Creation erfolgen.

Die erste Umsetzungswelle sollte unbedingt durch die Personen erfolgen, die von Anfang an involviert waren. Der Knackpunkt moderner Strategieumsetzung und Change Management ist, dass dieselbe Gruppe von Personen sowohl die Ziele definiert als auch die Analyse durchführt, den Prozess entwickelt, den Umsetzungsplan erstellt und die erste Umsetzungswelle durchführt. Das heißt nicht, dass Sie kein speziell für die Umsetzung verantwortliches Team zusammenstellen können; schließlich erfordert die Umsetzung andere Kompetenzen als die Prozessdesign. Doch es sollte unbedingt Überschneidungen zwischen Ihrem Entwicklungs- und Ihrem Umsetzungsteam geben. Die Übergabe und die regelmäßige Abstimmung zwischen den beiden Teams sollten strukturiert, parallel und iterativ erfolgen. Denken Sie nach vorn, und beginnen Sie mit der Umsetzung. Arbeiten Sie dabei so zügig wie möglich und so sorgfältig wie nötig. Das ist der Spagat, den Sie als Führungskraft leisten müssen.

5.3.2 Die erste Umsetzungswelle starten

Ihr Hauptfokus ist die Umsetzung. Denn wie Sie mittlerweile wissen, haben Sie nun zum ersten Mal die Möglichkeit, Ihre Strategie zu testen und zu zeigen, dass sie »liefert«. Strategie = Umsetzung. Um Iteration und Skalierung geht es in Beschleuniger 3. Doch jetzt in Beschleuniger 2 konzentrieren wir uns auf die Umsetzung. Dabei erfahren Sie auch, welche Skalierungsmethode am geeignetsten sein könnte. Beginnen wir also mit der Umsetzung, und implementieren wir Ihr MVP mithilfe des Umsetzungszyklus in Abbildung 29.

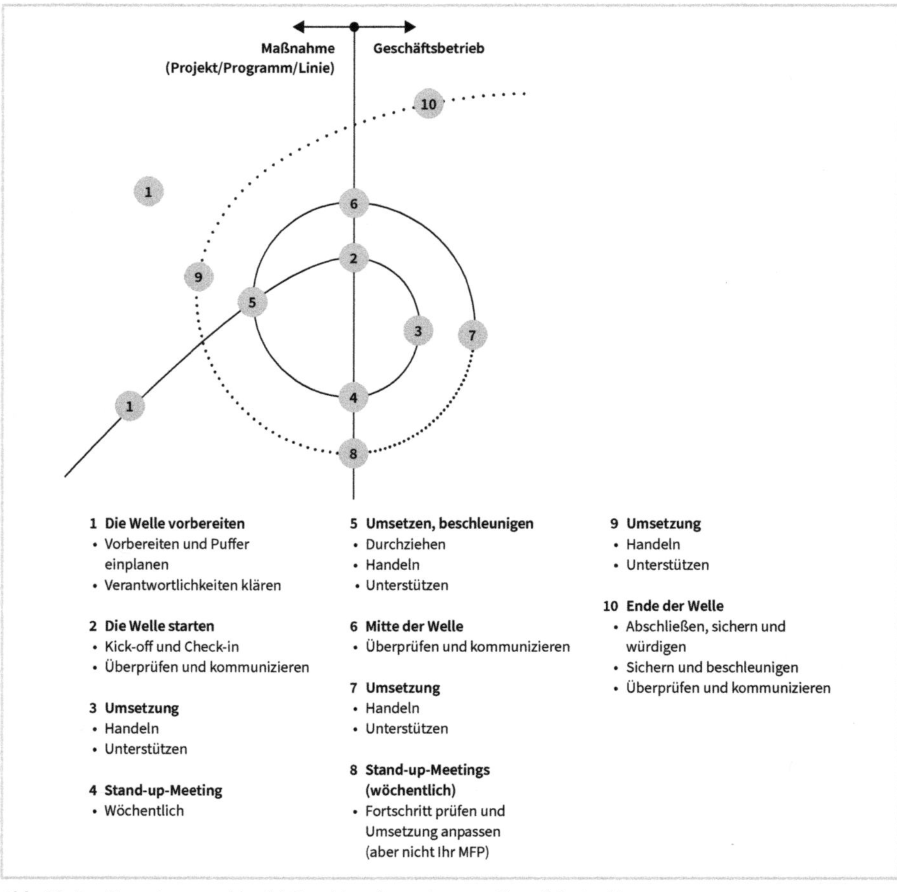

Abb. 29: Der Umsetzungszyklus ist Beschleunigung in operationalisierter Form. (Quelle: Turner 2016)

Im Wesentlichen operationalisiert der Umsetzungszyklus standardisierte Schlüsselmomente. Die zehn Schritte im Umsetzungszyklus stellen Schlüsselmomente dar. In jeder Umsetzungswelle führen Sie einige standardisierte Schritte aus. Abbildung 29 zeigt den Umsetzungszyklus und die Schritte, die Sie in jeder Welle und für jede Zielgruppe wiederholen müssen. In der Zeit zwischen diesen Schlüsselmomenten arbeiten alle Beteiligten intensiv an ihren Aufgaben – und zwar mit so viel Autonomie und Freiraum wie möglich. Zu den Schlüsselmomenten kommen dann alle zusammen und nehmen nach einem festgelegten Format gemeinsam den nächsten Schritt in Angriff. Von diesem Format sollten Sie nicht abweichen. Wenn Sie das tun, entwickeln Sie praktisch jedes Mal eine neue Methode.

Dieser Umsetzungszyklus ist keine neue, »fancy« Managementmethode, sondern vielmehr ein klar umrissener Prozess, der festen Schritten folgt. Denken Sie daran: Standardisierung ist ein Erfolgsfaktor, weil sie Zeit und Raum für Flexibilität und Kreativität schafft.

Diese zehn Schritte haben einen eindeutigen Anfang, eine eindeutige Mitte und ein eindeutiges Ende. Und sie stehen in einem Gleichgewichtsverhältnis zueinander: Die vertikale Linie in der Mitte der Grafik trennt Ihre Projekt- oder Programmaktivitäten von Ihrer Linienorganisation. Das Gravitationszentrum der Umsetzung befindet sich jedoch eindeutig auf der Seite der Linienorganisation. Im Grunde werden alle Aktionen innerhalb des Zyklus in, für und durch Ihre Linienorganisation ausgeführt.

Zu Beginn der ersten Welle sollte Ihr Team das MFP verinnerlicht haben. Die Hauptakteure gleichen ihre Erwartungen und Rollen ab, um sicherzustellen, dass alle demselben Skript folgen. Auf halbem Weg durch die Welle prüfen Sie Ihren Fortschritt: Was optimiert werden muss, wird optimiert, während größere Punkte bis auf Weiteres zurückgestellt (oder in der Scrum-Terminologie »dem Backlog hinzugefügt«[148]) und von Ihrem Entwicklungsteam angepasst werden – entweder zeitgleich mit der Welle oder später. Am Ende der Welle bewertet Ihr Team die Ergebnisse, das MFP und die Umsetzung. Mithilfe von SMART-Zielen passen Sie Ihr MFP und die Art und Weise, wie es umgesetzt werden soll, vor Beginn der nächsten Welle an. Zwischen Beginn und Ende der Welle sind einige Fixpunkte nötig, etwa wöchentliche oder tägliche Standup-Meetings, um den Fortschritt zügig zu analysieren. Halten Sie diese Treffen kurz: (1) Was wurde bislang erreicht?, (2) Was wurde noch nicht erreicht?, (3) Was braucht das Team? In der Zeit zwischen diesen Schlüsselmomenten arbeiten die Teammitglieder autonom, aber nicht völlig isoliert. Mithilfe visueller Management- und Kommunikationstools tauschen sie sich über ihre Fortschritte aus.

148 Sutherland/Van Solingen/Rustenburg: The Power of Scrum, S. 26: »The Product Owner is responsible for describing what must be produced. In Scrum terms, this is called the Product Backlog. ... The Product Backlog describes what must be done about the product.«

Das Verb, das während des Umsetzungszyklus am häufigsten auftaucht, ist »handeln« – oder mit anderen Worten: »Mach es!«. Das betrifft sowohl Ihre Ziele als auch die Verhaltensweisen, die nötig sind, um den neuen Prozess in die neuen Routinen zu integrieren.

Kommunikation spielt im Umsetzungszyklus eine wichtige Rolle. Die Mitarbeiterinnen und Mitarbeiter, die in die Umsetzung involviert sind, sollten sich unmittelbar mit ihren Kollegen austauschen sowie den Personen, die an der zweiten Welle beteiligt sein werden. So stellen Sie sicher, dass die erste Welle direkt in die zweite übergeht, was wesentlich effektiver ist, als mit Testpanels, Fokusgruppen und Markenbotschaftern zu arbeiten.

Passen Sie Ihr MFP nicht während der ersten Welle an. Auch wenn die Versuchung dazu groß ist: Widerstehen Sie ihr! Halten Sie für die Länge der jeweiligen Welle an Ihrem Entwurf fest, sonst verlieren Sie den Überblick darüber, was Sie gerade testen und was Sie dabei lernen. Anpassungen erfolgen am Ende der Welle, bevor die nächste beginnt. So funktioniert Iteration.

Kurze Wellen reichen am weitesten. So hat mir mein Vater einmal erklärt, warum ich in den Niederlanden Radio Moskow empfangen konnte. Was die Größe des Teams betrifft, können Sie sich als Faustregel Folgendes merken: Planen Sie für die erste Welle so viele Personen ein, wie auch bislang involviert waren. Wenn also 15 oder 20 Mitarbeiterinnen und Mitarbeiter an der Analyse sowie am Prozessdesign und -Redesign mitgewirkt haben, sollten Sie diese Anzahl Personen auch für die erste Welle einplanen. Das sind in der Regel ein bis zwei Teams oder eine Abteilung. Planen Sie auch den Zeitrahmen Ihrer Wellen, wobei eine Welle nicht länger als sechs bis acht Wochen dauern sollte. Diese kurze Spanne garantiert maximale Effektivität.

Scheitern ist eine essenzielle Kompetenz. Das Motto »Fail Fast, Fail Cheap, Fail Often« trifft definitiv zu. Menschen haben in der Regel keine Angst zu scheitern. Wovor sie jedoch Angst haben, sind die darauffolgenden Schuldzuweisungen. Die Redewendung »Irren ist menschlich« wird zwar häufig gepredigt, aber selten gelebt, und am Ende findet sich immer ein Schuldiger. Wir müssen das umdrehen und sagen: »Irren ist notwendig.« Scheitern ist nur schlecht – und mit hohen Kosten verbunden –, wenn es nicht schnell genug passiert und wir nicht daraus lernen. Scheitern ist das Schmieröl, und ohne Scheitern findet keine Innovation statt. Eine Führungskraft, die für eine gescheiterte Innovation kritisiert wurde, antwortete darauf gut gelaunt: »Keine Sorge. Ich habe mindestens zehn weitere Misserfolge geplant.« Eine Kultur zu fördern, in der Scheitern als eine Voraussetzung für Fortschritt gilt, ist nicht einfach. Das niederländische Unternehmen ASML, der weltgrößte Hersteller von Maschinen zur Chip-Produktion, verbreitet mutig die Botschaft, dass Scheitern völlig in Ordnung ist, und kombiniert sie mit seinem eigenen Motto: »You win some, you learn some« (was im Deutschen angelehnt an das Sprichwort »Wie gewonnen, so zerronnen« so viel bedeutet wie »Wie gewonnen, so gelernt«).

Natürlich ist der Ruf nach Scheitern während einer Post-Merger-Integration weniger angebracht als in Phasen radikaler Innovation. Im ersten Fall ist es wichtig, Risiken zu kontrollieren und die Abwanderung von Kunden und Mitarbeitern zu verhindern. Im zweiten Fall ist dagegen Abenteuerlust gefragt: Man erkundet und experimentiert am laufenden Band, und scheitert dadurch naturgemäß auch immer mal wieder.

5.3.3 Neue Arbeitsgewohnheiten fördern

Weiche Kompetenzen sind eigentlich harte Kompetenzen: Ihre Mitarbeiter sollen neue Gewohnheiten entwickeln. Neue Gewohnheiten zu etablieren ist vielleicht die schwierigste Aufgabe des gesamten Vorhabens. Sie haben Ihr MFP und einen neuen Geschäftsprozess eingeführt. Sie haben die erforderlichen Verhaltensänderungen in Ihren Entwurf integriert und einige KPIs einbezogen, um den Fortschritt zu messen und die Akteure zur Verantwortung zu ziehen. Durch den oben vorgestellten Umsetzungszyklus und die Skalierungsmethoden, wie wir uns in Beschleuniger 3 ansehen, steigern Sie die Chancen einer effektiven und nachhaltigen Implementierung. Das sollte Ihr Ziel sein.

Als Umsetzungsverantwortlicher müssen Sie wissen, wie Verhaltensänderungen funktionieren. Nir Eyal ist ein erfolgreicher junger Entrepreneur, der mit seinen eigenen Start-ups viel Geld verdient hat und an der Stanford Graduate School of Business lehrte. Er schreibt und spricht darüber, wie Technologie, Psychologie und Geschäftsprozesse zusammenwirken und dadurch Verhaltensänderungen bei Kunden und Mitarbeitern herbeiführen.

In seinem Blog »The Strange (But Effective) Way I Stick to Hard Goals« führt er zunächst eine Definition des am King's College in London lehrenden Psychologen Benjamin Gardner an: »Gewohnheiten funktionieren folgendermaßen: Sie erzeugen einen Handlungsimpuls, ohne dass die Person bewusst darüber nachdenkt, was sie tut.«[149] Gewohnheiten sind also einfach das, was unser Gehirn lernt zu tun, ohne bewusst darüber nachzudenken. Nicht alle Verhaltensweisen werden zu Gewohnheiten. In seinem Blog gibt Eyal einige gute Tipps, wie Menschen neue Verhaltensweisen entwickeln können. Das ist keine komplizierte Wissenschaft. Wenn Sie sich zum Beispiel gesünder ernähren wollen, kaufen Sie keine ungesunden Produkte. So laufen Sie das nächste Mal, wenn Sie spät abends der

149 Nir Eyal: The strange (but effective) way I stick to hard goals. Nir & Far. http://www.nirandfar.com/2016/01/habits-overhyped-heres-really-works.html. Das Originalzitat lautet: »[H]abit works by generating an impulse to do a behavior with little or no conscious thought.«

Heißhunger überkommt, nicht Gefahr, zur Chipstüte zu greifen. »Bringen Sie sich erst gar nicht in Versuchung«, rät Eyal.

Eyal spricht auch über das Bücherschreiben. Schreiben ist harte Arbeit, die jeden Tag aufs Neue viel Disziplin erfordert. Wenn Sie darauf warten, dass die Muse Sie küsst, werden Sie Ihr Buch wahrscheinlich nicht so schnell veröffentlicht sehen. Doch Sie können sich ein Gerüst schaffen, indem Sie jeden Tag feste Zeiten für das Schreiben einplanen.

Das hat große Auswirkungen. Denn beim Entwickeln neuer Gewohnheiten geht es nicht darum, einer Routine zu folgen. Was Sie unbedingt verstehen sollten: Neue Verhaltensweisen erlernt man nicht durch Disziplin.

Neue Verhaltensweisen erlernt man nicht durch Disziplin. Wenn das neue Verhalten, dass Sie bei Ihren Mitarbeiterinnen und Mitarbeitern erreichen möchten, zu viel bewusstes Denken erfordert, wird es eher nicht zu einer festen Gewohnheit. Früher oder später schleichen sich die alten Verhaltensweisen wieder ein. Um das zu vermeiden, dürfen die neuen Verhaltensweisen nicht von der Disziplin Ihrer Mitarbeiter abhängen. Eine IT-Plattform kann die Userinnen und User zum Beispiel dazu anhalten, bestimmte Schritte auszuführen, bevor sie weitermachen können. Bei Turner erhalten die Mitarbeiter keinen Abrechnungscode, um Ihre abrechenbaren Stunden zu erfassen, bevor sie nicht wirklich alle Informationen über ihren neuen Kunden ins System eingegeben haben. Wie Sie sich vorstellen können, gehört das Eingeben von Daten nicht gerade zur Lieblingsaufgabe von gut ausgebildeten Fachkräften. Dennoch zeigt dieses Beispiel ein wichtiges Merkmal vieler neuer Geschäftsprozesse: Die IT spielt eine wichtige Rolle bei der Förderung neuer Verhaltensweisen, wenn auch nicht die einzige.

Neue Gewohnheiten müssen durch Unternehmenskultur und Management gefördert werden. Kulturelle Normen und Werte sind ein effektives Instrument, um neue Verhaltensweisen herbeizuführen, doch sie sind häufig auch starr. Wenn Sie seit Jahren auf Risikokontrolle bestehen und nun plötzlich mehr Risikofreude von Ihren Mitarbeiterinnen und Mitarbeitern erwarten, wird das nicht einfach sein. Auch das Management sollte neue Gewohnheiten fördern. In meinen Untersuchungen bin ich häufig auf Situationen gestoßen, in denen eine bessere Abstimmung zwischen Vertrieb und Betriebsmanagement dadurch ermöglicht wurde, dass bereichsübergreifende Kundenteams geschaffen wurden, die sowohl Vertriebs- als auch Marketingprofis umfassten.

Einige Verhaltensweisen erfordern dennoch Disziplin. Sie werden nie zur Gewohnheit, sind aber dennoch notwendig: Ihre unverzichtbaren Rituale und Routinen. Jeder neue Prozess beinhaltet eine Reihe von Aufgaben, die neue Verhaltensweisen erfordern, die jedoch niemals zu Gewohnheiten werden. Ob es Ihnen lieb ist oder nicht: Jeder Prozess beinhaltet einige unvermeidbare Routinen, etwa das Erfassen fakturierbarer Stunden oder das Erstellen von Fortschrittsberichten. Führungskräfte sollten regelmäßig prüfen, ob diese Aufgaben auch erledigt werden. Vertrauen ist gut, Kontrolle ist besser. Niemand mag Checklisten oder kontrolliert gern andere Menschen, aber es ist, wie es ist. Diese Pflichten gehören zu Ihrem Job.

Im Folgenden stelle ich Ihnen ein Unternehmen vor, das Baustein 7 erfolgreich umgesetzt hat.

BAUSTEIN 7 – ERFOLGREICHER START ERFOLGREICH UMGESETZT

Case Study: Wie Würth empirisch nach Durchbrüchen strebt

Durchbruch: Würth ist ein deutscher Hersteller von Befestigungs- und Montagetechnik für das Bauwesen und andere Branchen. Aufgrund seines kundenorientierten Geschäftsmodells war das Backoffice des Unternehmens überlastet. Das betraf sowohl das Warengruppenmanagement als auch die Auslieferung. Gleichzeitig sanken die Gewinnmargen immer weiter. Das Unternehmen musste also dringend handeln, verfügte jedoch nicht über die finanziellen Mittel, um ein umfangreiches Portfolio- oder Kundensegmentierungsprogramm zu starten, das für große Unruhe sorgen und das Tagesgeschäft durcheinanderbringen würde. Die Transformation musste vielmehr in der Linienorganisation stattfinden, in der die Mitarbeiterinnen und Mitarbeiter den normalen Betrieb als Testumgebung nutzen könnten.

Ergebnis: Praktische Verbesserungen im Primärprozess sorgten für eine Umsatzsteigerung. Die bestehenden Geschäftsprozesse wurden analysiert und simuliert. Das stellte einen hervorragenden Ausgangspunkt dar. Experimente mit dem Prototyp und der neuen Routine während der Umsetzung lieferten Informationen darüber, was funktionierte und was nicht. Die vorgeschlagenen Verbesserungen mussten einfach umsetzbar sein (innerhalb weniger Tage). Diese Ideen wurden dann in einer Computersimulation getestet, und wenn sich diese als positiv erwies, auf Account-, Sortiments- oder Auslieferungsebene umgesetzt. Kleine Änderungen waren auschlaggebend und ließen sich hinsichtlich ihrer Wirkung in der Praxis gut überprüfen, selbst von Mitarbeitern, die anderen Abteilungen angehörten.

5.4 Baustein 8: Psychologischer Check-in

In diesem Baustein geht es darum, dass der oder die Umsetzungsverantwortliche (Projekt- oder Programmanager) und andere Hauptakteure in der Umsetzungskoalition sich hinter die Maßnahme und ihre Ziele stellen. Die für die Umsetzung verantwortliche Person und der Chief Execution Sponsor müssen Change Leadership zeigen, damit sich auch andere Mitglieder der Umsetzungskoalition sowie weitere Personen hinter das Vorhaben stellen und Verantwortung übernehmen.

5.4.1 Eine Geschichte erzählen

In Beschleuniger 1 habe ich erläutert, warum es wichtig ist, die Strategie in eine Geschichte einzubetten. Genauso wie Sie ein großes Warum und ein kleines Warum brauchen, brauchen Sie auch eine große Geschichte und eine kleine Geschichte. Verfassen Sie für jede Maßnahme eine eigene Geschichte, idealerweise als eine 1 Seite lange Vertrauenserklärung oder eine 1-minütige Videobotschaft. Das Formulieren sollte Ihnen leichtfallen. Wenn Ihnen keine ansprechende Geschichte zu Ihrer Maßnahme einfällt, stimmt etwas nicht. Jede Maßnahme, die für die Strategie zentral ist und hinter die sich die Mitarbeiterinnen und Mitarbeiter explizit gestellt haben, braucht eine Geschichte. Diese Geschichte muss überzeugend sein, unabhängig davon, ob es sich um eine Optimierungsmaßnahme im Backoffice des Finanzministeriums handelt oder um ein attraktives Post-Merger-Integrationsprojekt infolge einer spektakulären Übernahme, die die Titelseiten der *Financial Times* über Monate beherrscht hat.

5.4.2 Umsetzungskoalition: Verantwortungsbereitschaft für Umsetzung und Benefits schaffen

Ganz wichtig: Sie wollen erreichen, dass Ihre Mitarbeiter Verantwortung übernehmen. Deshalb müssen Sie sicherstellen, dass die zentralen Rollen, die entsprechend des Schwerpunkts des jeweiligen Beschleunigers essenziell sind, von geeigneten Personen übernommen werden.

In Beschleuniger 1 habe ich mit einigen Mythen über das Phänomen Verantwortung aufgeräumt und es praktikabler gemacht. In dieser Phase waren die Rollen des Chief Execution Sponsor und des Co-Sponsor die wichtigsten. In Beschleuniger 2 lag der Fokus auf dem oder der Umsetzungsverantwortlichen. Er oder sie muss die volle Verantwortung für die Umsetzung übernehmen. Idealerweise wird diese Rolle von jemandem aus der Linienorganisation übernommen, der später auch für die Benefit-Realisierung zuständig ist. Der Umsetzungsverantwortliche stellt ein kleines Team aus einigen Hauptakteuren zusammen, das ihn in dieser Phase unterstützt. Die Mitglieder des Umsetzungsteams sind gemeinsam für die Umsetzung verantwortlich. Umsetzung bedeutet in dieser Phase, die Ergebnisse aus Beschleuniger 2, also eine ambitionierte, aber praktikable Strategie und ein MFP, umzusetzen. Abbildung 30 stellt die fünf für die Maßnahme wichtigsten Rollen und ihre Verantwortlichkeiten in Beschleuniger 2 dar.

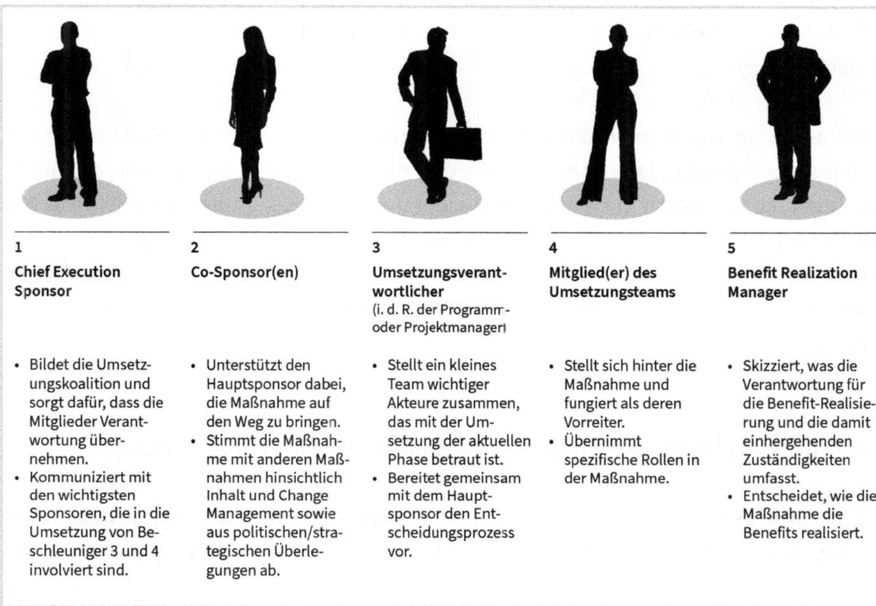

Abb. 30: Die Umsetzungskoalition – Verantwortlichkeiten für Umsetzung und Benefits in Beschleuniger 2 (Quelle: Turner 2016)

Die Umsetzung erfolgt durch die Umsetzungskoalition. Die Umsetzung zu leiten oder Change Leadership zu betreiben bedeutet, die Umsetzungskoalition für die nun beginnende Maßnahme zu bilden. Das mag etwas gefühlsduselig klingen, doch Teambuilding und Teamwork sind für die Dauer der Umsetzung nicht verhandelbare Erfolgsfaktoren. Da die Umsetzung jetzt beginnt, ist dies Ihre einzige Chance, es richtig zu machen. Die Stärke der Umsetzungskoalition ist abhängig vom Commitment der einzelnen Mitglieder. McKinsey hat herausgefunden, dass wenn Mitarbeiter wirklich Verantwortung übernehmen und genügend Autonomie erhalten, die Erfolgschancen 79 Prozent betragen. Im Vergleich zur durchschnittlichen Misserfolgsquote von 60 bis 90 Prozent ist das enorm. Die Verhaltenspsychologie bestätigt dies: Wenn Menschen etwas aus freien Stücken tun, sind sie fünfmal so engagiert, als wenn sie dazu gezwungen werden. »Wollen« ist wesentlich motivierender als »müssen«.

Intrinsische Motivation allein genügt jedoch nicht. In diesem Beschleuniger bedeutet Change Leadership auch, dass der Chief Execution Sponsor und die Umsetzungsverantwortlichen sich gemeinsam bemühen, Personen für das Vorhaben zu gewinnen, die nicht Teil der Umsetzungskoalition sind. Letztlich müssen Sie sich überall im Unternehmen, wo Sie Ihre Maßnahmen später skalieren möchten, Unterstützung sichern. Das ist anstrengend, doch es lohnt sich, das Engagement durch Kommunikation und Co-Creation mit externen Stakeholdern zu steigern. Die oben erwähnte McKinsey-Studie kommt zu dem

Schluss, dass Unternehmen, denen dies gelingt, fünfmal erfolgreicher sind als solche, die dies nicht tun.[150]

Eine Umsetzungskoalition erhöht Ihre Erfolgschancen, da sie nicht nur die Abstimmung zwischen der Führung des Unternehmens und der Transformation des Unternehmens sicherstellt, sondern sich auch um die horizontale Abstimmung über verschiedene Disziplinen und die vertikale Abstimmung über Wertketten hinweg kümmert. In diesem Beschleuniger meint »Abstimmung« vor allem das In-Einklang-Bringen der verschiedenen Abhängigkeiten, die zwischen parallelen Maßnahmen mit ähnlichen Zielen und/oder Umfängen bestehen.

5.4.3 Alle Mitglieder der Umsetzungskoalition persönlich einchecken

Sind die Mitarbeiterinnen und Mitarbeiter nicht motiviert, übernehmen sie auch keine Verantwortung und umgekehrt. Deshalb ist es wichtig, dass alle Beteiligten sich für die Umsetzung und die angestrebten Ziele verantwortlich fühlen. Das betrifft alle fünf Rollen in der Umsetzungskoalition. Ob Ihr Team bereit ist, Verantwortung zu übernehmen, entscheidet darüber, ob Ihre Maßnahme von einem einzelnen Genie mit Tausenden Helferlein geleitet wird – was keinen Erfolg verspricht – oder von einer Führungskraft, die weiß, dass der Erfolg von der Eigenverantwortung jedes Einzelnen abhängt. Echtes Engagement sorgt jedoch häufig auch für eine gewisse Reibung, denn jeder Mitarbeiter, der sich voll und ganz auf etwas einlässt, hat auch eine klare Meinung dazu. Ich habe gelernt, das zu schätzen, gebe aber zu, dass es auch anstrengend sein kann. Das ist einer der schwierigsten Spagate, die Führungskräfte leisten müssen: Sie wissen, dass Sie einerseits einen klaren Rahmen vorgeben und klare Aufgaben zuweisen müssen, dass die Sache andererseits jedoch nur funktioniert, wenn der oder die potenzielle Umsetzungsverantwortliche intrinsisch motiviert ist. Das wiederum hängt davon ab, wie viel Autonomie die Person bei der Ausführung ihrer Aufgaben erhält. Umsetzungsverantwortliche, die sich auf eine Aufgabe einlassen, behandeln diese wie ihre eigene Angelegenheit – und genau das wollen Sie. Um dies zu erreichen, müssen Sie jedoch Zeit und Mühe investieren. Sie können die Person, die Sie mit der Leitung betrauen möchten, nicht einfach einen Tag vor dem Kick-off aus Ihrem Auto anrufen und verkünden: »Wir möchten, dass Sie ein wichtiges Projekt leiten. Ich weiß, das ist sehr kurzfristig, aber wir wollen wirklich, dass Sie das machen. Können Sie morgen zum Kick-off-Meeting kommen? Oh, und können Sie bei dieser Gelegenheit dann auch zum Team sprechen?« Diese Herangehensweise ist zum Scheitern verurteilt. Wie ein Mitarbeiter es einmal formulierte: »Liebe Führungskraft, wenn Sie mehr Zeit damit verbringen zu entscheiden, welchen Aston Martin Sie sich anschaffen, als da-

150 Scott Keller/Mary Meaney/Caroline Pung (2010): What successful transformations share: McKinsey Global Survey results. März 2010. http://www.mckinsey.com/business-functions/organization/our-insights/what-successful-transformations-share-mckinsey-global-survey-results.

mit zu klären, welche Rolle ich übernehmen soll, bin ich nicht interessiert.« Wie Sie es besser machen, erfahren Sie in den praktischen Tipps im Commitment-Café am Ende dieses Kapitels.

5.4.4 Verantwortung über die Umsetzungskoalition hinaus zuteilen

Fördern Sie die Verantwortungsbereitschaft durch Feedback, Kommunikation und Interaktion. Früher hätte dieses Kapitel die Überschrift »Kommunikation« getragen. Doch wie wir in Beschleuniger 1 gesehen haben, ist Kommunikation eine Einbahnstraße und deshalb nicht motivationsfördernd, vor allem wenn Sie erreichen möchten, dass Menschen Verantwortung für die Umsetzung und die Benefits übernehmen. Kommunikation ist das einzige Instrument, um Verantwortungsbereitschaft zu fördern. Nutzen Sie lieber diesen Multitool-Ansatz, denn er wird Ihnen auch bei den anderen Beschleunigern helfen.

In diesem Beschleuniger ebnen Sie den Weg für die Einbindung weiterer zentraler Akteure in späteren Phasen. Dazu sollten Sie Aktivitäten mit Ihren derzeitigen Akteuren organisieren und anhand des Maßnahmenumfangs überlegen, welche Gruppen, Teams und Abteilungen später von der Maßnahme betroffen sein werden. So schaffen Sie die Voraussetzungen dafür, zu einem späteren Zeitpunkt der Umsetzung weitere Personen für Ihre Sache zu gewinnen.

Dazu müssen Sie ein paar klare Entscheidungen treffen: Wer ist Ihre Zielgruppe? Wann und mit welcher Botschaft wollen Sie sie erreichen, und welches Interaktionsziel verfolgen Sie dabei? Welche Informationen, Ressourcen und Formate eignen sich dafür? Vor allem die letzte Frage ist wichtig. Die Kunst besteht darin, die richtige Mischung an Aktivitäten zu finden, die sowohl eine breite als auch eine enge Zielgruppe ansprechen und sich einseitiger wie mehrseitiger Kommunikation (Interaktion) bedienen. Die Übersicht in Abbildung 19 hilft Ihnen, den richtigen Mix zu finden. Sie zeigt, welche Formate und Ressourcen sich zur Förderung von Verantwortungsbereitschaft für das jeweilige Ziel und die jeweilige Zielgruppe eignen.

Ton und Format sind genauso wichtig wie der Inhalt Ihrer Botschaft. Die Aktivitäten, die Sie auswählen, um die Verantwortungsbereitschaft zu steigern, müssen Ihre Ziele widerspiegeln und unterstreichen. Die Teilnehmenden müssen sofort verstehen, warum sie eingeladen wurden, was sie erwartet und welche Ergebnisse erzielt werden sollen, sodass sie sich von Anfang an zur Maßnahme positionieren können. Dadurch können sie sich vorbereiten, Fragen stellen und eventuelle Zweifel äußern. Nur dann sind sie auch bereit, Verantwortung zu übernehmen. Seien Sie persönlich, und nutzen Sie verschiedene persönliche, soziale und strukturelle Überzeugungstechniken, um langfristige Verhaltensänderungen herbeizuführen. Prüfen Sie bei jeder Aktivität, ob die Teilnehmenden motiviert und kompetent sind. Wie David Maxfield gezeigt hat, nutzen erfolgreiche Change Manager verschiedene Mittel, um andere zu beeinflussen.[151] Im Folgenden sehen wir uns einige Beispiele an, wie Sie Menschen zur Diskussion anregen und Verhaltensänderungen bewirken können.

Gamifizierung ist im Unternehmensalltag angekommen. Das gilt besonders für den HR-Bereich, wo Gamifizierung eine erfrischende neue Dimension gegenüber klassischeren Formen der Weiterbildung darstellt. Herkömmliche Schulungen haben dadurch nicht an Wert verloren, sie müssen jedoch an das digitale Zeitalter angepasst werden. Allgemeine Schulungen sind wenig zielführend. Gamifizierung macht Weiterbildung spezifischer und umsetzungsorientierter. Sie funktioniert vor allem deshalb so gut, weil sich Wissen, das wir auf spielerische Weise erwerben, länger und nachhaltiger einprägt. Im Bereich Strategieumsetzung und Change Management ist das natürlich eine äußerst wichtige Voraussetzung.[152]

Wenn uns die Gesetze des Wandels eines gelehrt haben, dann das: Langfristige Veränderungen sind schwer zu erreichen. Wenn Sie Ihren Mitarbeiterinnen und Mitarbeitern einige Gesetze des Wandels illustrieren möchten, können Sie die folgende kleine Übung zum Kick-off eines Erneuerungsprojekts durchführen: Bilden Sie Paare, und fordern Sie diese auf, sich jeweils einander gegenüberzusetzen. Beide Partner drehen sich um und verändern jeweils fünf Dinge an sich. Dann wenden sie sich wieder einander zu und benennen gegenseitig, was der andere an sich verändert hat. Die Übung zeigt, wie schwer es ist, Vertrautes loszulassen und dass radikale Veränderungen schwieriger sind als schrittweise Veränderungen. Zudem führt sie uns vor Augen, wie schnell wir zu alten Verhaltensweisen zurückkehren, denn sobald die Übung zu Ende ist, lösen die meisten ihr Jimi-Hendrix-Kopfband und tragen es wieder in gewohnter Form als Krawatte.

Leben Sie den Prozess. Mein letzter Tipp, wie Sie das Verhalten von Menschen beeinflussen können, lautet: Setzen Sie Videos ein. Zeichnen Sie den alten Prozess auf, und entwickeln Sie dann eine Simulation des neuen Prozesses, die Sie ebenfalls aufnehmen. Schlüpfen Sie anschließend in die Rolle eines Laboranten, und analysieren Sie die Unterschiede zwischen den beiden Videos unter der Fragestellung: »Haben wir einen Durchbruch erzielt?« Diese Analyse und Ihr anfänglicher Entwurf helfen Ihnen zu bewerten, welche Effekte die Umsetzung hat.

Im Folgenden stelle ich Ihnen ein Unternehmen vor, das Baustein 8 erfolgreich angewendet hat.

151 Michael L. Bingham: Six Source Model of Influence. A Magazine, 02. Juli 2014. http://blog.octanner.com/leadership/six-source-model-of-influence.

152 Christopher Smith: Some Fun Change Management Exercises for Improvement. Change Management Newsletter, November 2013. http://change.walkme.com/some-fun-change-management-exercises-for-improvement.

BAUSTEIN 8 – PSYCHOLOGISCHER CHECK-IN ERFOLGREICH UMGESETZT

Case Study: Utrecht University of Applied Sciences – Fachbereich Umwelt and Technologie

Durchbruch: Die Mitglieder der Prozessoptimierungsteams wurden persönlich zur Teilnahme eingeladen. Mit dem Ziel, die sinkende Qualität der Lehre aufzuhalten, nahmen einige Prozessoptimierungsteams Kontakt mit den Dozentinnen und Dozenten auf, um sie für das Verbesserungsvorhaben zu gewinnen. Die Beteiligten entwickelten ein gemeinsames Verständnis von der Ursache des Problems sowie den Lösungen, von denen man sich größere Lehrerfolge erhoffte. Zudem wussten alle Beteiligten, was von ihnen erwartet wurde.

Ergebnis: In allen Studiengängen des Fachbereichs arbeiteten die Mitarbeiterinnen und Mitarbeiter daran, die Ergebnisse der Studierenden zu verbessern. Die Prozessoptimierungsteams waren intrinsisch motiviert, die Zahl der Absolventen zu steigern.

5.5 Praktische Tipps von erfolgreichen Führungskräften

Jedes Kapitel schließt mit einigen Praxisideen, die sich für Führungskräfte und ihre Mitarbeiter als nützlich erwiesen haben. Sie können diese auch als kleine Case Studies oder Lerneinheiten ansehen.

1 Anderen über die Schulter schauen

Ein Strategieberater, der Topmanagerinnen und Topmanager begleitet, sagte mir einmal: »In der Regel sind die grundlegenden Analysen, die Menschen anstellen, richtig. Das ist nicht das Problem. Doch ihre Analysen sind häufig zu linear. Deshalb organisiere ich immer einige Exkursionen zu Unternehmen oder Institutionen, die in ganz anderen Bereichen oder Branchen tätig sind. Die Idee dahinter ist, sich anzusehen, wie sie es machen, und sich Anregungen zu holen. Häufig kehren wir mit interessanten neuen Perspektiven zurück, die zu erfrischenden Durchbrüchen führen können.«

2 Eine Analyseliste nutzen

Oder wie es ein Programmmanager einmal formulierte: »80 Prozent unserer Analysen ähneln sich sehr, dennoch erfinden wir das Rad immer wieder neu. Das wollte ich ändern, deshalb bat ich die Mitarbeiterinnen und Mitarbeiter, die Analysen, die sie am häufigsten nutzten, aufzulisten. Jetzt wählen wir einfach die passenden Analysen aus der Liste aus und sparen dadurch mehrere Wochen.«

3 Eine Ideendatenbank anlegen

»Ein Dummkopf kann mehr Ideen entwickeln, als ein Dutzend Genies umsetzen können«, sagte mir einmal ein COO. Doch das Wichtige ist, die Ideen auszuwählen und genauer zu betrachten. Sie verpuffen jedoch häufig. Deshalb habe ich eine Ideendatenbank eingerichtet, die als eine Art Zwischenspeicher dient. Das hat eine beruhigende Wirkung auf die Leute: Zu wissen, dass ihre Ideen in der Datenbank festgehalten werden, ist wie, als würden sie einen mentalen Beleg dafür erhalten.«

4 Eine Datenbank für Best Practices und zukünftige Best Practices einrichten

Ein anderer Manager erzählte mir einmal, er habe eine Datenbank für Best Practices und zukünftige Best Practices angelegt. Es sei wichtig, zwischen den beiden zu unterscheiden, betonte er. Zukünftige Best Practices gibt es noch nicht, doch dadurch richten die Leute ihren Fokus auf die nächste Erneuerung, anstatt lediglich immer und immer wieder auf die bestehenden Best Practices zurückzugreifen.

5 Einen MFP-Raum einrichten

Fachleute sind sich ziemlich einig, dass es keinen Sinn ergibt, umfassende Entwürfe anzufertigen. Ein MFP ist die beste Möglichkeit, eine Idee in der Praxis zu testen. Doch MFPs sind relativ abstrakt, denn sie existieren nur digital oder auf dem Papier. »Die Umsetzung funktioniert besser, wenn Sie Ihr MFP in einem extra dafür eingerichteten Raum mithilfe physischer Entwicklertools zum Leben erwecken. In diesem MFP-Raum können Sie den Kundenprozess zeichnen, auf Video aufnehmen oder malen und praktisch alles tun, um das Szenario so echt wie möglich abzubilden«, erklärte mir ein Experte einmal.

6 Der smarte Kick-off

Wenn die Zeichen nicht auf positiv stehen, brechen Sie den Prozess ab. Führen Sie niemals ein Kick-off-Meeting umsonst durch. Eine Programmmanagerin berichtete mir einmal Folgendes: Als sie feststellte, dass sie um die Zeit und Ressourcen für einen guten Kick-off kämpfen musste und sich dann mit der spärlichen Zahl an Personen, die zum Meeting erschienen, zufriedengeben sollte, blies sie das Meeting ab. Wenn sie die Party allein feiern sollte, dann gab es eben keine Party. Mittlerweile cancelt sie Meetings sogar, wenn der oder die Chief Sponsor und andere zentrale Akteure nicht genügend Engagement zeigen. »Ein smarter Kick-off ist eine großartige Gelegenheit, Ihre harten Ziele voranzubringen und die Voraussetzungen für Verantwortungs- und Einsatzbereitschaft zu schaffen, die Sie brauchen, um Ihre weichen Ziele zu erreichen. Mit dem ersten Schlag haben Sie schon den halben Kampf bestritten – vorausgesetzt er sitzt.«

7 Das Commitment-Café

Das Wichtigste ist, dass Ihre Mitarbeiterinnen und Mitarbeiter echte Verantwortung übernehmen und sich auf die Umsetzung und die Ziele einlassen. »Wollen« ist hier wirksamer als »müssen«. Oder mit den Worten einer erfahrenen Führungskraft: »Ich investiere sehr viel Zeit in diesen Aspekt und versuche, das Ganze locker zu gestalten. Meine Lieblingsidee ist das Commitment-Café: Hier lade ich alle zentralen Akteure einzeln auf einen gemeinsamen Drink ein. Ich bestelle ein paar Snacks, und wir sprechen ernsthaft über die Herausforderung, vor der wir stehen. Ich möchte herausfinden, ob die Person die Chance nutzen möchte und was sie dafür braucht. Wenn ich merke, es fehlt der Person an Engagement, ziehe ich mein Angebot zurück.«

Für solche Ideen ist wertvolles, allerdings auch zeitaufwändiges Engagement nötig. Zum großen Teil geht es bei der effektiven Strategieumsetzung nur um den zeitlichen Aufwand. »Wie setzen wir unsere Zeit bestmöglich ein?«, ist eine Frage, die Sie sich unbedingt stellen sollten.

Die Bausteine 7 und 8 eignen sich übrigens für alle Arten von Transformation: Verbesserung (Typ 1), Erneuerung (Typ 2) und Innovation (Typ 3). Ein Standardrezept gibt es jedoch nicht. Sie müssen Ihr Vorgehen immer an die jeweilige Situation anpassen.

6 Beschleuniger 3: Ernten

Eine Küchenrenovierung kostet mehr als erwartet / Einer muss alles schultern / Das Ziel im Blick behalten / Fassadenmetriken / Das Zwei-Pizzen-Prinzip / Willkommensgeschenke für Neugeborene verteilen

Wann ist dieser Beschleuniger relevant und warum?
Beschleuniger 1 und 2 machen den meisten Fach- und Führungskräften Spaß: Hier sind Neugier, Kreativität, Innovationsgeist und konzeptionelles Denken gefragt. In Beschleuniger 3, bei dem es darum geht, Ihre Strategie zu konkretisieren und umzusetzen, verlieren die meisten Menschen jedoch das Interesse. Das ist schade, denn gerade in dieser Phase müssen Sie Ihre Mitarbeiterinnen und Mitarbeiter für die Sache gewinnen. Ansonsten wird es nichts mit dem Umsetzungsteil in der Gleichung Strategie = Umsetzung. Deshalb zeigt sich in Beschleuniger 3, wer die echten Change Leader sind.

Empfohlene maximale Dauer/Ressourcenzuteilung für diesen Beschleuniger
Timebox für jede einzelne strategische Maßnahme: 5 Wochen zur Weiterentwicklung der Strategie und 5 Wochen für jede Umsetzungswelle

Dieses Kapitel ist zwar kürzer als die Kapitel zu Beschleuniger 1 und 2, doch davon sollten Sie sich nicht täuschen lassen. Denn dieser Beschleuniger erfordert die meiste Zeit. Tatsächlich hängt Ihr Erfolg im Wesentlichen davon ab: 80 Prozent Ihrer Zeit und Ressourcen sollten Sie für die reine Umsetzung einplanen. Das überrascht nicht, geht es jetzt doch ums Eingemachte. In dieser Phase müssen Sie entschieden agieren und Ihre Pläne tatsächlich umsetzen, statt neue Ideen zu entwickeln, auch wenn Ihre bisherigen Ideen noch keine Chance hatten, Ergebnisse zu produzieren.

Die harten Bausteine in Beschleuniger 3: Benefits und kontinuierliche Weiterentwicklung
Jeder Beschleuniger besteht aus zwei harten und zwei weichen Bausteinen. Die ersten beiden Bausteine in Beschleuniger 3, Benefits und Kontinuierliche Weiterentwicklung, sind hart. In **Baustein 9, Benefits**, führen Sie Ihr MFP durch die erste Umsetzungswelle, messen die Ergebnisse und erzielen erste Erfolge. In **Baustein 10, Kontinuierliche Weiterentwicklung**, passen Sie Ihr MFP auf Basis des erhaltenen Kundenfeedbacks und praktischer Überlegungen an.

6.1 Baustein 9: Benefits

Nun, da sich Ihr MFP in der ersten Umsetzungswelle befindet, können Sie allmählich den Fortschritt messen und Benefits realisieren. Dieser Baustein beschäftigt sich mit folgenden Themen: dem Unterschied zwischen den Zielen einer Maßnahme und ihrem Optimierungspotenzial; der Bedeutung des Benefit Realization Management; der Notwendigkeit für eine praktische Messmethode, um die Umsetzung zu überprüfen, sowie der Frage, wie Kennzahlen das validierte Lernen unterstützen und wie Sie von der ersten Umsetzungswelle an Ihren Fortschritt messen und die Früchte Ihrer Arbeit ernten.

6.1.1 Das Benefit Realization Management ernst nehmen

Es gibt einen wesentlichen Unterschied zwischen den Zielen einer Maßnahme und ihrem Optimierungspotenzial. Diese beiden Konzepte sollten Sie nicht verwechseln. Optimierungspotenzial ist ein Absolutum und bezieht sich auf das bestmögliche erzielbare Ergebnis. Ihr Ziel ist anders geartet: Es bezieht sich auf den Teil des Optimierungspotenzials, den Sie bis zu einem konkreten Zeitpunkt in Ihrer Umsetzung erreichen möchten. Indem Sie potenzielle Optimierungen definieren, können Sie verschiedene Grade der Machbarkeit unterscheiden und dadurch wiederum Ihr Ziel abhängig von der Dringlichkeit und Machbarkeit definieren. Solche Ziele, die Sie für Ihr Team oder einzelne Mitarbeiter festlegen, werden häufig Zielvorgaben genannt.

Die Unterscheidung zwischen Optimierungspotenzial und Zielvorgaben ist nicht nur in substanzieller Hinsicht wichtig, sondern auf mit Blick auf das Erwartungsmanagement. Sobald Ihre Mitarbeiterinnen und Mitarbeiter vernehmen, dass angeblich ein großes Optimierungspotenzial besteht, und ihren Kollegen davon erzählen, ohne dabei zu erwähnen, dass dies nicht die Zielvorgabe für die Umsetzung ist, bekommen Sie den Geist nicht mehr zurück in die Flasche. Ihre Mitarbeiter werden dann die niedrigere, realistischere Zielvorgabe als einen ersten Misserfolg betrachten. Vielleicht umreißen sie die Vorgabe sogar bewusst als solchen, falls ihnen als Vorteile bringt.

Zielvorgaben sind eher quantitativ als qualitativ. Wenn Sie sich bei der Zieldefinition zuerst auf den qualitativen Aspekt konzentrieren, verlieren Sie den quantitativen womöglich aus den Augen. Deshalb sollten Sie mit den harten Zahlen beginnen und diese später in qualitative Aspekte umwandeln.

Die ideale Zielvorgabe liegt 10 Prozent über dem Optimum. Zu hochgesteckte Ziele demotivieren, zu tiefgesteckte ebenfalls. Deshalb sollten Sie Ihre Ziele leicht dehnen (Stretch Goals), sodass eine gewisse Spannung entsteht zwischen dem, was allgemein als optimal gilt, und dem, mit dem Sie sich letztlich zufriedengeben.

Bei der Prognose der Benefits sollten Sie den Planungsfehlschluss vermeiden. Nobelpreisträger Daniel Kahneman spricht hier vom Planungsparadox, also der Tendenz, den Nutzen zu überschätzen und die Kosten zu unterschätzen. Einer interessanten Studie aus dem Jahr 2012 zufolge rechneten US-amerikanische Verbraucherinnen und Verbraucher im

Durchschnitt für die Renovierung ihrer Küche mit Kosten von 18.685 Dollar. Der tatsächliche Preis lag jedoch eher bei 38.769 Dollar. Ähnlich verhält es sich mit Topmanagerinnen und managern, die ihre Küken zählen, bevor sie geschlüpft sind und davon ausgehen, dass ihre Projekte weitaus bessere Ergebnisse erzielen, als es dann tatsächlich der Fall ist. Zumindest denken sie sich das im Stillen. In der Kommunikation mit Geschäftsleitung und Analysten planen sie etwas Puffer ein.

Benefits und Benefit Realization Management: Benefits sind die mess- und planbaren Veränderungen, die aus einer strategischen Maßnahme resultieren und von den Stakeholdern als vorteilhaft betrachtet werden.[153] Benefits sind die Nettoergebnisse, also das, was nach Abzug der Kosten und negativen Benefits (was nicht dasselbe ist wie Kosten) bleibt. Kosten sind zum Beispiel Investitionen in ein Programm, das dem Unternehmen bei der Benefit-Realisierung hilft. Negative Benefits sind beispielsweise Umsatzverluste infolge der Entscheidung, sich aus einem bestimmten Markt zurückzuziehen.

Bei der Strategieumsetzung bezieht sich Benefit Realization Management auf die Entwicklung, Operationalisierung und Verwendung eines Systems zur Benefit-Messung. Man spricht hier auch von »Business Case Management« oder »Zielmonitoring«. Doch der Name ist letztlich egal. Dies sind alles Synonyme für die Verwendung von Kennzahlen zur Messung der Ergebnisse strategischer Maßnahmen. Ich verwende den Begriff »Benefit Realization Management«. Allgemein ist hier Business Performance Management gemeint, bei dem es um die Messung der Ergebnisse der täglichen Geschäftsführung (Führung des Unternehmens) und des Verbesserungs-, Erneuerungs- und Innovationsmanagements (Transformation des Unternehmens) geht. Sie können selbst entscheiden, wie sich diese in Ihre KPIs hinsichtlich Kunden- und Mitarbeiterzufriedenheit, Umsatz, Gewinn etc. überführen lassen. Verbesserungen (Typ 1), Erneuerungen (Typ 2) und Innovationen (Typ 3) eigenständig zu messen ist dagegen wesentlich schwieriger. Doch das ist genau das, was Sie tun sollten.

Sie werden in Zukunft mehr Ressourcen (Zeit, Geld und Energie) in das Verbessern, Erneuern und Entwickeln von Innovationen investieren müssen. Denn das macht Ihr Unternehmen wettbewerbs- und überlebensfähig. Doch dazu müssen Sie wissen, was funktioniert und was nicht und zwischen den drei Typen von Veränderung unterscheiden können. Die Erfolge eines Verbesserungsprojekts (Typ 1) zu messen und Schlussfolgerungen daraus zu ziehen ist nicht dasselbe, wie in einem radikalen Innovationsprojekt, das ein neues Geschäftsmodell hervorbringen soll (Typ 3), den Fortschritt zu messen und die Daten zu interpretieren.

Das Benefit-Baumdiagramm: Sie sollten sorgfältig überlegen, welche KPIs Sie für die Messung der Benefits nutzen. Denn nicht mit allen Erfolgskennzahlen lässt sich messen, ob

153 Zum Thema »Managing Successful Programs (MSP)« siehe Axelos: https://www.axelos.com/best-practice-solutions/msp. Zum Thema »Objectives, Goals, Stratgies, and Measures (OGSM)« siehe Marc van Eck & Ellen van Zanten: Businessplan op 1 A4. Word succesvoller met OGSM. Business Contact, 2013.

Sie tatsächlich die gewünschten Ergebnisse erzielen. Manchmal brauchen Sie Sub-KPIs, die Sie später zusammenfügen, um Ihren endgültigen KPI zu messen. Beachten sollten Sie außerdem, dass viele KPIs miteinander zusammenhängen. Sie sehen also, hier ist Sorgfalt angebracht. Die meisten dieser Variablen, einschließlich ihrer Beziehungen zueinander, können Ihr Kennzahlen- und Ihr Entwicklungsteam bereits in Beschleuniger 2 während der Prototyp-Entwicklung festlegen, um ein Gefühl für das gesamte Kennzahlensystem zu bekommen. So führen mehr Website-Zugriffe zum Beispiel zu mehr Angebotsanfragen und diese wiederum zu mehr Verkäufen. Ihr Ziel sollte sein, ein KPI-Baumdiagramm zu erstellen, das alle Ihre endgültigen Ziele, Ihre Benefits, Ihre KPIs und deren Beziehungen zueinander beinhaltet. Anhang 10 gibt einen Überblick über gängige KPIs und Kennzahlen.

Stellen Sie die Benefits auch in Abhängigkeit der Stakeholder dar, und markieren Sie Überschneidungen zwischen ihnen mit einem Code, der ausdrückt, ob der Benefit eine positive, neutrale oder negative Auswirkung auf Ihre Stakeholder hat. Dabei könnte eine etwas ungleichgewichtige Darstellung herauskommen, in der es in der Spalte »Stakeholder« viele grüne Markierungen gibt, in der Spalte »Kunden« zu wenige und in der Spalte »Mitarbeiter« gar keine.

Verantwortungsübernahme ist im Benefit Realization Management zentral. Wenn es einen wesentlichen Aspekt bei der Benefit-Realisierung zu berücksichtigen gibt, dann ist es folgender: Ihre Mitarbeiterinnen und Mitarbeiter sollten Verantwortung für bestimmte Benefits übernehmen. Hier ist Sorgfalt gefragt. Halten Sie bereits frühzeitig Ausschau nach Personen, die infrage kommen könnten, und geben Sie ihnen Gelegenheit, sich zu diesem Benefit zu verpflichten. Damit erhöhen Sie die Chance, dass sich die Person auch wirklich für die Realisierung des Benefits einsetzt. Gleichzeitig müssen Sie die allgemeine Verantwortung für die Benefits in untergeordnete Verantwortlichkeiten auf Team- und Mitarbeiterebene aufschlüsseln. Kümmern sich die richtigen Mitarbeiter um die richtigen Benefits, oder muss eine Person alles schultern? Davon hängt ab, ob ein ganzes Team die Erfolge der Benefit-Realisierung einstreichen kann oder lediglich eine einzelne Person.

Behalten Sie das Ziel im Blick. Überprüfen Sie regelmäßig, ob die Ziele und Benefits Ihrer Maßnahme in Einklang mit den übergeordneten Unternehmenszielen stehen. Jede Maßnahme muss auf das übergeordnete Ziel einzahlen. Achten Sie aber auch auf Nebeneffekte wie zufällige Benefits. Ein Freund von mir hat eine internationale Werbeplattform für die Gaming-Branche entwickelt und dabei eine riesige Menge an Daten über die Branche gesammelt. Diese Daten erwiesen sich als wertvoller als sein provisionsbasiertes Erlösmodell. Glücklicherweise war er so geistesgegenwärtig, diese unvorhergesehenen Benefits zu erkennen und in sein Geschäftsmodell zu integrieren.

Benefit Realization Management kann schwierig sein. Es ist nicht immer leicht zu bestimmen, welcher Anteil der erzielten Umsatzsteigerung auf Ihr Projekt zur Steigerung der Vertriebseffektivität zurückzuführen ist, da sich der Beitrag dieses Projekts nur schwer von anderen Variablen trennen lässt, etwa unerwarteten Marktschwankungen (normale saisonale Schwankungen ausgenommen), der Tatsache, dass Ihre Top-Vertrieblerin aus ihrem Sabbatjahr zurückgekehrt ist, oder der unmittelbaren Auswirkung, die quartalsweise Konjunkturindikatoren auf die Konsumausgaben haben. Manche Menschen lassen sich von diesen Faktoren so sehr lähmen, dass sie am Ende gar nichts messen; andere haben dagegen den Mut, Vermutungen anzustellen, subjektive Annahmen so gut wie möglich zu objektivieren und dabei transparent vorzugehen. Daraufhin entwickeln sie Szenarios und führen Sensitivitätsanalysen durch und steigern so ihre Fähigkeit, den Beitrag eines Projekts isoliert zu messen. Ich plädiere sehr für den zweiten, mutigen Weg.

Ernennen Sie einen Benefit Realization Manager oder ein Benefit Realization Team, der bzw. das eng mit Ihren Projekt- und Programmmanagern zusammenarbeitet. Das Benefit Realization Management leistet einen direkten Beitrag zum Maßnahmen-, Risiko- und Fortschrittsmanagement. Im Falle eines komplexen Programms sollten Sie ein kleines Kennzahlenteam zusammenstellen, das sich regelmäßig mit dem Programmmanagement über die nächsten Schritte abstimmt. Wenn Sie das Benefit Realization Management für die Führung des Unternehmens und die Transformation des Unternehmens kombinieren möchten, sollte die Verantwortung in den Händen ein und derselben Person liegen.

Benefits dürfen sich nicht gegenseitig beeinträchtigen. Es kann vorkommen, dass ein Projekt richtig durchstartet und viel früher als erwartet großen Nutzen bringt. Trotzdem sollten Ihre Primärprozesse stets oberste Priorität haben, denn der tägliche Geschäftsbetrieb muss unter allen Umständen aufrechterhalten werden.

6.1.2 Ein praktikables Messsystem entwickeln

Verwenden Sie ein einfaches Messsystem. Sobald Sie das maximale Optimierungspotenzial einer Maßnahme in eine konkrete Zielvorgabe für die Umsetzung übertragen haben, brauchen Sie eine Methode, um den Fortschritt zu messen. Ihre Analyse und Ihre Strategieentwicklung sollten auf einer quantitativen Grundlage in Form von einigen substanziellen Datenblättern basieren. Ein Programm zur Kostensenkung und Qualitätssteigerung des Backoffice mithilfe von Effektivitäts- und Effizienzvorgaben benötigt definitiv einige unabhängige Analysen und Benchmarks. Diese müssen am Ende zusammengeführt werden, um einen genauen Überblick über die Zielvorgaben, die Analysen, die Strategieentwürfe und den Business Case zu ermöglichen. Diese Zusammenfassungen dienen in der Regel als Grundlage bei der Formulierung von Zielvorgaben für jeden einzelnen Prozess und zeigen die Verantwortlichkeiten für die Umsetzung und die Benefit-Realisierung auf.

Messen! Sobald Sie mit der Umsetzung Ihrer Maßnahme beginnen, sollten Sie auch mit dem Messen beginnen. Erfolgreiche Umsetzungsverantwortliche messen den Fortschritt des gesamten Portfolios quartalsweise und laufende Maßnahmen monatlich. So erkennen Sie frühzeitig, wenn etwas falschläuft, und stochern nicht im Nebel.

Wie wir in Beschleuniger 2 gesehen haben, sollten Ziele sowohl auf strategischer als auch auf Maßnahmenebene definiert werden. Wenn Ihr Zielt darin besteht, 10 Prozent Wachstum in einem sich konsolidierenden Markt zu erzielen, müssen Sie wahrscheinlich alle drei Maßnahmentypen kombinieren. Führungskräfte wissen, dass man Wachstumsziele formuliert, indem man sie aus verschiedenen Blickwinkeln gleichzeitig betrachtet. Lassen Sie mich dies an drei praktischen Beispielen veranschaulichen:

Beispiel für Maßnahmentyp 1: Verbesserungsprojekt mit dem Ziel, mehr Aufträge zu gewinnen und so den Umsatz in bestehenden Märkten und mit bestehenden Kunden zu steigern. Veränderungen vom Typ 1 (Verbesserung) konzentrieren sich in der Regel auf ein einziges Ziel und erfolgen im Rahmen eines einzelnen Prozesses innerhalb eines bestimmten Bereichs. Durch diesen klaren Rahmen sind solche Maßnahmen einfach zu messen. In diesem Beispiel hat ein Professional-Service-Unternehmen ein Lean-Projekt implementiert, um seine Angebotsumwandlungsquote zu verbessern. Vor Einsetzung der Maßnahme betrug die Quote 1:7. Ein Prozessoptimierungsteam analysierte die Situation und identifizierte einige Quick Wins sowie kleinere und größere Optimierungsmöglichkeiten im Vertriebsprozess. Diese umfassten folgende Punkte: die Kundenanfrage in konkrete Ergebnisse übersetzen, Zeit für mehrere Beratungen mit dem Kunden einplanen (anstatt davon auszugehen, dass ein einziges Gespräch als Grundlage für die Angebotserstellung ausreicht) sowie eine explizite Vision zur Kundenanfrage formulieren, anstatt die Anfrage lediglich zu übernehmen.

Durch diese Veränderungen konnte das Unternehmen seine Umwandlungsquote nach nur drei Monaten auf 1:5 und nach sechs Monaten auf 1:4 steigern. Ohne in die Falle der falschen Präzision zu tappen, hatte das Prozessoptimierungsteam eine Berechnungsbasis festgelegt und ein klares Messystem entwickelt, das drei einfache Korrekturmechanismen enthielt: einen für saisonale Schwankungen, einen für organisches Wachstum und inwiefern der tägliche Geschäftsbetrieb dieses fördert, und einen für die Mitarbeiterfluktuation (das Unternehmen wuchs und stellte neues Personal ein). Zudem führte das Team einige objektive Messzeitpunkte ein: Einmal im Monat wurde zum Beispiel gemessen, wie stark das Optimierungsprojekt auf das Wachstumsziel einzahlte. Das Team berücksichtige auch grundlegende Change-Management-Aspekte (die weichen Kompetenzen). Viele Verantwortliche tun sich hier schwer; doch es geht einfach darum, alle Vertriebsmitarbeiterinnen und mitarbeiter einzubeziehen – vor allem diejenigen, die in den ersten Analysen nicht berücksichtigt wurden. Es ist tatsächlich so einfach – Sie sollten es also nicht verkomplizieren.

Beispiel für Maßnahmentyp 2: Projekt zur Post-Merger-Integration mit dem Ziel, Vertriebssynergien zu schaffen. Transformationsprojekte vom Typ 2 (Erneuerung) zielen darauf ab, mehrere Ziele gleichzeitig zu erreichen, und betreffen häufig mehrere Prozesse, Bereiche und Abteilungen. In diesem Beispiel wurde das Integrationsprojekt im Zuge der Übernahme eines Großhandelsunternehmens durch ein anderes angestoßen. Fusionen und Übernahmen sind berüchtigt für ihre geringen Erfolgsquoten bei der Schaffung von Synergien. Das liegt häufig am fehlenden Engagement bei der Post-Merger-Integration und kündigt sich bereits dadurch an, dass der Due-Dilligence-Bericht, der dem Geschäft vorausgeht, keinen Abschnitt zur Post-Merger-Integration enthält. In unserem Beispiel waren jedoch sowohl die Ziele als auch die Verpflichtung zur Post-Merger-Integration klar formuliert worden. Es gab konkrete Ziele hinsichtlich der Vertriebssynergien. Die beiden Großhandelsunternehmen überlegten, welche Märkte und Zielgruppen sie gemeinsam effektiver bedienen könnten und wie. Fusionen führen häufig kurzzeitig zu Kundenabwanderungen, weil die Unternehmen zu sehr mit sich selbst beschäftigt sind. In diesem Fall gab es jedoch einen Plan, um dies zu verhindern. Eine Maßnahme bestand darin, dass speziell eingerichtete Kundenteams beider Unternehmen eine Strategie entwickeln sollten, wie die zehn wichtigsten Kunden beider Großhändler prioritär behandeln werden konnten. Ein weiteres Problem infolge von Fusionen und Übernahmen ist die Mitarbeiterfluktuation. Um diese zu verhindern, hatte das neue Unternehmen einen Talentmanagementprozess entwickelt. Dazu hatten sie die jeweils 50 leistungsstärksten Mitarbeiterinnen und Mitarbeiter beider Unternehmen identifiziert und die Betroffenen einzeln zu einem persönlichen Gespräch mit einem Mitglied der neuen Geschäftsleitung und ihrem neuen Vorgesetzten eingeladen. Das war eine echte Leistung, wenn man bedenkt, wie lang es dauern kann, in einem fusionierten Unternehmen die 100 besten Talente zu identifizieren. Das neue Unternehmen machte es sich jedoch zur primären Aufgabe, diesen Prozess in weniger als zwei Monaten abzuschließen. Und selbst in Fällen, in denen die Situation noch nicht ganz klar war, fanden die Gespräche trotzdem statt. Obwohl die Ziele der Post-Merger-Maßnahme strategische, Vertriebs-, Marketing- und HR-Prozesse betrafen, blieben sie messbar.

Beispiel für Maßnahmentyp 3: Innovationsprojekt mit dem Ziel, neue Erlös- und Geschäftsmodelle zu entwickeln, die einen messbaren Beitrag zu den Wachstumszielen des Unternehmens leisten müssen. Im extremsten Fall haben Transformationsprojekte vom Typ 3 (radikale Innovation) keine Auswirkung auf bestehende Prozesse, Bereiche oder Abteilungen. Denn schließlich geht es um die Schaffung eines neuen Geschäftsmodells. Ihre Effekte lassen sich jedoch nicht so einfach messen. In Beschleuniger 1 habe ich bereits darauf hingewiesen, dass sich für radikale Innovationen das Lean-Startup-Modell von Eric Ries anbietet. Es stellt nicht nur eine hervorragende Innovationsmethode dar, sondern erklärt auch, wie sich die Umsetzung messen lässt. Ries warnt vor Fassadenmetriken und empfiehlt, eine echte Innovationsrechnung in Bezug auf digitale Geschäftsmodelle zu etablieren. Fassadenmetriken messen die Gesamtzahl der angemeldeten Userinnen und User und die Gesamtzahl der Kundinnen und Kunden. Dies sind per se keine nutzlosen Parameter, doch Sie brauchen auch belastbare Kennzahlen.[154] Eine Innovationsrechnung setzt jedoch voraus, dass Sie ein diszipliniertes System entwickeln, mit dem Sie durch Experimentieren und validiertes Lernen ermitteln können, ob Sie tatsächlich die gewünschten Ergebnisse erzielen. Das Investmentunternehmen Andreessen Horowitz hat eine Liste mit 32 Start-up-Kennzahlen erstellt, die speziell für digitale Innovationen (Typ 3) geeignet sind. Diese umfassen sowohl finanzielle und geschäftsbezogene Kennzahlen als auch Produkt- und Engagement-Kennzahlen. Es lohnt sich, diese Liste (siehe Anhang 10) einmal genauer zu betrachten.[155]

6.1.3 Validiertes Lernen nutzen

Validiertes Lernen in Innovationsprojekten vom Typ 3 zeigt Fortschritte auf und trägt gleichzeitig der Unsicherheit Rechnung, unter der die meisten Start-ups operieren.[156] Beim validierten Lernen geht es darum, praxisbasierte Wahrheitsbeweise hinsichtlich Ihrer bestehenden und zukünftigen Kunden zu sammeln. Es ist wesentlich konkreter, genauer und schneller als Marktprognosen oder die klassische Geschäftsplanung. Ziel ist es, von Ihren Usern zu lernen und Erkenntnisse zu gewinnen. Alles andere spielt keine Rolle. Mit anderen Worten: Validiertes Lernen ist Lernen auf Basis der aktuellen Entwicklung Ihres Unternehmens – unterstützt durch reale Kundendaten. Start-ups sollten Experimente durchführen, die sie in die Lage versetzen, zu lernen und mit Unsicherheiten umzugehen.

Übertragen Sie Ihre riskanten Annahmen in ein quantitatives Modell.[157] Die Innovationsrechnung umfasst folgende Schritte:

1. Sammeln Sie mithilfe Ihres MFP reale Daten über Ihre Baseline.
2. Versuchen Sie, Ihren Wachstumsmotor von Anfang an zu feinzutunen, indem Sie Ihr MFP anpassen.
3. Iterieren Sie Ihr MFP, um es durch validiertes Lernen zu optimieren. Je näher Sie dem Optimum kommen, desto schneller können Sie entscheiden: Kurs beibehalten oder Kurs korrigieren (Pivot)?[158]

Split-Tests und Kohortenanalysen sind zwei der wichtigsten Tools der Lean-Startup-Methode. Anstatt die kumulierten Umsätze oder Website-Ansichten heranzuziehen, betrachten Sie separate Kundengruppen (Kohorten).

154 Ecclesiastes 1:2, KJV.
155 Jeff Jordan/Anu Hariharan/Frank Chen/Preethi Kasireddy: 16 Startup Metrics. Andreessen Horowitz. http://a16z.com/2015/08/21/16-metrics.
156 Mulders: Uittreksel.
157 Ries: Lean-Startup-Modell.
158 Mulders: Uittreksel.

Kennzahlen erlauben Ihnen, den Fortschritt zu messen. Dazu müssen sie drei Voraussetzungen erfüllen. (1) Sie müssen belastbar sein. Das heißt, sie müssen eine Kausalbeziehung aufzeigen, zum Beispiel Website-Ansichten pro Tag. (2) Sie müssen zugänglich sein, denn nur dann lassen sie sich auch auswerten; andernfalls sind sie Zeitverschwendung. (3) Sie müssen verifizierbar sein. Das heißt, Sie müssen sicher sein, dass Ihre Daten korrekt und aktuell sind. Kennzahlen, die diese drei Kriterien nicht erfüllen, sind Fassadenmetriken und damit nicht belastbar.[159]

Vermeiden Sie Fassadenmetriken. Ein großer Wissenschaftsverlag war sehr bemüht, nicht in die Falle von Fassadenmetriken zu tappen. Das Unternehmen verfügte über ein ausgeglichenes Portfolio an Innovationsmaßnahmen. Wissend, dass erfolgreiche Innovationen alles andere als einfach sind, hielt sich der Verlag streng an die Lean-Startup-Prinzipien von Eric Ries. Das vorbildliche Portfolio zeigte, dass der Verlag im gesamten Unternehmen neue Ideen breit und umfangreich erkundete, dass eine Reihe von Ideen auf Kundenwert und Geschäftschancen fußten und dass das Unternehmen experimentierfreudig war. Die Zahl der Experimente basierte auf einer einfachen Rechnung: Wie viele Experimente müssen wir durchführen, um am Ende mit genügend erfolgreichen dazustehen? Was ist machbar, und was ist messbar? Zudem stellte das Unternehmen sicher, dass es eine gute Mischung aus intern generierten Innovationsexperimenten einerseits und Start-ups, Spin-offs und Übernahmen andererseits verfolgte. In Abbildung 15 können Sie sich in Erinnerung rufen, wie radikale Innovationen organisiert werden sollten. Der Verlag in unserem Beispiel verwendete Kennzahlen, um den Fortschritt bei der Umsetzung seiner Innovationsexperimente zu messen.

6.1.4 Messen und ernten

Ihre erste Umsetzungswelle haben Sie in Beschleuniger 2 begonnen. Sie hilft Ihnen, Ihre strategischen Ziele zu erreichen und »füttert« gleichzeitig Ihren Lern- und Messprozess. Dadurch finden Sie heraus, was funktioniert und was nicht und wie Sie effektive Messungen anstellen (siehe Abbildung 31).

159 Hariharan, Chen & Jordan: 16 More Startup Metrics. Andreessen Horowitz. http://a16z.com/2015/09/23/16-more-metrics.

	Ziele	Wie stark Ziele und Fortschritt von der Führungskompetenz abhängen	Umsetzungsformat (Projekt/ Programm/M&A)	Wie stark Ziele und Fortschritt von der Umsetzungsexzellenz abhängen	Bewertung
1	**EBITDA-Marge: +2,5 %, 20 % → 22,5 %**	1%	Commercial-Excellence-Projekt	Ziel: 1,5 %, Fortschritt bei 25 % der Umsetzung: 0,5 %	● ● ●
2	**Innovation: 10 % Erlös aus Produkten < 2 Jahre, 5 % → 15 %**	Gar nicht	Innovationsprojekte	Ziel: 10 % Steigerung, Fortschritt bei 10 % der Umsetzung: 2 %	● ● ●
3	**Kundenzufriedenheit: NPS 8 → 9**	0,5 NPS-Punkte	Commercial-Excellence-Projekt	Ziel: 0,5 NPS-Punkte, Fortschritt bei 35 % der Umsetzung: 0,2	● ● ●
4	**Lieferzuverlässigkeit: +10 %, 85 % → 95 %**	Gar nicht	Supply-Chain-Programm	Ziel: 10 % Steigerung, Fortschritt bei 75 % der Umsetzung: 8 %	● ● ●

Abb. 31: Messen Sie die Umsetzung der Maßnahmen im Rahmen des Business Case unabhängig davon, wie stark Ihr tägliches Management zu Erreichung Ihres strategischen Ziels beiträgt.
(Quelle: Turner 2016)

Wenden Sie die Grundlagen des Performance-Managements an. Zum Thema Performance-Management ist bereits viel geschrieben worden. Der Großteil der verfügbaren Informationen bezieht sich auf Performance-Management-Systeme im Bereich Unternehmensführung. Die meisten Erfolgsfaktoren dieses Systems können Sie auch nutzen, um die Umsetzung zu messen. Einige beziehen sich jedoch ausschließlich auf die Transformation des Unternehmens:[160]

160 Torben Rick: Top 10+ Performance Management Failures. Meliorate. 08. September 2014. https://www.torbenrick.eu/blog/performance-management/sins-of-performance-management.

1. Achten Sie auf ein realistisches Verhältnis zwischen ambitionierten und machbaren Zielen. Faustregel: 20 bis 25 Ihrer KPIs sollten wirklich ambitioniert sein, die anderen realistisch.
2. Verwenden Sie erfahrungsorientierte KPIs: Sie wollen keinen Papiertiger.
3. Definieren Sie spezifische und SMARTe Zielvorgaben (auch wenn das etwas abgedroschen klingen mag) – sowohl in inhaltlicher als auch in zeitlicher Hinsicht. »Einige« ist keine Zahl und »so schnell wie möglich« kein exakter Termin.
4. Sie sollten die Freiheit haben, interdisziplinär und abteilungsübergreifend arbeiten zu können.
5. Achten Sie auf ein gesundes Zielgleichgewicht. Das bedeutet, Sie brauchen mindestens zwei Ziele. Selbst ein Kostensenkungsprogramm sollte ein Kontinuitätsziel und ein Erneuerungsziel beinhalten, damit die Kostensenkungen unter dem Gesichtspunkt erfolgen, Mitarbeiter und Kompetenzen zu halten, um zukünftiges Wachstum zu ermöglichen.
6. Definieren Sie Ihre Zielvorgaben aus Sicht Ihrer Stakeholder und mit einem Außen-Innen-Blick, und durchdenken Sie deren Konsequenzen.
7. Achten Sie auf Einfachheit, nicht nur in der Ausführbarkeit, sondern auch hinsichtlich der Kennzahlen selbst.
8. Nehmen Sie sich Zeit zum Nachdenken. Selbst Diskussionen über Zielvorgaben sind häufig zu oberflächlich.
9. Stimmen Sie Ihre Zielvorgaben auf die aktuellen KPIs und Zielvorgaben Ihres bestehenden Performance-Management-Systems ab.
10. Schaffen Sie ein dynamisches System. Der Sinn von Performance-Messung besteht schließlich darin, Anpassungen vornehmen zu können.

Im Folgenden stelle ich Ihnen ein Unternehmen vor, das Baustein 9 erfolgreich umgesetzt hat.

BAUSTEIN 9 – BENEFITS ERFOLGREICH UMGESETZT

Case Study: Wie eine internationale Bank mit sichtbaren Benefits seinen Mitarbeitern die Transformation schmackhaft macht

Durchbruch: Kurze Zyklen der Benefit-Realisierung. In verschiedenen Geschäftsbereichen einer internationalen Bank wurden mehrere Transformationsprojekte initiiert, die in allen Ländern, in denen das Unternehmen aktiv ist, ausgerollt werden müssen. Die Veränderungen umfassen die Einführung eines neuen Target Operating Model (TOM) sowie eines Programms zum Aufbrechen von Abteilungssilos mit dem Ziel, den Kundenwert zu maximieren (PRIME). Obwohl die IT Veränderungen im Finanzdienstleistungssektor entscheidend voranbringen kann, entschied sich die Bank dazu, ausschließlich nicht-technische Lösungen zu implementieren, weil ein IT-Entwicklungsprojekt schlicht zu lange dauern würde. Das Programm wird zentral geleitet, für die Umsetzung ist jedoch die Linienorganisation im jeweiligen Land zuständig. Insofern werden dort auch die Benefits realisiert. Die Bank hat einen Zeitplan für die Implementierung in den verschiedenen Ländergruppen erstellt.

Ergebnis: Die Umsetzung der Strategie wurde wesentlich vorangetrieben. Mithilfe eines internationalen Benefit-Trackingsystems konnte die Bank visualisieren, wie die Anreize für die Teilnahme am Programm direkt proportional mit den angestrebten Benefits zusammenhingen. Obwohl realisierte Benefits in einem Land nichts darüber aussagen, mit welcher Wahrscheinlichkeit sie sich auch in einem anderen Land erzielen lassen, ist die Benefit-Messung doch ein entscheidendes Tool, um die Veränderungsbereitschaft der Niederlassungen zu fördern. Das Programm misst die direkten und indirekten Effekte sowie die quantitativen und qualitativen Indikatoren hinsichtlich Kundenzufriedenheit, Kostensenkung und Vereinfachung. Die Programmverantwortlichen haben ein weltweites Transition-Dashboard eingerichtet, das sowohl die getätigten Transformationsmaßnahmen (zeitlich und monetär) als auch die Kennzahlen pro Land darstellt. Durch wöchentliche Reviews und die Konzentration auf die belegbare Korrelation zwischen den Maßnahmen und ihrer Wirkung ist das Programm reibungslos vorangeschritten. Das Team erzielt hervorragende operationale Ergebnisse. Alle sechs Monate schneidet es durch die Bankenwelt wie ein heißes Messer durch Butter.

6.2 Baustein 10: Kontinuierliche Weiterentwicklung

In diesem Baustein erfahren Sie genauer, welche Ressourcen Sie für die Implementierung benötigen, und richten ein System zur Kontrolle des Business Case ein. Die kontinuierliche Abstimmung mit anderen Maßnahmen und Bereichen sollte Ihnen automatisch von der Hand gehen. Sie werden Ihr MFP auf Basis von Kundenbedürfnissen und Kundenfeedback weiterentwickeln. Dazu sehen wir uns an, wie Sie Ihr MFP für die Implementierung vorbereiten und es anpassen, welche Umsetzungsressourcen Sie brauchen und wie Sie Ihr MFP mithilfe von agilen Prinzipien weiterentwickeln.

6.2.1 Das MFP konkretisieren und anpassen

Ihr MFP ist noch nicht bereit für die flächendeckende Umsetzung. Das gilt für alle Maßnahmen, unabhängig davon, ob es sich um Veränderungen vom Typ 1, 2 oder 3 handelt. Denn es besteht nach wie vor eine Diskrepanz zwischen Ihrem MFP – Ihrem ersten Entwurf für eine Lösung und Ihrem Prototyp des neuen Geschäftsmodells – und der Umsetzung. Der Grad an Spezifizität, der nötig ist, um nach der ersten Welle nun größere Gruppen von Mitarbeitern einzubeziehen, ist häufig höher als in Beschleuniger 2. Und auch Ihr Ziel ist ein anderes. In Beschleuniger 2 bestand es darin, konkret genug zu werden, um mit der Umsetzung beginnen und ein erstes Experiment mit einer kleinen Gruppe von Anwenderinnen und Anwendern durchführen zu können. Sobald Sie das erreicht haben, lautet Ihr nächstes Ziel, Ihren konkreten Entwurf, also Ihr MFP, für die nächste Umsetzungswelle vorzubereiten. Die akribisch arbeitenden Mitarbeiter in Ihrem Team werden diese Gelegenheit nutzen, um weitere tiefgehende Analysen durchzuführen und detailliertere Schlussfolgerungen zu ziehen. Die flexiblen und experimentierfreudigen Mitarbeiter werden sich dagegen in die Umsetzung stürzen wollen. Es ist Ihre Aufgabe, die beiden Gruppen zusammenzubringen. Glauben Sie mir, es gibt eine goldene Mitte.

6.2.2 Die für die Umsetzung erforderlichen Ressourcen festlegen

In der Vergangenheit haben Unternehmen Umsetzungsressourcen als den kleinen Bruder von Strategie und Umsetzung betrachtet. Ein konkretisiertes MFP wird jedoch nicht einfach dadurch umsetzbar, dass Sie mit dem Zauberstab wedeln. Sie brauchen konkrete Ressourcen dafür. Das ist entscheidend, denn Sie sollten sich nicht allein auf mündliche Anweisungen stützen. Es stimmt natürlich, dass die eigentliche Umsetzung durch Ihre Mitarbeiterinne und Mitarbeiter erfolgt, weshalb mündliche und persönliche Umsetzung die wichtigsten Formate sind. Doch die Umsetzung sollte nicht allein darauf basieren. Ihr MFP muss für sich genommen verständlich sein und sollte so gut formuliert sein, dass es den Großteil Ihrer Umsetzungskompetenzen abdeckt. Und es sollte so inspirierend sein, dass diejenigen, die es lesen, unbedingt an der nächsten Umsetzungswelle beteiligt sein wollen.

In Hinblick auf Ihre Umsetzungsressourcen brauchen Sie sowohl inhaltsorientierte als auch transformationsorientierte Formate: eine praktische digitale Checkliste für einen neuen Prozess, ein Kurzprotokoll mit einer vereinfachten Version aller beteiligten Prozesse, eine Vertrauenserklärung in Videoform, ein persönliches Manifest und eine Fragen-und-Antworten-Datenbank.

Eine unverzichtbare Umsetzungsressource ist das Umsetzungstoolkit. Es soll Mitarbeiterinnen und Mitarbeitern, die neu zur Maßnahme hinzukommen, den Strategieentwurf und das MFP überzeugend und verständlich erklären – sozusagen auf einem silbernen Tablett servieren. Dazu muss das Toolkit sowohl informativ als auch inspirierend sein und eine wohlüberlegte Struktur mit Anfang, Mitte und Ende aufweisen. Es umfasst: ein präzise formuliertes zehnseitiges Dokument, das die Fragen wer, was, warum, wo, wie und mit wem beantwortet; eine überzeugende Vertrauenserklärung des Chief Execution Sponsor (möglichst in Videoform) sowie eine ausgewogene Zusammenfassung der Inhalte und der getätigten Analysen. Kurzum: Es sollte eine Mischung aus harten Zielen und weichen, transformationsorientierten Elementen umfassen.

6.2.3 Das MFP weiterentwickeln

Neue oder überarbeitete Geschäftsmodelle sind von Natur aus digital. Wie wir in Beschleuniger 2 gesehen haben, muss das MFP bei jeder Art von Implementierung kontinuierlich weiterentwickelt werden, vor allem jedoch, wenn das MFP und die ihm zugrunde liegenden Geschäftsprozesse stark IT-abhängig sind. Das wird fast immer der Fall sein, da heutzutage fast alle Prozesse datenintensiv sind und die Digitalisierung bestehende wie zukünftigen Erlös- und Geschäftsmodelle durchzieht.

Kontinuierliche Weiterentwicklung ≠ Skalierung. Immer neue Versionen Ihres MFPs (1.0, 2.0, 3.0) zu entwickeln ist etwas vollkommen anderes, als eine einzelne Version zu skalieren. Mit Letzterem beschäftigen wir uns im zweiten Teil von Beschleuniger 3 (zu den weichen Kompetenzen). Hier soll uns der erste Fall interessieren: Wie entwickeln Sie Ihr MFP zu neuen und besseren Versionen weiter? Der Schlüssel besteht darin, Kundedaten für die agile Iteration zu verwenden.

Bei der Wahl der Entwicklungsmethode müssen Sie das Rad nicht neu erfinden. Ich beziehe mich hier auf bewährte Entwicklungsmethoden, die immer erfolgreichere überarbeitete oder innovative Geschäftsmodelle (vom Typ 2 oder 3) hervorbringen. Die agile Produktentwicklung umfasst verschiedene Methoden; Scrum ist die wichtigste. Im Folgenden stelle ich Ihnen kurz die zentralen Konzepte der agilen Produktentwicklung vor und gehe auf Scrum genauer ein.

6.2.4 Was Sie über agile Methoden wissen sollten

Agile ist eine einflussreiche Denkschule. Das Agile Manifest wurde 2011 von einer Gruppe Softwareentwickler in Utah entwickelt. Es besagt:

- Personen und Interaktionen haben Vorrang vor Prozessen und Tools.
- Funktionsfähige Software hat Vorrang vor ausführlicher Dokumentation.
- Die Zusammenarbeit mit dem Kunden hat Vorrang vor der Vertragsverhandlung.
- Auf Veränderungen zu reagieren ist wichtiger, als einem Plan zu folgen.

Die 12 Prinzipien des Agilen Manifests

1. Unsere höchste Priorität ist es, den Kunden durch frühe und kontinuierliche Auslieferung wertvoller Software zufriedenzustellen.
2. Heiße Anforderungsänderungen selbst spät in der Entwicklung willkommen. Agile Prozesse nutzen Veränderungen zum Wettbewerbsvorteil des Kunden.
3. Liefere funktionierende Software regelmäßig innerhalb weniger Wochen oder Monate und bevorzuge dabei die kürzere Zeitspanne.
4. Fachexperten und Entwickler müssen während des Projektes täglich zusammenarbeiten.

5. Errichte Projekte rund um motivierte Individuen. Gib ihnen das Umfeld und die Unterstützung, die sie benötigen, und vertraue darauf, dass sie die Aufgabe erledigen.
6. Die effizienteste und effektivste Methode, Informationen an und innerhalb eines Entwicklungsteams zu übermitteln, ist im Gespräch von Angesicht zu Angesicht.
7. Funktionierende Software ist das wichtigste Fortschrittsmaß.
8. Agile Prozesse fördern nachhaltige Entwicklung. Die Auftraggeber, Entwickler und Benutzer sollten ein gleichmäßiges Tempo auf unbegrenzte Zeit halten können.
9. Ständiges Augenmerk auf technische Exzellenz und gutes Design fördert Agilität.
10. Einfachheit – die Kunst, die Menge nicht getaner Arbeit zu maximieren – ist essenziell.
11. Die besten Architekturen, Anforderungen und Entwürfe entstehen durch selbstorganisierte Teams.
12. In regelmäßigen Abständen reflektiert das Team, wie es effektiver werden kann, und passt sein Verhalten entsprechend an.[161]

Die agile Softwareentwicklung basiert im Unterschied zum klassischen Wasserfallmodell in Phasen auf einem inkrementellen Ansatz. Jedes Inkrement liefert dabei einen realisierten Teil des endgültigen Geschäftsmodells oder MFPs. Das erste Inkrement ist Ihr MFP, das zweite Ihre erste Iteration und so weiter. Ein Inkrement ist niemals ein festes Endstadium, sondern immer die Grundlage für die nächste Iteration und Innovation.

Der traditionelle phasenweise Ansatz liefert dagegen ein Zwischenergebnis des angestrebten Produkts gemessen an zeitlichen und Kostenkriterien, zum Beispiel: Entwicklung, Vorbereitung, Umsetzung, Implementierung. Ein Inkrement ist dagegen die Bereitstellung der vom Kunden gewünschten Funktionalitäten innerhalb einer festgelegten Zeit mit der höchsten Priorität. Jedes Inkrement durchläuft dabei ebenfalls die Phasen Entwicklung, Vorbereitung, Umsetzung, Implementierung. Das mag wie eine unbedeutende semantische Feinheit klingen, doch die Auswirkungen für den Kunden sind immens.

Es gibt einige hervorragende Bücher zum Thema agile Produktentwicklung und agiles Projektmanagement, zum Beispiel *Agile Project Management* von Jim Highsmith, *Essential Scrum* von Ken Rubin und *Learning Agile* von Andrew Stellman.[162] Eine empfehlenswerte niederländische Quelle ist das Buch *Managen van agile projecten* von Bert Hedeman, Henny Portman und Ron Seegers.[163] Es gibt einen guten Überblick über die verschiedenen Arten von agilem Management, ihren Zusammenhang und ihre wichtigsten Prinzipien. Zudem stellt es den Unterschied zwischen dem traditionellen Wasserfallmodell in der (Software-)Entwicklung und dem agilen Ansatz übersichtlich dar (siehe Abbildung 32).

161 https://agilemanifesto.org/iso/de/principles.html.

162 Jim Highsmith, Agile Project Management: Creating Innovative Products. Addison-Wesley Professional, 2009; Kenneth S. Rubin, Essential Scrum: A Practical Guide to the Most Popular Agile Process. Addison-Wesley Signature Series (Cohn), 2012; Andrew Stellman, Learning Agile: Understanding Scrum, XP, Lean, and Kanban. O'Reilly Media, 2013.

163 Bert Hedeman, Henny Portman & Ron Seegers, Managen van agile projecten. Van Haren Publishing, 2014, S. 5.

Wasserfallmodell	Agiles Modell
Management und Kontrolle durch Projektmanager	Selbstorganisierte Teams
Schrittweise Entwicklung	Iterative Entwicklung
Fortschritt basierend auf dem Anteil (%) der erledigten Aufgaben	Fortschritt basierend auf dem Anteil (%) des fertiggestellten Produkts
Meilensteine nach erfolgter Arbeit	Timeboxes, innerhalb derer Zwischenbewertungen des Produkts stattfinden
Phasen mit Zwischenergebnissen	Inkremente, die einen Teil des fertigen Produkts darstellen
Kontrolle von Zeit, finanziellen Mitteln und Qualität	Kontrolle anhand auslieferbarer Funktionalitäten
Ergebnisse liegen am Ende des Projekts vor	Ergebnisse erfolgen in Form von Inkrementen
Projektmanager gibt Anweisungen	Projektmanager unterstützt

Abb. 32: Unterschiede zwischen Wasserfallmodell und agilem Modell
(Quelle: Hedeman/Portman/Seegers: Managen van agile projecten, 2014)

In der Tabelle habe ich den Begriff »Software« durch »Produkt« ersetzt, um zu zeigen, dass sich die agilen Prinzipien jenseits der IT auch auf andere (iterative) Entwicklungsprojekte anwenden lassen, etwa im Bereich Marketing, Betriebsmanagement und Innovation. Grundsätzlich sind die agilen Prinzipien auf alle Projekte und Programme übertragbar, in denen:

- Projekt- und Programmteam von Anfang an mit der Linienorganisation zusammenarbeiten müssen, um langfristige Ergebnisse zu erzielen;
- ein »Big Bang« unmöglich ist oder das Risiko birgt, falsche Ergebnisse oder Misserfolge zu produzieren.

In Anhang 7 finden Sie eine Übersicht über die wichtigsten operationalen Bestandteile von Agile und Scrum, sodass Sie selbst einen solchen Entwicklungsansatz verfolgen können.

Im Folgenden stelle ich Ihnen ein Unternehmen vor, das Baustein 10 erfolgreich umgesetzt hat.

BAUSTEIN 10 – KONTINUIERLICHE ENTWICKLUNG ERFOLGREICH UMGESETZT

Case Study: Mittelgroße niederländische Hochschule für angewandte Wissenschaften

Durchbruch: Die schnellwachsende Hochschule hatte seit Jahren mit der Kursplanung zu kämpfen. Mit der Zeit wurde das Problem immer größer und entwickelte sich schließlich zu einer ausgewachsenen Krise. Die Unzufriedenheit bei Studierenden und Lehrenden wuchs.

Zu Beginn des Transformationsprojekts legte der Business Case dar, welche Verbesserungen nötig waren. Als wichtigste Ziele wurden definiert: Die Kursplanung sollte weniger fehler- und änderungsanfälliger sein und der Planungsprozess sollte besser kontrolliert und weniger hektisch werden. Die Zielerreichung sollte zu Schlüsselmomenten überprüft werden. Nach jedem wichtigen Schritt im Planungsprozess prüften die Stakeholder, ob die Ziele erreicht wurden und welche Veränderungen am Prozess nötig waren.

Ergebnis: Mittlerweile beträgt die Kapazitätsauslastung der Unterrichtsräume 80 Prozent. Dank des kontinuierlichen Fokus auf und die regelmäßige Aktualisierung der Hauptziele, vor allem während der Umsetzung, konnten die wichtigsten Stakeholder (Studierende und Dozenten) verfolgen, welche Verbesserungen bereits stattgefunden hatten und welche Engpässe weiterhin bestanden. Die Kursplanung ist heute ein ruhiger, entspannter Prozess. Dazu beigetragen hat auch die Erkenntnis, dass das Problem auf die Hochschule selbst zurückzuführen war, weil die Beteiligten nicht die richtigen Daten zur Verfügung gestellt hatten. Diese Erkenntnis wurde auf allen Ebenen verinnerlicht und stellt vielleicht den wichtigsten Durchbruch dar. Die Sponsoren wurden während des gesamten Prozesses auf dem Laufenden gehalten und wussten zu jedem Zeitpunkt der Umsetzung, was bereits erreicht worden war.

Die weichen Bausteine in Beschleuniger 3: Skalierung und Brücken bauen

Jeder Beschleuniger hat zwei harte und zwei weiche Bausteine. Die weichen Bausteine in Beschleuniger 3 sind Skalierung und Brücken bauen. In **Baustein 11, Skalierung**, wählen Sie die Skalierungs- und Implementierungsmethoden aus, die Sie für Ihre Maßnahme am geeignetsten halten, und konkretisieren und operationalisieren diese. In **Baustein 12, Brücken bauen**, beseitigen das Change Leadership und die Umsetzungskoalition Hürden und feiern die bisher erzielten Erfolge. Hier geht es darum, Mehrwert zu schaffen und Positivität zu fördern.

6.3 Baustein 11: Skalierung

Nun geht es darum, die Skalierungs- und Implementierungsmethoden auszuwählen, die für die Maßnahme am geeignetsten sind, und sie zu konkretisieren und zu operationalisieren. In diesem Stadium müssen Sie die Zahl der beteiligten Mitarbeiterinnen und Mitarbeiter vielleicht von 15 auf 1.500 erhöhen. Seien Sie froh, dass diese 1.500 noch nicht in die anfängliche Analyse und Strategieentwicklung einbezogen waren. In diesem Baustein beschäftigen wir uns mit der Notwendigkeit eines modernes Mindsets hinsichtlich Change Management, verschiedenen Skalierungsmethoden sowie der Frage, wie Sie das Feedback Ihres Umsetzungsteams, Ihrer Kunden und Mitarbeiter koordinieren.

6.3.1 Die Nachricht verbreiten

Fördern Sie ein modernes Change-Management-Mindset. Viele Change-Management-Denkschulen betrachten Skalierung und Implementierung als Todsünden. Ihrer Ansicht nach muss jeder Mitarbeiter seine eigene Prozessoptimierung bewerkstelligen. Das mag in der Vergangenheit funktioniert haben, heute tut es dies jedoch nicht mehr. Wir müssen Bottom-up-Veränderungen und die Tabuisierung detaillierter, planerische Umsetzung als das betrachten, was sie sind: veraltete Dogmen. Als Führungskraft müssen Sie sich für eine modernere Denkhaltung bei der Strategieumsetzung starkmachen. Ihr Handlungsaufruf sollte deshalb die folgenden Elemente umfassen: Erstens sind alle Mitarbeiterinnen und Mitarbeiter sowohl in die Führung des Unternehmens als auch in die Transformation des Unternehmens involviert. Dadurch tragen auch alle Beteiligten bereits zur Umsetzung und Verbesserung ihrer Tätigkeit sowie des Unternehmens insgesamt bei. Zweitens ist Ihre Rolle hinsichtlich der Transformation des Unternehmens eventuell nicht immer dieselbe. Manchmal spielen Sie die erste Geige und sind von Tag 1 an in die Analyse und Strategieentwicklung involviert; manchmal spielen Sie die zweite Geige und werden erst in der Umsetzungsphase hinzugezogen. Drittens sollten Sie, wenn Sie die zweite Geige spielen, tun, was von Ihnen erwartet wird. Nehmen Sie sich nicht zu viele Freiheiten heraus. Sie können bewerten, ob die erste Geige gute Arbeit leistet, und Fragen stellen, allerdings nur, um Unklarheiten zu beseitigen. Ihre Aufgabe ist es nicht, Zweifel zu säen und nach Schlupflöchern und Spielräumen zu suchen.

Dieser Handlungsaufruf macht Sie (und mich) nicht zu Don Quijote. Es ist menschlich, Einfluss haben zu wollen, und ich will das hier nicht in Abrede stellen. Im digitalen Zeitalter werden Unternehmen, die auf Bottom-up-Veränderung setzen, jedoch nicht überleben.[164] Das Not-invented-here-Syndrom ist mit ambitionierten Unternehmen, die effizient, effektiv und agil sein wollen, nicht vereinbar. Es gibt genügend Einflussmöglichkeiten, ohne das Rad grundsätzlich neu erfinden zu müssen.

E = Q x A gilt nach wie vor, doch das A verändert sich. Dies ist ein starker Gedanke und eine klassische Gleichung im Change Management, die besagt: Effizienz ist gleich der Qualität der Inhalte multipliziert mit dem Akzeptanzgrad im Unternehmen (kurz: E = Q x A). Diese Gesetzmäßigkeit gilt auch heute noch. Doch angesichts Ihres Bestrebens, ein modernes Mindset einzuführen, müssen Sie die Variable »Akzeptanz« neu betrachten: Grundsätzlich akzeptieren Mitarbeiterinnen und Mitarbeiter es nicht mehr, wenn es kein klares Framework gibt. In ihren Augen ist das ein Zeichen nachlässiger Führung. Und wenn sie eine Maßnahme leiten, reagieren sie allergisch, wenn ihre Kolleginnen und Kollegen es versäumen, nützliche Vorschläge zu machen, und stattdessen vage Fragen stellen wie »Was würde Ihnen gefallen?«. Und es ärgert sie, wenn jemand behauptet, »bewusst nicht

164 Siehe Pijl: Het nieuwe normaal.

zu viele Informationen bereitzustellen, damit noch genügend Interpretationsspielraum besteht«, obwohl offensichtlich ist, dass diese Person ihren Job nicht gemacht hat.

Nicht immer können alle Mitarbeiter von Anfang an in alle Maßnahmen einbezogen sein. Und das ist in Ordnung. Doch Sie brauchen eine klar definierte Umsetzungsmethode, und zwar aus zwei Gründen: Erstens stellt diese eine gesunde Aufforderung dar, mit der Umsetzung zu beginnen, und zweitens erhalten Sie durch das Experimentieren schnelles Feedback, das zeigt, was funktioniert und was nicht, sodass Sie Ihr MFP und dessen Folgeversionen kontinuierlich weiterentwickeln können.

6.3.2 Die Umsetzung ausweiten

Entscheiden Sie, welche »Häppchen« Sie umsetzen und in welchen Wellen, denn weniger kann mehr sein. In Baustein 10 ging es darum, wie Sie Ihr MFP konkretisieren und weiterentwickeln. In diesem Abschnitt lernen Sie nun verschiedene Skalierungsmethoden und Auswahlkriterien kennen und erfahren, wie Sie diese mit Details anreichern.

Methoden zur Entwicklung Ihres MPFs sind untrennbar mit Skalierungsmethoden verbunden, sollten jedoch nicht verwechselt werden. Diese Unterscheidung ist in gewisser Weise vielleicht künstlich, vor allem bei (digitalen) Transformationsmaßnahmen vom Typ 1, 2 und 3. Normalerweise wurde eine neue Version Ihres digitalen Produkts oder Services auch von allen neuen Kunden getestet und implementiert. Bei den meisten Change-Maßnahmen vom Typ 1, 2 oder 3 ist dies jedoch nicht der Fall. In der Regel wurde ein neuer Geschäftsprozess mit einer ausgewählten Gruppe von Kunden und Mitarbeitern entwickelt, und dieser muss nun skaliert und an eine breitere Kundenbasis und alle Beschäftigten des Unternehmens – und häufig auch an alle Akteure innerhalb der Wertschöpfungskette und in Partnerunternehmen – ausgerollt werden. Deshalb ist es hilfreich, verschiedene Skalierungsmethoden zu kennen.

Es gibt zahlreiche bewährte Skalierungs- und Implementierungsmethoden. Bei den Auswahlkriterien geht es am Ende darum, welche Skalierungsmethode die schnellste, am besten zu kontrollierende und nachhaltigste wellenartige Umsetzung des angestrebten Ergebnisses erlaubt. Und bei der Skalierung entscheidet letztlich, in welche inhaltlichen Häppchen sich Ihr Strategieentwurf am besten unterteilen und umsetzen lässt. Um das entscheiden zu können, sollten Sie sich fragen: Für welche Mitarbeitergruppen? Welche Unternehmensbereiche? Und in welcher Reihenfolge? Wie lässt sich ein bestehender Geschäftsprozess innerhalb einer einzigen Welle mit einem neuen kombinieren? Muss die Umstellung innerhalb einer einzigen Welle erfolgen? Das ist häufig in IT-Projekten der Fall. Falls Sie jetzt denken, dass dies lediglich große Unternehmen mit Zehntausenden von Beschäftigten betrifft, muss ich Sie eines Besseren belehren: Dies betrifft tatsächlich alle Unternehmen, in denen das MFP, das ursprünglich von einem 10- bis 15-köpfige Team entwickelt wurde, letztlich von mehr als 100 Mitarbeiterinnen und Mitarbeitern implementiert werden muss.

Bei der Auswahl Ihrer Skalierungsmethode sollten Sie folgende Punkte berücksichtigen: Umsetzungskompetenz, Dringlichkeit, Ambition und Risiko der Reputationsschädigung. Diese Faktoren entscheiden darüber, wie schnell Sie skalieren können, in welchen Häppchen und in welchen Unternehmensbereichen. In Abbildung 33 sind sechs archetypische Skalierungsmethoden dargestellt. Sie müssen eine fundierte Entscheidung treffen, und das bedeutet immer, das geringere Übel zu wählen. Oder positiv ausgedrückt: die Methode zu wählen, die die vier genannten Variablen am besten kombiniert. Denken Sie daran: In neun von zehn Fällen gilt: Je besser sich Ihre Häppchen und Scheiben managen lassen, desto erfolgreicher wird die Umsetzung.

Methode 1 ist die Big-Bang-Methode. Sie bietet sich an, wenn die Dringlichkeit und die Umsetzungskompetenz – oder Transformationskompetenz – hoch sind. Methode 2 besteht aus einer Folge von Schockwellen. Sie ist geeignet, wenn Ihre Umsetzungskompetenz mittelmäßig oder unsicher ist und es große Unterschiede zwischen den Unternehmensbereichen gibt, in denen die Transformation erfolgen soll. Bei Methode 3 handelt es sich um exponentielle Skalierung. Sie bietet sich an, wenn das potenzielle Risiko Ihrer Strategie oder die Erfolgsaussichten unklar sind oder wenn noch viele Fragen offen sind und der Prototyp im Verlauf der Umsetzung konkretisiert werden muss. Führt der Prototyp zu guten Ergebnissen, kann das nächste Inkrement größer sein. Bei Methode 4 handelt es sich um die schrittweise lineare Methode oder Wasserfallmethode. Verwenden Sie sie, wenn Ihre Umsetzungskompetenz gering oder sehr unsicher ist und die Unternehmensbereiche, in denen die Transformation erfolgen soll, große Unterschiede aufweisen. Hier müssen die einzelnen Bereiche hohe Einsatzbereitschaft bei der Umsetzung zeigen. Methode 5 ist die hybride Methode. Sie ähnelt der Wasserfallmethode, ist jedoch für Situationen mit hoher Dringlichkeit gedacht, bei denen kritische Teile des Prototyps beschleunigt vorangetrieben werden müssen. Methode 6 stellt die delikate Methode dar. Sie bietet sich an, wenn Ihre Umsetzungskompetenz sehr gering ist und Ihre Strategie ein großes Risiko der Reputationsschädigung beinhaltet. Bei diesem Ansatz teilen Sie Ihren Prototyp in zwei oder mehr Häppchen auf. Hierzu ein Beispiel: Ein Anbieter von Rechtsdienstleistungen wollte einen neuen Geschäftsprozess für mehr als 700 Anwältinnen und Anwälte einführen. Der Strategieentwurf differenzierte zwischen drei klaren Prozessen: einem neuen Vertriebsprozess, einer neuen Methode zum Umgang mit Rechtsfällen und einem neuen Managementprozess. Obwohl sich diese drei Häppchen hinsichtlich Komplexität und Erfolgschancen deutlich voneinander unterschieden, gehörten sie alle zu ein und demselben Prototyp. Ihre Verwobenheit rechtfertigte das Vorgehen, aber dies ist die Art von Situation, die Methode 6 erfordert.

Jedes Quadrat bei dieser Methode (s. Abbildung 33) stellt eine Umsetzungswelle dar und beinhaltet die Aktivitäten, die im Umsetzungszyklus in Beschleuniger 2/Baustein 7 beschrieben wurden. Die Wahl der Skalierungsmethode bezieht sich immer auf *eine* Version Ihres Prototyps. Sobald Sie eine neue Version implementieren, müssen Sie sich erneut für eine Skalierungsmethode entscheiden. Dabei sollten Sie unbedingt Erkenntnisse aus früheren Skalierungen berücksichtigen.

Wie schon bei Beschleuniger 1 und 2 sollten Sie auch hier das SECA.NU-Tool nutzen. Es hilft Ihnen, die Umsetzungskompetenz Ihres Unternehmens neu zu bewerten, denn diese ist eine der wichtigsten Variablen bei der Wahl der Skalierungsmethode.

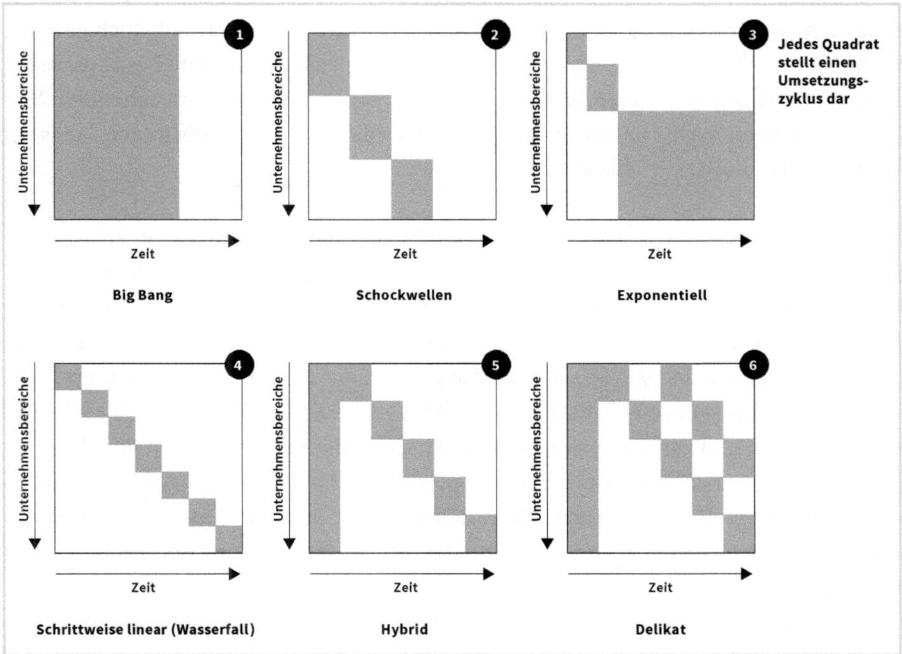

Abb. 33: Wählen Sie Ihre Skalierungsmethode sorgfältig aus: Welche Häppchen in welchen Wellen? Weniger kann mehr sein.
(Quelle: Turner 2016)

Der Teufel steckt im Detail. Sobald Sie damit beginnen, Ihren Prototyp mithilfe der gewählten Methode zu skalieren, werden Sie feststellen, dass Sie Ihre Aktivitäten ziemlich linear planen. Das ist in Ordnung, schließlich versuchen Sie, eine gute Balance zwischen den verschiedenen Variablen herzustellen, die alle prioritär behandelt werden möchten. Lassen Sie die Praxis darüber entscheiden, wie sich die Theorie am besten anwenden lässt.

Bei Implementierungsprozessen funktioniert »Pull« besser als »Push«. Ich habe mehr als einmal erlebt, wie die Mitarbeiterinnen und Mitarbeiter eines geografisch vom Primärunternehmen getrennten Bereichs wissen wollten, warum sie als Letzte dran sind; sie hätten so viel Gutes über die ersten Ergebnisse gehört. Das ist immer ein gutes Zeichen. Wenn es in Ihrer Macht steht, diesen Bereich auf der Liste nach oben zu setzen, tun Sie das. Sind

Ihre Hände hier allerdings gebunden, sollten Sie genau erklären, warum dieser Bereich als Letzter an die Reihe kommt. Halten Sie die Motivation der Mitarbeiter aufrecht, und schaffen Sie Klarheit hinsichtlich des Prozesses. Dasselbe kann an einem einzigen Standort passieren, wenn eine Abteilung später dran ist als eine andere.

Manchmal muss ein zusammenhängendes Inkrement zerlegt werden, weil die Umsetzung kleinere Häppchen erfordert. Selbst wenn eine Implementierung reibungslos zu verlaufen scheint, kann es nötig sein, sie in kleinere Inkremente zu unterteilen. Sehen wir uns dazu noch einmal das Beispiel des Rechtdienstleisters von oben an: Der neue Geschäftsprozess hatte für mehr Effektivität und Produktivität gesorgt. Inhaltich gesehen harmonierten diese beiden Ziele miteinander, doch weil die Implementierung ansonsten zu kompliziert geworden wäre, wurden sie als zwei separate Inkremente behandelt: Man kümmerte sich zunächst um die Effektivität und wiederholte den Prozess dann – diesmal mit dem Fokus auf der Produktivität.

Seien Sie vorsichtig, was Änderungen an Ihrem Skalierungsplan betrifft. Die Umsetzungspraxis ist hier Ihr bester Lehrmeister. Es kann möglich sein, von Methode 3 (exponentiell) zu Methode 4 (Wasserfall) zu wechseln, aber nur, wenn Sie das Motto »Weniger kann mehr sein« von Anfang an berücksichtigt haben. Prüfen Sie Ihre gewählte Skalierungsmethode regelmäßig, und ändern Sie sie wenn nötig. Nicht nur der Strategieentwurf profitiert von diesem häppchenweisen Vorgehen und den Umsetzungswellen. Der Ansatz selbst ist ein Lernprozess. Die Methode, die Sie anfänglich gewählt haben, kann im Verlauf angepasst werden. Je nachdem, wie schnell oder langsam die Dinge vorangehen, könne Sie das Tempo erhöhen oder drosseln. Überstürzen Sie jedoch nichts. Trotz des sorgfältigen Timings und der genauen Analyse während der Strategieentwicklung und überarbeitung neigen Menschen in der Umsetzungsphase zu Ungeduld und treiben die Implementierung zu schnell voran. Das gefährdet das Endergebnis. In hochgradig dezentralisierten oder heterogenen Organisationen, beispielsweise Unternehmen mit vielen verschiedenen, äußerst eigenständigen Tochtergesellschaften und lokalen Unternehmern, ist dieses Risiko besonders groß. In solchen Fällen ist die Big-Bang-Methode (Methode 1) zum Scheitern verurteilt.

Seien Sie kritisch, wie Sie die Prinzipien auf die verschiedenen Probleme und Maßnahmen anwenden. Eine Frage, die mir häufig gestellt wird, ist, ob es überhaupt nötig ist, die Umsetzung in kleinere Häppchen zu unterteilen. Das sollten doch nur komplexe Unternehmen mit vielen sich stark voneinander unterscheidenden Bereichen, Abteilungen und Tochtergesellschaften tun, oder? Meine Antwort darauf lautet: Nein. Die Umsetzung in machbare Häppchen herunterzubrechen, ist essenziell. Immer. Denken Sie daran: In mehr als 60 Prozent der Fälle scheitert die Strategieumsetzung. Einer der wesentlichen Gründe dafür ist, dass man zu viel zu schnell implementieren will. Natürlich gibt es immer einige Ja/Nein-Fragen, etwa wenn Sie eine neue Führungsebene einführen oder die Management- und Rechtsstruktur infolge einer Fusion oder Übernahme verändern. Doch grundsätzlich können Sie das mit einer Schwangerschaft vergleichen: Frauen können auch nicht »irgendwie« schwanger sein. Entweder sind sie es oder nicht. Die meisten Fragen können jedoch heruntergebrochen werden. Schmerzliche Erfahrungen aus jahrzehntelanger Strategieumsetzung haben uns gelehrt, dass dies die effektivste Vorgehensweise ist. Weniger kann mehr sein. Iterative Entwicklung in kurzen Zyklen ist mittlerweile sowieso weit verbreitet, vor allem bei radikalen Innovationen (siehe dazu das Lean-Startup-Modell von Eric Ries). Und wie sich gezeigt hat, funktioniert sie auch bei kleineren Verbesserungsprojekten (Transformation vom Typ 1) und einschneidenderen Erneuerungsvorhaben (Transformation vom Typ 2).

6.3.3 Feedback organisieren und nutzen

Fassen wir einmal zusammen, was wir bislang über Strategieumsetzung gelernt haben: Der Umsetzungszyklus, den ich in Beschleuniger 2 vorgestellt habe, stellt dar, wie Sie Ihr MFP schrittweise mit Ihren ersten Kunden und Mitarbeitern umsetzen. Die in Baustein 10 beschriebene Entwicklungsmethode hilft Ihnen, bessere und funktionsfähigere Versionen Ihres MFPs herzustellen. Und mit den Skalierungsmethoden aus Baustein 11 setzen Sie jede verbesserte Version Ihres MFPs vollumfänglich um.

Indem Sie Ihr neues Produkt oder Ihren neuen Service für alle Kunden und Mitarbeiter einführen, gewinnen Sie äußerst hilfreiches Feedback für weitere Anpassungen und Iterationen. Im Folgenden stelle ich Ihnen zehn Best Practices vor, wie Sie dieses Feedback organisieren und nutzen können:[165]

1 Ein Entwicklungs- und ein Umsetzungsteam bilden
Strategieentwicklungsteams haben einen anderen Fokus und andere Dynamiken als Umsetzungsteams. Analyse und Strategieentwicklung sind nicht direkt mit der praktischen Umsetzung kompatibel. Führungskräfte fragen mich immer wieder, ob eine Mitarbeiterin oder ein Mitarbeiter beides machen kann. Worauf ich antworte: Höchstens in 15 Prozent der Fälle. Einige können das, aber niemals gleichzeitig.

2 Mit kleinen Teams arbeiten
Ihr Entwicklungs- und Ihr Umsetzungsteam sollten jeweils nicht mehr als sieben bis zehn Personen umfassen. Wie Jeff Bezos bei Amazon einmal gesagt hat: Man sollte ein Team mit zwei Pizzen satt bekommen können.

165 Siehe Hedeman, Portman & Seegers: Managen van agile projecten; Sander Hoogendoorn: Dit is agile. Pearson Education, 2012; Sutherland, Van Solingen & Rustenburg, The Power of Scrum.

3 Verbindungspunkte zwischen Entwicklungs- und Umsetzungsteam schaffen und eine kontinuierliche Feedbackschleife zwischen Strategieumsetzung und entwicklung einrichten
Das Bindeglied Ihres Umsetzungsteams sollte am Kick-off sowie an den Meetings teilnehmen, in denen die Zwischen- und finale Bewertung der Sprints des Entwicklungsteams erfolgt, und umgekehrt.

4 Ihr Umsetzungsteam zeigt anhand des MFP-Entwurfs oder einer Folgeversion, was funktioniert und was nicht
Dadurch erhält Ihr Entwicklungsteam, das ebenso mit Ihren Kunden arbeitet, gezielten Input dazu, was aus Kunden- und Mitarbeitersicht in Bezug auf einen neuen Vorschlag oder Geschäftsprozess funktioniert und was nicht.

5 Pragmatisch vorgehen
Bei Iterationen, die weder arbeits- noch technologieintensiv sind, kann das Entwicklungsteam sogar zwischen zwei Umsetzungswellen Anpassungen vornehmen und diese dann dem Umsetzungsteam zur Verfügung stellen.

6 Die tatsächliche Umsetzung und die Umsetzungsergebnisse sind wichtiger als ausführliche Analysen und die Entwicklung Ihres MFPs
Ihr Ziel ist es, schnell maximalen Wert zu schaffen und maximale Agilität herzustellen. Das erreichen Sie, indem Sie die schnelle, effektive Anpassung Ihres MFPs auf Basis des Feedbacks aus der Umsetzung über Ihre Planung stellen.

7 Kurze Wellen nutzen
Führen Sie die Anpassung Ihres MFPs und die darauffolgende Umsetzungswelle innerhalb kurzer Timeboxes durch. Denn: Kurzwellen breiten sich schneller aus als Langwellen.

8 Ein Gleichgewicht zwischen Disziplin und Freiraum herstellen
Entscheidend ist hier die disziplinierte Umsetzung einer strategischen Maßnahme im Rahmen fester, standardisierter Wellen. Innerhalb dieser Wellen sollten Sie den mit der Umsetzung beauftragten Mitarbeiterinnen und Mitarbeitern jedoch genügend Freiraum bei der Entscheidung lassen, wann sie den Kurs halten, den Kurs ändern oder skalieren. Stellen Sie dabei sicher, dass die agile Entwicklung in kurzen Zyklen nicht als Ausrede für die fehlende Analyse, Konzeption und Planung herhalten muss.

9 Erkenntnisse sowohl in Bezug auf Inhalte und Change Management als auch hinsichtlich Projektmanagement gewinnen
Jede Welle liefert Ihnen Erkenntnisse darüber, wie viel Einsatz die Beteiligten erbringen müssen. Nutzen Sie dieses Wissen, um nachfolgende Wellen einfacher zu planen, zu kontrollieren und zu managen.

10 Die entstehende Umsetzungskultur fördern
Dieses Vorgehen sorgt für frischen Wind bei Strategieentwicklern und Führungskräften, wie viele Case Studies gezeigt haben. Nichts ist befriedigender, als eine gute Idee auf den Weg zu bringen. Und dieser Ansatz bietet die besten Chancen dazu.

Im Folgenden stelle ich Ihnen eine Organisation vor, die Baustein 11 erfolgreich umgesetzt hat.

BAUSTEIN 11 – SKALIERUNG ERFOLGREICH UMGESETZT

Case Study: NVWA – Amt für Lebensmittelsicherheit in den Niederlanden

Durchbruch: Große Ambitionen, kleine Schritte. Im Grunde wurde eine umfangreiche, komplizierte Implementierung in kleine Häppchen heruntergebrochen. Die ersten Wellen mussten Erfolge zeigen, bevor eine Skalierung überhaupt bewilligt wurde. Dadurch entstand ein Implementierungs- und Erneuerungsmotor. Den tatsächlichen Durchbruch erzielte eine sorgfältig ausgewählte Gruppe von Schlachthäusern, in denen die Lebensmittelsicherheit am stärksten gefährdet war. Und so trieben Erfolge in einem Bereich, in dem man sie am wenigsten erwartet hatte, das gesamte Vorhaben voran.

Ergebnis: Die Ergebnismessung erfolgte unabhängig durch die Leiden University, und die Ergebnisse erwiesen sich als wesentlich und nachhaltig. Das Vorgehen ist ein Musterbeispiel für ein umfangreiches, nachhaltiges Erneuerungsprojekt im öffentlichen Sektor.

6.4 Baustein 12: Brücken bauen

In diesem Baustein beseitigen die Change Leader etwaige Hürden und stellen sicher, dass Erfolge gewürdigt werden. Ihre Aufgabe ist es, einen Mehrwert zu liefern und die Dinge positiv zu beeinflussen. Die Umsetzungskoalition und die Mitarbeiterinnen und Mitarbeiter, die kürzlich zum Projekt hinzugekommen sind, werden zu umtriebigen Transformationsbotschaftern und tragen dazu bei, dass die Veränderung irreversibel wird.

In diesem Baustein erfahren Sie, warum es wichtig ist, die Umsetzungskoalition zu erweitern und weitere Personen in die Verantwortung zu nehmen, und wie Sie durch das Schaffen semipermanenter Rollen zur Strategieumsetzung agile Methoden institutionalisieren.

6.4.1 Die wachsende Zahl an Stakeholdern analysieren

Sichern Sie als Erstes die wichtigsten Rollen in der Umsetzungskoalition. Die Vorreiter aus Beschleuniger 2 bilden nach wie vor den Kern der Koalition. Doch in Beschleuniger 3

ist mittlerweile viel passiert. Die Mitglieder der Koalition sind zwar die Hauptunterstützer der Strategie, doch selbst sie können unterschiedliche Meinungen und Interessen haben. Die entscheidende Frage zu diesem Zeitpunkt lautet deshalb: Wer steht voll hinter dem Vorhaben und wer nicht?

In einem typischen Skalierungsprozess wächst die Zahl der Stakeholder schnell. Das gilt sowohl für die Personen, die für die Umsetzung verantwortlich sind, als auch für diejenigen, die für die Benefit-Realisierung zuständig sind. Häufig nimmt der Prozess- oder Programmmanager zu diesem Zeitpunkt die Zügel in die Hand, manchmal ist jedoch eine Umstrukturierung erforderlich. Das ist zum Beispiel der Fall, wenn der oder die Umsetzungsverantwortliche aus der vorangegangenen Phase aufgrund seiner bzw. ihrer Fachexpertise, analytischen Fähigkeiten oder Kompetenzen im Prozess-Redesign ausgewählt wurde. Die Person, die die Umsetzung leiten soll, muss dagegen in der Lage sein, sich die nötige Unterstützung für die Umsetzung der Strategie zu sichern und diese zum Erfolg zu bringen. Lediglich 15 Prozent der Mitarbeiterinnen und Mitarbeiter können beides. Wenn an der Umsetzung viele Personen beteiligt sind, sollten Sie ein separates Strategieentwicklungs- und Umsetzungsteam bilden.

In der Regel stoßen zu diesem Zeitpunkt weitere wichtige Akteure zur Umsetzungskoalition hinzu. Wenn möglich, sollten Sie diese noch expliziter psychologisch einchecken als die Vorreiter. Letztere hatten das Privileg, die erste Geige zu spielen. Die neue »Staffel« wird dagegen naturgemäß die zweite Geige spielen und die Aufgabe haben, die Strategie umzusetzen. Das sind zum Beispiel Linienverantwortliche, die die Strategie nutzen müssen, um ihre Zielvorgaben zu erreichen. Es ist ganz natürlich, wenn diese ihr eigenes Vorgehen entwickeln wollen. Das ist allerdings einer der größten Fallstricke und Misserfolgsfaktoren. Deshalb ist das Engagement der neuen Akteure für den Erfolg der Umsetzung so entscheidend.

Jetzt ist ein guter Zeitpunkt, Ihre Stakeholder-Analyse zu aktualisieren. In Unternehmen arbeiten letztlich Menschen. Und diese haben alle ihre eigene Persönlichkeit sowie individuelle Interessen, die ihre Einstellung bestimmen. Bevor Sie mit der Skalierung beginnen, sollten Sie deshalb eine klassische Stakeholder-Analyse durchführen.

Der Stakeholder-Würfel in Abbildung 34 ist dafür gut geeignet. Heften Sie eine Kopie des Würfels an ein Flipchart, und tragen Sie die Namen Ihrer Stakeholder in den acht Ecken ein. Ergänzen Sie in der jeweiligen Ecke dann die Verhaltensweise, aufgrund derer Sie die Person dort platziert haben. Überlegen Sie, wer aktuell Ihre wichtigsten aktiven Unterstützer und Blockierer sind. Zu diesem Thema ist bereits viel geschrieben worden. Im Kern geht es um umsichtige Kommunikation, persönliche Überzeugungskraft und gelegentliche Interventionen. Es versteht sich von selbst, dass Status und Position hier keine Rolle spielen. Doch es gibt Situationen, in denen schwierige Entscheidungen getroffen werden müssen und in denen es erlaubt ist, von der Hierarchie Gebrauch zu machen.

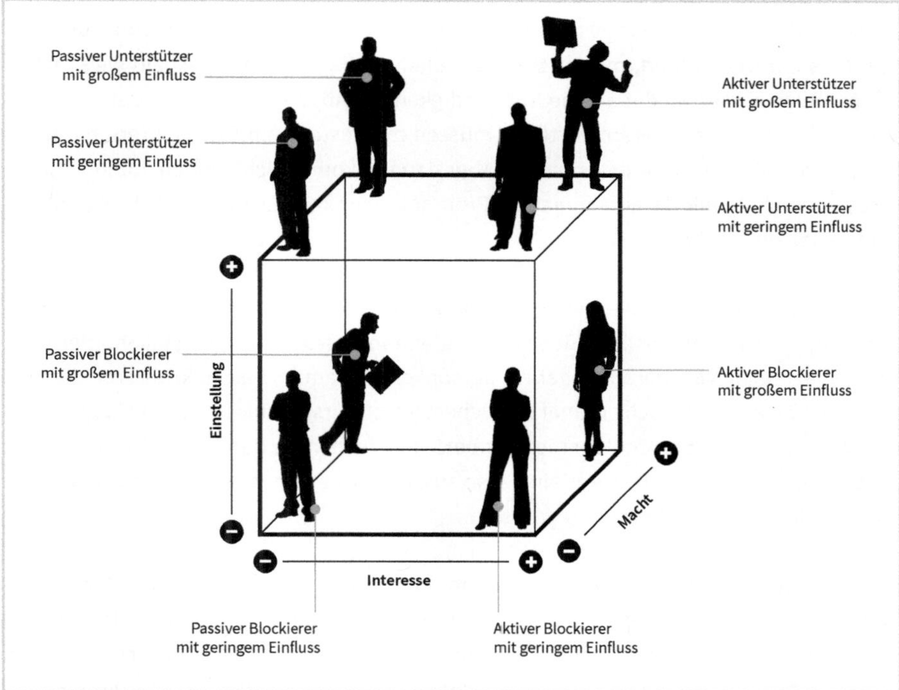

Abb. 34: Der Stakeholder-Würfel – Die unterschiedlichen Einstellungen, Interessen und Machtpositionen Ihrer Stakeholder bestimmen deren Einflussgrad.
(Quelle: Lynda Bourne: Stakeholder Relationship Management)

Berücksichtigen Sie auch Ihre weniger einflussreichen aktiven und passiven Unterstützer und Blockierer. Indem Sie diese Stakeholder analysieren, gewinnen Sie wertvollen Input für Ihre Kommunikations- und Kontrollmaßnahmen. Übertreiben Sie es jedoch nicht. Zeit ist Geld, und Sie können jede Minute nur einmal investieren.

Es ist immer interessant zu sehen, wie sich die Namen in dieser Darstellung über Ihre gesamte Programm- und Linienorganisation verteilen. So kann es gut sein, dass Sie im Herzen Ihrer Programmorganisation aktive Blockierer ausfindig machen. Das muss jedoch kein Nachteil sein. Im Gegenteil: Ich plädiere stets dafür, Widerstand innerhalb der Programmorganisation sichtbar zu machen und genau zu analysieren. Wenig erfreulich ist allerdings der Moment, in dem sich Ihr Chief Execution Sponsor als passiver Unterstützer mit großem Einfluss entpuppt. Schließlich hätten Sie ihn eher in der Ecke »*aktiver* Unterstützer« verortet, oder?

Stakeholder-Analyse oder Stakeholder-Management ist keine einmalige Aufgabe, sondern kontinuierliche, harte Arbeit. Schließlich wollen Sie herausfinden, ob Ihre Gegner in ihrer Position festgefahren sind oder bereit sind, sich zu bewegen. Eine Führungskraft sagte mir dazu einmal: »Das geschieht nicht über Nacht.« Wichtige Stakeholder, die nicht Teil Ihres Kernteams sind, mit ins Boot zu holen, ist harte Arbeit. Deshalb weise ich in diesem Buch immer wieder auf die Notwendigkeit der Abstimmung hin. In der Praxis bedeutet dies: Programmverantwortliche müssen mindestens ein Drittel ihrer Zeit in das Stakeholder-Management investieren. »Aber dann bekomme ich meinen Job nicht erledigt«, antwortete mir darauf einmal ein Programmmanager. Es tut mir leid, aber Stakeholder-Management *ist* Ihr Job.

Beziehen Sie kritische Stakeholder ein. Mir fällt immer wieder auf, wie überrascht manche Programmverantwortliche über den Widerstand seitens einiger Stakeholder sind. Manchmal machen Sie daraus sogar ein persönliches Drama: »Warum kritisieren die meinen Plan? Sie könnten doch erstmal versuchen, ihn zu verstehen!« Der Grund liegt auf der Hand: Wenn Sie Ihre Stakeholder nicht einbeziehen, fachen Sie dadurch Ihre eigene Angst an. Eine Führungskraft drückte es einmal so aus: »Sie haben Angst vor der hypothetischen Strategie Ihres hypothetischen Gegners.«

Seien Sie demütig, ohne damit anzugeben. In meiner Strategy Execution Masterclass führe ich immer wieder gern das Beispiel eines erfahrenen und sehr erfolgreichen Programmmanagers an, der seine Stakeholder systematisch identifizierte und sich die Mühe machte, sie persönlich aufzusuchen. Einer seiner Stakeholder – ein Blockierer mit großem Einfluss – sagte ihm daraufhin einmal: »Ich weiß, was Sie da tun, und Sie können noch hundertmal zu mir kommen: Ich werde meine Meinung nicht ändern. Dieses Projekt unterstütze ich nicht!« Doch der Programmmanager stattete dem Stakeholder weitere Besuche ab und wiederholte seine guten Absichten. Was aber noch wichtiger war: Er *zeigte* seine guten Absichten auch. So kam es, dass der Stakeholder in einer späteren Phase der Umsetzung zu einem seiner größten Unterstützer wurde. Der Programmmanager war allerdings klug genug darauf hinzuweisen, dass man damit niemals angeben sollte.

Die Förderung von Verantwortungsübernahme für die Umsetzung und Benefit-Realisierung sollte nie in Manipulation münden. Ich wurde immer wieder gefragt, an welchem Punkt die systematische Stakeholder-Analyse von sorgfältiger Praxis in plumpe Manipulation übergeht. Das ist eine wichtige Frage, denn soweit sollte es auf keinen Fall kommen. Die Gründe dafür liegen auf der Hand, ich führe sie hier sicherheitshalber aber trotzdem einmal an: Zu allererst sollten Sie diese Grenze niemals überschreiten, weil Sie ethisch und integer handeln möchten. Die intrinsische Motivation zu integrem Handeln ist eine persönliche Frage. Zweitens merken Menschen, wenn sie manipuliert werden. Und eines ist sicher: Manipulation geht immer nach hinten los.

Beobachten Sie das Engagement Ihrer einflussreichen Stakeholder. Ich spreche hier von konstruktivem Engagement. In Kapitel 2/Erfolgsfaktor 4 habe ich bereits darauf hingewiesen, dass wir häufig zu viel Zeit darauf verwenden, allgemeines Engagement zu fördern, anstatt darauf zu achten, ob die Person ihren Worten auch Taten folgen lässt und ihr Einsatz der Sache überhaupt dienlich ist. Ersteres ist schlicht sinnlos. Gewisse Formen von destruktivem Engagement sind so schädlich, dass Sie keine Feinde mehr brauchen. Konstruktives Engagement ist dagegen sowohl kritisch als auch positiv und hat definitiv nicht das Ziel zu »gefallen«. Es ist lediglich dazu da, die Dinge zu verbessern. Sie sollten das Engagement Ihrer einflussreichen Stakeholder deshalb beobachten und entscheiden, ob es konstruktiv ist und sich in Unterstützung und Empfänglichkeit ausdrückt. Das zeigt Ihnen, ob Sie bei der Strategieumsetzung dem gleichen Skript folgen und auf dieselben Ziele hinarbeiten.

6.4.2 Umsetzungskoalition: Die Verantwortung für Umsetzung und Benefits ausweiten

Behalten Sie Ihre Umsetzungskoalition im Blick. Im Kern möchten Sie, dass die Mitglieder der Umsetzungskoalition Verantwortung übernehmen, und damit meine ich Verantwortung für die Umsetzung und die Ziele jeder einzelnen strategischen Maßnahme. Deshalb fordere ich Sie auch in jedem Beschleuniger dazu auf, kritisch zu prüfen, wie Sie die zentralen Rollen besetzt haben und welche Prioritäten diese haben sollten.

Die Umsetzungskoalition führt und setzt um. Zu diesem Zeitpunkt des Prozesses ist es Aufgabe des Change Leadership, die Skalierung zu steuern und gleichzeitig zu prüfen, ob die Benefits realisiert werden. Widmen Sie diesen beiden Dinge Ihre volle Aufmerksamkeit. Der Hawthorne-Effekt (oder Beobachtereffekt) hat sich immer wieder als richtig herausgestellt. Die Wertanalyse war nie so präzise wie in den Zeiten von Lean Six Sigma – von der richtigen Zeit für Pausen bis zum optimalen Standort für den Wasserspender –, aber denken Sie daran, was der Hawthorne-Effekt im Wesentlichen besagt: Unabhängig davon, was Sie tun, verbessert sich Ihre Leistung durch das Wissen, dass Sie beobachtet werden.[166] Abbildung 35 stellt die Umsetzungskoalition in Beschleuniger 3 sowie die notwendigen Verantwortlichkeiten und Rollen dar.

166 Michel Anteby & Rakesh Khurana, »A New Vision«, Harvard Business School, Baker Library, Historical Collections, 2007. http://www.library.hbs.edu/hc/hawthorne/anewvision.html.

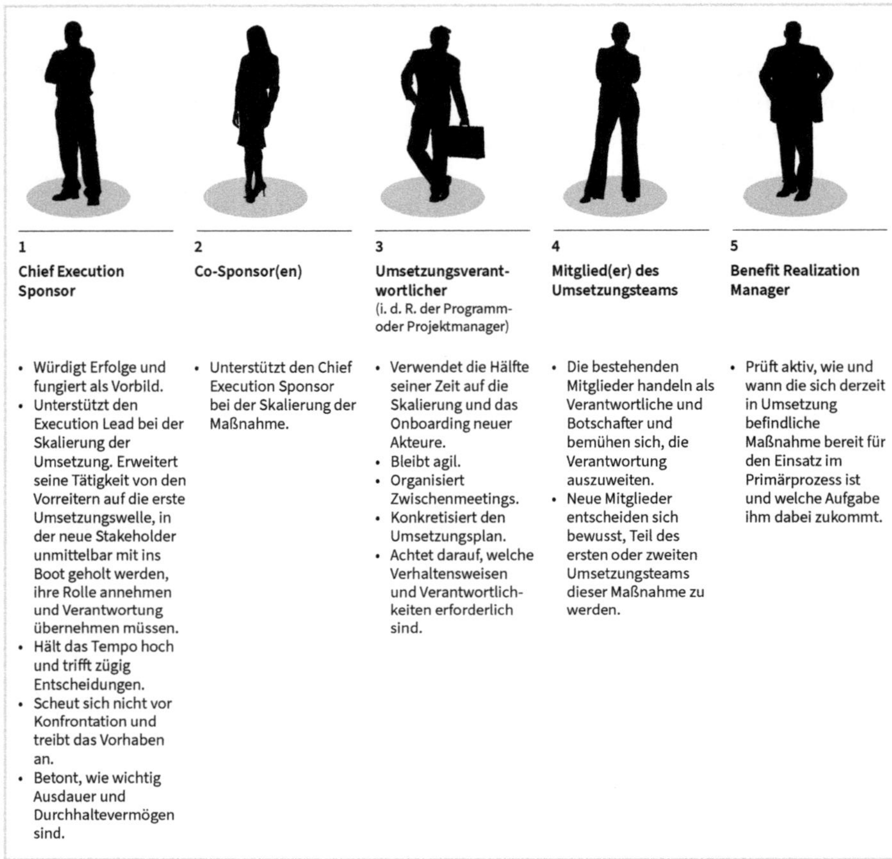

Abb. 35: Die Umsetzungskoalition – Verantwortlichkeiten für Umsetzung und Benefits in Beschleuniger 3 (Quelle: Turner 2016)

Die Macht der Umsetzungskoalition besteht darin, die Führung und die Transformation des Unternehmens aufeinander abzustimmen und die Erfolgsaussichten der Maßnahme über verschiedene Bereiche und Hierarchien hinweg zu erhöhen. In diesem Beschleuniger bezieht sich diese Abstimmung vor allem auf die zunehmende Zahl der Abhängigkeiten, die durch die Skalierung entstehen. Diese Abhängigkeiten wurden zwar nicht auf dem Papier konkretisiert, sie bestehen in der Praxis aber dennoch. Obwohl die Personalabteilung während Beschleuniger 1 und 2 auf dem Laufenden gehalten wurde, hat sie vielleicht mittlerweile eine abwartende Haltung eingenommen. Doch nun muss sie sich um die Personen kümmern, die von der Maßnahme betroffen sind. Antizipieren Sie dies, und handeln Sie proaktiv.

Betonen Sie das Positive. Zu diesem Zeitpunkt bedeutet Change Leadership, Hürden zu beseitigen sowie auf Erfolge hinzuweisen und diese zu würdigen. Wie viele andere Studien hat auch unsere Arbeit gezeigt, dass die Betonung des Positiven die Erfolgsaussichten der

Maßnahme weiter steigert. Genauso müssen Sie jedoch auch die langweilige Wahrheit als »sexy« verkaufen, also erklären, warum mindestens 25 Prozent der Beteiligten genug haben. Wenn Sie nur auf Liebe und Akzeptanz aus sind, sollten Sie lieber Willkommensgeschenke für Neugeborene verteilen. Als Change Leader kultivieren Sie die Umsetzung: Wandel erzeugt Wandel.

Treiben Sie das Vorhaben durch Storytelling voran. Sammeln Sie systematisch Erfolgsgeschichten. Glauben Sie mir: Es gibt genügend da draußen! Sie müssen sich einfach in die Nähe des Wasserspenders oder Kaffeeautomaten stellen, und schon kommen Ihnen relevante Geschichten zu Ohr. Sie können auch Kommunikationstools nutzen. Diese stellen eine effektive Möglichkeit dar, viel Input zu gewinnen und den Teilnehmenden gleichzeitig Anonymität und Sicherheit zu gewährleisten. Betten Sie die Geschichten, die man Ihnen erzählt, in einen Kontext ein, und nutzen Sie sie sinnvoll.

Eine Geschichte muss entsprechend gerahmt werden, damit sie die Umsetzung einer Maßnahme vorantreiben kann. Wenn niemand das Gehörte mit der Maßnahme in Verbindung bringt, verfehlt es seinen Zweck. Ihre Geschichten brauchen also einen Kontext und müssen mehr als nur ein paar beliebige Anekdoten umfassen. Stellen Sie sich vor, Sie hören eine verrückte Geschichte darüber, wie die Beschwerde eines Top-Kunden in eine großartige Geschäftschance verwandelt wurde (das ist möglich, wie wir alle wissen). Zufälligerweise läuft gerade auch eine Maßnahme zur Steigerung der Effektivität im Vertrieb. Sie wären verrückt, wenn Sie die Verbindung zwischen der Maßnahme und der verrückten Geschichte, die Sie gehört haben, nicht nutzen würden. Sie müssen diese Verbindung herstellen!

6.4.3 Semi-permanent agil arbeiten

Immer mehr Fachleute sind sich einig: Unternehmen sollten permanent auf Wandel ausgerichtet sein. Denn mittlerweile scheint sicher: Veränderung ist die einzige Konstante. Sie können Ihr Unternehmen permanent auf Wandel ausrichten, indem Sie auf der der Transformation zugewandten Seite Ihres Unternehmens strukturelle oder semi-strukturelle Rollen etablieren, die getrennt vom täglichen Geschäftsbetrieb operieren. Auf Scrum basierende Tribes und Chapters sind hierfür ein gutes Beispiel. Gleichzeitig können Sie mehr oder weniger strukturelle Rollen und Unternehmensbereiche auf höheren Ebenen einführen, etwa Positionen wie Chief Innovation Officer, Chief Digital Officer oder Chief Change Officer. Häufig bringen Unternehmen auch interne Transformationsorganisationen wie Program Management Offices, Centers of Expertise, Centers of Excellence sowie Abteilungen für Geschäftsentwicklung und M&A (Fusionen und Übernahmen) hervor.

Der Vorteil solcher Rollen und Abteilungen liegt auf der Hand: Unternehmen signalisieren damit, dass diese Aufgaben wichtig sind, und verleihen ihnen zusätzliches Gewicht. Sie sind jedoch auch mit Nachteilen verbunden. So verleiten sie Mitarbeiterinnen und Mitarbeiter, die für den Betrieb und die Steuerung des Tagesgeschäfts zuständig sind, dazu, sich zurückzulehnen und jegliche Verantwortung für die Transformation von sich zu weisen. Diese Nachteile können Sie jedoch vermeiden, indem Sie die fünf Rollen der Umsetzungskoalition in jedem Beschleuniger passend besetzen.

Es ist nur logisch, dass immer mehr Unternehmen diese stärker strukturellen Rollen etablieren. Verbesserung, Erneuerung und Innovation – die drei Arten von Transformation, um die es in diesem Buch geht – sind zu einer konstanten, alltäglichen, strukturellen Aufgabe geworden.

Gleichzeitig ist »strukturell« mittlerweile ein relatives Konzept. Selbst der alltägliche Geschäftsbetrieb bedient sich nur noch temporär fester Strukturen. Hightech-Unternehmen wie ASML arbeiten in Kooperationen an neuen technologischen Entwicklungen. Ihr Vorgehen ist stark strukturiert, aber temporär, denn in einigen Jahren werden diese Kooperationen voraussichtlich völlig andere Partner umfassen.

Zentrale Rollen bei der Iteration des Entwurfs: Seit 2015 setzt die ING Bank in den Niederlanden unternehmensweit auf agile Methoden. Sie arbeitet mit selbstorganisierten, bereichsübergreifenden und autonomen Teams, die ambitionierte Ziele verfolgen und Verantwortung für den gesamten Prozess übernehmen, wie die Bank auf ihrer Website erklärt: »Agilität bedeutet, dass alle Mitarbeiterinnen und Mitarbeiter in Squads arbeiten. Dies sind selbstorganisierte, autonome Einheiten, die die Gesamtverantwortung für ein bestimmtes kundenorientiertes Projekt haben. In einem Squad kommen Mitarbeiterinnen und Mitarbeiter aus allen Bereichen zusammen, die nötig sind, um das Projekt zum Erfolg zu bringen. Nach erfolgreichem Abschluss des Projekts löst sich der Squad auf, und die Mitglieder engagieren sich in anderen Squads. Ein Squad teilt sich einen Arbeitsbereich. Um dies zu ermöglichen und eine inspirierende Arbeitsumgebung zu schaffen, wurden der ING Hauptsitz in Amsterdam und unsere Niederlassung in Leeuwarden komplett umgestaltet. Bei ING in den Niederlanden hat niemand mehr ein eigenes Büro – selbst das Topmanagement nicht. Die Squads sind Teil einer größeren Einheit, die nach ähnlichen Grundsätzen arbeitet. Squads, die auf demselben Gebiet arbeiten, bilden zusammen einen Tribe. Bei uns sind grundsätzlich alle Aktivitäten in Squads organisiert. Für knappes oder spezialisiertes Wissen haben wir jedoch zusätzlich Centers of Expertise eingerichtet.«[167]

Die agile Arbeitsweise bei ING basiert auf dem Spotify-Modell. Spotify zeigt, wie agile und Scrum-Methoden Unternehmen in die Lage versetzen, Innovation systematisch im gesamten Unternehmen zu organisieren. In einem lesenswerten Papier beschreiben Henrik Kniberg und Anders Ivarsson, wie bei Spotify alle Mitarbeiterinnen und Mitarbeiter agil

167 ING, The ING Way of Working. https://www.ing.de/ueber-uns/menschen/wie-wir-arbeiten/

arbeiten.[168] Im letzten Teil der Abhandlung geht es darum, wie Spotify 2012 gearbeitet hat. Zu dem Zeitpunkt, da Sie diese Zeilen lesen, wird sich ihre Arbeitsweise längst verändert haben. Selbst agil ist agil. Abbildung 36 zeigt, wie agiles Arbeiten als semi-permanente Methode zur Transformation funktionieren kann.

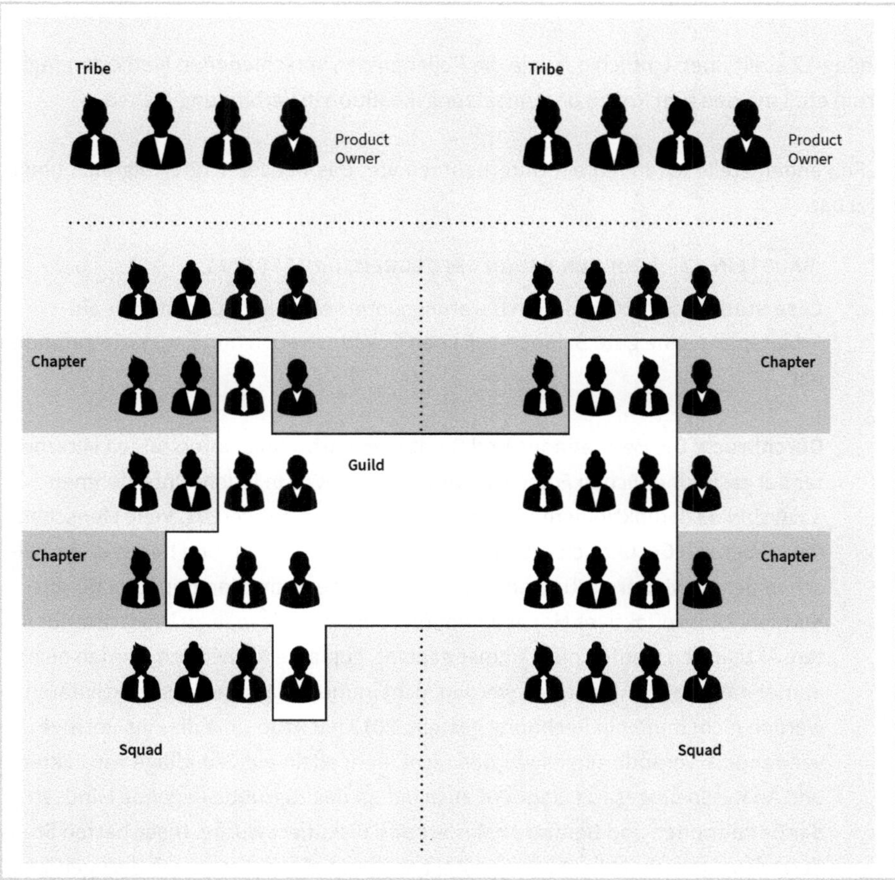

Abb. 36: Agiles Arbeiten als semi-permanente Methode zur Transformation – das Spotify-Modell mit Tribes, Squads, Chapter und Guilds
(Quelle: Source: Scaling Agile @ Spotify. With the Tribes, Squads, Chapter and Guilds. Henrik Kniberg und Anders Ivarsson, Spotify, Oktober 2012)

Agiles Arbeiten ist kein Allheilmittel, auch wenn einige Leute das behaupten. Ein Topmanager, mit denen ich gesprochen habe, warnte davor, agiles Arbeiten als Allheilmittel für alle Probleme zu betrachten: »Prüfen Sie sorgfältig, welches Problem welche Herangehensweise erfordert. Äußerst ambitionierte, mit hohem Risiko behaftete Fragen, die verschiedene Unternehmensbereiche betreffen, erfordern nach wie vor einen ausbalan-

168 Henrik Kniberg & Anders Ivarsson, »Scaling Agile @ Spotify with Tribes, Squads, Chapters & Guilds«, Spotify, Oktober 2012. https://dl.dropboxusercontent.com/u/1018963/Articles/SpotifyScaling.pdf

cierten Programm- oder Projektansatz mit Anfang und Ende, vordefinierten Ergebnissen und einer Abfolge von logischen, schrittweisen Maßnahmen zur Zielerreichung. Ich denke dabei an Post-Merger-Integrationen oder Basel-II-konforme Unternehmenssteuerung. Mittlerweile gibt es Unternehmen, in denen es Tabu ist, KEINE agile Skalierung zu verfolgen, weil die Leute Angst haben, sonst als altmodisch zu gelten.«

Anhang 12 stellt übersichtlich dar, wie die Rollen in den verschiedenen Methoden (Agile, Scrum etc.) mit den fünf Rollen der Umsetzungskoalition in Verbindung stehen.

Im Folgenden stelle ich Ihnen ein Unternehmen vor, das Baustein 12 erfolgreich umgesetzt hat.

BAUSTEIN 12 – BRÜCKEN BAUEN ERFOLGREICH UMGESETZT

Case Study: Wie Arbo Unie, ein Beratungsunternehmen für Gesundheit am Arbeitsplatz, eine gute Balance zwischen Gewinnstreben und Empathie gefunden hat

Durchbruch: Die Beraterinnen und Berater von Arbo Unie unterstützen Mitarbeiter bei gesundheitlichen Fragen am Arbeitsplatz. Wie in jedem Unternehmen auch sind dazu funktionierende Geschäftspraktiken notwendig. Viele Menschen, die im Bereich Gesundheit arbeiten, fühlen sich jedoch hin- und hergerissen zwischen den Gewinnerwartungen ihres Unternehmens und der Empathie für ihre Kunden. Ohne effektives Management führt dieser Zwiespalt zu Umsatzverlusten: Aktivitäten werden nicht immer geplant, geplante Aktivitäten werden nicht immer umgesetzt, Aktivitäten werden nicht immer erfasst, erfasste Aktivitäten werden nicht immer in Rechnung gestellt. 2012 hat Arbo Unie dies ins Positive verwandelt: Veränderungen wurden nicht mehr allein auf Grundlage von Fakten und Analysen umgesetzt, sondern auch indem das zugrunde liegende Mindset der Beraterinnen und Berater analysiert und diskutiert wurde. Diese hatten Stunden teilweise nicht in Rechnung gestellt, weil »der Service zum Job dazugehört«, oder bestimmte Services nicht berechnet, weil sie den Patienten »schon lange kennen«. Ein Team aus lokalen Gesundheitsfachleuten entwickelte daraufhin eine neue Arbeitsweise, indem sie die Verhaltensweisen beschrieben, die nötig wären, um Verbesserungen zu erzielen. Durch Anwendung des neuen Geschäftsprozesses konnte dieses Team seine Produktivität um 15 Prozent steigern.
Zum echten Durchbruch kam es jedoch, als der Prozess auf nationaler Ebene ausgerollt wurde. Dabei verfolgte Arbo eine duale Transformationsstrategie, die die COO auf den Weg gebracht hatte. Sie hatte das Framework entwickelt und erklärte den Prozess im Detail (das Warum, die Dringlichkeit und den Zeitplan). Doch was noch wichtiger war: Sie rief die Mitarbeiterinnen und Mitarbeiter zu Engagement auf. Veränderung wäre nur möglich, wenn die Gesundheitsberaterinnen und -berater mitmachten. Um sich ihre Unterstützung zu sichern, suchten

die Mitarbeiterinnen und Mitarbeiter aus dem ursprünglichen Team das persönliche Gespräch mit ihren Kolleginnen und Kollegen aus den anderen Teams. Dabei thematisierten sie den Mehrwert, den ihre Arbeit darstellte, und die Wirkung, die sie auf die Kunden hatten, und fragten sie, warum sie bestimmte Services nicht in Rechnung stellten. Sie erhielten ausreichend Freiraum – innerhalb der Grenzen des Frameworks –, um zu spüren, dass sie ernst genommen werden. Dies beinhaltete auch, die Verantwortung für die Veränderung zu übernehmen. Auch wenn diese Methode möglicherweise mehr Fragen aufwirft und zu Wiederholungen führt, die wiederum Verzögerungen nach sich ziehen, ist das Nettoergebnis doch besser. Mehr Unterstützung und ein hohes Engagement führen letztlich dazu, dass die Veränderung schneller umgesetzt wird.

Ergebnis: Dadurch, dass ein zentrales, aber schwieriges Problem effektiv gelöst wurde, stieg das Engagement der Gesundheitsberaterinnen und -berater. Infolgedessen trauten alle Beteiligten dem Unternehmen mehr zu: »Wenn wir diese Hürde genommen haben, können wir alles schaffen.« Auch die Kunden von Arbo Unie schätzten die erhöhte Transparenz und Zuverlässigkeit des Angebots.

6.5 Praktische Tipps von erfolgreichen Führungskräften

Jedes Kapitel schließt mit einigen Praxisideen, die sich für Führungskräfte und ihre Mitarbeiter als nützlich erwiesen haben. Sie können diese auch als kleine Case Studies oder Lerneinheiten ansehen.

1 Vergessen Sie den Kick-off

Setzen Sie dagegen lieber auf den Kick-through, wie mir eine Top-Führungskraft empfohlen hat: »Die Leute sind ganz besessen vom Kick-off, doch was wirklich zählt, ist der Kick-through.« Er genoss es insgeheim, seine Mitarbeiterinnen und Mitarbeiter durch seine Gleichgültigkeit hinsichtlich des Kick-off-Meetings zu verwirren. In Wahrheit verbarg sich dahinter jedoch lediglich seine Verweigerung, wegen des Kick-offs aus dem Häuschen zu geraten.

2 Wichtige Sessions mit den Hauptakteuren abhalten

Als eine Führungskraft das Gefühl hatte, dass die Dinge ins Stocken gerieten, fragte sie ihre Hauptakteure, wer sich ihrer Meinung nach zusammensetzen und was diskutiert werden sollte, und konnte ihnen dadurch neue Motivation verleihen. Eine andere Managerin nennt dies ihre »Antennen-Stunde«. Anderer Name, gleiches Prinzip.

3 Abstimmungsmittagessen

Dies ist nicht meine Lieblingsidee, aber ich kann verstehen, warum das Abstimmungsmittagessen funktioniert. Mit der Strategieumsetzung betraute Führungskräfte müssen ihre Leute unermüdlich zusammenhalten. Einmal pro Woche lädt die Person, die den Begriff »Abstimmungsmittagessen« geprägt hat, zwei Akteure, die wichtige Stützen bei der Umsetzung sind, zum Mittagessen ein. Dabei nennt sie ihnen immer ihre Gründe und sagt: »Es sollte niemals als manipulativ rüberkommen.«

4 Die A- und B-Agenda eines ausgeglichenen Umsetzungsmanagements

In der A-Agenda geht es um die Führung des Unternehmens, in der B-Agenda um die Transformation des Unternehmens. Dieser Tipp ist so essenziell, dass ich ihn als festen Bestandteil in Beschleuniger 1 aufgenommen habe (siehe auch Kapitel 4.2.4).

5 Dosierte digitale Informationen

Unternehmen sind mit Informationen überfrachtet. Um dem entgegenzuwirken, sollten Sie den Personen, die informiert werden müssen, konkrete Informationen zukommen lassen und zwar dann, wenn sie sie brauchen. Der CEO, von dem dieser Tipp stammt, versucht, so sparsam wie möglich über Transformationsprogramme zu informieren und zu kommunizieren. Dabei folgt er dem Motto: »Belästige andere nicht mit Dingen, mit denen du selbst nicht belästigt werden willst.«

6 Dezidierte Umsetzungswochen

Dies sind Wochen, in denen es allein um die Umsetzung geht – ausgenommen kundenbezogene Aufgaben, die unbedingt weiterlaufen müssen. Die Idee ähnelt der »Sexy Hack Week« von Spotify, in der alle Mitarbeiterinnen und Mitarbeiter eine Woche lang innovative, »sexy« Ideen entwickeln. (Probieren Sie diesen Tipp am besten in Beschleuniger 1 aus, denn in Beschleuniger 3 geht es ja nicht um die Ideengenerierung, sondern um die Umsetzung.)

7 E2(Ergebnisse und Energie)-Sensor

Ein sehr erfolgreicher CEO zeichnet immer zwei Spalten auf ein Blatt Papier: Die erste Spalte steht für den Fortschritt bei der Umsetzung (in Bezug auf Zielvorgaben und Ergebnisse), die zweite für das Energielevel der Beteiligten. Ein niedriges Energielevel ist kein Grund zur Panik. Schließlich gleicht die Umsetzung manchmal einer Reise durch die Sahara. Ermüdungserscheinungen gehören dazu, sollten jedoch nicht permanent werden. Der CEO konnte mit der Zeit die Energielevel in der jeweiligen Umsetzungsphase ziemlich gut vorhersagen und hat gelernt, sie zu antizipieren. Geben Sie Ihren Mitarbeiterinnen und Mitarbeitern also nicht das Gefühl, sie müssten ständig hoch motiviert sein und Energie vortäuschen. Das setzt sie unnötig unter Druck, und dies kann dem Transformationsvorhaben schaden.

8 Das Skript überprüfen

Eine ausgefallene Managerin eines Finanzdienstleisters überprüft regelmäßig, ob alle noch demselben Skript folgen, denn Sie weiß, dass die Ideen und Erwartungen der Mitarbeiterinnen und Mitarbeiter alle drei bis vier Wochen die Tendenz haben, auseinanderdriften. Das muss nicht automatisch schlecht sein, ist es doch ein guter Gradmesser dafür, ob die Umsetzung noch nach Plan verläuft. Es kann aber nach hinten losgehen, wenn der Fokus der Umsetzung aus dem Blick gerät. »Sich eine Stunde Zeit zu nehmen, um zu prüfen, ob wir nach in dieselbe Richtung gehen, wirkt Wunder«, erklärt sie.

9 Konsultation (alias Killer)

Der Manager, auf den diese Idee zurückgeht, mag keine Meetings. »Die Liste der offenen Punkte wird einfach immer länger, nie kürzer.« Deshalb blockiert er jedes Vierteljahr eine Stunde für eine sogenannte Meeting-Konsultation. Dabei geht es darum, alle anstehenden Meetings und Besprechungen kritisch zu prüfen und zu entscheiden, welche Meetings unabdingbar sind, auf welche verzichtet werden kann und welche zwar stattfinden, aber effizienter und effektiver durchgeführt werden müssen.

Für solche Ideen ist wertvolles, allerdings auch zeitaufwändiges Engagement nötig. Zum großen Teil geht es bei der effektiven Strategieumsetzung nur um den zeitlichen Aufwand. »Wie setzen wir unsere Zeit bestmöglich ein?«, ist eine Frage, die Sie sich unbedingt stellen sollten.

7 Beschleuniger 4: Sichern

Comics sind etwas für faule Leser / Kommunizieren Sie wie Ex-Präsident Obama / Mehr Mikromanagement, bitte! / Neutron Jack / Das Akkordeon-Prinzip / Dienstag der unerledigten Dinge

Wann und wo ist dieser Beschleuniger relevant?
Dieser Beschleuniger beschreibt, wie Sie diesen Teil der Strategieumsetzung so erfolgreich gestalten wie den Start, um die Strategieumsetzung so zügig wie möglich voranzubringen. Schließlich ist dies die Phase, in der Sie die Benefits der Maßnahme realisieren, die volle Integration in Ihren Primärprozess sicherstellen und Lehren aus der Umsetzung ziehen. Dadurch gewinnen Sie wertvolle Erkenntnisse, mit denen Sie die Umsetzung Ihrer nächsten Maßnahme optimieren können.

Empfohlene maximale Dauer/Ressourcenzuteilung für diesen Beschleuniger
Timebox: 5 Wochen

Dieses Kapitel ist zwar das kürzeste in diesem Buch, doch davon sollten Sie sich nicht täuschen lassen: Dieser Beschleuniger ist ein essenzieller Bestandteil der Strategieumsetzung, weshalb Sie ihn nicht überspringen sollten. In ihm geht es darum, den Prozess abzuschließen und das Erreichte zu integrieren und zu sichern.

Wenn Sie alle Timeboxes für eine relativ intensive und komplizierte Maßnahme, etwa ein umfangreiches Transformationsvorhaben in einem Unternehmen mit Tausenden von Beschäftigten, addieren, erhalten Sie folgenden Zeitrahmen:

- Beschleuniger 1 – Strategie festlegen: 5 Wochen
- Beschleuniger 2 – Konkretisieren: für jede Maßnahme 3 bis 6 Wochen
- Beschleuniger 3 – Skalieren: in zehn 5-Wochen-Sprints = 50 Wochen
- Beschleuniger 4 – Sichern und lernen: 5 Wochen

Die Strategiefestlegung (Beschleuniger 1) dauert also 5 Wochen, während die gesamte Umsetzung (Beschleuniger 2, 3 und 4) 58 bis 61 Wochen in Anspruch nimmt. Erste Ergebnisse sollten Sie bereits innerhalb von 3 Monaten sehen. Früher wurden großangelegte Transformationsvorhaben in der Regel innerhalb von 2 bis 3 Jahren umgesetzt, und es dauerte häufig mehr als ein Jahr, bis sich erste Ergebnisse zeigten – und das ist noch großzügig gerechnet. Vergleichbare Transformationen, die ohne die in diesem Buch vorgestellten Beschleuniger vollzogen werden, können sogar noch länger dauern.

Die oben genannten Timeboxes sind natürlich Durchschnittswerte. Ich habe Sie eingefügt, um zu zeigen, dass der Fokus auf die Umsetzung Auswirkungen auf Ihren Zeit- und Ressourceneinsatz hat sowie auf die Dinge, auf die Sie sich während der Strategieumsetzung fokussieren. »Zeig mir deinen Kalender, und ich zeige dir deine Prioritäten«, könnte man sagen.

Die harten Bausteine in Beschleuniger 4: Justierung und offene Architektur
Jeder Beschleuniger besteht aus zwei harten und zwei weichen Bausteinen. Die ersten beiden Bausteine in Beschleuniger 4, Justierung und Offene Architektur, sind hart. **Baustein 13, Justierung**, betont, dass Mitarbeiterinnen und Mitarbeiter Freiraum bei der Ausübung ihrer Aufgaben brauchen. Selbstkontrolle ist besser als Fremdkontrolle. Die Methode, die Sie zur Überprüfung Ihres Business Case gewählt haben, wird ihnen dabei helfen. Setzen Sie visuelles Management so oft wie möglich ein. **Baustein 14, Offene Architektur**, betont die Wichtigkeit einer einfachen, offenen Architektur. Dadurch wird es einfacher, die neue Routine (den Entwurf) zu institutionalisieren, zu überwachen und anzupassen.

7.1 Baustein 13: Justierung

In diesem Baustein geht es um die Sicherung der Benefits Ihrer Maßnahme, die Bedeutung von visuellem Management und Selbstorganisation, die Justierung während der Strategieumsetzung sowie um die spezifischen Merkmale von Kontrolle und Justierung in neuen Unternehmen, die mit digitalen Geschäftsmodellen arbeiten.

7.1.1 Die Benefits sichern

Dies ist die Phase, in der die Benefit Realization Manager in dieser Maßnahme zum letzten Mal zum Einsatz kommen. Deshalb lohnt es sich, ein gutes Toolkit für diejenigen zu entwickeln, die nach Ausscheiden des Kennzahlenteams weiterhin mit dabei sind. Das ist wichtiger, als Sie vielleicht denken. Denn Kennzahlen und Messmethoden, die für Ihr Zahlenteam selbsterklärend sind, können für neu hinzukommende Mitarbeiterinnen und Mitarbeiter völlig unverständlich sein. Tatsächlich müssen Sie das Benefit Management sichern und in Ihre regulären Planungs- und Kontrollprozesse integrieren, denn Benefit Management hört niemals auf.

Das Benefit Management geht auch nach Ende des Projekts oder Programms weiter. Wenn alles nach Plan verläuft, geht das Benefit Management einfach weiter. Sie sollten jedoch vermeiden, neue Kontrollmethoden zusätzlich zu Ihrem regulären Performance-Management-System anzuhäufen. Deshalb gilt es am Ende jedes Projekts oder Programms, die neuen Kontrollmechanismen in Ihr bestehendes Performance-Management-System zu integrieren. Dieser äußerst wichtige Schritt wird jedoch häufig übersprungen.

Verstärken Sie die Benefits. Die weichen Bestandteile in diesem Kapitel beschreiben, wie Unternehmen aus der Umsetzung lernen und die Benefits verstärken können. Die Benefits sollten der wichtigste Tagesordnungspunkt in allen Meetings sein, in denen es darum geht, sich das Gelernte bewusst zu machen und die Benefits zu verstärken. Ich habe jedoch Besprechungen erlebt, in denen es um alles *außer* um diese wichtigen Fragen ging:

Wie stellen wir sicher, dass die realisierten Benefits nachhaltig sind und optimiert werden? Was ist nötig, um zu gewährleisten, dass die Benefits dauerhaft sind? Was war einfacher als erwartet und was schwieriger? Warum? Welche Erkenntnisse aus dem Benefit Realization Management lassen sich auf zukünftige Maßnahmen übertragen? In diesen Meetings geht es im Wesentlichen darum, festzustellen, welche Benefits während der Maßnahme realisiert wurden und welche nicht.

7.1.2 Die Zielerreichung visualisieren und überwachen

Form ist alles: Echte Ergebniskontrolle ist attraktive Ergebniskontrolle: »Beim Design geht es nicht darum, wie etwas aussieht, sondern wie es funktioniert«, hat Steve Jobs einmal gesagt. Das gilt nicht nur für Produkte und Services, sondern auch für die Strategieumsetzung. Damit sich all die Zeit und Mühe, die Ihr Unternehmen in die Strategieumsetzung investiert hat, auch auszahlt, müssen Sie mehr tun, als bloß zu messen, ob Sie Ihre Ziele und Vorgaben erreicht haben. Sie müssen dies attraktiv, ja sogar verlockend machen. Listen Sie also nicht einfach Ihre Fortschrittsdaten auf, sondern präsentieren Sie sie in einem ansprechenden Format. Dabei geht es nicht darum, »schlechte Ergebnisse« zu vertuschen, sondern dafür zu sorgen, dass die Leute sich Ihre Daten auch wirklich ansehen. Wenn Ihre Daten gut sind, ist deren attraktive Präsentation das i-Tüpfelchen. Dadurch erhöhen Sie Ihre Chancen, die Daten gewinnbringend zu nutzen und auf ihnen aufzubauen, exponentiell.

Präsentieren Sie Ihre Daten auf attraktive Weise, nicht weil es »sexy« ist, sondern weil es funktioniert. Jeder, der einmal an einem Change-Management-Treffen teilgenommen hat, weiß: Ein Bild sagt mehr als tausend Worte. Menschen hören, was sie sehen. Die Computer- und Informationswissenschaftlerin Michelle A. Borkin hat dieses Phänomen untersucht und herausgefunden, dass sich Visualisierungen, die sich »auf einen Blick« einprägen, besser abrufen und detaillierter wiedergeben lassen.[169] Die beste Methode, um zu erklären, was ein Kreis ist, besteht darin, diesen zu zeichnen. Das funktioniert deutlich besser, als die Definition zu nennen: Ein Kreis ist eine zweidimensionale geometrische Form, bei der alle Punkte auf der Kreislinie denselben Abstand zum Kreismittelpunkt haben. Das sollten Sie für die Strategieumsetzung verinnerlichen.

Borkin und ihr Team kategorisierten und untersuchten Hunderte von Visualisierungen und verfolgten die Augenbewegungen von Personen, die sich diese ansahen. Dadurch erfassten sie, welche Bestandteile der Visualisierung Aufmerksamkeit erzeugten und welche Informationen sich die Personen einprägten. Ihre Ergebnisse bestätigen, was wir instinktiv wissen: »(1) Überschriften und Begleittexte sollten die Aussage der Visualisie-

169 Michelle A. Borkin, »Beyond Memorability: Visualization Recognition and Recall«, IEEE Transactions on Visualization and Computer Graphics (22:1), 31. Januar 2016.

Projekt-Poster

Ihr ausführliches Konzept auf Postergröße heruntergebrochen. Wenn es nicht aufs Poster passt, stimmt etwas nicht.

Umsetzung

Umsetzung in 10, 30 und 60 Sekunden. Gute interne Kommunikation gleicht einer Pyramide: Wenn Sie mehr wissen möchten, müssen Sie tiefer gehen.

Umsetzungshandbuch

Grafikintensives Format mit präzisen Inhalten und Hyperlinks, unter denen die Nutzer mit max. drei Mausklicks alle relevanten Informationen zur Umsetzung finden.

Infografiken

Fördern das Verständnis mithilfe von Daten

Geschäftsprozess-Placemat

Verschiedene Aspekte mit unterschiedlichen Farben darstellen: Engpässe, Lösungen, Schlüsselprozesse, Prioritäten, Unterteilung

Innovationswand

Wand für Verbesserungen, Erneuerungen und Innovationen. Eine attraktive und leicht zugängliche Methode, um Mitarbeiter zum Teilen ihrer Ideen und Meinungen zu motivieren.

Klage-und-Freuden-Mauer

Analyse der Ist-Situation: Womit sind unsere Kunden derzeit (nicht) zufrieden?

Who is who

Um zu betonen, dass es die Menschen sind, auf die es ankommt

Dashboard

Kurze Feedbackschleife zwischen Analyse, Entwicklung und Ergebnissen. Je unmittelbarer das Feedback, desto stärker die Verantwortungsbereitschaft und desto besser die Ergebnisse.

Factsheets

Fortschrittsberichte, die gern gelesen werden

Barometer

Jede Maßnahme sollte nur ein Hauptziel haben. Messen Sie den Fortschritt in diesem Bereich an einem für alle Mitarbeiter gut zugänglichen Ort.

Google Earth Navigator

Machen Sie große Mengen an Informationen gut navigierbar.

Checklisten

Alle Beteiligten können in wichtigen Schlüsselmomenten mit Checklisten arbeiten. Übertreiben Sie es aber nicht.

Prozess-Walk-through als Comic

Je lebendiger Prozessanalyse oder -design sind, desto mehr Wirkung erzielen sie. Verwenden Sie Animationen, Cartoons oder Comics.

Piktogramme

Entwerfen Sie für jedes Fazit, jede Lösung und jede Aktion ein eigenes Piktogramm.

Abb. 37: In Zeiten der Informationsüberflutung sind Techniken des visuellen Managements essenziell. (Quelle: Turner 2016)

rung unterstützen, (2) richtig eingesetzt behindern Piktogramme das Verständnis nicht, sondern können es fördern, und (3) Redundanzen unterstützen die effektive Vermittlung der Aussage.« Auch Visualisierungen ohne Text können einen Großteil der Botschaft effektiv kommunizieren. Anders ausgedrückt: Visuelles Management ist deutlich wichtiger, als viele Führungskräfte glauben. Gleichzeitig gilt jedoch: Bilder können Text nicht ersetzen. Unternehmen, in denen alles über Visualisierungen läuft, sind im Nachteil. »Comics sind etwas für faule Leser«, pflegte mein Vater zu sagen. Doch es gibt Themen, die unbedingt visuell kommuniziert werden müssen, wie Abbildung 37 zeigt.

Selbstmanagement etablieren: Durch visuelles Management führen Sie eine Praxis ein, von der jedes Unternehmen profitiert: Selbstmanagement oder Selbstorganisation. Mitarbeiterinnen und Mitarbeiter mögen es nicht, wenn man ihnen sagt, was sie tun sollen. Mithilfe von visuellem Management können Sie viel direkter kommunizieren, was dazu führt, dass die Mitarbeiter aktiv werden und sich selbst organisieren.

7.1.3 Den Kurs anpassen

Überlegen Sie sorgfältig, was Sie anpassen und wie Sie es anpassen. Um es mit den leicht veränderten Worten des Gelassenheitsgebets des berühmten Theologen Reinhold Niebuhr zu sagen: »Gib mir die Gelassenheit, Dinge hinzunehmen, die verändert werden müssen, den Mut, an dem festzuhalten, das bewahrt werden muss, und die Weisheit, das eine vom anderen zu unterscheiden.« Je nach Interessen und Blickwinkel gibt es viele Argumente für das eine oder das andere. Betrachten Sie die Dinge deshalb objektiv, beziehen Sie Stellung, und seien Sie bereit, Ihren Standpunkt zu verteidigen. Das heißt nicht, dass Sie wissen, ob Sie das Richtige tun. Diese Sicherheit werden Sie kaum jemals haben. Objektivierung beginnt damit, den eigenen Fortschritt und die gewonnenen Einblicke explizit zu machen: Was haben Sie über Ihre Zielvorgaben und Ihr MFP gelernt, das Sie in der vorherigen Phase noch nicht wussten? Sammeln Sie Daten, führen Sie wo nötig eingehende Analysen durch, identifizieren Sie Unsicherheiten hinsichtlich der Maßnahme insgesamt oder Teilen davon, und benennen Sie klar Ihre Optionen und Entscheidungskriterien. Das sollten Sie systematisch und kontinuierlich tun. So sorgen Sie für Glückstreffer, denn wie Ralph Waldo Emerson sagte: »Glück ist lediglich ein anderes Wort für Zielstrebigkeit.«

Wann Sie den Kurs halten sollten:

- Die Störung, die wir erleben, ist temporär. Wir sollten die Dinge jetzt wirklich vorantreiben. So etwas kann immer mal vorkommen.
- Alle erwähnten Probleme und vorgebrachten Einwände wurden von den Nörglern unnötig aufgebauscht.
- Kurs zu halten ist nun noch wichtiger.

Wann Sie den Kurs ändern sollten:

- Die Störung, die wir erleben, beweist, dass das MFP falsch ist. Wir sollten besser umkehren, solange wir es noch können.
- Selbst diejenigen, die uns zunächst unterstützt haben, sind mittlerweile skeptisch und besorgt.
- Es herrscht eine größere Dringlichkeit, und wir verfügen mittlerweile über bessere Ideen, um das Problem anzugehen.

Wählen Sie Ihre Interventionen mit chirurgischer Präzision. Eine Schwierigkeit zu diesem Zeitpunkt der Strategieumsetzung besteht häufig darin, dass nicht klar ist, was justiert werden muss und was nicht. Kommunizieren Sie wie der ehemalige US-Präsident Obama, denn selbst wenn Sie die Unterscheidung treffen, wird diese nur wirksam sein, wenn alle Stakeholder sie auch als solche wahrnehmen. Was zählt, ist, was die Leute hören, nicht, was Sie sagen.

Stellen Sie außerdem sicher, dass die Agendas der Geschäftsleitung oder des Managementteams voll auf die Strategieumsetzung ausgerichtet sind und zwischen der Führung und der Transformation des Unternehmens sowie zwischen den drei Arten der Transformation unterscheiden: Verbesserung, Erneuerung und Innovation. Das ist die wichtigste Aufgabe des Change Leader. Ich kann nicht oft genug betonen, wie praktisch und effektiv eine standardisierte Agenda ist. In Abbildung 38 finden Sie ein Beispiel für eine solche.

Mehr Mikromanagement, bitte: Eine Frage, die mir häufig gestellt wird, ist, ob auch das Topmanagement eine solche praktische, umsetzungsorientierte Agenda verwenden sollte. Unbedingt! Je höher die Managementebene, desto zweckdienlicher ist diese sogar. Ich habe mit vielen erfolgreichen Führungskräften gesprochen, die alle bewusst mit einer Agenda arbeiten, die nicht nur strategisch und taktisch ist, sondern auch operational (siehe dazu das Beispiel von Unilever in Kapitel 2.5.1, wo das Topmanagement in jedem Meeting und auf jeder Ebene Operational Intensity erwartet).

Operational Intensity ist für die Einführung und Aufrechterhaltung einer umsetzungsorientierten Kultur im Unternehmen essenziell. Der einzige Unterschied besteht im Detaillierungsgrad: Führungskräfte müssen bei jeder die Umsetzung betreffenden Entscheidung das große Ganze im Blick haben. Sie müssen immer mit den Einwänden von Personen umgehen, die gern Mikromanagement betreiben und sich schwertun, zwischen wichtigen und unwichtigen Dingen zu unterscheiden. Die einzige Möglichkeit, dieses Mindset loszuwerden, besteht darin, diese Personen loszuwerden. Das muss nichts Schlechtes sein. Die meisten Mikromanagerinnen und Mikromanager verwechseln Genauigkeit und Vollständigkeit mit Penibilität, aber glauben Sie mir, das sind zwei völlig verschiedene Dinge.

Der frühere CEO von General Electric, Jack Welch, Spitzname Neutron Jack, ist für seinen Umgang mit Mitarbeitern bekannt. Er teilte seine gesamte Belegschaft in Gruppen

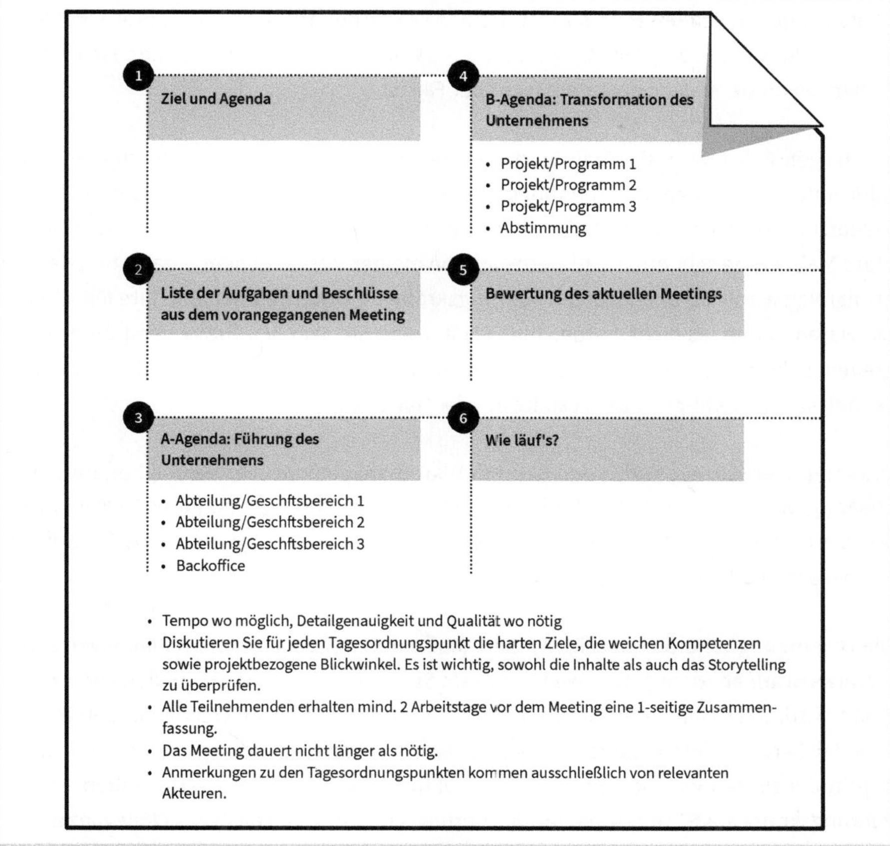

Abb. 38: Verwenden Sie in der Strategieumsetzung A- und B-Management-Agendas. (Quelle: Turner 2016)

ein und entließ jedes Jahr die unteren 10 Prozent. Diese Brandrodungsmethode wurde stark kritisiert und ist aus arbeitsrechtlicher Sicht auch nicht überall möglich. Sie stellt aber dennoch ein gutes Prinzip zur Optimierung der Belegschaft dar. Und Ihre Belegschaft könnte die allerwichtigste Variable bei der Strategieumsetzung sein. Wie wir in Kapitel 2 zu den sechs Erfolgsfaktoren gesehen haben, ist »wer« wichtiger als »was, warum, wann, wo und wie«.

Seinem Blog zufolge ist Jack Welch auch ein Befürworter von Mikromanagement.[170] Damit meint er jedoch nicht übereifrige Führungskräfte, die lieber alles selbst machen, nichts Besseres zu tun haben oder niemandem trauen außer sich selbst. Er bezieht sich auch nicht auf exzellente Mikromanager, die einspringen, wenn ihre Mitarbeiterinnen und Mitarbeiter der Aufgabe nicht gewachsen sind. Das alles ist Führung in Normalsituationen.

170 Jack Welch, »Why I Love Micromanaging And You Should Too«, LinkedIn blog, Januar 2016. https://jackwelch.strayer.edu/winning/love-micromanaging/.

Wovon Welch in seinem Blog spricht, ist das »Akkordeon-Prinzip«. Darunter versteht er Führungskräfte, die eingreifen, wenn sie Mehrwert beizutragen haben, und sich zurückziehen, wenn sie wissen, dass dem nicht der Fall ist.

Wie tragen Führungskräfte Mehrwert bei? Indem sie über Wissen, Erfahrung, Kontakte oder Autorität verfügen, die unnötige Misserfolge verhindern oder – besser noch – die Umsetzung beschleunigen. Dadurch senden sie auch ein wichtiges Signal: »Ich nehme diese Maßnahme sehr ernst und werde alles in meiner Macht Stehende dafür tun, dass sie erfolgreich wird!« So unterstützen Führungskräfte ihr Unternehmen und ihre Mitarbeiter. Sie wären dumm, es nicht zu tun. Jedes Mal, wenn Sie also den Drang verspüren, einzugreifen, sollten Sie sich fragen: Ist es im Interesse des Unternehmens, und ist es ethisch vertretbar? Die richtige Antwort sollte auf der Hand liegen.

Die Art und Weise, wie Welch den Begriff »Mikromanagement« verwendet hat, muss provokant gewesen sein. Was er letztlich meinte, ist gute Führung. Und gutes Mikromanagement erfordert Engagement. Wenn Sie engagiert sind, wissen Sie genau, ob Sie auf dem Holzweg sind oder richtigliegen.

Die Umsetzung scheitert häufig, weil die Maßnahmen genau dann im Sande verlaufen, wenn es drauf ankommt. Und weil in diesem Stadium zu wenig Wert auf den Lernprozess gelegt wird. Das ist eines der »Schwarzen Löcher« der Strategieumsetzung – äußerst schädliche Lücken, die durch starke Interventionen geschlossen werden müssen. Eine McKinsey-Studie zu den wichtigsten Führungsqualitäten bestätigt dies. Darin sollten 189.000 Führungskräfte aus 81 Unternehmen 20 Führungskompetenzen nach ihrer Relevanz bewerten. Die ersten Plätze machten klassische Umsetzungskompetenzen wie Unterstützung, Ergebnisorientierung, ein multiperspektivischer Ansatz sowie effektives Problemlösen. Das sind alles wichtige Führungsqualitäten, vor allem in diesem Beschleuniger.[171]

Im nächsten Abschnitt sehen wir uns genauer an, wie Transformationen vom Typ 3 (Innovation) gemanagt werden können. Alle Führungskräfte, mit denen wir gesprochen haben, taten sich hier schwer, weshalb ich diesem Thema ein eigenes Unterkapitel widme.

7.1.4 Digitale Geschäftsmodelle überprüfen und anpassen

Junge Unternehmen sind besonders gut im Kontrollieren und Kurs-Anpassen. Ihre Gründerinnen und Gründer verfolgen dabei einen erfrischend anderen Ansatz. Sie sind jederzeit über die Ziele auf allen Unternehmensebenen und für alle Mitarbeiter im Bil-

171 Claudio Feser, Fernanda Mayol & Ramesh Srinivasan, »Decoding leadership: What really matters«, McKinsey Quarterly, Januar 2015. www.mckinsey.com/global-themes/leadership/decoding-leadership-what-really-matters.

de – sowohl hinsichtlich harter Ziele als auch weicher Kompetenzen – und überprüfen konsequent jede Woche, ob die Dinge noch nach Plan laufen. Es ist diese engagierte und gleichzeitig hartnäckige Haltung, die die Autoren Chris Zook und James Allen vermutlich meinen, wenn sie in ihrem Buch *The Founder's Mentality* von »Gründermentalität« sprechen.

Dieses Mindset ist wie eine frische Brise – ohne die Sorge, die viele etablierte Unternehmen überkommt, wenn sie vermeintlich zu sehr auf quantitative Ergebnisse oder Top-down-Management setzen. In jungen Unternehmen akzeptieren die Mitarbeiterinnen und Mitarbeiter, dass es notwendig ist, ein Gleichgewicht zwischen quantifizierbaren Ergebnissen und qualitativem persönlichem Einsatz sowie zwischen Top-down-Management und Bottom-up-Input herzustellen. Dieses Mindset finden Sie auch bei Personen, die sowohl in etablierten als auch neuen Unternehmen tätig waren und den Unterschied kennen. Dadurch habe ich verstanden, dass etablierte Unternehmen diese Balance häufig nur zum Schein herstellen oder um ein politisch korrektes Bild hinsichtlich ihres Change Management zu vermitteln. Damit wollen sie hauptsächlich verhindern, dass das Managementteam als knallhart und top-down stigmatisiert wird.

Ich werde skeptisch, wenn Führungskräfte in etablierten Unternehmen behaupten, sie wären in jungen Unternehmen besser dran. Für dieses Buch habe ich mit Gründerpersonen gesprochen, deren Unternehmen mittlerweile groß und etabliert sind und Hunderte von Mitarbeitern an verschiedenen Standorten beschäftigen. Obwohl diese Start-ups mittlerweile etabliert sind, werden sie von ihren Gründern nach wie vor auf erfrischende Weise geführt. Daraus schlussfolgere ich, dass frisches Management nicht erfordert, vom Dachboden oder aus einer Garage heraus zu arbeiten und sich vor allem von Brownies und Donuts zu ernähren. Die Gründerinnen und Gründer, mit denen ich gesprochen haben, konnten sich offensichtlich ihren Führungs- und Managementstil der ersten Tage bewahren. Im Umkehrschluss bedeutet das: »Alte«, etablierte Unternehmen sollten in der Lage sein, diesen Führungs- und Managementstil zu übernehmen. In diesem Zusammenhang empfehle ich Ihnen Anhang 14, der Dutzende von Zitaten erfahrener Führungskräfte enthält. Die ersten beiden führen neue, digitale Unternehmen, und ihre Aussagen unterstreichen meinen Punkt. Über die Wichtigkeit einer Start-up-Mentalität ist unheimlich viel geschrieben worden, doch im Kern geht es dabei um die Frische, die ich hier beschrieben habe.

Junge Unternehmen verwenden häufig nur wenige KPIs. Viele nutzen das Objectives & Key Results(OKR)-Modell, das auf Intel zurückgeht und unter anderem auch von Google und Uber verwendet wird. Mit dem OKR-Modell lasen sich klare Ziele definieren und bis hinunter auf Einzelpersonen-Ebene messen. Die drei gängigsten KPIs in diesem Modell sind zum Beispiel: NPS, Gewinnmarge und Umsatz. Und wenn wir sie auf fünf erweitern, würde ich noch die Wiederverkaufsrate (Repeat Purchase Rate) und ROA (Return on Assets) ergänzen.

Kontrolle und Management in neuen Unternehmen ähneln dem Hochfrequenzhandel. Die Häufigkeit, mit der neue Unternehmen ihre Ziele überprüfen und anpassen, mag Führungskräften in etablierten Unternehmen hektisch vorkommen. Für den digitalen Entrepreneur ist das jedoch völlig normal. Wenn Sie als Führungskraft in einem etablierten Unternehmen mit digitalen Geschäftsmodellen experimentieren, sollten Sie sich besser an dieses Tempo gewöhnen. Die jungen Unternehmen, die wir besucht haben, wurden fast in »Echtzeit« geführt.

Der größte Vorteil von digitalen Unternehmen ist ihre Anpassungsgeschwindigkeit. Sie hilft ihnen, wettbewerbsfähig zu bleiben. Die jungen Managerinnen und Manager prüfen ihre operativen Ziele wöchentlich und ihre strategischen Ziele quartalsweise. Sie wissen immer, wo ihr Unternehmen pro Warengruppe, Kanal, Kunden- und Produktsegment steht. Dabei folgen sie dem Motto: Kenne deine Kennzahlen, und informiere dich regelmäßig, aber mindestens einmal pro Woche, wie es läuft. »Wenn Sie Ihr Geschäftsmodell nicht wöchentlich überprüfen und anpassen können, ist es nutzlos«, drückte es eine junge Führungskraft aus.

Unabhängig davon, wie schnell sich die geschäftlichen Rahmenbedingungen ändern, bleibt die Unterscheidung zwischen der Führung des Unternehmens und der Transformation des Unternehmens bestehen. In den meisten jungen Unternehmen ist es sogar so, dass Mitarbeiterinnen und Mitarbeiter, die mit der Führung des Unternehmens betraut sind, nicht in die Transformation involviert sind, obwohl einzelne am Tagesgeschäft beteiligte Personen in Change-Projekten mitarbeiten. So stellen diese Unternehmen sicher, dass die richtigen Leute an den richtigen Dingen arbeiten und dass der Fokus klar auf der Führung oder der Transformation liegt. In unserer Studie haben wir festgestellt, dass in Unternehmen, die neue Geschäftsmodelle nutzen, viele im Tagesgeschäft tätige Mitarbeiter auch an Change-Maßnahmen beteiligt sind. Im Durchschnitt waren es 80 Prozent.

Junge Unternehmen wollen gewisse Dinge, zu denen etablierte Unternehmen neigen, unbedingt vermeiden. Sie sind fast alle fest entschlossen, ihren nach außen gerichteten Fokus aufrechtzuerhalten. Die eigene Datenbasis zu analysieren ist ein Kinderspiel; die Kunst besteht darin, die Innen-Außen-Perspektive nicht zu verlieren. Eine weitere Eigenschaft etablierter Unternehmen, die sie vermeiden möchten, ist, dass Engagement irgendwann in Ablehnung umschlägt.

Auf die Frage, welche typischen Eigenschaften etablierter Unternehmen er in seinem eigenen Unternehmen vermeiden wolle, antwortete mir einmal ein junger Manager: Selbstgefälligkeit (davon kann niemand leben), das Ignorieren von Zahlen und Fakten sowie endlose, sinnlose Meetings. Er erzählte mir, dass er beliebig in Meetings hereinplatzte und die Anwesenden fragte, ob diese Treffen wirklich nötig seien. Als sein Verhalten irgendwann zu übergriffig wurde, hörte er damit auf, behält sich aber vor, diese Praxis wieder einzuführen, sollte es nötig werden.

Ein anderer Entrepreneur sagte: »Bevor Sie es sich versehen, schleichen sich ungewollte antiquierte Praktiken wieder ein: Komplexität, Bürokratie, Unbeweglichkeit – und die schlimmste von allen: eine 9-to-5-Kultur.« Und mit Nachdruck fügte er hinzu: »Mir ist es lieber, wenn jemand um 16 Uhr Feierabend macht, als wenn er das Büro eine Minute vor 17 Uhr verlässt!«

Es ist gut, wenn Sie ein funktionierendes neues Geschäftsmodell und ein modernes Unternehmen für ein modernes Zeitalter etabliert hat, doch die eigentliche Chance liegt daran, moderne Prozesse, moderne Technologien, einen neuen Managementstil und eine brandneue Kultur einzuführen. Gerade Letzteres ist ein unglaublicher Luxus. Gleichzeitig müssen Sie natürlich effektiv, schnell, einfach und agil bleiben.

Es gibt gewisse operative Basics, auf die auch junge Unternehmen nicht verzichten können. Sagen wir es mal so: Ohne diese Grundlagen laufen diese Unternehmen Gefahr, in der Hipsterhölle zu enden. Wir haben mit einem Gründer eines modernen digitalen Einzelhandelsunternehmens gesprochen, der sich wieder auf grundlegende strategische Fragen besinnt wie: Was ist unser einzigartiges Wertversprechen und welche neuen Produkte und Märkte sollten wir ins Visier nehmen? Er weiß, dass sein Unternehmen preislich nicht mit Amazon oder Argos konkurrieren kann, weil es wesentlich kleiner ist und nicht über dieselbe Kaufkraft verfügt. Zu den anderen grundlegenden Basics zählen regelmäßige Analysen, um weiterhin vorne mitspielen zu können und um zu wissen, wohin man will und wie man dies erreicht. Trommeln Sie Ihre Mitarbeiterinnen und Mitarbeiter einmal im Monat zusammen, und erklären Sie ihnen Ihre auf soliden Management- und Führungsprozessen basierende Vision und Ziele sowie ihre Leistungsbewertungs- und Vergütungsprozesse.

Im Folgenden stelle ich Ihnen ein Unternehmen vor, das Baustein 13 erfolgreich umgesetzt hat.

BAUSTEIN 13 – JUSTIERUNG ERFOLGREICH UMGESETZT

Case Study: Wie Wolters Kluwer, ein internationaler Anbieter von Fachinformationen für Steuern und Recht, neue Servicekonzepte implementiert hat

Durchbruch: Der Bereich Recht & Verwaltung bei Wolters Kluwer, einem globalen Anbieter von Informationsdiensten und -lösungen für Steuer- und Rechtsfachleute, hat in einer ausgewählten Region für jedes seiner Kundensegmente neue Servicekonzepte eingeführt. Dieser Schritt war Teil einer Transformation hin zu einer effektiveren Go-to-Market-Strategie. Durch die neuen Konzepte wollte der Verlag bestehenden und neue Kunden einen Mehrwert bieten. Ziel war es, den Druck auf den Markt zu erhöhen und gleichzeitig die relativ hohen Vertriebskosten, die durch die Vor-Ort-Termine der Kundenbetreuerinnen und betreuer entstanden waren, zu senken. Zudem wollte das Unternehmen die Messbarkeit seiner Vertriebsmaßnahmen und -ergebnisse steigern, um die Betriebsprozesse zu verbessern und agiler zu werden. Diese Ziele wurden dadurch erreicht, dass Wolters Kluwer ein Remote-Vertriebsteam einrichtete, das für Kunden in den mittleren und unteren Marktsegmenten zuständig war. Diese Mitarbeiterinnen und Mitarbeiter trugen auch Verantwortung für die Kundenbetreuung in diesen Segmenten. Gleichzeitig optimierte der Verlag seine Strategie für den Online-Vertrieb und stellte seinen Vertriebsteams verbesserte Dashboards, virtuelle Meetingräume und andere digitale Tools zur Verfügung.

Ergebnis: Durch Einführung des Remote-Vertriebsteams konnte Wolters Kluwer die Kundenabdeckung in den mittleren und unteren Marktsegmenten in den ersten sechs Monaten von 40 auf 70 Prozent steigern – und dies zu deutlich geringeren Kosten. Der Portfoliowert der Kunden, die vom Remote-Vertriebsteam angesprochen wurden, ist erheblich und wächst weiter. Die Echtzeit-Dashboards zeigen Kennzahlen wie die Gesamtzahl der Kundentelefonate pro Tag sowie die Zahl der Telefonate pro Vertriebsprofi und werden auf große Bildschirme im Büro projiziert. Dadurch können die Mitarbeiter ihre eigene Leistung sowie die Leistung ihrer Teamkollegen im Blick behalten und wo nötig schnell Anpassungen vornehmen. Aufgrund ihres Erfolgs wurde diese Maßnahme auch in anderen Ländern, in denen der Bereich Recht & Verwaltung aktiv ist, ausgerollt. Die Mitarbeiterinnen und Mitarbeiter in diesen Ländern arbeiten mit einem dezidierten Go-to-Market-Leitfaden.

7.2 Baustein 14: Offene Architektur

Eine einfache, offene Architektur fördert die kontinuierliche Weiterentwicklung Ihrer Strategie. Es sollte einfach und selbsterklärend sein, Ihren Entwurf weiterzuentwickeln, zu aktualisieren und zu »warten«. So sichern und überprüfen Sie die neue Routine und passen Sie wo nötig an.

7.2.1 Die Inhalte pflegen

Finden Sie ein passendes Format, um alle Ideen und Lösungsvorschläge zu Ihrem anfänglichen Entwurf und den verschiedenen Versionen Ihres MFP zu dokumentieren und zu pflegen. Obwohl im digitalen Zeitalter alles Veränderungen unterliegt, müssen Sie Ihren Entwurf dennoch »warten« und sicherstellen, dass er übertragbar ist und auch in

Zukunft funktioniert. Achten Sie dabei auf hohe Flexibilität, Zugänglichkeit und Übertragbarkeit. Die beste Lösung besteht in einer einheitlichen Architektur. Bedenken Sie dabei, dass es viele Möglichkeiten gibt und dass alle umstritten sein werden: Egal, wofür Sie sich entscheiden, die einen werden es lieben, die anderen nicht.

Unternehmen stehen viele Methoden, Techniken und Tools zur Verfügung, zum Beispiel ein Enterprise-Architektur-Modell.[172] Doch auch ERP-Systeme eignen sich für mehr als Prozessautomatisierung und bieten viele Möglichkeiten, Geschäftsprozesse zu beschreiben. Zudem gibt es zahlreiche dezidierte Softwarelösungen (cloudbasierte und andere), die Arbeitsprozesse unterstützen.

Egal, für welches Modell oder Tool Sie sich entscheiden: Es sollte unternehmensweit implementiert werden. Das gilt bereits für Unternehmen mit mehr als 25 Mitarbeiterinnen und Mitarbeitern. Schließlich wollen Sie in der Lage sein, Mitarbeiter, die das Unternehmen verlassen, zu ersetzen. Durch eine dezidierte Architekturmethode und -Software stellen Sie sicher, dass jeder Entwurf und jeder Prozess über ein lebendiges Backup verfügt, das von einem zentralen Architekten sowie Sponsoren oder Paten betreut wird. Sie sind dafür verantwortlich, den Entwurf zu »warten«, lange nachdem er umgesetzt wurde.

Etablieren Sie eine lebendige und geschlossene Feedbackschleife. Stellen Sie sicher, dass das Umsetzungsteam während und nach jeder Umsetzungswelle in engem Austausch mit dem Entwicklungsteam steht. Das Team, das das MFP entwickelt hat, und das Team, das es umsetzen soll, haben häufig Schnittmengen, sind aber selten identisch. Auf jeden Fall sollten Entwickler und Prozessverantwortliche ihre Aktionen koordinieren, um sicherzustellen, dass die neuen Prozesse in den regulären Geschäftsbetrieb integriert und Teil des kontinuierlichen Verbesserungsprozesses werden.

Im Folgenden stelle ich Ihnen ein Unternehmen vor, das Baustein 14 erfolgreich umgesetzt hat.

BAUSTEIN 14 – OFFENE ARCHITEKTUR ERFOLGREICH UMGESETZT

Case Study: Alcontrol Laboratories (Labore für Umwelt- und Lebensmittelanalysen)

Durchbruch: Um einen neuen Geschäftsprozess zu überprüfen und zu optimieren, trifft sich das Operations-Team von Alcontrol zu Daily Standups und verwendet eine klare Prozessarchitektur, die den Mitarbeiterinnen und Mitarbeitern einen einheitlichen Überblick ermöglicht. Das ist der größte Vorteil einer sorgfältig ausgewählten Architektur: Sie versetzt das Unternehmen in die Lage, aus einer

172 Roger Sessions, »A Comparison of the Top Four Enterprise-Architecture Methodologies«, Microsoft, Mai 2007. https://web.archive.org/web/20170310132123/https:/msdn.microsoft.com/en-us/library/bb466232.aspx.

Position der Übersicht und Kontrolle heraus zu agieren. Und die Teams arbeiten hart! Jeden Morgen treffen sich die einzelnen Operations-Teams zu 10-minütigen Standup-Meetings mit ihrer Teamleiterin oder ihrem Teamleiter, um sich darüber zu informieren, welche Aufgaben am vorherigen Tag erledigt wurden und was heute ansteht. Wo möglich werden die Aufgaben direkt an die einzelnen Teammitglieder verteilt. Für die Prozessoptimierung ist das Prozessoptimierungsteam zuständig. Wenn nötig werden Probleme innerhalb von weniger als einer Stunde an die Standups auf Abteilungsleiter- oder Managementebene eskaliert. Optimierungs-Boards unterstützen das visuelle Management. Zudem gibt es ein Team für die vertikale Optimierung, das für die kontinuierliche Weiterentwicklung auf Unternehmensebene zuständig ist und sicherstellt, dass die von den einzelnen Teams entwickelten Prozessoptimierungen institutionalisiert und vertikal integriert werden. Das Team für die vertikale Optimierung veröffentlicht alle sechs Monate eine neue Prozessarchitektur und stellt sicher, dass die Linienorganisation diese implementiert.

Ergebnis: Durch die Standup-Meetings konnte das Unternehmen seine Effizienz und Effektivität steigern. Einzelne Mitarbeiter wie Teams haben nun einen besseren Überblick über ihre Arbeit und diese auch besser im Griff, was zu kürzeren Durchlaufzeiten (96 Prozent der Analysen werden pünktlich bereitgestellt), geringeren Abfällen (5 Prozent jährliche Reduktion), niedrigeren Kosten und einer höheren Sicherheit geführt hat. Die KPIs unterscheiden sich je nach Prozess und orientieren sich an den Zielvorgaben des Managements. Die Prozessarchitektur stellt ein stabiles Framework für die Überarbeitung und Weiterentwicklung dar.

Die weichen Bausteine in Beschleuniger 4: Lernen und die Extrameile

Jeder Beschleuniger besteht aus zwei harten und zwei weichen Bausteinen. Die weichen Bausteine in Beschleuniger 4 sind Lernen und Die Extrameile. **Baustein 15, Lernen**, beschäftigt sich mit dem Phänomen, dass sich Unternehmen selten Zeit nehmen, um aus umgesetzten Maßnahmen zu lernen. Das muss sich ändern, denn Lernen führt zu einer erhöhten Umsetzungskompetenz. In **Baustein 16, Die Extrameile**, zeige ich, dass die erfolgreiche Institutionalisierung davon abhängt, wie gut die neuen Prozesse in die Linienorganisation integriert werden. Die Extrameile zu gehen ist der beste Weg, dies sicherzustellen.

7.3 Baustein 15: Lernen

Lernen steigert die Umsetzungskompetenz, doch überraschenderweise ziehen nur die wenigsten Unternehmen Konsequenzen aus den Erkenntnissen, die sie durch abgeschlossene Maßnahmen gewonnen haben. Diejenigen, die es tun, steigern ihre Umsetzungskompetenz jedoch mit jeder Maßnahme, weil sie die gewonnenen Erkenntnisse umsetzen.

7.3.1 Lernmoment, -methode und -format festlegen

Jetzt oder nie! Unternehmen scheinen sich nur widerwillig mit den im Rahmen einer Maßnahme gewonnenen Erkenntnissen zu beschäftigen. Die Auseinandersetzung mit dem Gelernten wird häufig hintenangestellt, dabei bietet sie eine der seltenen Gelegenheiten, das Vergangene zu bewerten. Die Erkenntnisse aus der abgeschlossenen Maßnahme liegen *jetzt* vor, und sie befinden sich direkt vor Ihrer Nase. Diesen Moment sollten Sie nutzen. In drei Wochen ist es zu spät, denn dann sind Sie bereits voll und ganz mit der nächsten Maßnahme beschäftigt. Dann ist dieser Aha-Moment nur noch eine vage Erinnerung, und es fehlt der Fokus, den Sie jetzt haben.

Lernmomente zu schaffen, zahlt sich aus – für das gesamte Unternehmen. Sie haben sich dazu entschieden, der Wahrheit ins Gesicht zu sehen, und einen gemeinsamen Termin mit allen Beteiligten gefunden. Nun sollten Sie sicherstellen, dass das Meeting zu einer positiven Erfahrung wird. Mit einer interessanten Agenda und positiven Diskussionsanlässen sorgen Sie dafür, dass die Anwesenden das Ganze nicht als Arbeit empfinden, sondern als Inspiration. Betonen Sie, dass es auch Ihnen darum geht zu lernen, und nicht darum, Schuldige zu finden. Irgendetwas läuft immer schief, und einige Aspekte der Umsetzung sind zu diesem Zeitpunkt kritisch. Deshalb sollte das Meeting eine moderne Form des wertschätzenden Erkundens (Appreciative Inquiry) annehmen.[173] Es kann außerdem erfrischend sein, sich außerhalb des Büros zu treffen.[174]

Abbildung 39 zeigt eine mögliche Agenda für einen »Lerntag«. Dieser kann sein Potenzial jedoch nur entfalten, wenn die Erkenntnisse direkt bei der Erstellung des Maßnahmenportfolios in Beschleuniger 1 und bei der Entwicklung des Umsetzungsplans für die jeweilige Maßnahme in Beschleuniger 2 berücksichtigt werden.

173 David L. Cooperrider & Diana Whitney, Appreciative Inquiry: A Positive Revolution in Change. Berrett-Koehler Publishers, 2005.

174 Claus Benkert & Nick van Dam, »Experiental learning: what's missing in most change programs«, McKinsey & Company, August 2015. http://www.mckinsey.com/business-functions/operations/our-insights/experiential-learning-whats-missing-in-most-change-programs.

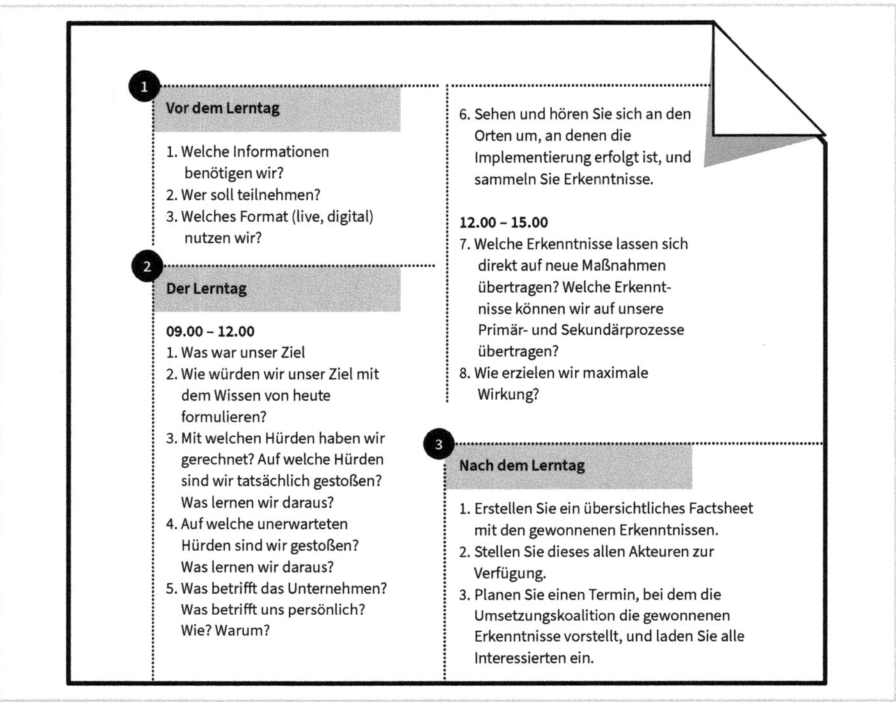

Abb. 39: Agenda für den Lerntag – handlungsorientiertes Lernen

Während des Lerntags sollten Sie sich sowohl auf harte und weiche als auch auf projektbasierte Erkenntnisse fokussieren. So stellen Sie sicher, dass sich die Teilnehmenden nicht nur die interessanten Change-Management-Fragen herauspicken. Vermeiden Sie den Weg des geringsten Widerstands. Philosophieren Sie nicht, wo was schiefgelaufen ist, und konzentrieren Sie sich nicht auf »die anderen«, sondern bewerten Sie sich und Ihr Team. Unterziehen Sie dazu nicht nur das verwendete Projektmanagementsystem, Ihr Aufgabenmanagement und Ihr Fortschrittsberichtformat einer kritischen Prüfung, sondern auch das harte Business-Case-System und die weiche, kulturelle Seite der Transformation.

Im Folgenden stelle ich Ihnen ein Unternehmen vor, das Baustein 15 erfolgreich umgesetzt hat.

BAUSTEIN 15 — LERNEN ERFOLGREICH UMGESETZT

Case Study: Wie Royal Cosun seine Wachstum-durch-Übernahme-Strategie erfolgreich umgesetzt hat

Durchbruch: Royal Cosun, eine internationale agrarindustrielle Genossenschaft, die ökologisch basierte Produkte zur Weiterverarbeitung in Lebensmitteln und anderen Gütern herstellt, verfolgt eine Wachstumsstrategie, die hauptsächlich in der Übernahme anderer Unternehmen besteht. Durch die Akquisitionen will Royal Consun in Größe und Wert wachsen. Um dies zu erreichen, hat die Genossenschaft ein standardisiertes Framework zur Post-Merger-Integration eingeführt. Mithilfe dieses Frameworks bewertet das Unternehmen kürzlich getätigte Übernahmen systematisch daraufhin, wie sie gemanagt wurden und welchen Mehrwert sie generiert haben. Dabei geht es nicht darum, irgendjemandem den Schwarzen Peter zuzuschieben, sondern aus den gemachten Fehlern zu lernen und die gewonnenen Erkenntnisse bei zukünftigen Übernahmen zu berücksichtigen.

Ergebnis: Royal Consun identifiziert, misst und bewertet regelmäßig die wichtigsten KPIs der Post-Merger-Integration. Das Unternehmen hat sich unter anderem folgende Ziele gesetzt: 50 Prozent Synergieeffekte innerhalb des ersten Jahres nach der Übernahme, eine Abwanderungsrate (Kunden) und Kündigungsquote (Mitarbeiter) von jeweils unter 5 Prozent (die klassischen Faktoren, aus denen Übernahmen häufig scheitern) sowie 10 Prozent Wachstum in bestimmten Märkten. Mit der strukturellen Bewertung dieser KPIs verfolgt Royal Consun zwei Zwecke: Zum einen werden die Erwartungen hinsichtlich neuer Übernahmen gedämpft, zum anderen ermöglicht das Vorgehen die kontinuierliche Effektivitätssteigerung von Post-Merger-Integrationsprojekten. So trägt die Bewertung der KPIs zur Erreichung des übergeordneten Ziels von 12 Prozent ROI bei.

7.4 Baustein 16: Die Extrameile

+1

Am Ende geht jede Maßnahme in den Aufgabenbereich der Benefit Realization Manager in Ihrer Linienorganisation über. Sie sind nun für die Ziele und Prozesse verantwortlich. Die Ergebnissicherung ist abhängig davon, wie gut diese in Ihren Primärprozess integriert sind. Hier lohnt es sich, die Extrameile zu gehen.

7.4.1 Die Benefit-Verantwortung verankern

Die Verantwortlichkeiten für die Benefits und die neuen Arbeitsweisen müssen in Ihre Linienorganisation integriert werden. Nichts ist riskanter als große Programme und Projekte, die ein Eigenleben führen und sich zu autonomen Machtzentren entwickeln. Maßnahmen werden ausgewählt, um zentrale Geschäftsprozesse zu verbessern, zu erneuern oder zu innovieren. Früher oder später müssen diese Ziele einer Maßnahme im regulären Performance-Management Ihres Unternehmens subsumiert werden (also in der Führung des Unternehmens). Ist dies bislang noch nicht von selbst geschehen, sollte der oder die Umsetzungsverantwortliche sicherstellen, dass dies nach Beendigung der Maßnahme passiert. Die Integration in die Linienorganisation umfasst alle Bereiche – vom Management über das Budget bis hin zu der Aufgabe, sich persönlich zu vergewissern, dass die Benefit Realization Manager realistische Erwartungen haben. Hier ist jedoch ein Wort der Warnung angebracht: Es kann vorkommen, dass die Übergabe an das Linienmanagement *zu früh* erfolgt. Dann wirkt sie wie ein falscher Applausometer, wie ich im Rahmen unserer Untersuchung (siehe Kapitel 9, Misserfolgsfaktoren) festgestellt habe. Sobald eine Maßnahme also beendet wurde, sollte sie in die Verantwortung der Linienmanager übergehen.

Wichtig: Die Benefit Realization Manager in der Linienorganisation müssen nicht nur die Ziele, Zielvorgaben und Benefits der Maßnahme übernehmen, sondern auch die neue Arbeitsweise und diese in der Organisation verankern. Sehen wir uns dazu beispielhaft ein Operational-Excellence-Programm an einer großen niederländischen Universität an: Ziel war es, die Kurs- und Terminplanung effektiver zu gestalten, um mehr Zeit für die Lehre zu haben. Ein ausgewähltes Team hatte den Planungsprozess analysiert und neu gestaltet und in regelmäßigen Abständen ein sorgfältig zusammengestelltes Prüfungs- und Beratungsteam konsultiert. Es handelte sich also in keinster Weise um ein Vorgehen aus dem Elfenbeinturm heraus. Dennoch war mit Widerstand seitens der Bildungsmanagerinnen und -manager zu rechnen. Diese waren nicht am Entwicklungsprozess beteiligt, sollten den neuen Planungsprozess aber abnicken und anwenden. Dass alles reibungslos laufen würde, war also unwahrscheinlich. Gerade in dieser Phase ist das Not-invented-here-Syndrom stark ausgeprägt, und es lässt sich nicht einfach aus der Welt schaffen, indem Sie lautstark betonen, Sie hätten doch mit den zukünftigen Stakeholdern gesprochen, selbst wenn Sie sich an die Regeln gehalten und in Beschleuniger 1, 2 und 3 Feedback zu Ihrer Strategie eingeholt, sie überprüft, verfeinert und kommuniziert haben.

Um eine Maßnahme erfolgreich abzuschließen und im Unternehmen zu verankern, sind drei Mindestvoraussetzungen zu erfüllen: ein erneuter psychologischer Check-in, ein zuverlässiges Toolkit sowie motivierende Meetings. Alle Hauptakteure müssen sich in Beschleuniger 4 erneut hinter die Maßnahme stellen. Zu diesem Zeitpunkt ist es Ihre Aufgabe sicherstellen, dass alle Beteiligten bereit sind, die Extrameile zu gehen, um die Maßnahme zum Erfolg zu führen. Deshalb sollte der oder die Chief Execution Sponsor – bei strategischen Programmen ist das häufig der oder die CEO – mit jedem Benefit-Verantwortlichen der Maßnahme sprechen. Ziel ist es zu gewährleisten, dass sich auch wirklich alle verantwortlich fühlen und Verantwortung übernehmen (psychologischer Check-in).

Darüber hinaus brauchen Sie ein zuverlässiges Toolkit. Es reicht nicht, einfach ein paar alte Factsheets aus Beschleuniger 1 und 2 zusammenzustellen, um die Verantwortungsübernahme sicherzustellen. Hier ist das Programmmanagement am Zug: Es muss dem Sponsor praktisch auf dem Silbertablett ein umfassendes Toolkit präsentieren, das alle Bestandteile des Programms, angepasst an die jeweilige Zielgruppe, enthält. Dieses Toolkit sollte sich genauso frisch und inspirierend lesen wie zu Beginn der Maßnahme und mindestens folgende Dinge beinhalten: Anleitungen dazu, wie die neue Arbeitsweise in die reguläre Managementpraxis – d.h. Performance-Management, Meetings, Kommunikation – und die HR-Prozesse – Recruiting, Weiterbildung, Leistungsbewertung – integriert werden kann. Als dritte Mindestvoraussetzung sollten Sie mehrere gut vor- und nachbereitete Meetings abhalten, um Teamgeist, Zusammenhalt und Beziehungen zu fördern. Das Toolkit beinhaltet praktische Werkzeuge, mit denen Ihnen das gelingt. Erfolgreiche Führungskräfte wissen, dass diese harte Arbeit nicht immer besonders gewürdigt wird, doch sie arbeiten dennoch systematisch alle Schritte ab, die notwendig sind, um die Institutionalisierung sicherzustellen. Und ihnen gelingt es, dabei die echten Benefits und ihre Realisierung zu würdigen.

7.4.2 Umsetzungskoalition: Die Dinge zu Ende bringen

Das ist der Moment, in dem Sie als Führungskraft wirklich gefragt sind: Krempeln Sie also die Ärmel hoch, und verbinden Sie die losen Enden. Während Sie damit beschäftigt sind, die Umsetzung zu sichern, ist die Umsetzung häufig noch im Gange. Wenn es sich zum Beispiel um eine umfangreiche Transformation in einem großen Unternehmen handelt, sind Sie vielleicht gerade dabei, die Maßnahme abzuschließen, während Abteilung 5 in Geschäftsbereich 4 gerade mit der Skalierung begonnen hat. Es ist zwar sinnvoll, die gewonnenen Erkenntnisse zu berücksichtigen, wenn 80 Prozent der Transformation abgeschlossen sind. Doch vergessen Sie dabei nicht: Die übrigen 20 Prozent sind genauso wichtig.

Betonen Sie, dass die letzte Welle genauso wichtig ist wie die erste. Wie heißt es so schön: Es ist erst vorbei, wenn es vorbei ist. Unabhängig von den harten Zielen und Benefits sollten Unternehmen die »weichen« Effekte von Führungskräften, die die Extrameile gehen, nicht unterschätzen. Während einer großangelegten Transformation bei einer Zeitarbeitsfirma sagte mir einmal ein Beteiligter: »Anscheinend nehmen die da oben das sehr ernst – bis ganz zum Schluss!« Sie sehen: Ihr letzter Zug ist die halbe Miete.

Zu diesem Zeitpunkt in der Beschleunigung geht es vor allem darum, noch bestehende Hürden zu beseitigen, um den Job abzuschließen. Diese können in Ihrem unmittelbaren Umfeld auftauchen. Ich erinnere mich daran, wie ein Mitglied des Topmanagements einmal ein riesiges Tohuwabohu veranstaltete, als wir gerade eine neue Maßnahme auf den Weg bringen wollten, die viele Überschneidungen mit der gerade beendeten aufwies. Offensichtlich war beim Erstellen des Portfolios in Beschleuniger 1, bei den weichen Kompetenzen Zusammenarbeit und Kommunikation und beim Management der Strategieumsetzung etwas schiefgelaufen – und wahrscheinlich noch an einigen anderen Stellen.

Betonen und würdigen Sie den Erfolg Ihres Teams. Wahrscheinlich sind viele Stakeholder (sowohl diejenigen, die in das Programm involviert waren, als auch diejenigen in der

Linienorganisation) zu diesem Zeitpunkt ziemlich erschöpft, und Außenstehende haben das Interesse verloren. Jetzt ist es Aufgabe der Umsetzungskoalition, das Erreichte mit den Beteiligten zu feiern. Dabei sollten Sie Folgendes im Hinterkopf behalten: Das Maß an Energie, das Mitarbeiterinnen und Mitarbeiter bereit sind, in eine Maßnahme zu investieren, verhält sich proportional zu ihrer Einschätzung und ihrem Empfinden darüber, wie das Unternehmen Maßnahmen durchführt und abschließt und ob sie für ihre Rolle darin gewürdigt werden.

Wenn das als Grund noch nicht ausreicht: Erfolge zu würdigen ist auch aus ökonomischer Sicht äußert sinnvoll. Viele Unternehmen nehmen Unsummen in die Hand, um großangelegte Transformationen auf den Weg zu bringen, nur um dann den Fokus zu verlieren, sobald diese starten. Sie verschieben ihren Fokus genau in dem Moment, in dem das Projekt endlich Fahrt aufnimmt und wenn die Umsetzungskoalition nur noch das Momentum nutzen und die Benefits ernten muss. So werden viele Chancen vertan. Abbildung 40 zeigt die fünf zentralen Rollen der Umsetzungskoalition und ihre Verantwortlichkeiten in Beschleuniger 4.

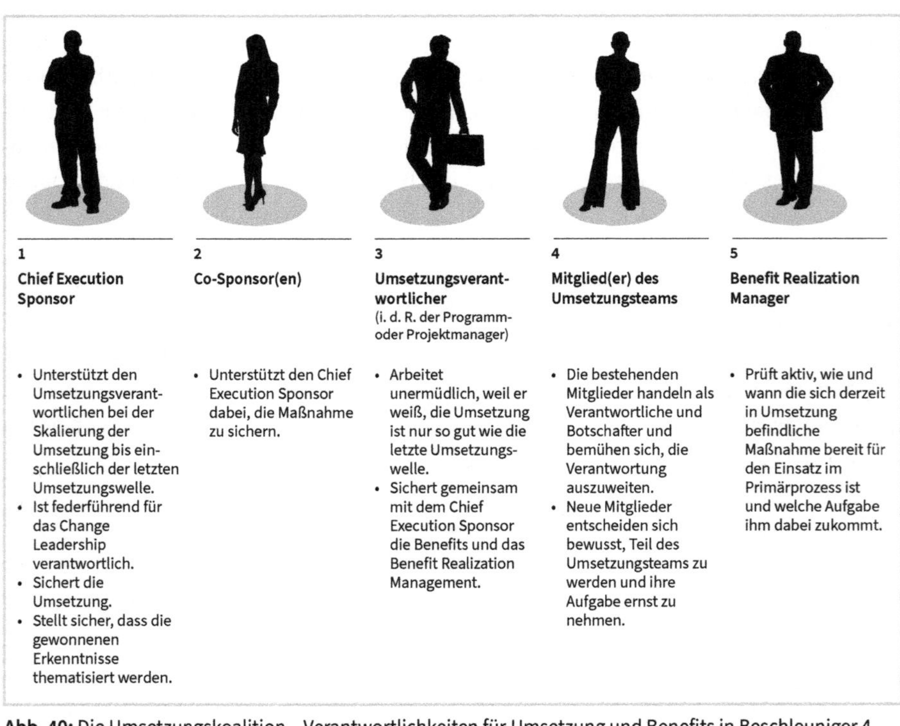

Abb. 40: Die Umsetzungskoalition – Verantwortlichkeiten für Umsetzung und Benefits in Beschleuniger 4 (Quelle: Turner 2016)

Die Umsetzungskoalition leitet und implementiert die Umsetzung. Die Führung zu übernehmen, also Change Leadership zu betreiben, bedeutet zu diesem Zeitpunkt, das Erreichte zu nutzen, damit das Unternehmen daraus lernt, es das nächste Mal besser macht und seine Umsetzungskompetenz sowie die damit einhergehenden harten und weichen Kompetenzen strukturell ausbaut. Falls Sie jetzt denken, ich übertreibe, verweise ich gern auf unsere Untersuchung. Diese hat gezeigt, dass 70 bis 80 Prozent der erfolgreichen Unternehmen die aus der jeweiligen Maßnahme gewonnenen Erkenntnisse nutzen, indem sie das Gelernte auf verschiedene Weise explizit machen. Konkrete Beispiele für verbesserte Fähigkeiten sind HRM-Kompetenz und Weiterbildungsbedarf; neue, explizit erwähnte und überprüfte Verhaltensweisen des Topmanagements und der Mitarbeiterinnen und Mitarbeiter; ein strengeres Portfoliomanagement sowie Verbesserungen im Programmmanagement.

Die Stärke der Umsetzungskoalition besteht darin, durch Abstimmung zwischen der Führung und der Transformation des Unternehmens über alle Bereiche und in der Wertschöpfungskette die Erfolgschancen zu maximieren. In diesem Beschleuniger meint Abstimmung vor allem das Koordinieren der Abhängigkeiten in der Linienorganisation mit den Bereichen des Unternehmens, in denen die Maßnahme integriert wurde. Gleichzeitig müssen diese Abhängigkeiten entsprechend Beschleuniger 2 auch mit potenziellen neuen Maßnahmen abgestimmt werden, die sich in Vorbereitung befinden. Nehmen wir einmal an, bei dem abgeschlossenen Projekt handelt es sich um ein Shared Service Center, und das Topmanagement diskutiert gerade, wie Synergieeffekte infolge einer kürzlich erfolgten Übernahme erzielt werden können. Hier wäre sinnvoll zu überlegen, ob sich die Geschäftsprozesse des aufgekauften Unternehmens mit dem neuen Shared Service Center verzahnen lassen. Zu diesem Zeitpunkt geht es bei der Abstimmung auch darum, die neue Arbeitsweise in den regulären Prozessen und Strukturen zu verankern. So könnte eine radikal andere Art der Mitarbeiterführung verstärkt und konsolidiert werden, indem man sie in die Führungskräfteentwicklung des Unternehmens integriert.[175]

Im Folgenden stelle ich Ihnen ein Unternehmen vor, das Baustein 16 erfolgreich umgesetzt hat.

BAUSTEIN 16 — DIE EXTRAMEILE ERFOLGREICH UMGESETZT

Case Study: Wie die internationale Anwaltskanzlei NautaDutilh durch die Institutionalisierung der kontinuierlichen Weiterentwicklung die Zufriedenheit ihrer Mitarbeiter und Klienten steigerte

Durchbruch: Der Erfolg einer Anwaltskanzlei basiert auf der Fachkompetenz ihrer Mitarbeiterinnen und Mitarbeiter. Bei NautaDutilh erfolge die Aufgabenverteilung traditionell inhaltsbezogen: Fachleute bearbeiteten Rechtsfragen für die Klienten, delegierten Teile ihrer Arbeit an Kolleginnen und Kollegen und überprüften die Ergebnisse, bevor sie an die Klienten gingen. Mögliche Optimierungen, die

175 Siehe Keller & Price, Beyond Performance zu der Frage, wie neue Arbeitsweisen mithilfe von Verstärkungsmechanismen in bestehende Prozesse und Strukuturen integriert werden können.

sowohl den Mitarbeitern als auch den Klienten zugutekommen würden, wurden nicht berücksichtigt. Das änderte sich, als die Mitarbeiterinnen und Mitarbeiter ihre Arbeitsprozesse analysierten und überprüften und dadurch bessere Ergebnisse erzielten. Die Geschäftsprozesse wurden optimiert, um zusätzlichen Kundennutzen zu schaffen (durch Lean-Methoden), bewusst gemanagt (juristisches Projektmanagement) und wo möglich durch neue Technologien unterstützt. Die Verankerung dieser Verbesserung im Unternehmen beruht auf zwei Säulen: (1) der Sicherstellung, dass der Klient immer einbezogen wird und an den Verbesserungen mitarbeitet, und (2) der LEAN Academy, einem internationalen Schulungsprogramm zu Lean-Methoden. Dadurch ist es der Kanzlei gelungen, die kontinuierliche Weiterentwicklung im Unternehmen zu verankern und Unterstützung für Lean-Projekte zur Verfügung zu stellen. Zudem ist es nun einfacher, weitere Schritte zu initiieren.

Ergebnis: Die neue Arbeitsweise hat zu deutlich höheren Margen, einer gesteigerten Qualität, einer höheren Mitarbeiterzufriedenheit und besseren Problemlösungen für die Klienten geführt.

7.5 Praktische Tipps von erfolgreichen Führungskräften

Jedes Kapitel schließt mit einigen Praxisideen, die sich für Führungskräfte und ihre Mitarbeiter als nützlich erwiesen haben. Sie können diese auch als kleine Case Studies oder Lerneinheiten ansehen.

1 Umsetzungswoche

Sich zu fokussieren hilft. Das gilt für alles, wie Ihnen jede Führungskraft und jeder Mitarbeiter sagen wird. Dabei beziehen sie sich in erster Linie auf den strategischen Fokus. Andere meinen damit alles, was die operative Umsetzung betrifft, mit hervorragenden Ergebnissen, was wiederum strategisch ist. Denn schließlich ist Strategie dasselbe wie Exzellenz! Ein Tipp, den Sie unbedingt beherzigen sollten, ist die Umsetzungswoche. Eine Führungskraft führte diese ein, weil sie der Meinung war, dass es sich dabei nicht bloß um eine Abfolge von Tätigkeiten handelt, sondern um eine Intervention monumentalen Ausmaßes. Eine ganze Woche lang nicht lediglich zu überwachen, dass die Dinge erledigt werden, sondern die Transformation tatsächlich voranzubringen, hat einen großen Effekt. Es sorgt für Fokussierung und bleibt lange in Erinnerung. Die Woche vereint harte Ziele mit weichen Elementen. Sehen wir uns zum besseren Verständnis einmal eine beispielhafte Umsetzungswoche an, die ein Dienstleistungsunternehmen im Rahmen eines Programms zur Post-Merger-Integration veranstaltet hat:

a) **Montag der Institutionalisierung:** Bis zum Ende des Tages wurden alle Verantwortlichkeiten vollumfänglich, klar und definitiv von der Programmorganisation an die Linienorganisation übergeben.

b) **Dienstag der unerledigten Dinge:** Man ist nie ganz fertig. Organisieren Sie deshalb von 7 bis 9 Uhr ein Arbeitsfrühstück mit frischen Croissants und frisch gepresstem Orangensaft, um die Dinge zu identifizieren, die dringend erledigt werden müssen. Um Punkt 9 Uhr beginnt die Arbeit. Alle sind gefragt – von der Poststelle bis zur Geschäftsleitung. Während der Mittagspause bringen sich die Beteiligten auf den aktuellen Stand. Dann geht es zurück an die Arbeit. Und in der Zeit von 18 bis 19 Uhr gönnen Sie sich gemeinsam ein geliefertes Abendessen und haken dabei die erledigten Punkte auf Ihrer To-do-Liste ab. Die Teilnahme ist Pflicht. Sie brauchen schon einen *sehr* guten Grund, um dem Meeting fernzubleiben.
c) **Mittwoch der Erkenntnisse:** Diskutieren Sie die gewonnenen Erkenntnisse, während das Erlebte noch frisch in Erinnerung ist. Bis zum Abend wissen Sie, was Sie das nächste Mal anders machen sollten.
d) **Donnerstag der Extrameile:** Nichts ist effektiver, als die Messlatte hochzusetzen und sie hochzuhalten. »Sie können Perfektion zwar nicht voraussetzen«, so die Führungskraft, die auf die Umsetzungswoche schwört, »Sie können aber erwarten, dass alle Beteiligten danach streben«. Deshalb ist ein Tag der Umsetzungswoche der Extrameile gewidmet. Fragen Sie Ihre wichtigsten fünf Kunden, was sie sich noch von der Übernahme versprechen.
e) **Freitag der Wertschätzung:** Glücklicherweise ist der Erfinder der Umsetzungswoche nicht der Meinung, dass diese mit einem peinlichen Teambuilding-Event wie einem Paintball-Turnier beendet werden muss. Ihm schwebt da eher ein Tag außerhalb des Büros vor mit Sport, kreativen Aktivitäten und Spielen. Oder anders ausgedrückt: ein entspannter Tag, der einmal nichts mit Organisationsentwicklung zu tun hat, aber dennoch große Wirkung erzielt, weil er Zeit und Raum für Interaktionen schafft, die die Mitarbeitermotivation erhöhen.

2 Finaler Push

Der COO, von dem dieser Tipp stammt, hat erkannt: Der Erfolg aller folgenden Transformationsprojekte hängt davon ab, dass die Mitarbeiter erleben, dass begonnene Change-Projekte bis zum Ende durchgezogen werden. So kam ihm die Idee des finalen Push, dessen Ziel es ist, der letzten Phase des Projekts genauso viel Energie einzuhauchen wie dem Kick-off. Das funktioniert sehr gut. Indem Sie die Umsetzung abschließen und die Veränderungen verankern, erreichen Sie drei Dinge: Sie pressen bis auf den letzten Tropfen alle Ergebnisse aus dem Projekt heraus, und verzichten nicht auf den Lernmoment. Sie erhöhen die Chancen, dass Ihre Veränderungen nachhaltig sind. Und was am wichtigsten ist: Sie stellen sicher, dass sich alle Beteiligten ernst genommen fühlen. Gerade Letzteres ist gegen Ende eines Projekts leider nicht immer der Fall.

3 Debriefing Dinner

Wenig überraschend geht das Debriefing Dinner auf denselben Manager zurück wie das Commitment-Café. Während des Abendessens wird das Erreichte einer kritischen Bewertung unterzogen. Alle Hauptakteure der Maßnahme sind anwesend – vom Programmmanager über die verschiedenen Expertinnen und Experten bis zum Umsetzungsverantwortlichen der letzten Implementierung. Der Fokus liegt auf der Frage, was erreicht wurde – nicht nur aus Unternehmenssicht, sondern auch in Bezug auf die persönliche Entwicklung der Anwesenden. Das Meeting sollte in entspannter Atmosphäre bei einem guten Essen stattfinden.

Für solche Ideen ist wertvolles, allerdings auch zeitaufwändiges Engagement nötig. Zum großen Teil geht es bei der effektiven Strategieumsetzung nur um den zeitlichen Aufwand. »Wie setzen wir unsere Zeit bestmöglich ein?«, ist eine Frage, die Sie sich unbedingt stellen sollten.

8 Ohne Programm- und Projektmanagement geht es nicht

Ein stabiler Tortenboden / Lieber »freestyle« arbeiten / Die Aufmerksamkeitsspanne eines Goldfischs / Jenseits von Maslow / Programm- und Projektmanagement verdienen Respekt / Speed Dates und Qualitätszeit / Über geltende Regeln hinwegsetzen

Viele Autorinnen und Autoren haben sich bereits dem Thema Programm- und Projektmanagement gewidmet. Ihre hervorragende Arbeit möchte ich hier nicht wiederholen. Lassen Sie mich lieber zusammenfassen, was Führungskräfte und Mitarbeiter immer wieder als besonders wichtig für die effektive Umsetzung betrachten. Manchmal kommen sie dabei richtig ins Schwärmen. Das überrascht nicht, spielt das Programm- und Projektmanagement doch bei jeder Strategieumsetzung eine zentrale Rolle, sei es bei Post-Merger-Integrationen, Outsourcing, Führungskräfteentwicklung oder Umstrukturierungen. Dieses Kapitel beschäftigt sich deshalb mit den wichtigsten Aspekten von Programm- und Projektmanagement für den jeweiligen Beschleuniger.

Effektives Projekt- und Programmmanagement hat vier Funktionen. Das gilt für alle Beschleuniger. Zunächst einmal wirkt Projekt- und Programmmanagement wie ein Motor: Es bringt die Umsetzung in Gang und hält sie am Laufen. Zweitens ist es integrativ. Das heißt, es koordiniert und vereint die harten Ziele und die weichen Elemente, die ich in diesem Buch beschreibe. Drittens hat es eine Kontrollfunktion: Es misst den Fortschritt und managt das Risiko. Und viertens liefert es. Das heißt, es stellt die technische Umsetzung der Projekt- und Programmergebnisse sicher, was aktives Handeln erfordert.

Ein Wort der Vorsicht, um unnötigem Unmut bei Projekt- und Programmverantwortlichen vorzubeugen: Dieses Kapitel ist gezwungenermaßen etwas technokratisch. Das liegt daran, dass wir die entscheidenden Unterschiede zwischen harten Zielen und weichen, Change-orientierten Elementen in der Strategieumsetzung bereits ausführlich besprochen haben. Was bei der Diskussion über Projekt- und Programmmanagement noch fehlt, ist der technokratische Blickwinkel. Das soll erfahrene Projekt- und Programmmanager jedoch nicht beunruhigen, und sie sollten auch nicht den Eindruck gewinnen, dass ich bestimmte Dinge bewusst weglasse. Ganz im Gegenteil: Auch ich bin der Meinung, dass ein Projekt- und Programmmanagement, das harte Ziele oder weiche, Change-orientierte Elemente ignoriert, sinnlos ist – eine leere Hülle. Projekt- und Programmmanagement spielt eine entscheidende Vermittlerrolle in den vereinten und kontinuierlichen Bemühungen eines Unternehmens, Ergebnisse zu erzielen, Veränderungen anzustoßen und Projekte und Programme aufeinander abzustimmen und in die Linienorganisation zu integrieren.

Viele Mitarbeiter und Führungskräfte würden gern »freestyle« arbeiten und halten nicht viel von Struktur, Maßnahmenplanung, Fortschrittsberichten und Risikomanagement. Gleichzeitig haben sie alle die Erfahrung gemacht, dass es ohne ein erstklassiges Projekt- und Programmmanagement nicht geht. Diese stabile Grundlage ist essenziell. Sie ist wie der Keks-Tortenboden in meinem geliebten New York Cheesecake.

8.1 Projekt- und Programmmanagement in Beschleuniger 1: Auswählen

8.1.1 Eine Methode auswählen und durchziehen

Es gibt viele gute Methoden, einige sind strukturierter als andere. Die Kunst besteht darin, einige wenige auszuwählen. Eine Methode allein ist nicht ausreichend, denn ein kompliziertes Technologieprojekt erfordert ein anderes Vorgehen als ein kleines Verbesserungsprojekt in Ihrer Linienorganisation. Schließlich wollen Sie einer Fliege nicht mit einer Bazooka gegenübertreten. Grenzen Sie Ihre Auswahl jedoch ein. Empfehlenswert sind Projekt- und Programmmanagementmethoden wie Managing Successful Programmes (MSP)[176], IPMA[177], Agile PM und Prince2[178]. Nicht zu vergessen der äußerst praktische und leicht verständliche Project Canvas, der von dem international geschätzten Managementberater Rudy Kor[179] entwickelt wurde. Wie in viele andere betriebswirtschaftliche Bereichen kann sich auch im Projekt- und Programmmanagement Unprofessionalität einschleichen. Deshalb ist es so wichtig zu gewährleisten, dass Projekt- und Programmverantwortliche ihre persönlichen Vorlieben zum Wohle eines einheitlichen Fokus im Unternehmen mit seinen begrenzten Ressourcen zurückstellen. Mitarbeiterinnen und Mitarbeiter sollten Methoden nicht beliebig auswählen oder andere Methoden einsetzen als die von Ihnen definierten.

8.1.2 Grundlegende Kompetenzen aufbauen

Idealerweise haben Mitarbeiterinnen und Mitarbeiter auf allen Unternehmensebenen nicht nur Linienaufgaben, sondern sind auch an mindestens einem oder zwei Umsetzungs- und Transformationsprojekten beteiligt. Ist dies der Fall, kann davon ausgegangen werden, dass jeder Einzelne zumindest über grundlegende Projektmanagementkompetenzen verfügt. Sie sollten sich jedoch nicht zurücklehnen und darauf warten, dass die Dinge sich von selbst regeln. Stellen Sie neue Mitarbeiter ein, die über die erforderlichen

176 British Office of Government Commerce, Managing Successful Programmes. TSO, 2007. Sieh auch Michiel Ruzius, MSP compact: Handzaam overzicht van de methodiek van programmamanagement Managing Successful Programmes. PTG Uitgevers, 2012.

177 Paul Hesselman & Ine Groen-Waterreus, NCB Versie 3: Nederlandse Competence Baseline. Van Haren Publishing, 2007.

178 AXELOS, Managing Successful Projects with PRINCE2. TSO, 2009.

179 Rudy Kor, Jo Bos & Theo van der Tak, Project Canvas: Samen naar de kern van je project. Vakmedianet, 2016.

Kompetenzen verfügen, und ermutigen Sie Ihr bestehendes Team, diese aufzubauen. Gerade in Beschleuniger 1, wenn Sie Ihre Strategie formulieren und Ihr Maßnahmenportfolio zusammenstellen, sollten Sie prüfen, ob Ihr Unternehmen über die nötigen Projekt- und Programmmanagementkompetenzen und -kapazitäten verfügt. Ist dies nicht der Fall, können Sie Ihre Vorgesetzten bitten, die Gewinnung dieser Kompetenzen als Maßnahme in das Portfolio mitaufzunehmen. Und vergessen Sie nicht: Das Mitwirken an Projekten zur Strategieumsetzung ist vielleicht die beste Lernkurve, die es gibt. Unerfahrene, aber vielversprechende Mitarbeiterinnen und Mitarbeiter können von den erfahrenen Projekt- und Programmverantwortlichen lernen. Fakt ist: Menschen lernen mehr in einer einzigen Realsituation als in zehn theoretischen Schulungssessions. Um die richtigen Rahmenbedingungen zu schaffen, sollten Sie sich die tatsächlichen Bedarfe vor Augen führen: Wie viele und welche Art von festangestellten Projekt- und Programmmanagern brauchen Sie, um Durchbrüche in Maßnahmen zur Strategieumsetzung zu erzielen, die außerhalb Ihrer Linienorganisation, in Projekten und Programmen angesiedelt sind?

8.1.3 Komplexe, bereichsübergreifende Veränderungen erfordern einen projektbasierten Ansatz

In der Chefetage sind die beiden »P-Wörter« häufig tabu. Das überrascht nicht, haben Unternehmen in der Regel doch viel zu viele Projekte und Programme am Laufen, die zusätzlichen Druck erzeugen, ohne echte Ergebnisse zu liefern. Und manchmal entwickeln diese Projekte und Programme mit der Zeit sogar ein Eigenleben. Dennoch sollten Sie Ihre Linienorganisation nicht mit der Umsetzung jeder einzelnen Strategie beauftragen, nur um kein Projekt- und Programmmanagement implementieren zu müssen. Die meisten Maßnahmen zur Strategieumsetzung umfassen komplexe, bereichsübergreifende Veränderungen, die nur als Projekt oder Programm effektiv gemanagt werden können. Das Ganze ist auch ein semantisches Problem: Denn wer ist für die Durchführung der Projekte und Programme verantwortlich? Ihre Linienorganisation natürlich. Die P-Wörter aus der Chefetage zu verbannen, ergibt also überhaupt keinen Sinn.

Es ist wichtig, die richtige Art von Projekt oder Programm auszuwählen. Veränderungen vom Typ 1, die schrittweise Verbesserungen erzielen sollen, brauchen lediglich eine leichte Steuerung. Das Kernteam sollte in dem Geschäftsbereich oder der Abteilung »verankert« sein, in der das Hauptproblem besteht, sodass sich andere Bereiche bei Bedarf einklinken können. Die Aufgaben können dann an virtuelle, temporäre Arbeitsgruppen delegiert werden. Dennoch sollten Sie sicherstellen, dass das Kernteam als separate, wahrnehmbare und zentrale Koordinierungseinheit operiert. Darüber hinaus empfehle ich, auf grundlegende Projektmanagementprinzipien zurückzugreifen, etwa: geeignete Methoden zum Aufgaben-, Risiko, Fortschritts- und Projektmanagement auswählen; einen äußerst strukturierten Ansatz verfolgen; glasklare Ziele, Rollen und Aufgaben definieren sowie das Projekt als kurzfristiges, klar umrissenes Vorhaben formulieren. Das gilt für den Kick-off, bei der Kommunikation und in jeder anderen Hinsicht. Change-Projekte vom Typ 1 sollten nicht länger als drei Monate dauern. Wenn Sie bis dahin keine Benefits realisiert haben, handelt es sich nicht um ein Projekt zur schrittweisen Verbesserung. Diese Benefits sollten jedes Quartal in Ihren Primärprozess integriert werden.

Change-Projekte vom Typ 2 (Erneuerung) erfordern ein strengeres Projekt- und Programmmanagement. Nehmen wir einmal an, es handelt sich um ein Projekt zur Post-Merger-Integration. In der Regel sind daran mehrere Bereiche in zwei Unternehmen beteiligt, und das Ziel besteht gewöhnlich darin, deutliche Synergien zu erzeugen. Es liegt auf der Hand, dass hier ein rigoroserer Projektmanagementansatz nötig ist.

Change-Projekte vom Typ 3 (radikale Innovation) erfordern nicht nur moderne Projektmanagementmethoden, sondern auch moderne Entwicklungsmethoden wie Agile und Scrum. Wird eine Maßnahme vom Kernunternehmen isoliert oder in Form eines Start-ups durchgeführt, reduziert dies die Komplexität des Projekts, da es weniger Abhängigkeiten zum bestehenden Unternehme gibt, die gemanagt werden müssen.

Die Strategieformulierung in Beschleuniger 1 sollte übrigens selbst als Projekt durchgeführt werden. Die Disziplin der beteiligten Strategieberatung entscheidet darüber, wie gut das Projekt hinsichtlich (1) Zeit, (2) Geld, (3) Qualität, (4) Information und (5) Unternehmen performt und ob eine tragfähige Balance zwischen harten Zielen und weichen Change-Aspekten besteht.

8.2 Projekt- und Programmmanagement in Beschleuniger 2: Initiieren

8.2.1 Erfolgreicher Start: Einen leistungsfähigen Maßnahmenplan erstellen

Bei jedem Projekt oder Programm sollten Sie zwischen Beginn und Durchführung unterscheiden. Zu Beginn ist es wichtig, eine sorgfältig ausgearbeitete, robuste Strategie zu entwickeln – sowohl in inhaltlicher Hinsicht (harte Ziele) als auch in Bezug auf Change-Management-Aspekte (weicher, mitarbeiterzentrierter Ansatz). Sobald die Umsetzung läuft, gilt es, eine effektive Abfolge von harten und weichen Aktivitäten festzulegen.

Wie bei der strategischen Analyse und Kursfestlegung auf Unternehmensebene sollten Sie auch für die Maßnahmenplanung weder zu viel noch zu wenig Zeit aufwenden. Es gilt das Prinzip: Langsam ist am Ende schneller. Schließlich wollen Sie die richtigen Dinge umsetzen.

Entscheiden Sie sich für ein Format, und behalten Sie dieses bei. Viele Führungskräfte und Mitarbeiter hegen eine Hassliebe gegenüber Modellen und Formaten, Vorlagen, Checklisten und Canvases (oder Factsheets, wie ich Sie in diesem Buch nenne). Diese erfüllen jedoch einen äußerst wichtigen Zweck. Erstens wurde alles, was mehr als eine Seite umfasst, wahrscheinlich nicht sorgfältig genug durchdacht. Zweitens helfen Factsheets, sich zu fokussieren. Wir leben in einer Zeit, in der ein Goldfisch (kein Scherz, das ist wissenschaftlich erwiesen) eine größere Aufmerksamkeitsspanne hat als Menschen, die einen Text überfliegen. Ein Factsheet hilft Ihren Stakeholdern, die Eckpunkte Ihrer Maßnahme schnell zu erfassen. Ich gehe sogar so weit zu behaupten, dass es zu jeder Information eine Zusammenfassung geben sollte und dass Informationen wie eine Pyramide aufgebaut sein sollten, sodass die Leserinnen und Leser selbst entscheiden können, wie tief sie eintauchen. Drittens ermöglichen Factsheets einen zuverlässigeren Wissenstransfer. So müssen sich die Hauptakteure, die die Strategieumsetzung weiterführen, skalieren, überprüfen und Entscheidungen darüber treffen, nicht allein auf mündliche Aussagen verlassen, sondern haben eine schriftliche Grundlage, auf die sie zurückgreifen können. Und zu guter Letzt erhöhen Factsheets die Agilität und Iterationskompetenz der Umsetzungsmethode, die ich in diesem Buch vorstelle. Bei der Strategieumsetzung geht es darum, Dinge gezielt auszuprobieren und das zu skalieren, was funktioniert. In einer derart schnelllebigen Umgebung ist es wichtig, den Überblick zu behalten. Deshalb sollten Sie Ihre Factsheets in Schlüsselmomenten aktualisieren. So wissen Sie immer, wo Sie stehen, was Sie gerade tun und warum und welche nächsten wichtigen Aufgaben anstehen. In Anhang 11 finden Sie einen QR-Code, unter dem Sie ein Factsheet zum Projekt- und Programmmanagement sowie die Factsheets für die Beschleuniger 1 bis 4 herunterladen können. Sie alle umfassen sowohl harte Ziele als auch weiche Change-Management-Aspekte.

8.2.2 Eine effektive Projekt- und Programmmanagementstruktur orientiert sich an Ziel und Phase

Ihre Projekt- und Programmmanagementstruktur sollte Ihr Ziel widerspiegeln und vorantreiben. Sie sollte weder zu weit- noch zu enggefasst sein. Sie sollte logische Elemente unterscheiden, die alle ihr eigenes logisches Arbeitspaket beinhalten. Darüber hinaus sollten alle Hauptakteure ihr Ziel und ihre Rolle kennen und verstehen, wie die Projekt- und Programmmanagementstruktur insgesamt funktioniert.

Das Gleiche gilt für die Verankerung und das Management des Projekts oder Programms. Denn eine Projekt- und Programmmanagementstruktur, die im falschen Bereich oder auf der falschen Unternehmensebene angesiedelt ist, wird nichts bewirken.

Wie in Ihrer regulären Organisation auch muss die Struktur, die Sie wählen, 80 Prozent Ihrer Arbeitsprozesse abdecken. In strategischen Projekten oder Programmen arbeiten hochqualifizierte, autonome Mitarbeiterinnen und Mitarbeiter, die den Großteil ihrer Zeit für die ihnen zugewiesenen Aufgaben aufwenden. Wenn nötig, koordinieren sie innerhalb und außerhalb ihres Projekts oder Programms. Idealerweise sind 80 Prozent ihrer Tätigkeit projekt- oder programmbezogen. Ist dies nicht der Fall, stimmt etwas mit der Projekt- und Programmmanagementstruktur nicht.

Projektstruktur und -management können für jede Umsetzungsphase angepasst werden. Wenn ich das vorschlage, regt sich bei Stakeholdern häufig Widerstand und sie fragen verwundert: »Wollen Sie damit sagen, meine Struktur funktioniert nicht mehr?« Worauf ich antworte: »Doch. Sie funktioniert bis zum Ende dieser Phase, aber in zwei Wochen, wenn die nächste Phase beginnt, brauchen wir eine neue Struktur.«

Ein Erfolgsfaktor, der sich in unserer Untersuchung herauskristallisiert hat, besteht darin, jede Gelegenheit zu nutzen, Ihre Ressourcen (Zeit, Geld und Energie) radikal neu zu verteilen. Und hier hilft – Sie ahnen es schon –das Projekt- und Programmmanagement. Seine kontrollierende und integrierende Funktion ermöglicht einen klaren Fokus bei der Ressourcenzuteilung sowohl während der anfänglichen Planung als auch während der Projektdurchführung in regelmäßigen Beratungs- und Berichtsintervallen. In dieser Phase in Beschleuniger 2 müssen Sie die Ressourcen, Finanzmittel und Kapazitäten der fünf Hauptakteure der Maßnahme besonders präzise definieren.

Kompetenz ist Trumpf. Einige Programm- und Projektverantwortliche sind der festen Überzeugung, dass Projekte und Programme auch ohne Fachwissen geleitet werden können. Hören Sie nicht auf sie. Wie unsere Untersuchung gezeigt hat, stützen sich erfolgreiche Programmmanagerinnen und -manager stets auf ihr Wissen und ihre Expertise und wenden diese regelmäßig in Change-Management-Hinsicht an.

Projekt- und Programmverantwortliche sollten sich auf ihre Kernkompetenzen konzentrieren. Es gibt Programm- und Projektmanager, die die Technologie bereits beherrschen oder die – angeregt durch spirituelle Kurse oder die Maslowsche Bedürfnispyramide – bereits darüber hinaus sind und nach mehr streben. Sie wollen sich nicht um so banale Dinge wie Fortschritts- und Risikomanagement oder Budgetkontrolle und Maßnahmenmanagement kümmern, sondern das Projekt lieber auf Team- und kultureller Ebene weiterentwickeln. Dabei gehen sie irrtümlicherweise davon aus, dass diese Basics nicht länger relevant sind, nur weil *sie* von ihnen gelangweilt sind. Aber glauben Sie mir: Die Basics müssen funktionieren. Und zwar hundertprozentig.

Unterstützen Sie Ihr Team bei Bedarf durch externe Kräfte. Früher gab es zwei Arten von Mitarbeitern, die in Projekten und Programmen tätig waren: interne Mitarbeiterinnen und Mitarbeiter einerseits und externe Geschäftspartner und Auftragnehmer wie IT-, Strategie-, Management- und Personalmanagementberater andererseits. Der Auswahl- und Einstellungsprozess war klar definiert, und es herrschte in der Regel ein freundschaftlicher – manchmal aber auch gereizter – Umgang zwischen den internen und den externen Kräften. Mittlerweile ist es normal, dass festangestellte, temporäre und freie Mitarbeiter gemeinsam an Projekten arbeiten, weshalb es auch keinen Sinn mehr macht, zwischen flexiblen internen Mitarbeitern und externen Projektmitarbeitern zu unterschieden. Alle Projektbeteiligten werden anhand ihrer Kompetenzen und Erfahrung ausgewählt, und daran sollten sie auch gemessen werden. Dies führt jedoch zu einem Paradox: Je normaler diese Situation wird, desto mehr Bedeutung sollten Sie dem Einkauf professioneller Dienstleistungen beimessen. Stellen Sie sicher, dass die Auswahl hier professionell erfolgt, das heißt auf Grundlage von Nutzen und Eignung, und vergüten Sie die externen Kräfte teilweise in Form eines Erfolgshonorars, wie Fiona Czerniawska und Peter Smith in ihrem hervorragenden Buch *Buying Professional Services* empfehlen.[180]

8.3 Projekt- und Programmmanagement in Beschleuniger 3: Ernten

8.3.1 Auch agile und Scrum-Projekte müssen gemanagt werden

Viele Leute gehen davon aus – oder hoffen vielmehr –, dass agile und Scrum-Methoden projektbasiertes Arbeiten überflüssig machen. Damit agile und Scrum-Methoden aber zielgerichtet bleiben und die Balance zwischen freiem und strukturiertem Arbeiten aufrechterhalten wird, ist Projektmanagement unerlässlich. Zugegeben: Bei Agile und Scrum kommt den Programm- oder Projektmanagern eine neue Rolle zu: Sie sind nicht länger omnipotente Ausführende, die die fünf Parameter Zeit, Kosten, Qualität, Information und Organisation im Blick behalten, sondern Begleiter, die ihre Temas motivieren und unterstützen. Und das ist auch ihre Rolle in Beschleuniger 3, in dem es um wesentlich mehr geht als nur darum, den Fortschritt zu messen.

Früher schauten Unternehmen häufig abschätzig auf Projektmanagerinnen und manager herab und glaubten, diesen Planungsjob könne jeder machen. Heute ist eine solche Haltung mehr als fehl am Platz. Professionelles Projekt- und Programmmanagement ist eine vielseitige und herausfordernde Aufgabe. Sponsoren verstehen Projekt- und Programmmanagement als Mittel zum Zweck (Umsetzung) und erkennen seine Notwendigkeit. Und sie sind zurecht verärgert, wenn das Projekt- und Programmmanagement nicht funktioniert, selbst wenn das Engagement und die Ergebnisse stimmen.

8.3.2 Die wichtigsten Grundlagen des Projekt- und Programmmanagements

Verständigen Sie sich auf die wichtigsten Grundlagen eines professionellen Projekt- und Programmmanagements. Sie sollten Teil jedes Maßnahmenplans sein und bei der regulären Fortschrittskontrolle zur Anwendung kommen. Zu den wichtigsten Grundlagen

180 Fiona Czerniawska & Peter Smith, Buying Professional Services: How to Get Value from Consultants and Other Professional Service Providers. Wiley, 2010.

gehören Meeting-Formate, Systeme zur Maßnahmen- und Fortschrittskontrolle, feste Rhythmen sowie feste Agendas während der Umsetzung.

Die meisten Mitarbeiterinnen und Mitarbeiter mögen keine Meetings. Ich zähle auch dazu, besonders wenn Meetings länger als eine Stunde dauern. Gezielt ausgewählte Meetings spielen allerdings eine wichtige integrative Rolle bei strategischen Maßnahmen, die in Form von Projekten oder Programmen umgesetzt werden. Je nach Umfang des Projekts oder Programms sollten folgende Meetings regelmäßig stattfinden:

- Meeting der Sponsoren
- Meeting der Steuergruppe
- Meeting des Kernteams
- Meeting der Arbeitsgruppe oder Meeting zum Arbeitsprozess
- Review-Meeting

Projekte und Programme betreffen immer häufiger auch Produktionsketten, die über ihre eigene Struktur hinausgehen. Das zeigt sich auch in der Teamzusammensetzung. Wenn der Lieferkettenansatz zu einem dominierenden Merkmal des Projekts oder Programms wird, sollten Sie die Meetings Ihrer Steuergruppe auf Lieferkettenebene ansiedeln.

8.3.3 Maßnahmen- und Entscheidungsmanagement sowie Fortschrittsberichte

Jede Methode umfasst auch einen Abschnitt zum Maßnahmen- und Entscheidungsmanagement. Dies ist keine bürokratische Lappalie, sondern absolute Notwendigkeit. Sie ernten wahrscheinlich kein Lob für so etwas vermeintlich Banales wie eine Checkliste. Und Checklisten gehören sicher auch nicht zu den inspirierendsten Aspekten eines Projekts oder Programms. Dennoch müssen sie abgearbeitet werden. Setzen Sie sich meinetwegen eines Clownsnase auf, um das Ganze witzig zu gestalten, verzichten Sie aber niemals auf diesen Part.

Sorgfältig ausgewählte Fortschrittsberichte haben eine wichtige integrative Funktion in Projekten und Programmen. Wie bei der Strategieumsetzung auch müssen effektive Fortschrittsberichte auf Maßnahmenebene den Fortschritt sowohl hinsichtlich der harten Ziele und der weichen Change-Aspekte als auch in Bezug auf das Projekt- und Programmmanagement abbilden. Sie sollten eine Seite umfassen und eine kurze Rückschau und Vorschau auf die folgenden drei Aspekte geben: harte Ziele (Erreichung, Inhalt), weiche Change-bezogene Ziele (Verantwortlichkeiten, Transformationsstrategie) und Projektfortschritt (hinsichtlich der fünf bekannten Parameter Zeit, Kosten, Qualität, Information und Organisation).

Fortschrittsberichte sind ein weiterer Aspekt im Projekt- oder Programmkontext, dem Mitarbeiter wenig abgewinnen können. Es gibt jedoch Ausnahmen: Erfolgreiche Mitarbeiter wissen, dass Fortschrittsberichte sie dazu zwingen, Verantwortung zu übernehmen, und einen guten Überblick über das Projekt oder Programm ermöglichen. Das ist wichtig, denn wenn ein Projekt einmal Fahrt aufgenommen hat, Sie aber niemals innehalten, um den Kurs zu überprüfen, erkennen Sie gewisse Gefahren womöglich erst, wenn es zu spät ist.

In der Kürze liegt die Würze. Ihre Sponsoren und übrigen Stakeholder wollen sich nicht durch seitenlange Fortschrittsberichte quälen. Das gilt besonders in Beschleuniger 3, der eine Weile dauern kann. Fassen Sie sich deshalb kurz. Beachten Sie jedoch: Es dauert länger, einen guten kurzen Bericht zu erstellen als einen schlechten langen.

8.3.4 Feste Agendas definieren

Feste Agendas beinhalten Punkte, die in regelmäßigen Abständen während eines Projekts oder Programms besprochen werden müssen. Dazu gehört zum Beispiel der Punkt »Fortschritt«, bei dem Sie das bisher Erreichte mit Ihrem Plan abgleichen. Ein weiterer wichtiger Punkt ist »Personen«. Hier prüfen Sie, ob alle Beteiligten die ihnen übertragenen Aufgaben erledigen, ohne sie dabei zu bewerten. Es geht hier darum, den Fokus auf Ihre wichtigste Ressource zu lenken: Ihre Mitarbeiterinnen und Mitarbeiter. Natürlich muss nicht jeder Tagesordnungspunkt jedes Mal zur Sprache kommen; die Häufigkeit, mit der Sie diese Punkte diskutieren, kann variieren.

Spezifische Agendas beinhalten Punkte, die während einer bestimmten Phase wichtig sind. Das kann beispielweise die Frage sein, wie Sie mit Konflikten zwischen zwei Großprojekten umgehen, die weitreichende Abhängigkeiten in Bezug auf Inhalt und Change Management aufweisen. Hierbei kann es sich um einen politisch sensiblen Punkt handeln, da die Projekte womöglich vom Markt oder externen Stakeholdern kritisch beäugt werden, zum Beispiel in öffentlichen Unternehmen, die staatlicher Kontrolle unterliegen. Wie auch immer, spezifische Agendas verfolgen den Zweck, mit unvorhergesehenen Situationen umzugehen. Flexibel auf Unvorhergesehenes zu reagieren ist eine der Hauptaufgaben im Projekt- und Programmmanagement.

Unterscheiden Sie auch zwischen kurzen, schnell zu klärenden Punkten (Speed Dates) und längeren, tiefergehenden Diskussionen (Qualitätszeit). Diese Unterscheidung sollte auch im Layout der Agenda deutlich werden. Ein Speed Date dauert höchstens 5 Minuten und dient dazu, die Teilnehmenden auf den aktuellen Stand zu bringen oder eine schnelle Entscheidung herbeizuführen. Ausführlicher zu diskutierende Punkte, die aus verschiedenen Blickwinkeln betrachtet werden müssen, erfordern dagegen mehr Zeit. Das können 30, aber auch 60 Minuten sein. Die Zeit, die Sie brauchen, um den jeweiligen Punkt zu besprechen, sagt jedoch nichts darüber aus, wie lange Sie für dessen Vorbereitung benötigen. Alle Tagesordnungspunkte sollten gut vorbereitet werden.

8.3.5 Struktur schafft Zeit und Flexibilität

Feste Agendas bergen die Gefahr, zu einem bloßen Ritual zu verkommen, das nichts mehr mit der Realität zu tun hat – zumindest denken das einige. Diese Personen halten jedoch auch nicht viel von Struktur. Doch gerade durch ein äußerst strukturiertes, regelmäßiges Vorgehen verschaffen Sie sich Zeit für gezielte Anpassungen, Kreativität und ausführliche Diskussionen. Und es erlaubt Ihnen, während des Projekts Anpassungen vorzunehmen (siehe dazu auch Erfolgsfaktor 6 in Kapitel 2.6 zur Bedeutung und Nützlichkeit von Standardisierung).

8.3.6 Personalmanagement ist ein Muss – von Anfang bis Ende

Programm- und Projektverantwortliche wissen, dass Mitarbeiterinnen und Mitarbeiter – oder technischer: Personalressourcen – den größten Engpass in praktisch jedem Programm oder Projekt darstellen. »Geben Sie mir die richtigen Leute, und ich erreiche jedes Ziel«, drückte es einmal ein erfahrener Programmmanager aus, mit dem ich gesprochen habe. Und genau hier wird es problematisch. Es sind häufig immer dieselben Personen, die mit der Durchführung hochstrategischer, erfolgskritischer Maßnahmen betraut werden. Das ist einerseits gerechtfertigt, da sie am besten für diese Aufgaben qualifiziert sind. Andererseits werden dadurch die Kompetenzen anderer Mitarbeiter unterschätzt.

In Unternehmen herrscht seit jeher ein Wettstreit um die verfügbaren Ressourcen, und das wird wahrscheinlich auch immer so bleiben. Das heißt jedoch nicht, dass es keine Best Practice gibt. Schließlich ist Personalmanagement ein wichtiges Thema und ein zentraler Prozess. Dies können Sie anerkennen, indem Sie den Aspekt »Personal« zu einem festen Tagesordnungspunkt für jedes wichtige Meeting machen. So beugen Sie Problemen vor und verhindern zum Beispiel, dass Hauptakteure über einen zu langen Zeitraum zu viel schultern müssen und sich schwertun, ihre Linien- und Projektaufgaben unter einen Hut zu bringen. Durch Überarbeitung entsteht Burnout, und das wollen Sie unter allen Umständen vermeiden. Wenn Sie nicht merken, dass eine Mitarbeiterin oder ein Mitarbeiter bis zur Erschöpfung arbeitet und krank wird, schaden Sie nicht nur der Person selbst, sondern dem Unternehmen insgesamt.

8.3.7 Ein Entrepreneur-Mindset entwickeln

Wenn man mit sehr erfolgreichen Programmmanagern spricht, ist es fast so, als hätte man Entrepreneure vor sich. Durchschnittliche Projekt- oder Programmmanager gehen zur Arbeit und machen einen ordentlichen Job. Exzellente Projekt- oder Programmmanager leiten ihr Programm oder Projekt dagegen so, als wäre es ihr eigenes Unternehmen. Sie sind jederzeit voll engagiert. Sie leiden und schwitzen mit allen Projektbeteiligten, haben gleichzeitig aber genügend Abstand, um die operative Ebene im Griff zu behalten und die richtigen taktischen und strategischen Interventionen planen und umsetzen zu können. Wenn nötig, setzen sie sich auch mal über die geltenden Regeln hinweg. Manchmal braucht es ein wenig Anarchie, um voranzukommen. Dieses Entrepreneur-Mindset ist vor allem in Beschleuniger 3 wichtig.

8.4 Projekt- und Programmmanagement in Beschleuniger 4: Sichern

8.4.1 Programm- und Projektmanagement liefern die Ergebnisse

Am Ende zählt allein, ob Sie die Projekt- oder Programmziele erreichen. Für Programm- und Projektverantwortliche ist es eine Frage der Berufsehre, dafür Sorge zu tragen. Sie sind das Gewissen der Strategieumsetzung. Es gibt zahllose Beispiele von Programmen zur Steigerung der Vertriebseffektivität, bei denen Vertriebsleiter und Sponsoren aussteigen, sobald ausreichend Benefits realisiert wurden. Besonders schlimm ist es, wenn sie dies nach dem ersten (unvermeidlichen) Rückschlag tun. In beiden Fällen beginnt die echte Benefit-Realisierung und -sicherung dann erst.

Genauso wichtig ist die Frage, ob die realisierten Benefits nachhaltig sind und welche Erkenntnisse sich aus der Umsetzung ziehen lassen. Nur wenn diese Fragen explizit gestellt werden, besteht die Chance, Verbesserungspotenziale für das nächste Projekt oder Programm zu realisieren. Und genau darum geht es in Beschleuniger 4: Benefits sichern und Erkenntnisse gewinnen.

8.4.2 Das Programm ist erst zu Ende, wenn es vorbei ist

Das Verhältnis zwischen Programmen und Projekten einerseits und der Linienorganisation andererseits war schon immer kompliziert. Vergeuden Sie Ihre Zeit nicht damit, sich darüber aufzuregen. Sobald sich die Verantwortlichen für einen Programm- oder Projektansatz entschieden haben, neigen sie dazu, das Vorhaben zu früh an die Linienorganisation zu übergeben. Manchmal geschieht dies direkt nach dem Start oder nach Ausführung der ersten Schritte. »Es wird Zeit, dass die Linienorganisation übernimmt«, ist eine riskante Aussage. Natürlich müssen die Verantwortlichen in der Linienorganisation von Anfang an möglichst viel richtig machen, nämlich die richtigen Mitarbeiterinnen und Mitarbeitern für das Projekt oder Programm auswählen. Doch sowohl die Projekt- oder Programmverantwortlichen als auch Ihre Linienorganisation müssen während der Umsetzung alles geben.

Während des gesamten Projekts oder Programms gelten drei Grundsätze: (1) Projekte und Programme sind lediglich ein Mittel zum Zweck – wobei der Zweck darin besteht, das

Unternehmen zu verbessern, zu erneuern oder zu innovieren – und sind deshalb von begrenzter Dauer. (2) Die Linienorganisation ist von Anfang an für die Benefit-Realisierung verantwortlich, während das Programm bis zum Schluss für die Umsetzung zuständig ist. (3) Das Zusammenspiel zwischen Linienorganisation und Programm bzw. Projekt umfasst drei Phasen, wobei das Programm oder Projekt nicht mitten in der Umsetzung aufgelöst wird, sondern bis zum letzten Tag bestehen bleibt (siehe Abbildung 41).

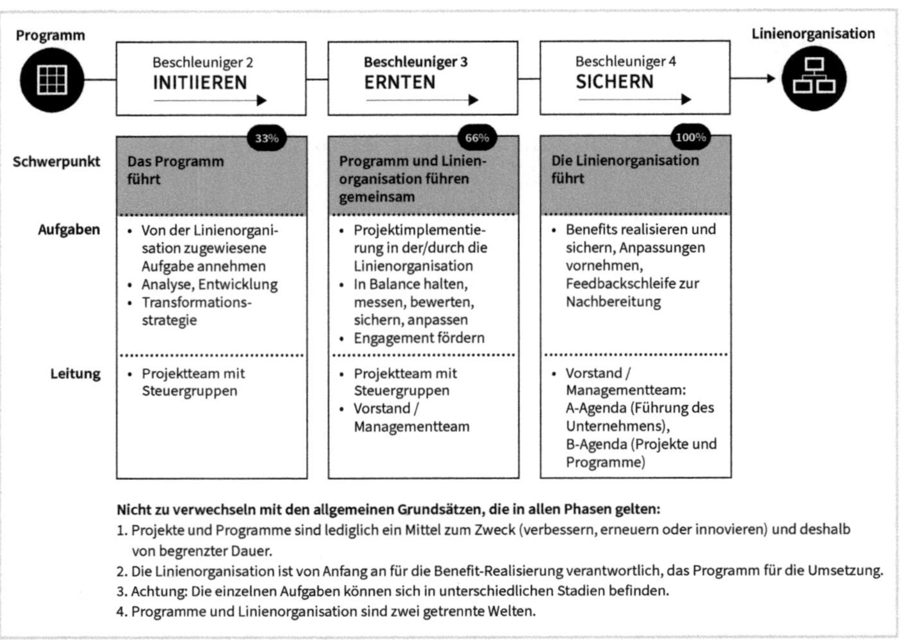

Abb. 41: Das Zusammenspiel von Linienorganisation und Programm umfasst drei Phasen, wobei das Programm bis zum Ende der Umsetzung bestehen bleibt.
(Quelle: Turner 2016)

Abstimmung sollte jederzeit und auf allen Ebenen stattfinden. Der Großteil (etwa 80 Prozent) eines Projekts oder Programms sollte von der gewählten Struktur getragen werden, unabhängig davon, ob es darum geht, wie Ihr bestehendes Unternehmen strukturiert ist oder wie die Struktur, der Auftrag und der Umfang Ihrer strategischen Maßnahmen sein sollten. Ist dies nicht der Fall, haben Sie die falsche Struktur gewählt und Ihren Mitarbeitern die falschen Aufgaben zugewiesen. Doch selbst wenn 80 Prozent gut passen, gibt es immer noch 20 Prozent, die einer Abstimmung bedürfen. Es gilt, während der gesamten Umsetzung beweglich zu bleiben, allein schon aufgrund der vielen Wechselwirkungen zwischen den verschiedenen Maßnahmen in einem Unternehmen. Für viele Projekte zur Prozessoptimierung ist individueller Technologie-Support erforderlich, was eine Abstimmung unverzichtbar macht.

Abstimmung endet nie, auch weil sich nicht alle Wendungen vorhersehen lassen. Sie bedeutet auch, Ihr Geschäftsmodell kontinuierlich anzupassen. So erzählte mir ein Interviewpartner, wie das Personalmanagement am Ende eines Umsetzungsprojekts alle Verantwortlichkeiten neu strukturierte. Das bot eine hervorragende Gelegenheit, die für das Personalmanagement relevanten Auswirkungen der neuen Routine in den Gesamtprozess zu integrieren und die Stellenbeschreibungen und Kompetenzprofile so anzupassen, dass sie die Fähigkeiten und Anforderungen widerspiegelten, die für den neuen Geschäftsprozess nötig waren. Wenn neue Prozesse nicht in das Personalmanagement – also Recruiting, Auswahl, Stellenbeschreibungen, Weiterbildung und Leistungsbeurteilungen – integriert werden, werden diese beeinträchtigt oder funktionieren womöglich gar nicht. Stellen Sie deshalb sicher, wer für die Abstimmung zuständig ist – sowohl auf übergeordneter Ebene als auch für jeden Arbeitsprozess oder jede Arbeitsgruppe. Am sinnvollsten ist es, das Projekt- oder Programmmanagement damit zu beauftragen.

8.5 Projektmanagement als eigenes Ökosystem

Die Rolle des Projekt- oder Programmmanagements lässt sich am besten als Prozess oder Ökosystem beschreiben.[181] Es verbindet und steuert nicht nur die harten Ziele und Inhalte der Strategieumsetzung, sondern verknüpft diese auch mit den weichen Aspekten der Transformation. Damit dieses Ökosystem funktioniert, ist gute Führung erforderlich. Dass ist allerdings nicht das einzige wichtige Gleichgewicht in diesem System. Es muss auch ein Gleichgewicht zwischen der anfänglichen Strategie (Beschleuniger 1 und 2) und der tatsächlichen Umsetzung (Beschleuniger 2 bis 4) bestehen.

8.6 Praktische Tipps von erfolgreichen Führungskräften

Jedes Kapitel schließt mit einigen Praxisideen, die sich für Führungskräfte und ihre Mitarbeiter als nützlich erwiesen haben. Sie können diese auch als kleine Case Studies oder Lerneinheiten ansehen.

Für Beschleuniger 1 und 2

- **Stakeholder-Map:** Eine erfahrene Programmmanagerin, mit der ich gesprochen habe, betrachtet es als eine ihrer zentralen Aufgaben, sich einen Überblick über ihre Stakeholder, deren Positionen, Interessen, Stärken und Schwächen zu verschaffen, um sich so den jeweiligen Menschen vor Augen zu führen. Auf Basis dieser Stakeholder-Map wählt sie ihre Interventionen aus. Programme umfassen am Ende Menschen. Deshalb müssen Sie verstehen, wie die Leute ticken, mit denen Sie zusammenarbeiten.
- **In die Haut des anderen schlüpfen:** Derselben Programmmanagerin zufolge reicht es jedoch nicht, sich die Akteure in einer Stakeholder-Map zu vergegenwärtigen. Sie

181 Mike Saville, »Project Management–an ecosystem not a function«, ILX Group, 15. Juli 2015. https://www.ilxgroup.com/eur/blog/project-management-an-ecosystem-not-a-function.

müssen tiefer gehen. Manchmal sind die Dynamiken so kompliziert, dass Sie sich eine Stunde oder länger mit einer Person in Ihrem Programm auseinandersetzen müssen, um die beteiligten Akteure und Dynamiken zu verstehen. Sie müssen in die Haut des anderen schlüpfen. Das ist kein modernes Psychologen-Blabla, sondern eine schiere Notwendigkeit.

Für Beschleuniger 3 und 4

- **Aussagekräftige Fortschrittsberichte und Meetings:** Eine Führungskraft war von den monatlichen Fortschrittsberichten genervt, die zu einer nichtssagenden Routine geworden waren. »Es dauert Stunden, diese Berichte zu erstellen, und dann werfen die Beteiligten vor dem Steuergruppen-Meeting nicht einmal einen Blick darauf. Ich sehe dann in ahnungslose Gesichter.« Sollten Sie deshalb darauf verzichten? Auf keinen Fall! Es ist wichtig zu wissen, wo Sie stehen. Ihre Fortschrittsberichte sollten allerdings kurz und knapp sein. Der besagte Manager vereinfachte das Format deshalb, tarierte die harten, weichen und projektbezogenen Aspekte aus und machte Storytelling zu einem Indikator für weichen Fortschritt: »Welche Geschichte aus dem letzten Monat müssen wir hören, weil sie die Umsetzung vorantreibt?«
- **Übersicht über die Ressourcenzuteilung:** Das Konzept, dass 80 Prozent der Ressourcen in die Umsetzung fließen sollten, ist allgemein anerkannt, wird aber selten umgesetzt. Ein Manager eines Verlags konzentriert sich deshalb genau darauf. Er stellt sicher, dass die Analyse und Strategieentwicklung nicht mehr als 20 Prozent der vorhandenen Zeit und des verfügbaren Budgets beanspruchen.
- **Entrepreneur-Mindset:** Einer der besten Programmmanager, die ich kenne, hat mir einmal sein Erfolgsgeheimnis verraten: »Sorge dafür, dass die Programmmanager und ihre Projektmanager das Programm wie ihr eigenes Unternehmen behandeln.« Er kultiviert dieses Entrepreneur-Mindset vom ersten Tag an. Die Tatsache, dass Programme abseits der Linienorganisation durchgeführt werden, birgt ein gewisses Risiko, aber auch gewisse Chancen. Nutzen Sie diese. Eine dieser Chancen besteht dem hier zitierten Programmmanager zufolge darin, eine starke Subkultur zu etablieren – und zwar im besten Sinne des Wortes: eine »Ärmel hochkrempeln und machen«-Kultur, die Dinge auch gegen den Mainstream durchsetzt. Er empfiehlt, ein »Business Owner Meeting« zu veranstalten, in dem die Teilnehmenden Fragen diskutieren wie »Was brauche ich, um erfolgreich zu sein? Wenn das mein Unternehmen wäre, wie bekomme ich die Dinge erledigt? Was behindert mich?«

9 Mit Misserfolgen umgehen

Matsch und verschimmelte Sahne / Nichts ist einfallsloser als Selbsttäuschung / Konzeptionelle Kopflastigkeit / Marshmallows / Selbstwertdienliche Verzerrung

Dieses Kapitel beschäftigt sich mit Misserfolgen bei der Strategieumsetzung. Um zu verstehen, warum 60 Prozent der Unternehmen bei der Implementierung ihrer Strategien scheitern, sehen wir uns die Gründe für dieses Scheitern genauer an. Unsere Untersuchung hat gezeigt, dass für den Misserfolg nicht allein die allseits bekannten Faktoren verantwortlich sind, sondern auch weniger offensichtliche Aspekte. Deshalb unterschiede ich im Folgenden zwischen bekannten und weniger bekannten Misserfolgsfaktoren.

Wer sich mit den Gründen gescheiterter Strategieumsetzung beschäftigt, muss sich auch fragen, wie hoch der Preis dieses Scheiterns ist und was das bedeutet. Die Antwort lautet: Die Kosten sind hoch und werden weiter steigen. Es handelt sich also um eine Frage von Leben und Tod.

9.1 Scheitern ist immer häufiger eine Frage von Leben und Tod

Wenn ich Vorträge in Unternehmen halte, frage ich die Anwesenden immer: »Wie gut sind Sie Ihrer Meinung nach in der Strategieumsetzung?« Durchweg bekomme ich dann zu hören, dass die strategische Analyse und Kursfestlegung besser beherrscht wird als die Umsetzung. Hier fängt es an, schwierig zu werden. Alle tun das Problem als unwichtig ab. Dabei gibt es nur eines, was wichtiger ist als die Strategieentwicklung – und das ist die Strategie*umsetzung*. Gleichzeitig stellt sie den schwierigsten Part dar. Studien zufolge scheitern ganze 60 Prozent der Strategien während der Umsetzung.[182] Einige Fachleute sprechen sogar von 90 Prozent. Ein Teil des Problems besteht sicherlich darin, dass wir es hier mit Menschen zu tun haben, und diese nehmen sich häufig mehr vor, als sie stemmen können. Dies allein erklärt jedoch nicht, warum die Misserfolgsquote so hoch ist. Mit anderen Worten: Es lohnt sich, der Sache auf den Grund zu gehen. Um aus Misserfolgen zu lernen, müssen Sie wissen, was schiefgelaufen ist und wie teuer Sie dies zu stehen kommt.

182 Robert S. Kaplan & David P. Norton, The Execution Premium: Linking Strategy to Operations for Competitive Advantage. Harvard Business Press, 2008. Siehe auch: The Economist Intelligence Unit, »Strategy Execution: Achieving Operational Excellence. The Benefits of Management Transperancy«, EIU, November 2004. http://graphics.eiu.com/files/ad_pdfs/celeran_eiu_wp.pdf.

9.1.1 Die Kosten des Scheiterns

In Zeiten von extremem Wettbewerb und schwindenden Ressourcen ist Scheitern mit hohen Risiken behaftet. Es kann über Leben und Tod (= Bankrott) entscheiden. Die Kosten des Scheiterns lassen sich klar benennen – sowohl quantitativ als auch qualitativ –, doch tun dies die wenigsten Unternehmen. Die Kosten des Misserfolgs zu beziffern, mag sinnlos erscheinen, ist es aber keineswegs. In unserer Untersuchung haben wir folgende Arten von Misserfolgskosten identifiziert:

Verspätete Umsetzung
Wenn die Strategieumsetzung zu spät oder fehlerhaft erfolgt, erreichen Sie auch Ihre strategischen Ziele mit Verzögerung – oder im schlimmsten Fall gar nicht. Das gilt für kleine, inkrementelle Ziele ebenso wie für große, drängende Veränderungen. Auf operativer Ebene können sich Verzögerungen bei der Zielerreichung negativ auf die Zufriedenheit Ihrer Kunden, Stakeholder und Mitarbeiter auswirken. Zudem haben Verzögerungen quantifizierbare negative Effekte auf Ihre finanziellen Ziele wie Umsatz, Gewinnmarge und Kosten.

Hohe direkte Kosten
Hohe Kosten können in Projekten und Programmen zum Problem werden. Die Gründe dafür sind vielseitig, etwa ein falscher oder zu großer Umfang, fehlende Kontrolle, zu lange oder fehlgeleitete Analyse und Strategieentwicklung, ungeeignetes Personal oder die Tatsache, dass Nutzerinnen und Nutzer zu früh, zu spät oder gar nicht einbezogen werden.

Hohe indirekte Kosten
Die Strategieumsetzung kostet Geld, nicht nur Ihr eigenes Geld. Wenn eine Maßnahme scheitert, haben Sie keine andere Wahl, als die Kosten zu tragen – also sie abzuschreiben. Das ist häufig das Beste, was Sie tun können, denn Sie müssen wissen, wann es gilt, die Verluste zu begrenzen. Das Problem bei der Strategieumsetzung besteht jedoch darin, dass die Kosten in der Regel strukturell höher sind, weil Sie zum Beispiel in neue Technologien investiert haben. Wenn sich diese Investitionen als wertlos erweisen, steigen die Gesamtbetriebskosten, ohne das ein Business Case realisiert wurde. Oder wie es einer meiner Klienten einmal ausdrückte: »Es läuft meistens so: Zu Beginn eines Projekts wird mir ein toller Business Case versprochen, mit dem ich die Unternehmensziele mit geringem Kostenaufwand erreichen kann. Am Ende stehe ich aber häufig ohne Business Case und mit höheren Kosten da.« Indirekte Kosten gehen auch mit einer höheren Mitarbeiterfluktuation einher, weil die Unzufriedenheit groß ist.

Überforderte und frustrierte Mitarbeiter
Projekte, die scheitern, lösen Frustration bei den Mitarbeiterinnen und Mitarbeitern aus. Sie haben dann das Gefühl, nicht mehr ernst genommen zu werden, und ihre Zufriedenheit sinkt. Einer der Hauptgründe dafür ist, dass sich die Mitarbeiter während der Umsetzung unzureichend unterstützt fühlen.

Ungenutztes Potenzial
Mitarbeiter stehen meistens mit beiden Füßen auf dem Boden, fester als viele Führungskräfte denken. Sie sind ihrem Job und ihrem Unternehmen treu verbunden. Im Gegenzug möchten sie ernst genommen werden. Mangelhafte Führung, unprofessionelles Verhalten und die fehlende Bereitschaft, aus Fehlern zu lernen, sorgen für Unzufriedenheit bei den Mitarbeitern – und nicht wenige tragen sich infolgedessen mit dem Gedanken, das Unternehmen zu verlassen.

Die Unfähigkeit zu scheitern – vor allem bei radikalen Innovationen
Scheitern wird noch teurer, wenn die Beteiligten es versäumt haben, aus Fehlern der Vergangenheit zu lernen. Erfolg ist keine einmalige Anstrengung, vor allem nicht bei radikalen Innovationen. Stattdessen müssen die Beteiligten aus Fehlern lernen und schnell und häufig scheitern (Fail Fast, Fail Often), um die Erfolgschancen beim nächsten Mal zu erhöhen. Geschieht dies nicht, wird das Scheitern beim nächsten Mal noch teurer.

Neue Maßnahmen
Wenn die Strategieumsetzung scheitert, müssen neue Maßnahmen ergriffen werden, und das verursacht neue Kosten. Die erhofften Benefits der Strategieumsetzung werden dagegen erst später realisiert.

Zunehmende gesellschaftliche Folgen
Mittlerweile bereiten Verschwendung und Misserfolg nicht mehr nur Führungskräften und Stakeholdern schlaflose Nächte. Sie betreffen alle und alles, gerade in einer Zeit, in der Unternehmen verstärkt gesellschaftliche Verantwortung übernehmen oder aufgrund ihrer Aktivitäten im Fokus der Öffentlichkeit stehen. Wir alle kennen die Schlagzeilen über gescheiterte Technologieinvestitionen und exorbitant steigende Kosten. Immer, wenn öffentliche Gelder mit im Spiel sind, zeigt sich auf schmerzhafte Weise, wie teuer Scheitern ist. Und das Schlimmste daran: Das nächste Mal werden dieselben Fehler wieder begangen.

Was für ein Alptraum, mögen Sie jetzt denken. Doch Sie können das Ganze auch als Chance betrachten: »Wir müssen das Ruder herumreißen. Wir müssen besser werden!« Das ist nicht nur eine Frage des Überlebens, sondern auch die Gelegenheit, an Ihren Mitbewerbern vorbeizuziehen.

9.1.2 Misserfolgszahlen kritisch betrachtet

Bei der Auseinandersetzung mit Misserfolgsfaktoren ist Vorsicht geboten. Jedes Jahr veröffentlich dieses oder jenes bekannte Forschungsinstitut eine neue Studie zu Problemen bei der Strategieumsetzung und den Gründen, aus denen bestimmte Umsetzungsmaßnahmen scheitern.[183] Doch wie fundiert sind diese Studien und wie realistisch ihre Ergebnisse?

In den meisten Veröffentlichungen ist zu lesen, dass ein hoher Prozentsatz von Strategieumsetzungen scheitert. Einige Wissenschaftlerinnen und Wissenschaftler weisen jedoch darauf hin, dass es sich dabei um Schätzungen handelt, die auf veralteten oder unvollständigen Daten basieren.[184]

In seinem im *Harvard Business Manager* erschienenen Artikel »Der Fluss der Entscheidung« erklärt Roger L. Martin, dass Unternehmen gern behaupten, Strategie und Umsetzung seien zwei verschiedene Dinge, um von einer gescheiterten Strategie abzulenken. Das Argument lautet dann: Die Strategie war gut, doch die Umsetzung ist völlig misslungen. Martin zufolge sind es häufig Beratungsfirmen, die diese Unterscheidung treffen. So können sie jegliche Schuld für das Scheitern der Strategie von sich weisen; schließlich war ja der Klient für die Umsetzung verantwortlich.[185]

Hinzu kommt, dass die Fehleranalyse zu einer selbst erfüllenden Prophezeiung werden kann. Je häufiger wir über gescheiterte Strategieumsetzung sprechen, desto größer die Wahrscheinlichkeit, dass es tatsächlich so kommt, und desto höher die Misserfolgsquote.[186]

Ist 100 Prozent realistisch? Was messen diese Studien eigentlich genau? Sie alle basieren auf den für die Maßnahme festgelegten Zielen. Doch ist es wirklich gerechtfertigt, die Ergebnisse an einer Erfolgsquote von 100 Prozent zu messen? Ist solch ein perfektes Ergebnis überhaupt erreichbar? Unternehmen planen häufig einen strategischen »Stretch« von 10 Prozent ein – sozusagen Luft nach oben. Diese Spanne muss vom eigentlichen Ziel abgezogen werden, bevor eine Misserfolgsquote überhaupt ermittelt werden kann. Der Stretch ist eine Art Realitätscheck. Unternehmen neigen dazu, sich ambitionierte Ziele zu setzen, unter anderem weil der Wettbewerbsdruck hoch ist. Dadurch sind die Ziele häufig zu hochgesteckt und lassen sich nicht erreichen. Diese Diskrepanz – der strategische Stretch – hat seine Berechtigung. Wenn er jedoch zu groß ist, geht der Ansatz nach hinten los: Ihre Ziele werden unglaubwürdig, und Ihre Mitarbeiter stellen sich nicht hinter sie,

183 Siehe Boris Ewenstein, Wesley Smith & Ashvin Sologar, »Changing Change Management«, McKinsey & Company, Juli 2015. http://www.mckinsey.com/globalthemes/leadership/changing-change-management; The Economist Intelligence Unit, »Why Good Strategies Fail: Lessons for the C-Suite«, EIU, 2013. http://www.pmi.org/~/media/PDF/Publications/WhyGoodStrategiesFail_Report_EIU_PMI.ashx; Michael C. Mankins & Richard Steele, »Turning Great Strategy into Great Performance«, Harvard Busines Review, 01. Juli 2005. https://hbr.org/2005/07/turning-great-strategy-into-great-performance.

184 Carlos J.F. Cândido & Sérgio P. Santos, »Strategy Implementation: What Is the Failure Rate?«, Journal of Management & Organization 21(2), Februar 2015. https://www.researchgate.

185 Roger L. Martin, »Der Fluss der Entscheidung«, Harvard Business manager, 10/2010. https://www.manager-magazin.de/harvard/strategie/change-management-warum-strategie-und-umsetzung-zusammengehoeren-a-64a8f32a-0002-0001-0000-000073852301.

186 Isaiah Hankel, »Why Entrepreneurs Who Complain Are Setting Themselves Up to Fail«, Entrepreneur, 01. Juni 2015. https://www.entrepreneur.com/article/246498.

auch wenn Sie sie mit einer individuellen, variablen Vergütung locken. Ist der Stretch dagegen zu gering, motiviert er nicht.

Wird die Art der Veränderung berücksichtigt? Eine Misserfolgsquote von 90 Prozent ist bei Veränderungen vom Typ 3 (radikale Innovation) recht normal, bei Veränderungen vom Typ 1 (etwa einem Lean-Projekt) wäre sie dagegen frappierend schlecht. Gleichzeitig ist es weniger schlimm, wenn der Versuch scheitert, einen höheren Marktanteil in einem sich im Abschwung befindenden, wettbewerbsintensiven Verdrängungsmarkt (wie Anzeigenverkäufe in Printmedien) zu gewinnen, als wenn dasselbe Bestreben in einem Wachstumsmarkt mit wenigen Mitbewerbern misslingt.

Selbst bei großzügiger Korrektur besteht noch viel Verbesserungsbedarf. Zusätzliche Untersuchungen, die auf einer Kombination aus Input- und Output-Kennzahlen basieren, würden weitaus verlässlichere Ergebnisse liefern. Der hypothetische strategische Stretch von 10 Prozent ist nicht die einzige mögliche Variable, die Sie korrigieren können. So ist vorstellbar, dass manche Studien negativen Verzerrungen unterliegen und deshalb hauptsächlich das messen, was schiefläuft.

Doch unsere Erfahrungen und Case Studies zeigen, dass die Misserfolgsquote selbst nach Vornehmen dieser Korrekturen noch hoch ist. Ein Wert zwischen 50 und 60 Prozent kommt der Wahrheit wahrscheinlich am nächsten.

9.2 Beispiele für totales oder teilweises Scheitern

Eine Anforderung, die wir an unsere Arbeit formuliert haben, ist, dass sie praktische Beispiele und Erkenntnisse zutage fördern muss. Diese ziehen sich durch das gesamte Buch, und Sie finden sie auch in diesem Kapitel. Und obwohl es wichtig ist, Misserfolge zu thematisieren, besteht dabei auch immer die Gefahr, die Beteiligten in ein negatives Licht zu rücken. Deshalb möchte ich den folgenden Ausführungen einige erklärende Worte vorausschicken.

In Nordeuropa wird häufiger über Misserfolge im (halb-)öffentlichen Sektor berichtet als über solche im privaten Sektor. Das sagt jedoch nichts darüber aus, wie häufig private Unternehmen mit ihren Strategien scheitern.

Misserfolg ist selten absolut. Teilweise scheitern tun wir dagegen alle. Wer könnte schon behaupten, jede Umstrukturierungsmaßnahme 100 Prozent erfolgreich abgeschlossen zu haben? Nehmen wir Philips: Im Laufe der vergangenen 40 Jahren hat das Unternehmen jede der im Folgenden aufgeführten Arten von Misserfolg schon einmal erlebt. In derselben Zeit hat das Unternehmen jedoch weitaus mehr Erfolge erzielt.

Scheitern ist eine Voraussetzung für Innovation. Die meisten Innovationen misslingen – zu Recht. Wo das nicht der Fall ist, experimentieren Unternehmen zu wenig. Denken Sie nur an die zahlreichen innovativen Start-ups oder die frühen Entwickler von Smart Watches. Nur sehr wenige von ihnen haben überlebt. Große Unternehmen stecken häufiger mal einen Zeh zaghaft ins Wasser, ziehen sich aber sofort zurück, wenn wenig Aussicht auf Erfolg besteht. Sie können sich Misserfolge leisten. Zu bedenken ist auch, dass wir nur ihre Erfolgsgeschichten zu hören bekommen – oder das, was man den »Steve-Jobs-Effekt« nennt.

Wichtiger Disclaimer

Die oben erwähnten Hinweise im Hinterkopf behaltend gebe ich im Folgenden Beispiele, die entweder »harte Nüsse« waren, teilweises Scheitern umfassen oder einen Misserfolg auf ganzer Linie darstellen. Um welchen Fall es sich jeweils handelt, geht nicht immer aus der Überschrift hervor. Die Beispiele sind Fälle, auf die ich während meiner Arbeit gestoßen von. Einige betreffen einzelne Unternehmen, andere ganze Branchen. Eingeteilt habe ich sie in die Kategorien Fusionen, Umstrukturierungen, Kulturwandel, IT-Implementierungen und Innovationen.

Fusionen und Integrationsprojekte

Mit den Büchern, die über gescheiterte Fusionen geschrieben wurden, könnte man eine ganze Bibliothek füllen. Das verzerrt das Bild jedoch. Regierungen unterstehen demokratischer Kontrolle und können sich deshalb weniger Misserfolge leisten. Im öffentlichen Sektor dauern Post-Merger-Integrationsprojekte deshalb wesentlich länger als im privaten, mit allen offensichtlichen Vor- und Nachteilen.

- **Privater Sektor**
  - Intech: Viele Unternehmen, die der technische Dienstleister in seinen letzten Jahren aufkaufte, wurden nie voll in das Kernunternehmen integriert. Die Folge waren Betrugsfälle in den Niederlassungen in Deutschland und Polen, was das Unternehmen letztlich 2015 in die Insolvenz führte.
  - KPN: Das größte Telekommunikationsunternehmen der Niederlande (zunächst in staatlichem Besitz, dann 1989 privatisiert) übernahm zu viele seiner kleineren Mitbewerber und investierte 2001 übermäßige Summen in UMTS-Lizenzen. Daraufhin geriet es in finanzielle Schwierigkeiten und musste vom Staat gerettet werden.
  - Alles, was Microsoft anfasst, wird zu Blei – so scheint es zumindest. Vielversprechende Start-ups verkommen unter dem Dach des Unternehmens zu lahmen Enten. Das Unternehmen zahlt überteuerte Preise, hält sich aber durch seine Cash Cows Windows und Office über Wasser.
- **Öffentlicher und halböffentlicher Sektor**
  - Tergooi Hospitals: Fusionen im Gesundheitswesen führen häufig zu zweifelhaften Ergebnissen. Das mussten zwei niederländische Kliniken erfahren, die 2006 fusionierten, und anschließend aufgrund inkompatibler IT-Systeme in Schwierigkeiten gerieten. Statt zu Synergien führten diese Probleme zu Chaos und Stellenkürzungen.

- ProRail: Anfang der 1990er beschloss der niederländische Staat, das Schienennetz des Landes zu privatisieren. Die Folge waren hohe Kosten infolge gescheiterter Bauprojekte und extreme Budgetüberschreitungen.

Umstrukturierungen

- **Öffentlicher und halböffentlicher Sektor**
  - Niederländische Steuer- und Zollbehörde: Im Zuge einer Umstrukturierung der Behörde verloren Tausende von Mitarbeiterinnen und Mitarbeitern ihren Job. Neue Computersysteme sollten ihre Arbeit übernehmen. Doch die Technologie hat ihre Grenzen, wie sich herausstellte. Zudem entpuppte sich das gesamte Vorhaben als äußerst kostspielig, unter anderem aufgrund schlecht konzipierter Abfindungspakete für ältere Beschäftigte.
  - Ambulance Amsterdam: Selbst in einem solch kleinen Unternehmen wie dem Amsterdamer Rettungsdienst, der 2012 im Zuge einer Übernahme und Fusion entstanden war, können Dinge schieflaufen. Die Geschäftsleitung überwachte die Change-Prozesse nicht sorgfältig genug, die Mitglieder des Aufsichtsrats und des Betriebsrats interagierten nur oberflächlich miteinander, und die Abteilungsleiterinnen und -leiter kamen nicht miteinander klar. Die Umstrukturierung lieferte deshalb nicht die erhofften Ergebnisse und schadete dem laufenden Geschäft sogar.
  - Neuaufteilung der 12 niederländischen Provinzen in 5 »Cluster«: Politisch Verantwortliche auf lokaler, regionaler und Landesebene hatten große Zweifel an dem Projekt. Sie befürchteten, dass die Neuaufteilung der Provinzen die Dinge nur verschlimmbessern würde.

Kulturwandel

- **Öffentlicher und halböffentlicher Sektor**
  - UWV: Die niederländische Sozialversicherungsbehörde UWV musste ein teilweise umgesetztes Umstrukturierungsvorhaben abbrechen, weil es nicht die gewünschten Ergebnisse lieferte: Statt dass der Kundenservice besser wurde, dauerte die Leistungsgewährung nun länger, und Pilotprojekte gerieten ins Stocken. Ziel war es eigentlich, die derzeitige Rate zeitnaher Entscheidungen von 85 Prozent zu steigern, doch stattdessen sank sie auf 35 Prozent. Die Umstrukturierung wurde abgebrochen, und 1.200 der 20.000 Beschäftigten, die in das neue Unternehmen gewechselt waren, mussten in ihre alten Jobs zurückkehren.
  - Niederländische Polizei: Die Zusammenlegung örtlicher Polizeikräfte mit der Landespolizei war ein Prestigeprojekt des Justizministeriums und Polizeipräsidenten, das jedoch deutlich hinter den Erwartungen zurückblieb: 2013, drei Jahre nach dem Projektstart, war das Ziel immer noch nicht erreicht, und die Kosten lagen 250 Millionen Euro über dem ursprünglichen Budget.
  - Niederländische Behörde für die Aufnahme von Asylsuchenden (COA): 2011 sorgte die dysfunktionale Organisationskultur der Behörde für Aufregung. Die Mitarbei-

terinnen und Mitarbeiter waren verunsichert und fühlten sich mit ihren Beschwerden nicht ernst genommen. Darüber hinaus dauerten Entscheidungsprozesse ewig und verschlangen Millionen Euro an Steuergeldern.

Hinweis: Meiner Erfahrung nach sind »freischwebende« Programme zum Kulturwandel, für die keine harten Ziele formuliert wurden, zum Scheitern verurteilt. Glücklicherweise scheint dieser Trend zurückzugehen.

IT-Implementierungen

- **Privater Sektor**
  - McDonald's: 2011 wollte die Fast-Food-Kette ein Intranet für alle Standorte weltweit einführen. Das Projekt stellte sich allerdings als zu ambitioniert heraus, unter anderem weil viele Regionen nicht über die erforderliche Infrastruktur verfügten. Die Gesamtkosten beliefen sich auf 170 Millionen US-Dollar.
  - Banken: Die niederländischen Geldhäuser Van Lanschot Bank und Friesland Bank mussten infolge der Einführung neuer Software zur Automatisierung ihres Geldtransfersystems schwere Verluste hinnehmen.
- **Öffentlicher und halböffentlicher Sektor**
  - Niederländische Streitkräfte: Seit Jahrzenten pumpt das niederländische Militär große Summen in IT-Projekte, die wenig bewirken, außer zu »unerwarteten« Budgetüberschreitungen führen.
  - Niederländische Polizei: Die IT-Systeme der niederländischen Polizei wurden auch das »Tal der Tränen« genannt. Sie waren nicht benutzerfreundlich, erschwerten den Informationsaustausch und verursachten Kosten, die das ursprüngliche Budget um einen zweistelligen Millionenbetrag überstiegen.
  - Niederländische Steuerbehörde: Seit 2005 hat die Behörde mit IT-Problemen zu kämpfen. Die Kosten belaufen sich mittlerweile auf mehr als 200 Millionen Euro.
  - Fusionen im Bildungswesen haben zu Schulkolossen geführt, die sich nicht mehr managen lassen.

Innovationen

- **Privater Sektor**
  - V&D: Die mittlerweile nicht mehr existierende niederländische Kaufhauskette ist ein typisches Beispiel für ein führendes Einzelhandelsunternehmen, das den Innovationszug verpasst hat. Zusammen mit einer Reihe gescheiterter Umstrukturierungsprojekte bedeutete dies letztlich das Aus für das Unternehmen.
  - bol.com: Dieser führende Onlinehändler wurde zu früh von Bertelsmann, seinem ursprünglichen Besitzer, verkauft. Diese Ungeduld kosten den Medienkonzern Millionen von Euro.
  - WAP: Anfang der 2000er wurde WAP als neuer technischer Standard für mobilen Internetzugang gehypt. Die Technologie stellte sich jedoch als zu teuer, zu kompliziert und zu schwer zu erlernen heraus und wurde letztlich von der Realität ein-

geholt, als Mobilgeräte auf den Markt kamen, die HTML, CSS und andere Sprachen unterstützten.

- **Öffentlicher und halböffentlicher Sektor**
  - Elektronische Patientenakte: Datenschutzrechtliche Bedenken und fehlende Kooperationsbereitschaft im niederländischen Gesundheitswesen führten dazu, dass die Einführung elektronischer Patientenakten nur langsam vorankam und eine Vielzahl von Problemen verursachte. Am Ende ermöglichten die hohen Investitionen eines US-amerikanischen Anbieters in die Technologie einen Durchbruch, doch nach wie vor tun sich die Gesundheitsbehörden schwer mit der Implementierung der Technologie.
  - Einführung einer Mautpflicht in den Niederlanden: Im Jahr 2000 gab es Pläne, die niederländischen Autobahnen mautpflichtig zu machen, doch diese wurden aufgrund fehlender politischer Unterstützung in letzter Minute zurückgenommen. Da das zuständige Ministerium über die Machbarkeit eines alternativen Pay-per-Mile-Plans gelogen hatte, stimmte die Zweite Kammer des Parlaments gegen die Mautpflicht. Bis heute wurde keine Maut eingeführt.

9.3 Bekannte Misserfolgsfaktoren

Das Klischee, Strategieumsetzung sei zum Scheitern verurteilt, hält sich hartnäckig, weil es sich immer wieder bewahrheitet hat. Doch wenn das alle wissen, warum ist die Misserfolgsquote dann nach wie vor so hoch? Das liegt unter anderem daran, dass die Fehleranalyse häufig zu allgemein und oberflächlich ist. Und für viele Fehler wird die Unternehmenskultur verantwortlich gemacht: »Die Post-Merger-Integration ist gescheitert, weil die beiden Unternehmenskulturen nicht kompatibel waren«, hört man dann häufig, als ob das alle Aspekte des Scheiterns erklären würde. Die Unternehmenskultur als allumfassende Erklärung für das Scheitern anzuführen, ist unbefriedigend und kann nicht als ausreichendes Ergebnis einer gründlichen Analyse gelten. Es ist lediglich ein Feigenblatt, hinter dem sich die Verantwortlichen verstecken.

9.3.1 Schlechte Strategien

Vage oder falsche Strategien

Ohne eine gute Strategie kann die Umsetzung nicht gelingen. Schlechte Strategien gibt es in unterschiedlichen Ausprägungen. Zunächst einmal ist eine schlechte Strategie eine Strategie ohne passende Grundlage. Das ist der Fall, wenn unangenehme Entscheidungen vermieden werden und Führungskräfte unfähig oder unwillig sind, genauer zu erläutern, vor welcher Art der Herausforderung das Unternehmen steht.[187] Ein weiteres häufiges Problem sind abwegige, unklare oder nicht priorisierte Ziele oder eine zu weit gefasste Stra-

187 Siehe Rumelt, Good Strategy/Bad Strategy.

tegie ohne Fokus. Eine Führungskraft sagte dazu einmal: »Eine schlechte Strategie fühlt sich wie Matsch an und riecht wie verschimmelte Sahne. Sie hält einen auf und lässt jeden angewidert die Nase rümpfen.« Doch auch klar formulierte Strategien können Probleme verursachen, wenn sie nicht zu den Kernkompetenzen des Unternehmens passen.

Realitätsferne oder einfallslose Strategien

Strategien, die im stillen Kämmerchen abseits des Geschäftsbetriebs erdacht wurden, sind es nicht wert, umgesetzt zu werden. Leider sind sie eher die Regel als die Ausnahme: einsame Entscheider, die von der Richtigkeit ihrer Überlegungen überzeugt sind, dann aber eines Besseren belehrt werden. Es ist nichts falsch daran, wenn eine kleine Gruppe eine gute (klare, präzise, leicht zu erfassende) Strategie formuliert, *nachdem* sie sich ausführlich mit allen Stakeholdern ausgetauscht hat. Dann ist die Strategie innerhalb weniger Tagen zu Papier gebracht. Dies ist aber etwas völlig anderes, als die gesamte Analyse und Formulierung allein vorzunehmen.

Manche Strategien klingen einfach langweilig – und sehen auch so aus. Dabei müssen alle Teile der Strategie informativ *und* ansprechend sein. Die Verantwortlichen verkennen häufig, dass das motivierende Element genauso wichtig ist wie das informative. So entstehen Strategien, die zwar vollkommen richtig sein mögen, aber sterbenslangweilig sind. Das heißt nicht, dass Ihr Strategiepapier den Literaturnobelpreis gewinnen muss; Ihre Stakeholder müssen aber bereit sein, es zu lesen.

Fehlende Unterstützung durch die Führungsetage

Nichts ist so schädlich wie ausgewachsene Kämpfe auf der obersten Ebene. Der niederländische Managementberater Mieke Bello, der viele Jahrzehnte lang Vorstände und Aufsichtsräte beraten hat, sagt dazu: »Fünf Zentimeter Unstimmigkeit auf der Führungsebene darüber, was wichtig ist und was nicht, weiten sich auf der Ebene darunter bereits zu fünf Metern aus. Gehen Sie noch ein paar Ebenen tiefer, und es herrscht überhaupt keine Klarheit mehr über den strategischen Kurs des Unternehmens.« In seinem Standardwerk zum Thema Change Management führt John Kotter das Fehlen einer ausreichend starken Geschäftsführung als zweihäufigsten Grund für das Scheitern an.[188] Ihm zufolge ist für die Implementierung organisatorischer Veränderungen eine starke Führung notwendig. Dafür müssen sich die Mitglieder des Führungsteams allerdings vertrauen und zusammenarbeiten können.

9.3.2 Wichtige Positionen falsch besetzen

Qualitative und quantitative Fehler im Ressourcenmanagement

Wichtige Positionen in der Strategieumsetzung mit den falschen Personen zu besetzen – sowohl in quantitativer als auch qualitativer Hinsicht – ist einer der Hauptgründe, warum

188 Kotter, Leading Change, S. 51–66.

die Umsetzung scheitert.[189] Häufig werden Mitarbeiter, die nicht über die erforderlichen Kompetenzen verfügen, wichtigen Projekten zugeteilt. Doch auch wenn die Mitarbeiter grundsätzlich geeignet sind, fehlen ihnen manchmal bestimmte Kompetenzen oder spezielles Wissen, das für die jeweilige Maßnahme entscheidend ist. Scheitert die Maßnahme, wird als Grund häufig angeführt, dass die Mitarbeiter, die dafür eigentlich geeignet gewesen wären, bereits ausgelastet waren und die »Ressourcen« nicht korrekt verteilt wurden.

Dieses Problem tritt nicht nur zu Beginn einer Maßnahme auf, sondern auch währenddessen. Das liegt daran, dass das Umfeld, in dem die Strategie umgesetzt wird, niemals vollkommen stabil ist. Prioritäten ändern sich, und es werden neue Projekte und Programme begonnen, die auf dieselben Mitarbeiterinnen und Mitarbeiter zurückgreifen. Dann muss monatlich geprüft werden, was falsch läuft oder sich als ineffektiv herausstellt. Häufig kommt das einem rituellen Tanz gleich, in dem die Projektverantwortlichen in der Steuergruppe auf ihre Personalengpässe aufmerksam machen und die zuständigen Linienmanager verständnisvoll nicken und zuhören, dann jedoch nichts unternehmen. Das ist der altbekannte Zuschauereffekt.

Unklare Zuständigkeiten oder fehlende Grundlagen
Die operativen Aufgaben der Mitarbeiterinnen und Mitarbeiter werden in der Regel in einer Stellen- oder Aufgabenbeschreibung festgehalten. Hieraus gehen die Verantwortlichkeiten der Person klar hervor – in einer RACI-Matrix detailliert nach Rollen, Befugnissen, Kontroll- und Berichtslinien aufgeschlüsselt. In Projekten und Programmen der Strategieumsetzung fehlt dieser Ansatz jedoch, dabei ist es hier mindestens genauso wichtig, die Aufgaben der Mitarbeiter klar zu definieren.

9.3.3 Fehlende Abstimmung

Mindestens 80 Prozent der Strategieumsetzung sollten in der Struktur erfolgen, in der die damit betrauten Personen auch arbeiten. Dabei spielt es keine Rolle, ob die Maßnahme an die Linienorganisation, die Abteilung oder das Team, in dem die Zuständigen arbeiten, delegiert wurde oder ob sie als Projekt umgesetzt wird. Wenn 80 Prozent nicht in der Struktur umgesetzt werden, der die Maßnahme zugewiesen wurde, war es wahrscheinlich falsch, diese Struktur überhaupt auszuwählen. Darüber hinaus brauchen die mit der Umsetzung betrauten Mitarbeiter Zeit, um andere Maßnahmen und Bereich zu koordinieren und zu managen (wofür 10 bis 20 Prozent der für die Umsetzung erforderlichen Zeit benötigt werden). Und sie brauchen Zeit, um Fortschrittsberichte zu erstellen, Eskalationen zu managen und die Zusammenarbeit zu koordinieren – entweder im Rahmen von Projekten und Programmen oder im Tagesgeschäft. Diese Art von Abstimmung – oder etwas altmodischer: Koordinierung – geschieht jedoch zu selten und ist einer der Hauptgründe, war-

189 Von der Turner Consultancy durchgeführte Studie. Weitere Informationen unter www.turner.nl.

um die Umsetzung scheitert. Und selbst wenn es Abstimmung gibt, erfolgt diese häufig ad hoc und ist vollkommen abhängig davon, wie gut die Personen, die innerhalb des Projekts oder darüber hinaus zusammenarbeiten, miteinander klarkommen. Was dagegen wirklich nötig wäre, ist eine regelmäßige Abstimmung (siehe Erfolgsfaktor 6, Kapitel 2.6.2). Im Rahmen einer Studie wollte der MIT-Dozent Donald Sull von 400 CEOs wissen, worin sie den Hauptgrund für gescheiterte Strategieumsetzung sehen. 30 Prozent nannten fehlende Abstimmung als wesentlichen Faktor, 40 Prozent machten unzureichende Koordination dafür verantwortlich. Das läuft aufs Gleiche hinaus.

9.3.4 Unzureichende Kommunikation zwischen den Unternehmensebenen

Topmanagerinnen und Topmanager sind häufig der Auffassung, dass eine kurze Erklärung oder E-Mail, ihr eigenes Charisma und zwei Zeilen Text auf einem Flipchart ausreichen, um die Quintessenz ihrer Entscheidung zu kommunizieren. Sie denken außerdem, dass sich ihre Entscheidung dann wie von selbst umsetzt, weil das mittlere und untere Management die Maßnahme an alle Ebene der Linienorganisation und alle Projekte weitergeben. Schön wär's. Besonders Führungskräfte der mittleren Ebene, die die größten Leidtragenden dieser Einstellung sind, sehen darin häufig den Hauptgrund für die gescheiterte Strategieumsetzung. Sie erhalten unzureichende Informationen von ihren Vorgesetzten, und diese wiederum haben hohe Erwartungen an das mittlere Management. Wenn etwas im Kern der primären Geschäftsprozesse schiefläuft, machen die Mitarbeiterinnen und Mitarbeiter zu Recht das mittlere Management für fehlende Informationen verantwortlich. Gleichzeitig kritisieren die Geschäftsleitung und die Verwaltungsabteilungen das mittlere Management für die mangelhafte Umsetzung. Diese Sandwichposition ist unbefriedigend, und sie weist auf eine schlechte vertikale, horizontale und diagonale Abstimmung hin.[190]

9.3.5 Zu viele oder zu wenige Informationen

Zu viele oder zu wenige Informationen und weißes Rausches wegen zu komplizierter Abläufe

Kommunikationsabteilungen in Unternehmen kommunizieren heute immer glamouröser, Social-Media-orientierter und crossmedialer, aber vor allem häufiger. Besser wäre es jedoch, wenn sie sorgfältiger, systematischer, zum richtigen Zeitpunkt, im richtigen Maß und über die passenden Kanäle kommunizieren würden. Was am häufigsten fehlt, ist regemäßige Kommunikation. Sie ist das Wichtigste. Oft verebbt die Kommunikation nach

190 Donald N. Sull, Rebecca Homkes & Charles Sull, Von der Strategie zur Umsetzung. Harvard Business manager 5/2015. Sull, Homkes & Sull argumentieren, dass die horizontale Abstimmung meist gut funktioniert, es jedoch an vertikaler und diagonaler Koordination fehlt. https://www.manager-magazin.de/harvard/von-der-strategie-zur-umsetzung-a-e7fbdf76-0002-0001-0000-000133760009.

einer Neujahrspräsentation oder einem Kick-off allerdings, was der Glaubwürdigkeit der neuen Maßnahme schadet.

Zu stark vereinfachte Kommunikation

Führungskräfte und Mitarbeiter, die mit der Strategieumsetzung betraut sind, bemühen sich, präzise Ziele und klare, einfache Botschaften zu formulieren. Diese sind für eine erfolgreiche Umsetzung unerlässlich. Damit sie jedoch nicht zu stark vereinfacht werden, müssen sie an anderer Stelle unterfüttert werden. Das kann zum Beispiel im Rahmen mündlicher Präsentationen erfolgen. Dies geschieht jedoch zu selten, sodass die Mitarbeiterinnen und Mitarbeiter die Auswirkungen einer Maßnahme häufig strukturell unterschätzen. Indem wir versuchen, unsere Botschaften so einfach wie möglich rüberzubringen, unterschlagen wir essenzielle Informationen, die früher oder später jedoch an die Beteiligten kommuniziert werden müssen.

9.3.6 Fehlende Verantwortungsbereitschaft

Einer der Hauptgründe, warum die Strategieumsetzung scheitert, ist fehlende Verantwortungsbereitschaft an den entscheidenden Stellen. Dies beginnt bereits bei denjenigen, die die Maßnahme federführend begleiten. Selbst Abteilungsleiterinnen und -leiter bekommen Strategien mitunter übergestülpt, wodurch es schwierig wird, echte Befürworter unter den Hauptakteuren in einer Abteilung oder einem Geschäftsbereich zu finden. Infolgedessen sind auch die Mitarbeiter auf den unteren Ebenen weniger bereit, sich hinter die Strategie zu stellen. Die Bereitschaft, Verantwortung zu übernehmen, ist für die Strategieumsetzung jedoch unerlässlich – ohne sie nimmt keine Strategie oder Maßnahme Fahrt auf. Um eine Strategie erfolgreich umzusetzen, brauchen Sie Menschen – nicht Worte, Prozesse, Systeme oder Kontrollen.

9.4 Weniger bekannte Misserfolgsfaktoren

Einige Gründe für gescheiterte Strategieumsetzungen werden weniger häufig thematisiert, sie sind jedoch genauso relevant wie die bekannten Misserfolgsfaktoren, die wir uns im vorherigen Kapitel angesehen haben. Zu den weniger bekannten Misserfolgsfaktoren gehören eine fehlende Differenzierung, ein chaotisches Portfolio, ein unklarer Umsetzungsprozess, eine unsinnige Ressourcenzuteilung, die unzureichende Beachtung der weichen Faktoren der Transformation, ein Ungleichgewicht zwischen Top-down- und Bottom-up-Veränderungen, ein Ungleichgewicht zwischen Change Leadership und Change Management sowie Einseitigkeit.

9.4.1 Fehlende Differenzierung

Fehlende Differenzierung zwischen Change Management und täglicher Geschäftsführung

Jedes Unternehmen geht bei der Umsetzung seiner strategischen Ziele anders vor. Die Ziele können durch die tägliche Geschäftsführung (Führung des Unternehmens) und/oder im Rahmen von Change-Projekten und -Programmen (Transformation des Unternehmens) erreicht werden. Die verschiedenen Arten von Transformation sind eng miteinander verknüpft, weshalb sie sich mitunter nur schwer voneinander abgrenzen lassen. Nicht zwischen den verschiedenen Arten des Veränderungsmanagements zu unterscheiden ist einer der Hauptgründe, warum die Strategieumsetzung scheitert. Viele Führungskräfte betrachten es als zu kompliziert und zeitaufwendig, diese Unterscheidung zu treffen. Sie wollen sich lieber auf die eigentliche Arbeit konzentrieren. Die Konsequenz dessen ist jedoch, dass alles mit allem verbunden ist und »Strategieumsetzung« zu einer Worthülse verkommt. Dadurch ist der Misserfolg vorprogrammiert, denn jede Art von Strategieumsetzung erfordert ihr eigenes Vorgehen und Management.

Fehlende Differenzierung zwischen Verbesserung, Erneuerung und Innovation

Wir sind uns wohl alle einig, dass eine Reise in die Antarktiks eine andere Vorbereitung erfordert als eine Kreuzfahrt zu den Bahamas. Bei der Strategieumsetzung hält sich dagegen sonderbarerweise der Glaube, dass es ein Standardrezept für alles gibt. Und selbst Unternehmen, die zwischen der Führung des Unternehmens einerseits und der Transformation des Unternehmens andererseits unterscheiden, unterscheiden selten klar genug zwischen schrittweiser Verbesserung, Erneuerung des bestehenden Geschäftsmodells und radikaler Innovation. Dabei bedarf jeder dieser drei Veränderungstypen eines eigenen Vorgehens. Das ist eine der zentralen Botschaften dieses Buches.

9.4.2 Chaotische Portfolios

Ein zu kleines Projekt- und Programmportfolio

Ein begrenztes Portfolio deutet meistens darauf hin, dass die Linienorganisation sich um zu viele Maßnahmen kümmert, die eigentlich von speziellen Projekt- oder Programmteams durchgeführt werden sollten. Denken Sie daran: Radikale Veränderungen betreffen in der Regel mehrere Bereiche und müssen deshalb im Rahmen eines Projekts oder Programms erfolgen.

Ein hoffnungslos überfrachtetes Portfolio

Das Gegenteil trifft jedoch wesentlich häufiger zu: ein überfrachtetes Portfolio, das die Veränderungs- oder Umsetzungskompetenz des Unternehmens maßlos überschätzt. Das Schlimmste daran ist, dass dies sowohl absichtlich als auch versehentlich geschieht – indem einerseits zu viele Maßnahmen geplant werden, und andererseits Maßnahmen in das

Portfolio aufgenommen werden, deren Zuständigkeiten und Anwendungsbereiche sich überlappen. Führungskräfte und Mitarbeiter gleichermaßen sollten sich fragen, wie es sein kann, dass Jahr für Jahr mehr Ziele definiert werden, als das Unternehmen realistischerweise erreichen kann. Es überrascht, dass das viele überrascht! Denn jeder kann diese Entwicklung absehen, lange bevor die Jahresplanung vorgestellt wird. Zu ambitionierte Ziele führen zwangsläufig zu einer überfrachteten Jahresplanung – sowohl für das Unternehmen insgesamt als auch für jeden einzelnen Bereich. Grund dafür sind unter anderem sehr ehrgeizige Ziele – sogenannte Stretch Goals. Sie spiegeln den Glauben des Topmanagements in die Leistungsfähigkeit des Unternehmens wider und sind damit so etwas wie ein Vertrauensvorschuss. Gleichzeitig sind sie aber auch dem zunehmenden Druck aus der Führungsetage angesichts stärker umkämpfter, schrumpfender Märkte geschuldet. Zu ambitionierte Ziele zu formulieren liegt in der menschlichen Natur, und vor allem in der Natur der Menschen, die die Zügel in der Hand halten. Sie überschätzen die Umsetzungs- und Veränderungskompetenz ihres Unternehmens und schaffen so die Voraussetzungen für organisiertes Scheitern, das die Umsetzungskapazität des Unternehmens weiter schwächt. Ein Teufelskreis beginnt. Verschlimmernd kommt hinzu, dass diese Entwicklung mitunter nicht erkannt wird, da es kein explizites Portfoliomanagement gibt. Und wir sind uns sicher einig: Selbsttäuschung ist die einfallloseste Form der Täuschung.

Vermengung mit Linienverantwortung

Schlecht konzipierte Portfolios enthalten häufig auch Maßnahmen, die bei genauerer Betrachtung keine Projekt- oder Programmarbeit sind, sondern eindeutig in die Linienverantwortung fallen. In der Regel sind das 25 bis 33 Prozent der Maßnahmen. Ebenso gibt es Projekte, die eigentlich Programme sind, und umgekehrt. Das schafft nur noch mehr Verwirrung, weißes Rauschen und Koordinierungsaufwand – sowohl projekt- als auch unternehmensbezogen, da für die Beteiligten viel auf dem Spiel steht.

In meinen Gesprächen habe ich immer wieder gehört, dass die Umsetzung auch an dem Umstand scheitert, dass bei den Verantwortlichen Unklarheit darüber herrscht, ob eine bestimmte Maßnahme nun von der Linienorganisation oder einem Projekt bzw. Programm implementiert werden soll. In seinem Buch *Projectmanagement voor opdrachtgevers* (übersetzt: Projektmanagement für Sponsoren) bringt es der Managementberater Michiel van der Molen auf den Punkt: »Merken Sie sich folgende Faustregel: Wenn die Aufgabe von Ihrer Linienorganisation in ihrer jetzigen Form erledigt werden kann, machen Sie daraus kein Projekt.«[191] Freek Hermkens, ein anderer bekannter niederländischer Managementberater, erklärt: Veränderungsvorhaben ohne klare Zuständigkeiten sind häufig nicht von Dauer. Sobald das Projekt beendet ist, kehren die Mitarbeiterinnen und Mitarbeiter zu

191 Michiel van der Molen, Projectmanagement voor opdrachtgevers: De vier principes van succesvol opdrachtgeverschap, Van Haren Publishing, 2013, S. XIII.

ihrem ursprünglichen Verhalten zurück, weil »die Verantwortung für die Verbesserungen beim Black Belt und beim Projektteam lag anstatt bei der Linienorganisation«[192].

Gleichzeitig sind manche Veränderungen so komplex, dass ein Projekt sie nicht stemmen kann und sie deshalb im Rahmen eines Programms erfolgen müssen. Wenn Sie mehr über den Unterschied zwischen Programm und Projekt wissen möchten, empfehle ich Ihnen das Buch von Paul Roberts *The Economist Guide to Project Management*[193].

Mitarbeiter mit Maßnahmen überlasten

Ist eine Maßnahme zu umfangreich, führt das bei den Mitarbeitern schnell zu Überlastung. Allerdings sind zu weit gefasste Maßnahmen eher die Regel als die Ausnahme, was ihre Erfolgschancen deutlich schmälert. Häufig identifizieren Arbeitsgruppen mehr Verbesserungsbedarf, als Unternehmen realistischerweise umsetzen können. Ein zu enger Rahmen kann dagegen zu einem verengten Blick auf die bestehenden Probleme, zur Nichtbeachtung von Wechselwirkungen mit anderen Prozessen und zu einer unzureichenden Hebelwirkung für den Business Case führen.

9.4.3 Kein klarer Umsetzungsprozess, sondern lediglich Ad-hoc-Agilität

Fehlende Methoden

Die einzige Konstante ist die Veränderung, heißt es. Dennoch versäumen es die meisten Unternehmen, eine Methode, ein Framework und Tools zur Strategieumsetzung auszuwählen, zu entwickeln und zu durchdenken. Sie machen weder Gebrauch von Methoden wie Agile, Scrum, Six Sigma oder Lean noch von Projektmanagementmethoden wie MSP oder Prince. Die meisten Unternehmen verfügen nicht über ausreichend kompetente, erfahrene Mitarbeiterinnen und Mitarbeiter, die diese Methoden anwenden können. Deshalb fehlt den meisten Maßnahmen zur Strategieumsetzung eine solide Entscheidungsgrundlage.

Unzureichende Konditionierung von Maßnahmen

Konditionierung beschreibt den Grad, zu dem eine Maßnahme angemessen vorbereitet wurde. Wurden Maßnahmen nicht »konditioniert«, gibt es weder einen schlechten Plan noch überhaupt einen Plan. Zudem wurden nicht genügend Ressourcen verfügbar gemacht, Zeitpläne werden nicht ernst genommen, und Entscheidungen erfolgen weder zeitnah noch kompetent. Zu Problemen kann es auch kommen, wenn Monitoring-, Kontroll- und Managementinformationssysteme nicht sorgfältig organisiert wurden und es kein professionelles, regelmäßiges Fortschrittsberichtssystem gibt. Oder wenn

---

192 Freek Hermkens, »Lean-projecten wel succesvol maken. Regie voeren op eigenaarschap in de lijn«, ManagementSite, 09. Juni 2010. https://www.managementsite.nl/leanprojecten-wel-succesvol-maken.

193 Paul Roberts, The Economist Guide to Project Management: Getting it Right and Achieving Lasting Benefit. Profile Books, 2012.

die erforderliche Ausstattung wie Besprechungsräume, Hardware, Internetzugang und Sekretariatsunterstützung fehlt. Studien haben gezeigt, dass Probleme mit diesen »kleinen Dingen« eine der dritthäufigsten Beschwerden von Mitarbeitern sind. »Kleine Dinge«, oje!

Fehlende Differenzierung nach Größe

Unterschiedliche Maßnahmen müssen unterschiedlich konditioniert werden. Studien der Turner Consultancy zufolge besteht häufig eine unzureichende Differenzierung in der Konditionierung von großen, mittleren und kleinen Change-Projekten.[194] Wenn sich Unternehmen zu sehr auf große Strategieprogramme oder kleine operative Change-Projekte konzentrieren, fallen mittlere Maßnahmen hinten über. Dieser »bananenförmige« Ansatz hat zwei Extreme: Entweder liegt der Schwerpunkt zu sehr auf großen, von oben angestoßenen Programmen, die von der Geschäftsleitung intensiv unterstützt werden, oder das Unternehmen steckt alle Energie in linienbasierte Veränderungen. Dadurch werden mittelgroße Maßnahmen häufig in reguläre Prozesse integriert, anstatt einen eigenen Projektstatus zu erhalten. In der Praxis führt das dazu, dass 80 Prozent der Maßnahmen vernachlässigt werden. An den beiden Extremen läuft nicht unbedingt alles perfekt; sie haben jedoch relativ hohe Erfolgschancen. In der Mitte geht es dagegen häufig schief: Dort sind Maßnahmen angesiedelt, die entweder zu klein sind, um als große Strategieprogramme klassifiziert zu werden, oder zu groß, um als kleine, linienbasierte Change-Projekte durchzugehen. Im Ergebnis führt das zu einer halbgaren Konditionierung sowie weniger professionellen und stärker monodisziplinären Ansätzen, was die Misserfolgschancen deutlich erhöht.

9.4.4 Unvernünftiger Einsatz von Zeit und Geld

80 Prozent der Ressourcen werden bereits vor der Umsetzung verbraucht

»Strategieformulierung ist wichtig. Vorstände großer Unternehmen brauchen mitunter acht Monate, um eine Strategie zu formulieren, und dann weitere acht Wochen, um sie mit allen Geschäftsbereichsleiterinnen und -leitern zu besprechen. Diese wiederum benötigen acht Tage, um gemeinsam mit ihrem Managementteam die Einzelheiten auszuarbeiten. Mir wurde klar, wie kopflastig das Ganze ist, als ich einen Mitarbeiter sagen hörte: ›Und dann nimmt man sich lediglich acht Minuten Zeit, mir darzulegen, was ich im Laufe des nächsten Jahres erreichen soll!‹« Dieses Zitat von Ben Verwaayen, dem früheren CEO von Alcatel-Lucent und British Telecom, beschreibt sehr schön, warum die Strategieumsetzung im Unternehmensalltag häufig scheitert (siehe Abbildung 42).[195]

194 Qualitative Studie von Turner

195 Pijl, Het nieuwe normaal, S. 71–72. Basierend auf einem Interview mit Ben Verwaayen während des Turner Event 2008, 05. Juni 2008.

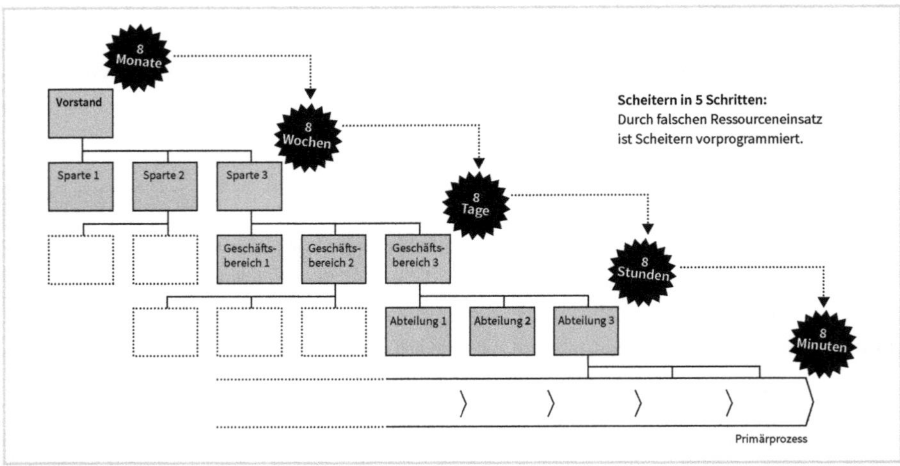

Abb. 42: Warum die Strategieumsetzung häufig scheitert
(Quelle: Turner 2016)

Unabhängig vom Unternehmenstyp ist das wahrscheinlich der wichtigste und häufigste Grund für gescheiterte Strategieumsetzungen. Am verbreitetsten ist er in großen Unternehmen mit topausgebildeten Mitarbeiterinnen und Mitarbeitern, die es lieben, »sexy« Strategien und konzeptionelle Projekte zu entwickeln. Wenn es jedoch an die Umsetzung geht, verdrehen sie die Augen und stöhnen. Die meisten von ihnen wären bereit, weiter über konzeptionelle Fragen zu diskutieren; ihre Aufmerksamkeitsspanne für die Umsetzung ist jedoch überraschend kurz. Sie wurden für ihre analytischen und konzeptionellen Fähigkeiten ausgewählt, nicht für ihre Umsetzungskompetenz. Bei dieser Art von fehleranfälligem Ansatz spricht man auch von konzeptioneller Kopflastigkeit (siehe Abbildung 43). Das Scheitern wird hier verursacht, weil die Verantwortlichen völlig unterschätzen, worum es bei Strategie eigentlich geht, nämlich um die Umsetzung. Häufig besteht ein unbewusstes Ungleichgewicht in Bezug auf die Verteilung von Energie und Ressourcen – Zeit, Geld, Mitarbeiter – auf die einzelnen Phasen. Unternehmen investieren zu viel Zeit in die konzeptionelle, strategische, analytische und Entwicklungsphase, sodass nichts mehr übrig ist, wenn die Umsetzung beginnen soll.

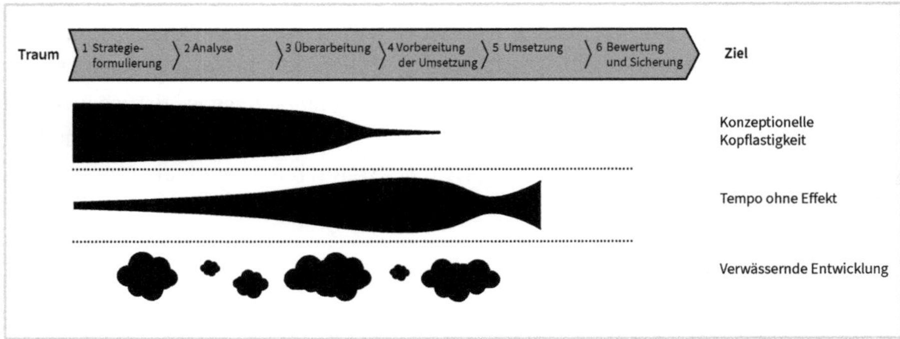

Abb. 43: Die drei häufigsten archetypischen, fehleranfälligen Ansätze sind konzeptionelle Kopflastigkeit, Tempo ohne Effekt und verwässernde Entwicklung.
(Quelle: Turner 2016)

Menschen fällt es schwer, auf unmittelbare Belohnungen zu verzichten

Eine falsche Verteilung von Ressourcen weist darauf hin, dass den Verantwortlichen nicht bewusst ist, welche Anstrengungen die Umsetzung erfordert. Das Topmanagement mag vor Leidenschaft und Energie strotzen, doch es fehlt ihm die Ausdauer, die 80 Prozent Umsetzung durchzuziehen. Und selbst wenn die Strategieformulierung rechtzeitig abgeschlossen wird und ausreichend Ressourcen zur Verfügung stehen, kann es immer noch am Durchhaltevermögen hapern. Auf unmittelbare Belohnung zu verzichten ist äußerst schwierig. Erinnern Sie sich an das Marshmallow-Experiment? In einem Versuchslabor der Stanford University setzte man Kinder vor einen Teller, auf dem ein Marshmallow lag, und erklärte ihnen: Wenn sie es schaffen, das Marshmallow 15 Minuten lang nicht zu essen, bekommen sie ein zweites. Dann ließ man sie allein. Es stellte sich heraus, dass die Fähigkeit der Kinder, der süßen Versuchung zu widerstehen, ein deutlicher Hinweis auf ihre Führungskompetenz war.[196] Um einen der Hauptgründe für das Scheitern zu ermitteln, ist sicher keine tiefgründige psychologische Analyse erforderlich, denn wir kennen den Grund bereits: Menschen fällt es einfach schwer, Angenehmes zurückzustellen, sich zu disziplinieren und Durchhaltevermögen zu zeigen.

Sie möchten mehr erfahren?

Dann empfehle ich Ihnen das Video von Joachim de Posada: Don't eat the marshmallow!

Zu hohes Tempo und zu starke Ergebnisorientierung

Einer der wesentlichen Erfolgsfaktoren der Strategieumsetzung ist das Konzept, 80 Prozent seiner Zeit und Ressourcen auf die Umsetzung zu verwenden statt auf die strategische Analyse und Kursfestlegung. Machen schlägt Denken. Doch Machen *ohne* Denken funktioniert nicht. Zu früh mit der Umsetzung zu beginnen kann ein Grund für das Scheitern sein. Ich nenne diesen Zusammenhang »Tempo ohne Effekt«. Was als pragmatischer Ansatz gelobt wird, ist in Wahrheit ein sinnloser Kopfsprung in den Abgrund. Wenn Unternehmen am Anfang ein zu hohes Tempo fahren und zur Umsetzung hetzen – unter dem Deckmantel des Pragmatismus und ohne strategische Analyse und Überarbeitung – ist der Misserfolg vorprogrammiert (siehe auch Abbildung 42).

196 Ed Batista, »The Marshmallow Test for Grownups«, Harvard Business Review, 15. September 2014. https://hbr.org/2014/09/the-marshmallow-test-for-grownups. »In Folgestudien mit Kindern im jungen Erwachsenenalter zeigte sich ein Zusammenhang zwischen der Fähigkeit, lange genug auf eine zweite Süßigkeit zu warten, und verschiedenen Formen von Erfolg, etwa einem besseren Abschneiden in SAT-Tests. Und eine MRI-Studie aus dem Jahr 2011, an der 59 der ursprünglichen Kinder – mittlerweile in ihren 40ern – teilnahmen, durchgeführt von B.J. Casey von der Cornell University, zeigte eine höhere Gehirnaktivität im präfrontalen Kortex der Probanden, die mit Aussicht auf eine noch größere Belohnung zu einem späteren Zeitpunkt in der Lage waren, auf die unmittelbare Belohnung zu verzichten. Dieses Ergebnis scheint mir mit Blick auf die Studienergebnisse der vergangenen 20 Jahre, die auf die entscheidende Rolle des präfrontalen Kortex hinsichtlich unserer Konzentrationsfähigkeit und Emotionsregulation hinweisen, besonders relevant.«

Zu einseitiger Fokus auf die Unternehmenskultur

Eine führende Denkschule im Change Management stellt die Unternehmenskultur in den Mittelpunkt. Beraterinnen und Berater, die diese Vision verfolgen, empfehlen Führungskräften häufig, die Leidenschaft und Motivation der Mitarbeiterinnen und Mitarbeiter zu nutzen, um Veränderung voranzutreiben. Dieser Ansatz kann professionell und realistisch sein, vorausgesetzt es besteht ein Zusammenhang mit den harten Zielen und Zielvorgaben. Sich auf die Kultur zu konzentrieren kann richtig sein, wenn diese das Hauptproblem des Unternehmens darstellt, nicht jedoch, wenn das Problem technologie- oder prozessbezogen ist. Meiner Ansicht nach wird die Unternehmenskultur zu häufig als hauptsächliches oder sogar alleiniges Problem benannt und ein Kulturwandel als die einzig sinnvolle Lösung verschrieben. In manchen Fällen wird die Kultur dazu missbraucht, eine Spielwiese für »lustige Change-Management-Experimente« zu schaffen. Diese mögen zeitweise unterhaltsam und inspirierend sein, doch wenn sie in keinem Zusammenhang zu den harten Zielen stehen, wird keine der erreichten Veränderungen nachhaltig sein. Bereits drei Monate später ist alles wieder so, wie es vor dem angestoßenen Kulturwandel war (siehe Abbildung 43, dritter Archetyp: verwässernde Entwicklung).

Als Managementberater stoße ich in Unternehmen auf viel Unsinn und Verschwendung.[197] »Leidenschaft« und »Inspiration« sind Label, mit denen Unternehmen versuchen, ihre Mitarbeiter davon zu überzeugen, dass Arbeit Spaß macht. Doch die Meetings, in denen dies »verkündet« wird, berühren lediglich die Oberfläche. Zweifelsfrei trägt es zum Unternehmenserfolg bei, die Leidenschaft und Motivation der Mitarbeiter anzufachen. Doch durch die fehlgeleitete Vorstellung, dass Arbeit immer Spaß machen soll, ist »Leidenschaft« zu einem der am meisten missbrauchten Begriffe in Unternehmen geworden. Ich nenne dies die »Spaß-Tyrannei«. In der Praxis gibt es hierfür viele peinliche Beispiele: die Chief Fun Officer, der Happiness Engineer und sogenannte Fungineering-Projekte.

Glücklicherweise hat die Finanzkrise einigen der schlimmsten Auswüchse Einhalt geboten. Zumindest trifft man heute bei Konferenzen weniger Baum-Umarmer. Ich teile völlig, was Oliver Burkeman in seinem erfrischenden, in der *New York Times* erschienenen Artikel »Who goes to work to have fun?«[198] schreibt. Darin argumentiert er, dass »Spaß bei der Arbeit« zu einem Mantra geworden ist, das gestoppt werden muss. Studien zufolge senkt dieser verordnete Spaß zwar die Personalfluktuation, seine Gezwungenheit löst bei vielen Mitarbeitern aber Stress aus und verringert ihre Produktivität. Der Philosoph John Stuart Mill bringt das Problem auf den Punkt: »Sobald Sie sich fragen, ob Sie glücklich sind, sind Sie es nicht mehr.« Damit will ich keinesfalls sagen, dass Mitarbeiter keine Freude an ihrer Arbeit haben sollten. Im Gegenteil: Studien belegen immer wieder, dass zufriedene Mitarbeiter produktiver sind. Kompetente Mitarbeiter, die an der richtigen Stelle eingesetzt werden, schätzen ihre Arbeit in der Regel, und das sollten Sie fördern. Was ich kritisiere,

197 Dieser Abschnitt stammt aus Pijl, Het nieuwe normaal, S. 123–127.

198 Oliver Burkeman, »Who Goes to Work to Have Fun?«, The New York Times, 11. Dezember 2013.

sind Unternehmenskulturen, in denen »Spaß« zu einem Ziel an sich erhoben wird; einem Ziel, das immer und überall erfahrbar sein und ausgedrückt werden muss, auch wenn es in keinerlei Zusammenhang mit den Unternehmenszielen steht.

9.4.5 Nichtbeachtung weicher Kompetenzen

Harte Kompetenzen beziehen sich auf Strategie, Struktur, Management, Systeme und Prozesse, während weiche Kompetenzen mit Kultur, Motivation, Darstellungen, Erwartungen, Verhalten und Führungsstilen in Zusammenhang stehen. Harte Kompetenzen werden auf als Oberflächenströmung bezeichnet, weiche Kompetenzen als Unterströmung[199], da harte Kompetenzen eher explizit und sichtbar sind, während weiche Kompetenzen wie Motivation und unbewusstes verhalten eher unsichtbar und implizit sind.

Weiche Elemente sind der entscheidende Faktor

Letztlich sind es die weichen Elemente, die über Erfolg oder Misserfolg eines Change-Programms entscheiden. Wie ich bereits erwähnt habe, bereiten große Unternehmen wie Shell neue Vorhaben und Übernahmen gründlich vor und bewerten sie im Nachhinein. Dabei zeigt sich immer wieder, dass die Erfolgsquote dieser Transaktionen niedriger ist als erwartet. Das liegt daran, dass den sogenannten weichen Variablen zu wenig Beachtung geschenkt wird. Das Problem sind inkompatible Unternehmenskulturen; die Unfähigkeit, ein gemeinsames Ziel zu definieren und zu verfolgen; die Unfähigkeit, die geplanten Synergien zu realisieren, sowie aufeinanderprallende Führungs- und Managementstile. Weiche Kompetenzen entscheiden über Erfolg oder Misserfolg Ihrer harten Ziele.

Weiche Kompetenzen haben harte Kanten

Es gibt verschiedene Gründe, warum weiche Kompetenzen zu wenig beachtet werden. Zunächst einmal fehlen vielen Unternehmen psychologische Einblicke und psychologisches Wissen. Wir wissen zu wenig darüber, was Mitarbeiter motiviert und antreibt. Das ist sonderbar, denn gerade in Unternehmen arbeiten ja Menschen zusammen. Dieser Zustand wird durch die sich widersprechenden Sichtweisen von Mitarbeitern und Führungskräften noch verschärft. Ein Wissenschaftler formuliert es folgendermaßen: »Viele Fehler entstehen, weil wir falsch einschätzen, was Menschen denken und fühlen und wie sie arbeiten.«[200] Und den meisten von uns ist das wahrscheinlich gar nicht bewusst. Höchste Zeit also, dass wir nach Möglichkeiten suchen, dies zu ändern.

Ein weiterer Grund ist, dass die sogenannten weichen Kompetenzen einige ziemlich scharfe Kanten haben, zum Beispiel Arroganz, Selbstzufriedenheit, Testosteron und aufeinan-

199 Siehe Rob van Es, Diagnosing Change: The Organizational Undercurrent. Kluwer, 2010.

200 Paul van Schaik, De prestatiedoorbraak: Haal het beste uit je team, begin bij jezelf. Van Duuren Management, 2012.

derprallende Egos. Gerade im Topmanagement sind Selbstzufriedenheit und Arroganz weit verbreitet. Sie wären schockiert, wenn Sie wüssten, wie viele Unternehmensübernahmen allein deshalb getätigt werden, weil es das Ego eines Topmanagers so will, und wie viele genau aus diesem Grund scheitern! Oder wie viele Umsetzungsprobleme gewaltig unterschätzt werden, so als wären sie ein Spaziergang.

Ein dritter Grund besteht darin, dass wir die Rationalität von Menschen überschätzen. Unsere rationale Kompetenz hinsichtlich dessen, was wir uns merken und verstehen wollen und können, ist begrenzt.[201] Unser rationaler Verstand ist begrenzt durch die verfügbaren Informationen, unsere kognitive Kompetenz sowie unsere Fähigkeit und Zeit, Entscheidungen zu treffen und Dinge umzusetzen.[202] Es sind im Wesentlichen emotionale und irrationale Motive, die unser Verhalten bestimmen.

9.4.6 Ungleichgewicht zwischen top-down und bottom-up

Viele Ansätze sind zu bottom-up-lastig

Bottom-up-Ansätze haben wenig Aussicht auf Erfolg, weil es für stimmige, vernünftige Maßnahmenportfolios zur Strategieumsetzung ganz klarer Frameworks bedarf. Mitarbeiter wünschen sich ein klares Rahmengerüst. Ohne dieses können sie ihre Energie nicht fokussieren, und Abhängigkeiten werden zu wenig berücksichtigt. Neue Ideen vorzuschlagen ist riskant und führt – wieder einmal – zu Verschwendung und vorprogrammierter Frustration. Das behindert die effektive Strategieumsetzung und führt zu endlosen unergiebigen Meetings ohne klare Agenda oder eine sorgfältige Voranalyse durch ein Kernteam.

Viele Ansätze sind zu unverbindlich

Bestimmte Ansätze, vor allem wenn sie von Begriffen wie »neuartig«, »experimentell«, »organisch«, »intuitiv« oder »Inkubator« begleitet werden, sollten mit einer gewissen Skepsis betrachtet werden. Ihr Zweck besteht häufig darin, fehlendes analytisches Denken zu kaschieren – nach dem Motto: »Fangen wir mal an und schauen, was dabei herauskommt.« Eine solche Haltung führt häufig zu eklatanter Ressourcenverschwendung. Natürlich ist hin und wieder auch Experimentierfreude gefragt, gerade bei Produkt- oder Serviceinnovationen. Generell bedarf es bei Veränderungen jedoch eines klaren Frameworks und eines soliden Plans.

---

201 Marguerite Rigoglioso, »Jeffrey Pfeffer: Untested Assumptions May Have a Big Effect«, Insights by Stanford Business, 01. Juni 2005. https://www.gsb.stanford.edu/insights/jeffrey-pfeffer-untested-assumptions-may-have-big-effect.

202 Tim Hindle, The Economist Guide to Management Ideas and Gurus. Profile Books, 2008.

Die andere Seite der Medaille: zu top-down-lastig

Trotz des aktuellen Zeitgeists ist eine übermäßig top-down-getriebene Strategieumsetzung immer noch weit verbreitet. Maßnahmen, in denen das Topmanagement die Hände mit im Spiel hat, erhalten Vorrang und werden sehr gut ausgestattet. Vielen wird ein eigenes Program Management Office (PMO) zugewiesen. Doch durch die starke Involviertheit des Topmanagements kann eine Situation entstehen, in der die Strategieumsetzung mit einem Baby vergleichbar ist, das man nicht loslassen kann. Das hat offensichtliche Vorteile: Die Unterstützung ist zweifelsfrei gesichert. Doch es gibt auch Nachteile: Eine zu sorgfältig ausgearbeitete Strategie und Umsetzung können tödlich sein. Klare Frameworks sind unverzichtbar, doch ein zu starres Framework in Kombination mit einem stark reglementierten Ansatz machen jegliche Umsetzungskompetenz auf den unteren Ebenen zunichte. Erzwungener Erfolg ist niemals nachhaltig.

9.4.7 Ungleichgewicht zwischen Change Leadership und Change Management

Es ist vielleicht eine der häufigsten Fragen in Foren zu Betriebswirtschaft, Strategie und Change Management: »Wie gelingt der Übergang von Management zu Führung?« Und »Verfügt Ihr Unternehmen über die Führungspersonen, um diese wichtige Transformation zu meistern?« Diese zeitaufwendige Polarisierung zwischen Change Leadership und Change Management ist mittlerweile ein Hauptgrund für gescheiterte Strategieumsetzung.

In der Strategieumsetzung meint Change *Leadership* einfach die Vision des Unternehmens und den Aufbau von Führungskompetenz. Bei Führungskompetenz geht es darum, die Vision des Unternehmens zu kommunizieren und dafür zu werben, eine starke Koalition der Willigen zu schmieden und den Wandel zu institutionalisieren sowie den Raum, die Richtung und die Bedingungen zu schaffen, damit Veränderung möglich wird. Change *Management* bezieht sich dagegen auf die instrumentellen und operativen Maßnahmen, die Veränderung ermöglichen. Hier geht es eher darum, die Maßnahmen zur Strategieumsetzung zu überwachen.[203]

Ein Ungleichgewicht zwischen diesen beiden Disziplinen birgt Risiken. Es ist nicht ratsam, sich zu sehr auf Change Leadership zu konzentrieren. Das wird dem Change Management nicht gerecht, denn ungeachtet dessen, wie inspirierend Ihre Vision ist, ohne Change Management kann sie nicht realisiert werden. Ein zu starker Fokus auf Change Management ist jedoch ebenso riskant, da eine Strategie, der die Vision, das große Warum, fehlt, nie

203 Siehe auch P. Hernandez, V. Martínez-Molés & J. Vila, »Understanding Actual Socio-Economic Behavior as a Source of Competitive Advantage: The Role of Experimental-Behavioral Economics in Innovation«, in Luís M. Carmo Farinha et al., Handbook Of Research on Global Competitive Advantage through Innovation and Entrepreneurship. Information Science Reference, 2015.

ihr volles Potenzial entfalten wird. Kurzum: Change Leadership und Change Management sind gleichermaßen wichtig.

9.4.8 Einseitigkeit

In unserer Arbeit haben wir Gründe für das Scheitern identifiziert, die nicht durch Ungleichgewicht, sondern durch Einseitigkeit verursacht werden. Einseitige Ansätze sind im Grunde Formen der Strategieumsetzung, die entweder zu strategiebasiert, zu inhaltsbasiert, zu veränderungsbasiert oder zu projektbasiert sind. Auch andere Schwachstellen des Ansatzes können den Misserfolg befördern, etwa wenn der Ansatz zu komplex oder zu einfach ist oder zu sehr gehypt wird.

Ein zu fachlicher oder zu technokratischer Ansatz
Strategieumsetzung wird manchmal so angegangen, als müsste man nur zum richtigen Zeitpunkt die richtige Expertise injizieren, vorzugsweise in Form von Best Practices oder erfolgreichen Referenzmodellen. Solch ein technokratischer Ansatz muss jedoch zwangsläufig scheitern und erzeugt nicht die breite Unterstützung und Verantwortungsbereitschaft für die neu geschaffene Realität.

Eine Geiselsituation
Ein Beispiel für das, was ich »Geiselsituation« nenne, sind Umsetzungsprobleme in Bezug auf die neue Routine oder in Start-ups. Viele Unternehmen wollen wie Google sein und betriebsame Großraumbüros mit Sitzsäcken, Schiebewänden und Hundebereichen schaffen. Um sich auf die neue Routine vorzubereiten, sollten sie stattdessen lieber sicherstellen, dass es genügend abgetrennte Bereiche gibt, in denen die Leute ungestört arbeiten können. Diese Unternehmen beschäftigen sich zu wenig mit den funktionalen und motivierenden Anforderungen an eine gute Arbeitsumgebung. Einzelbüros einzurichten, bedeutet nicht, den Mitarbeitern ihre Freiheit zu nehmen. Im Gegenteil: Die meisten Mitarbeiterinnen und Mitarbeiter wissen es durchaus zu schätzen, wenn ihre Arbeitsumgebung ein Gleichgewicht zwischen verschiedenen Funktionen herstellt. Ich kenne zahlreiche Unternehmen, die die neue Routine mit großem Eifer implementiert haben – je mehr Großraumbüros, desto besser – und jetzt zurückrudern müssen. Dadurch entstehen Kosten, die vermeidbar gewesen wären, hätte man die Konsequenzen im Vorfeld berücksichtigt.

Gehypte oder Steckenpferd-Ansätze
Zum Scheitern verurteilt sind ebenso Ansätze, die besonders gehypt oder propagiert werden. Beratern, Wissenschaftlerinnen und selbsternannten Gurus, die auf eine einzige Sichtweise oder Methode schwören und diese als todsicheres Erfolgsrezept verkaufen, sollten Sie mit Skepsis begegnen. Wie wissen alle, dass wir Unternehmens- und Change-

Management-Konzepte griffig formulieren müssen, damit sie Interesse wecken, und sei es nur, damit wir sie verkaufen können und sie hängen bleiben. Die Wahrheit ist jedoch, dass die meisten Maßnahmen zur Strategieumsetzung auf zahlreichen Problemen fußen, die eine differenzierte, pluralistische Analyse und eine facettenreiche, bereichsübergreifende Lösung erfordern. Menschen lassen sich schnell von Hypes mitreißen und verkennen die Komplexität der Wirklichkeit. Manchmal entwickeln sich Hypes sogar zu Steckenpferden bestimmter Führungskräfte und werden zu Prinzipien erhoben, zu denen sich alle Beteiligten bekennen müssen. Wenn Konzepte wie Blue Ocean, Theory U, die Höhle der Löwen oder Big Hairy Audacious Goals (BHAGs) mehr Zweck als Mittel sind, ist das ein eindeutiges Zeichen dafür, dass Sie sich von Strategen und Experten in Geiselhaft haben nehmen lassen.

9.5 Neue Formen des Scheiterns bei radikalen Innovationen

9.5.1 Innovation als Hobby

Im Zeitalter der Digitalisierung zwingen neue digitale Geschäftsmodelle Unternehmen dazu, innovativer zu werden. Einige Innovations-Gurus sind auf diesen Zug aufgesprungen und hüllen Innovation in einen Mantel der Geheimnisse. So kursiert zum Beispiel die Idee, dass radikale Innovationen niemals strukturiert erfolgen oder gemanagt werden können, sondern dass man tausend Blumen erblühen lassen muss, um dann die beste zu pflücken. Diese Gurus behaupten, dass die Kreativität und Genialität, die Voraussetzung für erfolgreiche Innovationen sind, durch Struktur und Kontrolle abgetötet werden und dass Kennzahlen äußerst verachtenswert sind. Dieser Ansatz kommt jedoch einem ungezielten Schießen mit der Schrotflinte gleich – zu enormen Kosten.

9.5.2 Riskanter und unnötiger Mystizismus

Je radikaler die Innovation, desto größer das Risiko und die Wahrscheinlichkeit, dass sie scheitert. Radikale Innovationen können nicht ohne Misserfolge entstehen, denn es ist das Prinzip von Trial-and-Error, dass Unternehmen überhaupt erst auf die Innovation bringt, die am Ende erfolgreich ist. Dies ist der iterative Prozess, der das Herzstück von Innovationen vom Typ 3 bildet (siehe Kapitel 2 zu den Erfolgsfaktoren, Abschnitt 2.1.2). Da dieser Prozess an sich schon sehr komplex ist und viel Zeit und Geld erfordert, sollten Sie ihn nicht unnötig verkomplizieren, indem Sie auf eine Struktur verzichten. Ein sehr systematischer Innovationsprozess ist entscheidend für den Erfolg. Zu viele Menschen erkennen dies nicht oder glauben, radikale Innovation sei eine mystische Kraft, die von oben auf die Erde niederkommt. Ganz im Gegenteil: Radikale Innovation beinhaltet die systematische und disziplinierte Auswahl von Ideen, die dann ausprobiert und getestet und, wenn erfolgreich, skaliert werden.[204]

Kleine Parodie auf ein Tech-Start-up

Ich möchte meine Ausführungen positiv beenden. Deshalb soll die Parodie hinter diesem QR-Code Sie zum Schmunzeln bringen. Ich hoffe, dass die Erfolgsfaktoren, Bausteine und Case Studies in diesem Buch Ihnen helfen, Ihre Strategie erfolgreich umzusetzen.

204 Siehe John Kotter, »Change Management vs. Change Leadership—What's the Difference?«, Forbes, 11. Juli 2011. http://www.forbes.com/sites/johnkotter/2011/07/12/change-management-vs-change-leadership-whats-the-difference/#658c79ca18ec; Preston Bottger & Jean-Louis Barsoux, »Ending the Debate on a Dead-End Distinction«, The Jakarta Post, 22. Oktober 2011. http://www.thejakartapost.com/news/2011/10/22/ending-debate-a-dead-end-distinction.html.

10 Epilog: Jetzt wird's persönlich

Einige weitere Gründe, warum ich dieses Buch geschrieben habe

10.1 Moderne Strategieumsetzung ist für viele Unternehmen unbekanntes Terrain

Mit Büchern über Strategie könnte man ganze Regale füllen. Ebenso mit Abhandlungen zu Change Leadership, Change Management, Teamentwicklung, Motivation, Prozessmanagement, Projektmanagement und allen anderen Dingen, die die Strategieumsetzung beeinflussen. Und doch ist relativ wenig darüber bekannt, wie diese Kompetenzen gemeinsam mobilisiert werden müssen, damit die Strategieumsetzung gelingt. Diese Lücke möchte ich mit diesem Buch schließen. Deshalb habe ich versucht, die verschiedenen harten und weichen Ansätze und Denkschulen miteinander zu verbinden. Mein Ansatz unterscheidet sich deutlich von bisherigen Change-Management-Theorien, da er die Spreu vom Weizen trennt. Die eigenen Kompetenzen in der Strategieumsetzung zu verbessern, ist so inspirierend wie ernüchternd. Das habe ich in den Interviews, die ich für dieses Buch geführt habe, immer wieder zu hören bekommen. Vorstände und Topführungskräfte weisen die weitverbreitete Auffassung, dass alles Spaß machen muss, zu Recht von sich. Aus diesem Grund können viele der Erfolgsfaktoren, die ich in diesem Buch vorstelle, mühsam oder sogar langweilig erscheinen. Es ist jedoch höchste Zeit, dass »langweilig« das neue »sexy« wird.

Unternehmen werden nicht schnell genug besser in der Strategieumsetzung. Die Herausforderungen wachsen, die Erwartungen steigen, und Unternehmen verlieren an Boden. Sie erweisen sich regelmäßig als unfähig, knifflige, hinterhältige Probleme zu lösen, die aber unbedingt gelöst werden müssen. Stattdessen zeigt sich der Rote-Königin-Effekt aus *Alice im Wunderland*: Egal, wie schnell sie rennen, sie kommen einfach nicht hinterher oder überhaupt vom Fleck.[205] Unternehmen müssen deshalb ihre Bemühungen drastisch erhöhen und besser in der Strategieumsetzung werden.

Mit dieser Herausforderung gehen Unternehmen unterschiedlich um. Einige bleiben passiv – entweder bewusst oder weil sie nicht anders können. Andere handeln. Doch selbst diejenigen, die erkannt haben, dass es Zeit ist, aktiv zu werden, tappen geradewegs in die Falle der Innovation. Sie experimentieren so lange, bis sie blau im Gesicht sind. Aktives Handeln ist entweder proaktiv oder reaktiv. Proaktiv handeln ehrgeizige Unternehmen,

205 Patrick Stähler, »Business Model Innovation and the Red Queen Effect«, Business Model Innovation, 17. Februar 2009. http://blog.business-model-innovation.com/2009/02/business-model-innovation-and-the-red-queen-effect/; Valencia Higueira, »The Red Queen Effect in Business«, Small Business, n.d. http://smallbusiness.chron.com/red-queen-effect-business-31983.html.

die in ihrem Bereich eine Führungsposition einnehmen oder diese verteidigen wollen. Reaktiv handeln dagegen Unternehmen, die durch zunehmenden Wettbewerb oder neue Gesetze und Auflagen dazu gezwungen sind, sich zu wandeln. Das betrifft häufig den öffentlichen und halböffentlichen Sektor.

10.2 Inspirierend und ernüchternd zugleich

Strategieumsetzung ist inspirierend und ernüchternd zugleich. Die eine Hälfte des Buches füttert Ihre Ambitionen und Träume, die andere holt Sie auf den Boden der Tatsachen zurück. Der inspirierende Teil besteht in einem Gefühl der Sinnhaftigkeit: der Freude, die es macht zu sehen, wenn die harte Arbeit, die Sie gemeinsam mit Kollegen und Kunden leisten, Früchte trägt. Das zahlt sich am Ende mehr als nur finanziell aus. In gewisser Weise ist der Weg das Ziel, da unsere gemeinsamen Anstrengungen bei der Strategieumsetzung unsere Kompetenzen erweitern und uns stärker machen.

Da der Begriff »Inspiration« mittlerweile von den »Change Soviets« (frei zitiert nach Nassim Nicholas Taleb) vereinnahmt wurde, möchte ich ihn hier kurz erläutern. Für mich ist Inspiration nicht etwas, das Ihnen als Zusatzleistung zu Ihrer Vergütung automatisch zusteht. Vielmehr liegt sie zu einem großen Teil in Ihrer eigenen Verantwortung. Es bedarf harter Arbeit, um sich inspirieren zu lassen und inspiriert zu bleiben, auch wenn sich Inspiration nicht erzwingen lässt, wie Sie vermutlich wissen.

Es gibt natürlich Momente, in denen Ihr Geist zu Höhenflügen ansetzt und die Ideen nur so sprudeln. Ich erlebe diesen Flow beim Joggen, Speed-Skating und Radfahren und selbstverständlich auch beim Lesen. Gut geschriebene Artikel und Bücher bringen mich auf so viele Gedanken, sodass ich mir wie besessen Notizen machen, Dinge unterstreiche oder einkreise, Absätze markiere und Buchseiten umknicke. Doch Inspiration können wir auch finden, wenn wir am wenigsten damit rechnen. Man wartet lange darauf, und dann ist sie plötzlich da.[206] Wie ich bereits an anderer Stelle erwähnt habe, bin ich ein Verfechter der 10.000-Stunden-Regel von Anders Ericsson, die durch Malcolm Gladwell bekannt wurde. Sie besagt, dass wir uns mindestens 10.000 Stunden intensiv mit etwas beschäftigen und es üben müssen, bevor wir es beherrschen – unabhängig von unserem Talent oder der Inspiration, die wir erleben. Am Ende geht es darum, die Arbeit zu machen – vor allem bei der Strategieumsetzung. Das ist die ernüchternde Seite der Gleichung.

Sich von unsinnigen Dingen zu verabschieden, dauert länger, als sie sich auszudenken. Dies ist im Vergleich zu den erhabenen Motiven, die ich in diesem Buch erwähne, einer der unschönen Aspekte der Wirklichkeit, mit der wir es zu tun haben. Meine Beraterkolleginnen und -kollegen und ich haben mehr als 20 Jahre lang mit Führungskräften und

206 David Brooks, »What Is Inspiration?«, The New York Times, 15. April 2016.

Aufsichtsräten, Managementteams sowie Back- und Front-Office-Mitarbeitern an einem Ziel gearbeitet: Strategieumsetzung. Daher wissen wir, was funktioniert und was nicht. Aus diesem Grund war es für mich auch so reinigend, Kapitel 9 über das Scheitern, seine Gründe und die damit verbundenen Kosten zu verfassen. Es wird so viel Unsinn über das Scheitern verbreitet. Mit diesem Quatsch aufzuräumen, dauert so viel länger, als ihn sich auszudenken. Es gab Momente, da habe ich mir wirklich die Haare gerauft.

Ich werde häufig gefragt, was ich von Schulungen und Farbmodellen halte. Schulungen gehören zum Toolkit von Personalentwicklungsteams, um Mitarbeiterinnen und Mitarbeiter bei ihrer Weiterbildung zu unterstützen. Ich möchte hinzufügen: Je spezifischer die Schulung, desto besser. Was meinen Bereich – die Strategieumsetzung – betrifft, stehe ich gewöhnlichen Weiterbildungskursen mittlerweile skeptisch gegenüber, weil sie Kompetenzen vermitteln, die häufig zu allgemein sind, um auf spezifische Maßnahmen angewendet werden zu können. Die Methoden, die in Schulungen und Coachings vermittelt werden, sind zu indirekt und unverbindlich und führen häufig zu schlechten Ergebnissen. Kompetenztrainings und Coachings tragen nur dann Früchte, wenn die Lernenden dazu bereit sind, sich wirklich reinzuhängen, um ihre Ziele zu erreichen, wie David Maister in seinem hervorragenden Artikel »Why (Most) Training Is Useless« argumentiert.[207] Ich unterrichte zwar selbst Masterclasses zur Strategieumsetzung, beginne diese aber immer mit einer gesunden Portion Skepsis und bitte alle, die nicht intrinsisch motiviert sind, den Raum zu verlassen.

Zum Thema Farbmodelle möchte ich Folgendes sagen: Konzepte wie Insights Discovery, Kernquadrate und Management Drives sind dann sinnvoll, wenn sie auf die Zwecke angewendet werden, für sie die entwickelt wurden. Mit ihnen lassen sich die zentralen Eigenschaften eines Menschen ermitteln sowie die Folgen, die diese für seine eigene Entwicklung und das Gleichgewicht im Team haben. Verstehen Sie mich also nicht falsch: Ich setze diese Methoden selbst ein; ich denke nur, dass wir nicht für alles ein Malbuch brauchen. Diese Methoden sind kein würdiger Ersatz für wichtige Analysen. Sich als blaues Unternehmen darzustellen, entbindet Sie nicht der Notwendigkeit, Ihre Strategie sorgfältig zu analysieren. Glücklicherweise betonen das auch diejenigen, die diese Konzepte entwickelt haben.

Ich habe einen positiven und realistischen Blick auf die Menschen. Wir alle sind Produkte unserer Vorstellungen und Erfahrungen. Ich gehe davon aus, dass Vorstände, Führungskräfte und Mitarbeiter wie alle anderen Menschen auch Gutes tun statt lediglich Schlimmeres verhindern wollen. Das ist meine Sicht auf die Menschen. Die meisten von uns nutzen ihre Talente, um etwas Gutes zu tun. Gleichzeitig glaube ich, dass wir alle unsere Schwächen haben und dass diese berücksichtigt werden müssen, wenn wir den Punkt

207 David Maister, »Why (Most) Training is Useless«, DavidMaister.com, 2006. http://davidmaister.com/articles/why-most-training-is-useless/.

erreichen wollen, an dem wir Dinge umsetzen. Ich möchte keine theoretische Abhandlung über unsere kaputte Welt verfassen, aber einfach gesagt: Menschen sind fehlbar. Wir wollen es guthaben, aber das ist nicht immer möglich. Manchmal müssen wir durchhalten und Dinge tun, deren positive Effekte sich nicht unmittelbar erschließen oder die schlichtweg langweilig sind und mehr Durchhaltevermögen, geistige Fähigkeiten und Kreativität erfordern.

In seinem Buch *Schnelles Denken, langsames Denken* beschreibt Daniel Kahneman unsere Dysfunktionalität hinsichtlich des Denkens in System 1 und System 2.[208] Diese Systeme bestimmen, wie wir denken und handeln. System 1 ist schnell, automatisch und emotional. System 2 ist langsamer, bewusster und logisch. Kahnemann hat verschiedene menschliche Charaktereigenschaften untersucht, die für die Strategieumsetzung relevant sind. Dabei hat er zum Beispiel beobachtet, dass wir dazu neigen, voreilige Schlüsse zu ziehen und unser Urteilsvermögen zu überschätzen, was sich in Vorurteilen ausdrückt. In einem anderen Abschnitt seines Buches beschäftigt sich Kahnemann mit dem Framing. Wenn wir sagen, eine Maßnahme hat eine Erfolgsaussicht von 40 Prozent, geben wir eher unser Bestes, als wenn wir sagen, sie misslingt mit einer Wahrscheinlichkeit von 60 Prozent. Beide Aussagen sind richtig, doch diejenige, die Sie auswählen, und die Gründe, warum Sie das tun, haben eine Wirkung. Kahnemann setzt sich auch mit der Versunkene-Kosten-Falle auseinander. Sie bezeichnet die Tendenz, erfolglose Dinge fortzusetzen, weil man bereits viel Geld in sie investiert hat. Wir wollen später nichts bereuen, deshalb reden wir uns ein, dass das Projekt schon noch erfolgreich wird, wenn wir nur weiter Zeit und Geld hineinstecken. Diese Tendenzen können zu schwerwiegenden Fehlentscheidungen führen.

Strategieumsetzung erfordert Wissen aus verschiedenen Bereichen. Betriebswirtschaft ist nicht Mathematik oder Physik und nur in Teilen eine exakte Wissenschaft. Die exakte Wissenschaft beschäftigt sich ausschließlich mit Kausalzusammenhängen: Auf jede Frage gibt es eine richtige Antwort. Da es bei der Strategieumsetzung aber in erster Linie um Menschen geht, brauchen Sie auch Ideen aus der Makroökonomie, Philosophie, Psychologie, Theologie und Soziologie.

Es *ist* möglich, Fehler bei der Strategieumsetzung zu vermeiden. Mit dieser positiven Botschaft möchte ich enden. Lassen Sie uns festhalten, dass Strategieumsetzung eine fantastische Tätigkeit ist, und sie ist *Ihre* Tätigkeit. Wie Sie gesehen haben, lässt sich klar trennen, was funktioniert und was nicht, und das meiste davon ist universell. Dieses Wissen sollten Sie jederzeit griffbereit haben, denn die Strategieumsetzung endet nie. Jeder weiß, dass die einzige Konstante die Veränderung ist und dass diese immer schlimmer wird. Wir leben in einer Zeit ständiger Beta-Versionen, wie es der niederländische Managementdenker Martijn Aslander in seinem Buch *Nooit af* (übersetzt in etwa: Man ist niemals

208 Daniel Kahneman: Schnelles Denken, langsames Denken. Penguin 2016.

fertig) ausdrückt.[209] Jedes Produkt und jede Dienstleistung wird ständig überarbeitet und upgegradet, und jede Iteration und Innovation muss auf sachlichem Feedback dazu basieren, was die Kundenbedürfnisse erfüllt und was nicht. Dafür ist eine moderne, iterative Strategieumsetzung erforderlich. Dieses Buch soll Ihnen helfen, diese besser zu beherrschen.

209 Martijn Aslander & Erwin Witteveen, Nooit af. Een nieuwe kijk op de fundamenten op ons leven: werk, school, zorg, overheid en management. Business Contact, 2015.

Anhang 1: Danksagungen

In den letzten Jahren habe ich als Geschäftsführer bei Turner Consultancy zusammen mit meinen Kolleginnen und Kollegen eine umfassende Zusammenstellung der Gründe entwickelt, warum die Umsetzung von Strategien und Innovationen erfolgreich sind oder scheitern. Wir wären ohne die extrem wertvollen Beiträge von etlichen hochkarätigen Vorstandsmitgliedern, Geschäftsführern, Managern, Angestellten verschiedener Unternehmen, Programmmanagern, Kollegen und Partnern nicht in der Lage gewesen, das zu tun. Unsere Interviewpartner kamen aus allen möglichen Geschäftsbereichen, von Strategie bis hin zu Marketing, Vertrieb, Operations, IT und Controlling. Unsere Untersuchung war qualitativer Natur. Wir führten einerseits mehr als 50 Interviews mit Menschen sowohl aus der Privatwirtschaft als auch aus staatlich geführten Organisationen durch. Andererseits leisteten viele Menschen einen extrem wertvollen Beitrag, indem sie ihre Ideen und Einblicke als Vortragende im Rahmen von Seminaren über Strategieumsetzung und Innovation, die Turner regelmäßig anbietet, mit uns teilten.

Mein besonderer Dank gilt den folgenden Interviewpartnern und Vortragenden:

- Theo van Aalst, Direktor für Strategie und Entwicklung, PostNL
- Annet Aris, Senior Affiliate Professor für Strategie, INSEAD; Mitglied des Aufsichtsrats, ASR
- Fred Arp, ehemaliger CFO, Telegraaf Media Groep
- Karin Bergstein, Mitglied des Verwaltungsrats, ASR
- Lydia Bestebreur, Senior-Beraterin für Fragen der Kompetenz, Bildung und Weiterbildung, Forensisches Institut der Niederlande (NFI)
- Arno van Bijnen, Kaufmännischer Leiter und Mitglied des Executive Committee, PostNL
- Welmer Blom, Senior Vice President Naher Osten, Golfstaaten und Indien, Air France KLM
- Lisette van Breugel, COO, Arbo Unie
- Hein Bronk, Mitbegründer und Partner, The Review Group; Gründer und ehemaliger CEO, MYbusinessmedia
- Jaques van den Broek, CEO, Randstad
- Harry J.M. Brouwer, CEO, Unilever Food Solutions
- Ton Büchner, ehemaliger CEO/Vorsitzender des Executive Committee, AkzoNobel
- Yvonne Campfens, ehemalige Executive Vice President von B2B Netherlands und Geschäftsführerin Springer Media; ehemalige Geschäftsführerin der Publication Workflow Group, Springer Nature
- Joke Cuperus, CEO, PWN; ehemaliger Chef-Ingenieur, niederländisches Ministerium für Infrastruktur und Wasser (Ost-Niederlande)
- Pauline Derkman-Oosterom, Direktor Lebensversicherung, ASR

- Rob Eijkelenkamp, CEO, Studio Piet Boon, ehemaliger Geschäftsführer von News and Print Media, Telegraaf Media Group
- Ronald Goedmakers, Inhaber und CEO, Vebego International
- Cees 't Hart, CEO und Präsident, Carlsberg Group; ehemaliger CEO FrieslandCampina
- Jan Hattink, ehemaliger Finanzdirektor PostNL
- Rienk Hoff, ehemaliger Direktor für Durchsetzungs- und Überwachungsaufgaben der Stadt Amsterdam
- Mijke Horneman, ehemalige Senior-Strategin, CRV Holding BV
- Gert-Jan Huisman, Partner und CEO, Anders Invest, ehemaliger CEO, Centrotec AG
- Symen Jansma, Mitbegründer und ehemaliger CEO, TravelBird
- Patrick Kerssemakers, ehemaliger CEO, fonQ
- Joop Kessels, Geschäftsführer, Universität Utrecht
- Agnes Keune, Senior Business Developer, Bol.com
- Hein Knaapen, Personalvorstand, ING Group
- Antoinette de Kroon, Teamleiterin Führungskräfte, Forensisches Institut der Niederlande (NFI)
- Jeroen de Munnik, Vorstand Institutionelle Kunden, PGGM
- Harry Paul, Generalinspekteur der niederländischen Behörde für Lebensmittel- und Verbraucherproduktsicherheit
- Ton Ridder, ehemaliger Geschäftsführer, KLM Cygnific
- Audrey van Schaik, ehemalige Leiterin der Abteilung für Alterspsychiatrie, GGZ in Geest
- Thijs Stoop, Principal bei Roland Berger Strategy Consultants; ehemaliges Mitglied des Verwaltungsrats, GGZ in Geest
- Kees Stroomer, Geschäftsführer von ISS Facility Services Nederland; ehemaliger Geschäftsführer, Tempo Team
- Gerard van Tilburg, stellvertretender Vorsitzender des Verwaltungsrats, Royal Consun; Vorstandsmitglied, Energiegilde
- Tjark Tjin-A-Tsoi, Generaldirektor, niederländisches Statistikamt; ehemaliger Geschäftsführer, Forensisches Institut der Niederlande
- Herna Verhagen, CEO und Mitglied des Verwaltungsrats, PostNL
- Paul Verheul, Mitglied des Verwaltungsrats/COO, Van Oord
- Frank Vrancken Peeters, ehemaliger Regional-Geschäftsführer für Westeuropa, Wolters Kluwer
- Menco van der Weerd, ehemaliger Leiter der Abteilung Change Management in der Sparte Lebensversicherungen und Hypotheken, Aegon NL
- John de Wit, ehemaliger Programm-Direktor, Tata Steel; Direktor Global Procurement, Danieli Corus
- Leon van de Zande, ehemaliger Direktor für Lehre und Forschung, Universität Utrecht
- Marjoleine van der Zwan, Geschäftsführerin, PIV Institut der Versicherer für Personenschäden; ehemalige COO, MediRisk

Ich möchte mich auch bei den folgenden Unternehmen für die Bereitstellung von Case Studies bedanken:

- Aegon
- Alcontrol Laboratories
- Arbo Unie
- ASR
- Royal Consun
- FrieslandCampina
- fonQ
- Eine internationale Bank
- Eine mittelgroße niederländische Fachhochschule
- Universität Utrecht
- KRO-NCRV
- NautaDutilh
- Nederlandse Voedsel- en Warenautoriteit (NVWA)
- Unilever
- Wolters Kluwer
- Würth

Mein besonderer Dank gilt allen Vorstandsmitgliedern sowie Wissenschaftlerinnen und Wissenschaftlern, die mich bei diesem Buch unterstützt haben:

- Karin Bergstein, Mitglied des Verwaltungsrats, ASR
- Lisette van Breugel, COO, Arbo Unie
- Jacques van den Broek, CEO, Randstad
- Harry J.M. Brouwer, CEO, Unilever Food Solutions
- Maarten Edixhoven, CEO, Aegon Netherlands
- Prof. Dr. Meindert Flikkema, Akademischer Direktor des Zentrums für Unternehmensberatung Amsterdam, Freie Universität Amsterdam
- Ronald Goedmakers, Inhaber und CEO, Vebego International
- Henk Hagoort, Vorsitzender des Verwaltungsrats, Windesheim Fachhochschule; ehemaliger Vorsitzender des Verwaltungsrats, NPO
- Cees t'Hart, CEO und Präsident, Carlsberg Group; ehemaliger CEO, FrieslandCampina
- Kees Hoving, Chief Country Officer für die Niederlande, Deutsche Bank
- Symen Jansma, Mitbegründer und ehemaliger CEO, TravelBird
- Patrick Kerssemakers, ehemaliger CEO, fonQ
- Manfred F.R. Kets de Vries, Klinischer Professor für Führungskräfteentwicklung und Unternehmenstransformation, INSEAD
- Agnes Keune, Senior Business Developer, Bol.com
- Hein Knaapen, Personalvorstand, ING Group
- Dr. Georg Kohlrieser, Professor für Leadership und Verhalten in Unternehmen, IMD in Lausanne, Autor der Bestseller *Gefangen am runden Tisch* und *Fördern und Fordern*

- Peter Meyers CEO, Stand & Deliver Group; Dozent für Performance- und Führungskompetenz, Stanford University und IMD in Lausanne
- Heiko Schipper, ehemaliger stellvertretender geschäftsführender Vice President, Nestlé S.A. und ehemaliger CEO, Nestlé Nutrition
- Feike Sijbesma, Vorsitzender des Vorstands und CEO, DSM
- Ben Tiggelaar, Verhaltensökonom, Autor, Redner und Unternehmensberater
- Tjark Tjin-A-Tsoi, Generaldirektor, niederländisches Statistikamt; ehemaliger Geschäftsführer, Forensisches Institut der Niederlande
- Herna Verhagen, CEO und Mitglied des Verwaltungsrats, PostNL
- Paul Verheul, Mitglied des Verwaltungsrats/COO, Van Oord
- Ben Verwaayen, Mitglied des Aufsichtsrats von AkzoNobel, Partner bei Keen Venture Partners, ehemaliger CEO von Alcatel-Lucent und British Telecom
- Prof. Henk Volberda, Professor für Strategie-Management und Innovation, Direktor für Wissenstransfer, Rotterdam School of Management (Erasmus Universität Rotterdam)

Ich möchte den folgenden Kollegen und Partnern von Turner Consultancy meinen Dank aussprechen. Sie sind in alphabetischer Reihenfolge aufgeführt:
Marjolein van Abbe, Joël Aerts, Marjam el Ammari, Martijn Babeliowsky, Mieke Bello, Stefan Bolt, Eugenie Boon, Mariëtte Brouwer, Peter de Bruin, Alexander Bruinsma, Susanne Chamalaun, Mariëlle Companjen, Katinka Cornelése, Alex Crezee, Johannes Crol, Jeroen Dekkers, Eveline Dusseldorp, Bas van ’t Eind (Gründer), Jasper Engelbert, Patrick Eppink, Wouter Evers, Wendelina Fieret, Jurgen Frumau, Jop Gerkes, Bas Hafkenscheid, Janwillem Hekman, Evelien Hellenthal, Tjalle Hoekstra, André Holwerda, Joris van Hulzen, Gerrit-Jan Jansen, Relinde de Koeijer, Roel Kok, Coco Korse, Adriaan Krans, Sander Livius, Otto van ’t Loo, Dayashri Manohar, Max Meijers, Feike Oosterhof, Ties Rijkers, Bas van Rooij, Joachim Rullmann, Annelieke van Schie, Peter Schreuder, Marga Severs, Dirkjan Takke, Bob Tasche, Dodijn Velema, Lot Verburgh, Jeroen Visscher, Bouke Waltman, Martijn Walvis, Peter Weijland.

Mein Dank geht auch an die folgenden Ehemaligen von Turner:
Astrid Bakker-Boumans, Erik Bakker, Ben van Berge Henegouwen, Arjan van den Born, Iris Borst, Juliëtte Bos, Jikkelien van Marle, Wido Bosch, Maria van Boxtel, Wouter Bruggers, Ithar da Costa, Martine Daniëls, Patrick Davidson, Juriaan Deumer, Erna Doedens, Andrea Doesburg, Karin van Duuren, Meindert Flikkema, Rutger Gassner, Han Haring, Marcel ’t Hart, Jelmer Heida, Gerco Hennipman, Henry Hennipman, Tamara van der Horst, Robbert Jellinek, Salko Kapetanovic, Stefan Karnebeek, Barbara Kaufman, Maaikel Klein Klouwenberg (Gründer), Wouter Klinkhamer, Regine Kruijsdijk-Oolman, Rosalie Kuyvenhoven, Madiha Leuven-Mouchtak, Steven van de Looij, Alexander Loudon, Pieter Lugtigheid, Erwin Matthijssen, Jan-Willem Meiburg, Rik Meijering, Nicole Messer, Maaike Pol, Ron Müller, Barbara Nederkoorn, Leonique Niessen, Linda Nieuwenhuis, Corrie Nieuwenkamp, Femke van Nieuwkerk, Niels Penninx, Colette Pijl-Leeflang, Carolijn Ploem, Willem Pluym, Suzanne Raafs, Martine Reimerink, Herbert Rijken, Rob Schipper

(ehemaliger Beauftragter), René Schreurs, Barbara Schrijver, Peter Slikker, Ralph Smeets, Sjors Stoffelsen, Rutger Strengers, Theo den Tex, Esther Timmer, Hugo Timmerman, Marcel van Tol, Joost Tolboom, Ineke Uijtenhaak, Arjan van Valkengoed, Eveline van Veelen, Rose van Velzen, Linda Visser, Enno Wiertsema, Ellen Wijnands, Mark de Wit, Feico de Zwaan.

Dieses Buch ist dank ihnen ein umfangreiches Werk. Im Verlauf der Untersuchung wurde mir erneut vor Augen geführt, dass ein Team viel mehr weiß als ein paar einzelne Personen.

Anhang 2: Methodik des Modells Strategie = Umsetzung

Das Modell Strategie = Umsetzung basiert auf ungefähr 50 Interviews, 25 Case Studies, einer Literatursichtung und 20 Workshops und Seminaren.

Mehr als drei Jahre sind in die Untersuchung geflossen, um zu eruieren, was für den Erfolg oder das Scheitern von Strategieumsetzung und Innovation verantwortlich ist.

Die Einführung beinhaltet eine Zusammenfassung der Methode, die wir für die Untersuchung im Rahmen dieses Buches angewendet haben. In diesem Anhang finden Sie einen Überblick über die Typen der Untersuchung, die wir durchgeführt, sowie die Formate, die wir angewendet haben. Bei unserer Studie handelt es sich um eine qualitative Studie.

Vor unserer Feldforschung haben wir die Hypothesen, die wir prüfen wollten, aufgestellt und sie als Forschungsfragen formuliert. Wir haben darauf geachtet, eine ausgewogene Auswahl an Kategorien zu treffen, die den gesamten Bereich der Strategieumsetzung abdecken:

- Kategorie 1: das Framework der Definitionen
- Kategorie 2: Dilemmata der Strategieumsetzung
- Kategorie 3: Gründe, Kosten und Folgen des Scheiterns
- Kategorie 4: Erfolgsfaktoren
- Kategorie 5: Strategie
- Kategorie 6: Portfoliomanagement
- Kategorie 7: idealtypische Case Studies
- Kategorie 8: Transformationsmethoden
- Kategorie 9: Unternehmensstruktur und Leitungsorganisation
- Kategorie 10: Stakeholder und Perspektiven
- Kategorie 11: Unterschiede je nach Unternehmenstyp und Branche
- Kategorie 12: Sponsorschaft und Übertragung von Aufgaben
- Kategorie 13: Entscheidungsfindung
- Kategorie 14: Unterschiede je nach Themenart
- Äußerungen

Wir haben uns um Ausgewogenheit bei zwei wichtigen Aspekten bemüht:

1. Wir haben eine Balance zwischen den Fragen zu den harten, weichen und projektbezogenen Erfolgsfaktoren und Gründen für das Scheitern angestrebt. Einige der in der nachstehenden Tabelle aufgeführten Analysen waren kurz und fokussiert, andere waren lang und intensiv. Um Einheitlichkeit der Methodik zu gewährleisten, haben wir versucht, in jeder von uns durchgeführten Analyse die gleiche Balance zu finden.
2. Ein Gleichgewicht zwischen offenen, explorativen und geschlossenen, hypothesenbasierten Fragen und Äußerungen.

Überblick

	Analyse	Format und Erklärung	Anzahl
1	**Interviews**	Studie. Wir interviewten fast 60 Vorstandsmitglieder, Managerinnen und Manager sowie Programmmanagerinnen und -manager in leitender Funktion, die für Transformationen mit unterschiedlicher Größe in den Unternehmen, für die sie arbeiten, verantwortlich waren. Wir haben einen Querschnitt durch alle Ebenen ausgewählt, und zwar im privaten, halb-öffentlichen und öffentlichen Sektor, sowohl in etablierten Unternehmen als auch in neuen digitalen Unternehmen.	50+
2	**Workshops und Seminare**	Wir luden Vorstandsmitglieder ein, um über das Thema zu sprechen. Anschließend fand eine Fragerunde sowie eine Diskussion statt.	5+
3	**Case Studies (vertieft) 1**	Mehr als 30 Analysen klassischer Case Studies und Strategie-umsetzungs-Workshops. Über zwei Jahre hinweg sind wir sechsmal zusammengekommen. Jedes Mal verbrachten wir einen ganzen Tag mit der Analyse von fünf Case Studies.	30+
4	**Case Studies (einfach) 2**	Monatliche Analyse von Case Studies, die durch Turner-Kunden zur Verfügung gestellt wurden. Neun Case Studies pro Jahr. Bitte beachten Sie, dass sich nicht alle Case Studies für die Analyse eigneten. Einige waren nicht vollständig.	15+
5	**Case Studies (einfach) 3**	16 Case Studies wurden ausgewählt, um in diesem Buch als Beispiele für die erfolgreiche Anwendung der 16 Bausteine, die sie aus unserer Untersuchung herauskristallisiert haben, zu fungieren.	16
6	**Case Studies (extern) 4**	Unternehmensinterne Analysen von Schulungen bei Top-30-Kundenunternehmen.	5+
7	**Literatur-sichtung**	Wir analysierten mehr als 300 der relevantesten Bücher und Artikel auf diesem Gebiet. Unsere Auswahl erfolgte streng nach dem Kriterium, keine alten Antworten auf alte Fragen aufzuwärmen. Wir haben uns nur auf eine Frage konzentriert: Was ist in der heutigen Zeit für den Erfolg oder das Scheitern von Strategieumsetzung verantwortlich?	300+
8	**Analysen durch Experten**	Die Erfolgsfaktoren in diesem Buch sind in der tatsächlichen Praxis tief verwurzelt und wurden von meinen Kolleginnen und Kollegen bei Turner und von mir selbst analysiert. Wir alle haben viele Jahre Erfahrung als Managementberater in der Strategieumsetzung. Diese Analysen wurden systematisch im Bereich der Strategieumsetzung durchgeführt.	75+
9	**SECA.NU**	Turner hat den onlinebasierten Strategieumsetzungs- und Transformationsbeschleuniger SECA.NU entwickelt. Es ist ein Recherche-Instrument, das den Anwendern Informationen über die Umsetzungskompetenzen ihres Unternehmens im Vergleich zu einer Benchmark online und in Echtzeit liefert. SECA.NU ist das Instrument zur systematischen Datenerhebung, mit dem Informationen über dieselben Themen wie in den anderen Analysen in dieser Matrix gesammelt werden können.	30+

Die tägliche Praxis bei Turner ist eine wertvolle Wissens- und Erfahrungsquelle, die wir systematisch nutzen. Die Beraterinnen und Berater von Turner Consultancy kommen jeden Monat zusammen, um ihre Notizen zu vergleichen, sich kontinuierlich weiterzubilden und Peer-Reviews sowohl in gemeinsamen Meetings als auch in Break-out-Meetings, die nach Thema, Märkten und Expertise aufgeteilt sind, durchzuführen. Zum Wissensaustausch und zu den Peer-Reviews gehören Analysen von Case Studies (im Nachhinein) und »Purple-Team«-Meetings (im Vorfeld). Die Arbeitsmethode ist hierbei das sogenannte Karussell, bei dem kleine Gruppen von Beratern Case Studies aus ihrer täglichen Praxis analysieren und diskutieren.

Da sich unsere Untersuchung auf so einen langen Zeitraum erstreckt hat – fast drei Jahre – konnten wir eine große Anzahl an Beobachtungen zu jedem Thema sammeln und analysieren.

Anhang 3: Moderne Führung – 12 Kernkompetenzen

Moderne Führungskräfte ...

1 sind strategische Denkerinnen und Denker, verstehen sich darauf, den Markt und ihr eigenes Unternehmen zu analysieren, und darauf einen Kurs festzulegen:

a) treffen klare Entscheidungen und konkretisieren diese;
b) sind Experten auf dem Gebiet ihres Unternehmens;
c) erkennen (disruptive) Trends und Verbindungen innerhalb und zwischen Märkten und sind sich des Drucks, den diese auf die Innovationskraft und Wettbewerbsfähigkeit ihres Unternehmens ausüben, bewusst;
d) sind mit digitaler Innovation vertraut und haben Erfahrung damit oder bauen dieses Wissen gerade auf;
e) sind in der Lage, über Bereiche hinweg zu denken und zu handeln;
f) identifizieren und lösen unangenehme Aufgaben und gewinnen Schlachten, die gewonnen werden müssen;
g) verlangen und erleichtern messerscharfe Analysen und Lösungen, die Durchbrüche erzeugen;

2 wissen, wie das Warum, das Was und das Wie so kommuniziert werden kann, dass sowohl ein Gefühl der Spannung als auch ein Gefühl der Dringlichkeit erzeugt wird:

a) führen jedes Thema konsequent auf den Kundennutzen, die Unternehmensziele und die Angestellten zurück;
b) stellen sicher, dass die Ziele für die Angestellten ausreichend motivierend sind, und sind sich darüber im Klaren, dass – wie die Sozialwissenschaftlerin Danah Zohar gezeigt hat – sich Manager und Mitarbeiter motivieren lassen, wenn sich an fünf Stellen Auswirkungen zeigen: an der Gesellschaft, am Unternehmen, für das sie arbeiten, am Kunden, an ihren Kolleginnen und Kollegen und an ihnen persönlich.[210]

3 haben eine Gründermentalität[211]

Die Befragten nannten oft Chris Zooks *The Founder's Mentality*. Nach Ansicht von Zook

a) leiten die Führungskräfte das Unternehmen eher auf Grundlage einer Mission und nicht im Hinblick darauf, die Ziele des nächsten Monats zu erreichen;
b) konzentrieren sich die Führungskräfte fast bis zur Besessenheit auf Kunden und Angestellte;
c) handeln die Führungskräfte wie Unternehmer (sie gehen ein persönliches Risiko ein);

210 Aiken & Keller, »The irrational side of change management«.
211 Zook & Allen, Founder's Mentality.

4 vereinfachen und beseitigen Hindernisse:

a) sind sich darüber bewusst, dass es besser ist, drei klar formulierte Ideen gut umzusetzen als sieben vage formulierte schlecht, und dass dies davon abhängt, ob sie den Inhalt einfach gestalten und ihn während der Umsetzung klar kommunizieren können;
b) wissen, wie man mit der Bürokratie von wohlmeinenden Mitarbeitern und Helfern umgeht, die die Umsetzung in einer Flut von Vorschriften und Regulierungen zu ersticken drohen;

5 erweitern systematisch die Umsetzung, indem sie die Verantwortungsbereitschaft und Benefit-Realisierung befördern:

a) tun, was nötig ist, um die Bedingungen dafür zu schaffen, dass die wichtigsten strategischen Maßnahmen erfolgreich umgesetzt werden können;
b) mobilisieren eine starke Koalition aus Umsetzungs- und Benefit-Verantwortlichen;
c) wenden moderne Innovationsmethoden mit ausreichend großem Spielraum für Experimente und Scheitern an;
d) sind extrem ergebnis- und daher auch umsetzungsorientiert; belohnen Eigeninitiative und zeigen, dass ein analytischer Fokus den Fokus auf schnelle Ergebnisse nicht ausschließt; sind in der Lage, gründliche Analysen durchzuführen, verstehen sich aber genauso gut darauf, schwierige Entscheidungen zur Perfomance-Verbesserung für das nächste Quartal zu treffen; erkennen, dass es extrem wichtig geworden ist, wie eine Strategie umgesetzt wird; wenden viel Zeit für Abstimmungen auf;
e) zeichnen sich durch ihren Umgang mit falschen Dilemmata aus und forcieren die richtige Balance zwischen top-down und bottom-up, kurz- und langfristig, harten Zielen und Engagement, einem Beharren auf Empirie und Vertrauen;
f) strahlen Zuversicht und Optimismus, aber auch Realismus aus, wie der ehemalige US-Außenminister Colin Powell es ausdrückte, als er sagte, dass es bei Leadership darum gehe, »ein Gefühl der Sinnhaftigkeit zu vermitteln, … während gleichzeitig Moral und physischer Kampfgeist gezeigt wird«;[212]
g) genauso agil wie beharrlich sind und weise genug zu wissen, wann das eine oder das andere gebraucht wird;
h) sind motivierend und können die Dinge ins rechte Licht rücken, sind allerdings auch hartnäckig;
i) sind ihrer Mannschaft bei der Konkretisierung von Lösungen voraus und gehen bei der Umsetzung die Extrameile;
j) beabsichtigen, die Umsetzung in der Linienorganisation durchzuführen und zu verankern;
k) möchten, dass alle – einschließlich ihrer selbst – aus dem Umsetzungsprozess lernen;

212 Stanford Graduate School of Business Staff, »Colin Powell: Never Show Fear or Anger«, Insights by Stanford Business, 01. November 2005. https://www.gsb.stanford.edu/insights/colin-powell-never-show-fear-or-anger.

6 treffen und forcieren Entscheidungen und sorgen für Durchbrüche:

a) sind fast immer hervorragende Vereinfacher, die Diskussionen mit einer Lösung, die für alle einen Sinn ergibt, abkürzen können;

b) scheuen nicht davor zurück, ihre Zweifel zum Ausdruck zu bringen, während sie Entscheidungen treffen, wissen aber auch, dass es keine schweren Entscheidungen gibt, da entweder die Optionen so verschieden sind, dass die richtige Entscheidung offensichtlich ist, oder es nur so wenige gibt, dass sich die Entscheidung als unwichtig herausstellt;

7 glauben an Schwarmintelligenz und objektivieren so den Entscheidungsprozess; sie nutzen die fünf Methoden, die Dan Lovallo und Olivier Sibony identifiziert haben, um subjektive, voreingenommene Entscheidungsfindung zu verhindern:[213]

a) wirken der Mustererkennung entgegen, indem sie häufig ihren Blickwinkel ändern. Dadurch kann verhindert werden, dass wichtige Stakeholder den Entscheidungsprozess aufgrund von Vorurteilen, die sich aus früheren Erfahrungen ergeben haben, an sich reißen, und dass sie ihre Ansichten, die auf wahrgenommenen Analogien basieren, durchdrücken;

b) unterscheiden zwischen Handeln und Reflektieren (das eine zu tun, wenn das andere angebracht wäre, ist desaströs);

c) setzen sich für Transformation als die beste Option ein. Durch Verlustangst neigen die Menschen dazu, am Status-quo festzuhalten;

d) tragen unterschiedlichen Interessen Rechnung. Dadurch kann verhindert werden, dass Einzelne den Entscheidungsprozess an sich reißen;

e) fördern die Vielfalt in einer Diskussion, wodurch diese am Leben gehalten wird – wenn es keine Meinungsunterschiede gibt ist das tödlich;

8 bauen Vertrauen dadurch auf, dass sie offen, ethisch und erreichbar sind:

a) gehen jedes Thema an, egal ob es positiv oder negativ ist;

b) haben eine verbindende Wirkung, was nach dem Unternehmenspsychologen George Kohlrieser, Professor für Leadership und Verhalten in Unternehmen am IMD, eines der Hauptmerkmale des »Secure Base Leadership« ist. Kohlrieser ist der Meinung, dass gute Führungskräfte in der Lage sind, mit allen Menschen eine Verbindung aufzubauen, sogar mit denen, die sie nicht mögen, solange sie ein gemeinsames Ziel haben;[214]

---

213 Dan Lovallo & Olivier Sibony, »The case for behavioral strategy«, McKinsey Quarterly, März 2010. http://www.mckinsey.com/business-functions/strategy-and-corporatefinance/our-insights/the-case-for-behavioral-strategy

214 Kohlrieser, et al., Care to Dare.

9 haben Autorität und gerade genug Paranoia:

a) haben Autorität und fordern Respekt auf der Grundlage ihrer Expertise, Erfahrung und offenen, kooperativen Einstellung ein;

b) haben die anspruchsvollen Grundlagen des Leaderships gemeistert, um in erster Linie Mitstreiter zu gewinnen;[215] sind in der Lage, ein gemeinsames Ziel zu formulieren, Enthusiasmus zu entfachen und für Authentizität und Bedeutung zu sorgen;[216] formen das richtige Verhalten, indem sie einerseits der Manipulation und Unhöflichkeit fernbleiben und andererseits vertrauenswürdig sind;

c) schätzen, was unsichere Leistungsträger zu bieten haben, und stimmen mit David Master's Charakterisierung von unsicheren Leistungsträgern überein. Er hält sie für Menschen, die permanent denken, dass ihnen eines Tages jemand auf die Schulter klopft und sagt: »Wir sind Ihnen endlich auf die Schliche gekommen. Die ganze Zeit haben Sie nur vorgegeben, gut zu sein«;[217] Diese Angst lässt sie nach Perfektion streben und sorgt dafür, dass sie verrückt genug sind, die Extrameile zu gehen: Dadurch sind sie paranoid genug, um exzellente Leistungen abzuliefern;

d) haben ihre Kontrollmechanismen im Griff und fördern Dissens, da es nichts Unnötigeres gibt als Ja-Sager;[218] zeigen Demut und gerade genug Unsicherheit, und sie denken lange und intensiv darüber nach, was andere tun, und warum sie das tun; sind hervorragende Beobachter;[219]

10 arbeiten immerzu an sich selbst:

a) sind immer erpicht auf Feedback und wissen, wie komplizierte Angelegenheiten in einfacher Sprache kommuniziert werden;

b) kennen sich selbst und wissen, dass sie wie alle anderen auch ihre eigenen Fähigkeiten überschätzen, die »selbstbezogene Voreingenommenheit« (und es gibt eindeutige Hinweise darauf, dass insbesondere Männer dafür anfällig sind: Mehr als 90 Prozent der Männer schätzen ihre athletischen Fähigkeiten besser ein als der Median);

---

215 Marvin Bower, »Developing Leaders in a Business«, McKinsey Quarterly, November 1997. http://www.mckinsey.com/global-themes/leadership/developing-leaders-in-a-business.

216 Gareth Jones, »What Do People Want from Their Leaders?«, Harvard Business Review, 28. November 2012. https://hbr.org/video/2226822301001/what-do-people-want-from-their-leaders.

217 Siehe auch Juliet Vedral, »Failure for Overachievers«, The Wheelhouse Review, 29. April 2013. www.thewheelhousereview.com/2013/04/29/failure-for-overachievers. Vedral ist Gründer und Chefredakteur von The Wheelhouse Review sowie selbsternannter Leistungsträger und Perfektionist. »Tatsächlich haben die meisten Leistungsträger Versagensängste in ungesundem Ausmaß. Es ist nicht nur so, dass ein Misserfolg uns als Betrüger entpuppen wird, sondern wir machen uns Sorgen, dass es unter unseren ansonsten tadellosen Bestnoten eine schlechte Note gibt, die unseren Schnitt nach unten zieht.«

218 Alan Wurtzel, Good to Great to Gone: The 60 Year Rise and Fall of Circuit City. Diversion Books, 2012.

219 Max H. Bazerman, »Becoming a First-Class Noticer«, Harvard Business Review, Juli-August 2014. https://hbr.org/2014/07/becoming-a-first-class-noticer.

11 sind neugierig und haben mehr Fragen als Antworten, denn Neugier hält lebendig:

a) haben eine offene, gesunde, unsichere, neugierige, wissbegierige Einstellung;

12 widerstehen der Tyrannei des Change Management nach alter Schule:

a) glorifizieren Bottom-up-Ansätze nicht;

b) ignorieren Coaches, die immer noch vertreten, dass Führungskräfte an erster Stelle benötigt werden, um den Kurs festzulegen, und es dann andern überlassen, die Arbeit zu erledigen, ohne sich um die Details zu kümmern.

Anhang 4: 16 zeitlose Modelle für Strategieanalyse und -festlegung

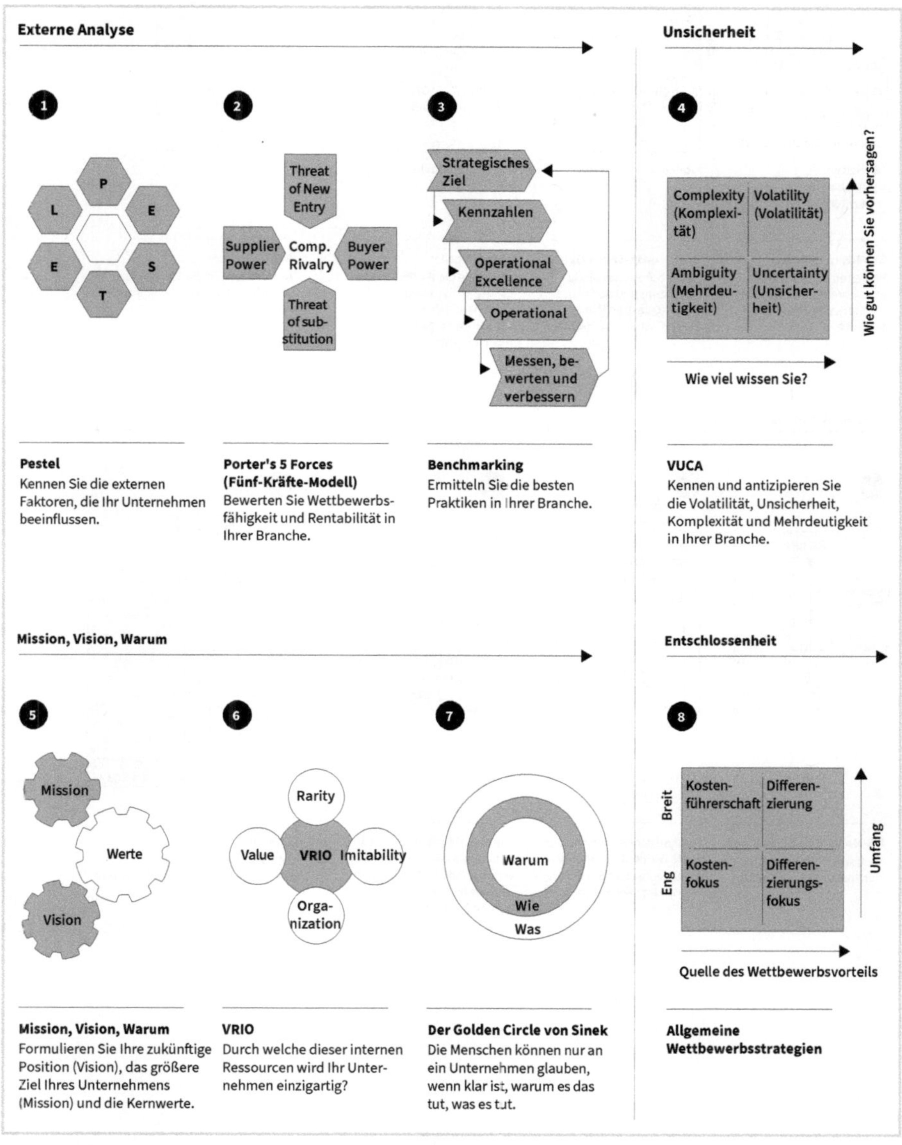

Abb. 44: 16 zeitlose Modelle zur Analyse und Festlegung von Strategien

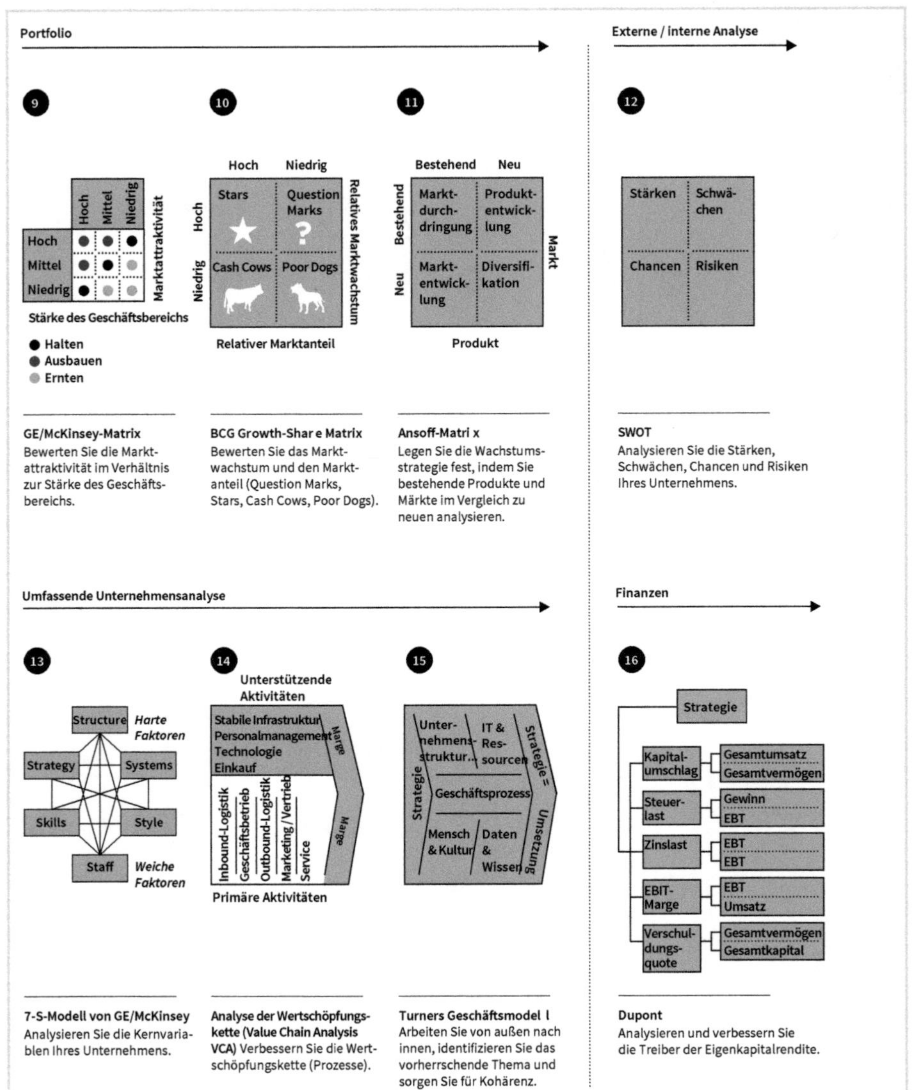
Portfolio
Externe / interne Analyse
9
Hoch
Mittel
Niedrig
Hoch
Mittel
Niedrig
Marktattraktivität
Stärke des Geschäftsbereichs
Halten
Ausbauen
Ernten
10
Hoch
Niedrig
Stars
Question Marks
Cash Cows
Poor Dogs
Hoch
Niedrig
Relatives Marktwachstum
Relativer Marktanteil
11
Bestehend
Neu
Markt-durch-dringung
Produkt-entwick-lung
Markt-entwick-lung
Diversifi-kation
Bestehend
Neu
Markt
Produkt
12
Stärken
Schwä-chen
Chancen
Risiken
GE/McKinsey-Matrix
Bewerten Sie die Marktattraktivität im Verhältnis zur Stärke des Geschäftsbereichs.
BCG Growth-Shar e Matrix
Bewerten Sie das Marktwachstum und den Marktanteil (Question Marks, Stars, Cash Cows, Poor Dogs).
Ansoff-Matri x
Legen Sie die Wachstumsstrategie fest, indem Sie bestehende Produkte und Märkte im Vergleich zu neuen analysieren.
SWOT
Analysieren Sie die Stärken, Schwächen, Chancen und Risiken Ihres Unternehmens.
Umfassende Unternehmensanalyse
Finanzen
13
Structure
Harte Faktoren
Strategy
Systems
Skills
Style
Staff
Weiche Faktoren
14
Unterstützende Aktivitäten
Stabile Infrastruktur
Personalmanagement
Technologie
Einkauf
Marge
Inbound-Logistik
Geschäftsbetrieb
Outbound-Logistik
Marketing / Vertrieb
Service
Marge
Primäre Aktivitäten
15
Unter-nehmens-struktur...
IT & Res-sourcen
Geschäftsprozess
Mensch & Kultur
Daten & Wissen
Strategie
Strategie = Umsetzung
16
Strategie
Kapital-umschlag
Gesamtumsatz
Gesamtvermögen
Steuer-last
Gewinn
EBT
Zinslast
EBT
EBT
EBIT-Marge
EBT
Umsatz
Verschul-dungs-quote
Gesamtvermögen
Gesamtkapital
7-S-Modell von GE/McKinsey
Analysieren Sie die Kernvariablen Ihres Unternehmens.
Analyse der Wertschöpfungskette (Value Chain Analysis VCA) Verbessern Sie die Wertschöpfungskette (Prozesse).
Turners Geschäftsmodel l
Arbeiten Sie von außen nach innen, identifizieren Sie das vorherrschende Thema und sorgen Sie für Kohärenz.
Dupont
Analysieren und verbessern Sie die Treiber der Eigenkapitalrendite.

Anhang 5: Die 10 Grundsätze zu den 5 großen Strategieumsetzungsthemen

Im Kapitel 5.1 wird der Baustein der Must-haves beschrieben. Zudem wird die Notwendigkeit betont, dass Unternehmen ihren Ansatz und ihre Expertise an das vorherrschende Thema, das sich ihnen stellt, anpassen müssen. In diesem Anhang werden die Grundprinzipien für jedes der fünf großen Strategieumsetzungsthemen, auf die ein Unternehmen während der Strategieumsetzung womöglich trifft, aufgelistet:

- Vertrieb
- Lean
- Post-Merger-Integration und Synergieeffekte erzielen
- Unternehmensstruktur und Leitungsorganisation
- Unternehmenskultur und Verhalten

Anhang 5: Die 10 [illegible] größten Strategieumsetzungs[illegible]

[illegible]

Anhang 6: Digitale Innovation – die versteckten Kundenbedürfnisse identifizieren

Abb. 45: Digitale Innovation – Identifizieren Sie die verborgenen Bedürfnisse Ihrer Kundinnen und Kunden. (Quelle: Turner und Bain & Company 2016)

Anhang 7: Ein MFP mithilfe moderner Methoden entwickeln

1 Phasen und Ergebnisse

a) Vorprojektphase: Anforderungsliste
b) Machbarkeitsphase: Machbarkeitsstudie
c) Aufbauphase: Business Case, priorisierte Anforderungsliste, Beschreibung der Architektur, Beschreibung der Entwicklungsmethode, Aktionsplan, Managementansatz, Zusammenfassung der Grundlagen
d) Entwicklungsphase, Timebox-Plan, Timebox-Review, Ergebnis (inkrementell)
e) Entwicklungsphase: implementiertes Ergebnis, Projekt-Review
f) Nachprojektphase: Benefit-Überprüfung
g) Hinweis: Dieses Buch verbindet die Phasen a), b) und c) in Beschleuniger 2, Phasen d) und e) in Beschleuniger 2 und 3 sowie Phase f) in Beschleuniger 4.

2 Anforderungen definieren

a) User Story: kurze Beschreibung der Funktion des Ergebnisses aus Kunden- oder Nutzersicht
b) Funktionalitäten nach ihrer Wichtigkeit ordnen
c) Produktionsgeschwindigkeit oder Schnelligkeit: Wie viele Funktionalitäten kann ein Team mit einer bestimmten Produktionskapazität entwickeln?

3 Timeboxing

a) Start
b) Iterative Entwicklung
c) Veröffentlichung
d) 2 bis 4 Wochen insgesamt

4 Planen der Timeboxes

a) Dies ist die detaillierteste Planungsebene, denn hier werden die Ergebnisse pro Timebox beschrieben, einschließlich Akzeptanzkriterien, Prioritäten, Formaten und beteiligten Rollen.

5 Qualität der Ergebnisse

a) Unterscheidung zwischen Prozess- und Produktqualität
b) Definition of Done (DoD): Dieses Scrum-Konzept beschreibt, was abgeschlossen sein muss, damit ein Produkt als marktreif gilt.

6 Kontrolle und Überprüfung

a) Benefits: Das erste Inkrement resultiert in einem funktionsfähigen Produkt, das mit dem nächsten Inkrement weiterentwickelt wird.

b) Timebox: Agile Projekte arbeiten mit festen Timeboxes. Innerhalb jeder Timebox werden die Produktfunktionen nach ihrem Prioritätsgrad entwickelt. Begrenzen Sie die Zahl der unbedingt erforderlichen Funktionen (Must-Have) auf 60 Prozent, um genügend Spielraum zu haben.

7 Methoden

a) Team Board: ein einfaches Tool, das die wichtigsten Informationen zum Projekt visualisiert
b) Schätzung: um zu bestimmen, wie viele Funktionen innerhalb eines bestimmten Zeitraums zu den vereinbarten Kosten entwickelt werden können. Formate: T-Shirt-Größenschätzung (S, M, L, XL), Function-Point-Analyse (FPA), Planning Poker
c) Burndown Chart: eine grafische Darstellung der verbleibenden Zeit zur Entwicklung von unbedingt erforderlichen Funktionen (Must-Have), hilfreichen, aber nicht zwingend notwendigen Funktionen (Should-Have) und wünschenswerten Funktionen (Could-Have). Die Darstellung wird täglich im Vorfeld der Standup-Meetings, die der Messung des Fortschritts in jeder Timebox dienen, von der Teamleiterin oder dem Teamleiter aktualisiert.
d) Burnup Chart: das Gegenteil des Burndown Chart. Hiermit wird der Fortschritt des Gesamtprojekts gemessen.
e) Moderierte Workshops
f) MoSCoW-Priorisierung: Priorisierungsmethode im agilen Projektmanagement, bei der zwischen unbedingt erforderlichen Funktionen (Must-Have, etwa 60 Prozent), hilfreichen, aber nicht zwingend notwendigen Funktionen (Should-Have, etwa 20 Prozent), wünschenswerten Funktionen (Could-Have, etwa 20 Prozent) und nicht notwendigen (Won't-Have) Funktionen unterschieden wird.
g) Business Case: Worst-Case-, wahrscheinliche und Best-Case-Szenarien
h) Planning Poker: eine spielerische Schätzmethode, bei der jedes Teammitglied den anfallenden Arbeitsaufwand mithilfe einer Zahlenkarte aus der Fibonacci-Reihe einschätzt. Die Personen mit der höchsten und niedrigsten Zahl begründen ihre Wahl anschließend. Dieses Vorgehen wird dreimal wiederholt, bis ein Konsens erzielt wurde.

8 Erfolgsfaktoren

a) Ihre Teams müssen wirklich agil sein. Sonst bringt es nichts.
b) Das Entwicklungsteam muss einen klaren Auftrag erhalten.
c) Ihre Nutzer und Sponsoren müssen Fokus und Engagement zeigen.
d) Die Teamrollen müssen dauerhaft und verfügbar sein.
e) Präzision

9 Scrum

a) Scrum ist eine der häufigsten Methoden unter dem Oberbegriff »agil«. Es gibt viele Gemeinsamkeiten, aber auch einige wichtige Unterschiede.
b) In Scrum heißt die Liste mit den priorisierten Anforderungen und Funktionalitäten »Product Backlog«.
c) Sie bildet die Grundlage für die Entscheidung, welche Funktionalitäten im Rahmen der ersten Veröffentlichung, dem Release Backlog, entwickelt werden sollen. Das wird während eines Release Planning Workshop festgelegt.
d) Der Release Backlog wird in mehrere Sprints unterteilt.
e) Jeder Sprint wird wiederum in kleinere Einheiten unterteilt, die Sprint Backlogs. Sie werden im Rahmen des Start of Sprints (SoS) Workhop festgelegt und in Sprint Planning Workshops geplant.
f) Jeder Sprint endet mit einem End-of-Sprint-Meeting.
g) Nach dem Ende eines Sprints wird dieser in einer Retrospektive bewertet.
h) Nach der Entwicklungs- und Testphase geht jedes Inkrement in die Produktion über.
i) Organisation: Scrum unterschiedet zwischen Product Owner, Scrum Master und anderen Teammitgliedern.

Nach Hoogendoorn, *Dit is agile* und Hedeman et al., *Managen van agile projecten.*[220]

220 Hoogendoorn, Dit is agile; Hedeman et al., Managen van agile projecten.

Anhang 8: Innovative Geschäfts- und Erlösmodelle – Übersicht

	Geschäfts-modell	Kunden-nutzen	Erlösmodell	Problem	Beispiele	Digital %	Bran-che
1	**Abomodell**	Individuelle Auswahl	Abogebühren, Anzeigen	Angebots-schwerpunkt; Qualität und Loyalität auf-rechterhalten	Turnitin, Grammarly, Netflix, Ama-zon Prime	H	B2C
2	**Sekundär-modelle**	Nach Ende des Primär-services weiterhin Ser-viceleistungen erhalten	Pay per Ser-vice, Wachs-tum parallel zum Wachs-tum des Pri-märmodells	Begrenzte Ab-hängigkeit	Afterpay, MacRepair, Instacart, Postmates	H	B2C
3	**Razor-and-Blade-Mo-dell (Rasier-klingen-Modell)**	Produkte mit hoher Marge relativ günstig erwerben	Volumenstei-gerung	Verluste durch Lockvogel-preise ver-meiden	Nespresso, Kindle, iTunes	H	B2C/ B2B
4	**Konzepte**	All-in-one	Pauschalpreis	Begrenzte Auswahl für Kunden	Roofstock, Hello Fresh und andere Anbieter von im Abo erhält-lichen Koch-boxen	M	B2C
5	**Crowd-sourcing**	Plattform	Mikrozahlun-gen	Verzögerte Lieferung	Kickstarter, Patreon	H	B2C
6	**Sharing-Modelle**	Geringe Nut-zungskosten, nachhaltiger Konsum	Preis pro ge-nutzter Zeit-einheit	Großes Volu-men erforder-lich, geringe Margen	Airbnb, SnappCar, FoodCon-voy, Peerby, Fatlama, Perry, Quupe, Streetlend, Mutterfly, Foodsharing	H	B2C

	Geschäftsmodell	Kundennutzen	Erlösmodell	Problem	Beispiele	Digital %	Branche
7	**Rein digital**	Geringe Kosten	Preis pro Service, Prozentsatz der Onlineverkäufe	Kein menschlicher Kontakt	Lemonade, Oscar Health, insure.com, compare.com		B2C/ B2B
8	**Direktverkauf**	Geringe Preise, weil kein Zwischenhändler nötig	Geringe Preise	Kein menschlicher Kontakt, wenig Service	Dell, FitBit	H	B2C
9	**Flexibler Service und Preis**	Verschiedene Preise je nach Servicegrad	Flexible Preise	Undurchsichtige Preise	Scyfer, Telekommunikationsanbieter	H	B2C
10	**Freemium**	Kostenloser Basisservice, kostenpflichtige Premiumservices	Erlöse durch Premiumservices	Mehrwert und Umstieg auf Premiumservices	LinkedIn, Runkeeper, Slack	H	B2C/ B2B
11	**Gemeinschaftseigentum**	Teure Objekte nutzen können	Niedrigere Schwelle für den Absatz teurer Produkte	Kein exklusiver Besitz	Timehsaring, Broodfonds (= selbstorganisierte Krankenversicherung für Selbstständige über einen gemeinsamen Fonds)	H	B2CtC
12	**Affiliate- und mehrstufiges Modell**	Komfort, Klarheit	Geringe Marketingkosten	Geringe Margen, unklarer Absender	Amazon.com	H	B2B2C
13	**Brokerage**	Käufer und Verkäufer zusammenbringen	Transaktionsgebühr	Verbunden oder unabhängig	Sharepay, Soofos, InvestorBase, QuickHiring.com	H	B2B/ B2C
14	**Network-Modell**	Zugang zu relevantem Netzwerk und Wissen	Mitgliedschaften, Anzeigen	Volumen	Angie's List	H	B2C

	Geschäfts-modell	Kunden-nutzen	Erlösmodell	Problem	Beispiele	Digital %	Bran-che
15	**Reverse Auction**	Mit dem Höchstpreis beginnen und Käufer bieten lassen, während der Preis sinkt	Potenziell hohe Gewinne	Ausreichend großes Volumen	Elance.com	H	B2B
16	**Full-Service-Modell**	Andere kümmern sich um das Problem	Provision oder Gebühr pro erbrachter Leistung	Optimale Breite, um Geld zu verdienen, und Nische, um sich zu spezialisieren	Albert.nl, AmazonFresh, HelloFresh	M	B2B/ B2C
17	**Open-Pricing-Modell**	Kunde zahlt nach eigenem Ermessen	Hohe Kundenzufriedenheit führt zu weiteren Erlösen	Geringe Kundenzufriedenheit	Seats2Meet, »Zahl so viel du willst«-Restaurants (z. B. GEEF Café Amsterdam)	G	B2C
18	**Einzelhandel mit Banküberweisung**	Vorfinanzierung durch Anbieter	Niederschwellig, Erlöse durch Zinsen	Standard	H&M	H	B2C/ B2B
19	**Minimaler Service**	Komfort und niedrige Preise	Niedrige Preise	Geringe Margen	Ikea, Mediamarkt, Smart-2Cover-Versicherung	M	B2C
20	**Mehrstufiges Geschäftsmodell**	Wahlfreiheit	Provision pro Transaktion	Fehlender Fokus aufgrund verschiedener Geschäftsmodelle	Online-Zahlungsportale wie Stripe, PayPal Pro, Adyen, Skrill	H	B2B
21	**Standardisierung**	Komfort und niedrige Preise	Niedrige Preise	Keine Wahlmöglichkeiten	Simbuka	M	B2C
22	**Product-as-a-Service-Modell**	Geringe Kosten pro Nutzung, Flexibilität, nachhaltiger Konsum	Leasing, Abomodell	Kein persönlicher Besitz, Secondhand	CombineRental.com, Mud Jeans, Zipcar	H	B2C

	Geschäfts-modell	Kunden-nutzen	Erlösmodell	Problem	Beispiele	Digital %	Bran-che
23	**Verkaufen und vermieten**	Teure Produkte werden erschwinglich	Niedrige Schwelle für teure Produkte	Eingeschränkte Nutzung	Hof van Saksen, Salland		

Legende: H = hoch, M = mittel, G = gering

(Quelle: Turner 2016)

Unter diesem QR-Code finden Sie eine aktualisierte Übersicht dieser Geschäfts- und Erlösmodelle.

Anhang 9: Geschäftsprozessmodelle

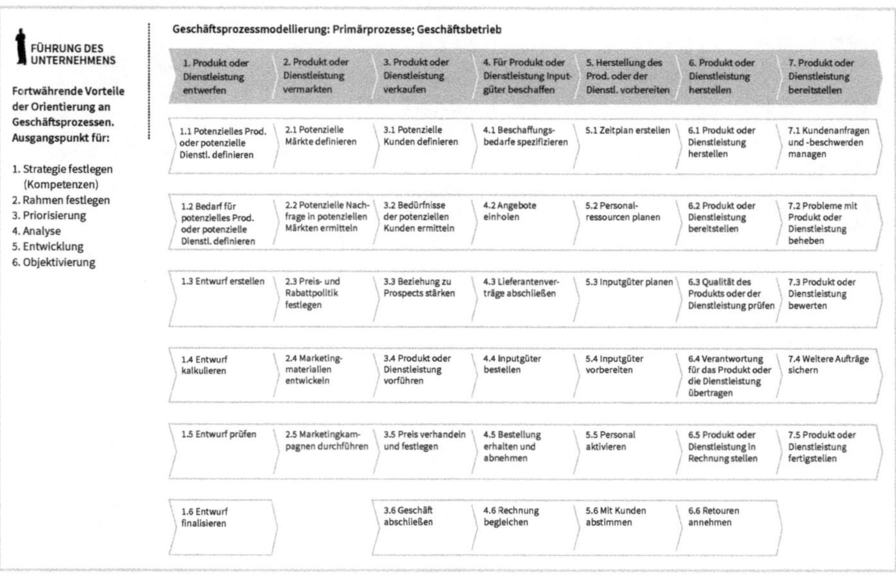

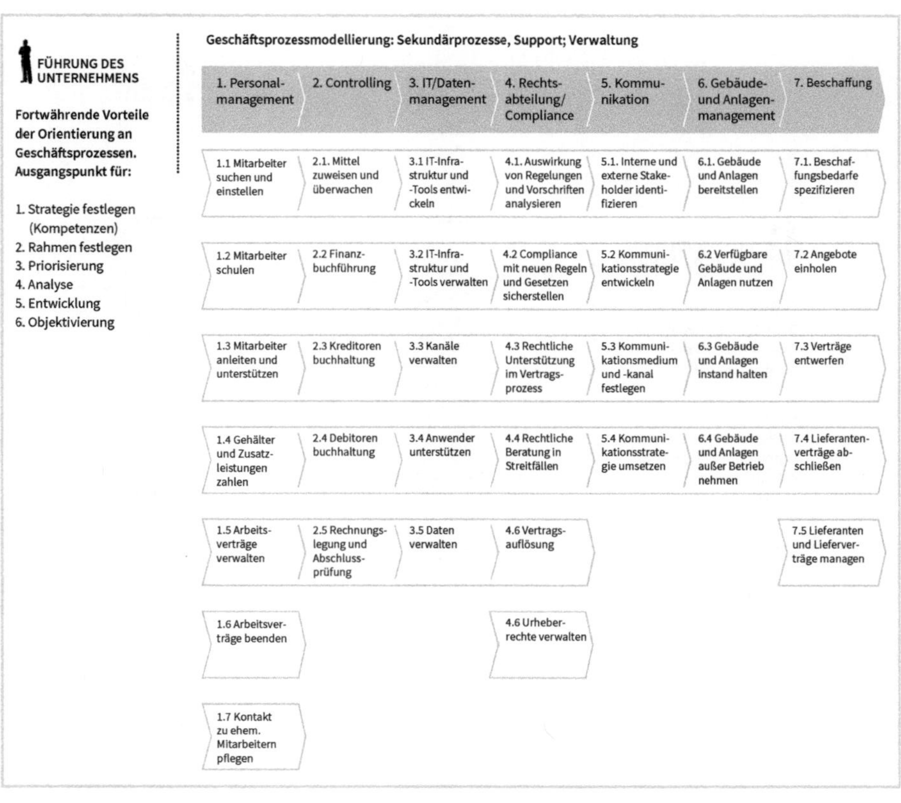

FÜHRUNG DES UNTERNEHMENS

Fortwährende Vorteile der Orientierung an Geschäftsprozessen. Ausgangspunkt für:

1. Strategie festlegen (Kompetenzen)
2. Rahmen festlegen
3. Priorisierung
4. Analyse
5. Entwicklung
6. Objektivierung

Geschäftsprozessmodellierung: Managementprozesse; Management

1. Strategie festlegen	2. Organisationsmanagement einrichten	3. Unternehmensziele festlegen/priorisieren	4. Pläne und Budgets erstellen	5. Überwachung (Kontrolle)	6. Justierung
1.1 Ziele festlegen	2.1 System zur Unternehmenssteuerung festlegen	3.1 Aktuelle Situation im Hinblick auf Strategie analysieren	4.1 KPIs, Kennzahlen und Standards festlegen	5.1. KPIs messen und mit Standards vergleichen	6.1 Hauptakteure reaktivieren
1.2 Portfolio auswählen	2.2 Management-Informationssystem einrichten	3.2 Risiken analysieren	4.2 Jahrespläne entwerfen	5.2 Betriebspläne überwachen	6.2 Strategieumsetzung verbessern
1.3 Strategie verfeinern	2.3 Koordinierungssystem einrichten	3.3 Unternehmensziele/-prioritäten festlegen	4.3 Jahrespläne koordinieren	5.3 Jahrespläne überwachen	6.3 Standards anpassen
1.4 Hauptakteure aktivieren	2.4 Risikomanagementsystem einrichten	3.4 Mehrjahrespläne entwerfen	4.4 Betriebspläne entwerfen	5.4 Risiken überwachen	6.4 Pläne anpassen
		3.5 Mehrjahrespläne koordinieren	4.5 Betriebspläne koordinieren	5.5 Audits durchführen	6.5 Maßnahmen zur Risikokontrolle anpassen
		3.6 Mehrjahrespläne finalisieren	4.6 Pläne und Budgets finalisieren	5.6 Im Rahmen der Überwachung generierte Daten auswerten	
				5.7 Schlussfolderungen aus Analyse ziehen	

Fortwährende Vorteile der Orientierung an Geschäftsprozessen. Ausgangspunkt für:

1. Strategie festlegen (Kompetenzen)
2. Rahmen festlegen
3. Priorisierung
4. Analyse
5. Entwicklung
6. Objektivierung

Geschäftsprozessmodellierung: Strategieumsetzungsprozesse

1. Strategie festlegen	2. Maßnahmen beginnen	3. Benefits realisieren	4. Benefits sichern
1.1 Ziele festlegen	2.1 Bedarf ermitteln	3.1. Benefits realisieren	4.1 Umsetzung überwachen
1.2 Maßnahmen aus Portfolio auswählen	2.2 MFP entwickeln	3.2 Entwurf weiterentwickeln	4.2 Entwurf »warten«/pflegen
1.3 Strategie verfeinern	2.3 Erste Umsetzungswelle durchführen	3.3 Skalieren	4.3 Aus der Umsetzung lernen
1.4 Hauptakteure aktivieren	2.4 Vorreiter psychologisch einchecken	3.4 Verantwortung stärken	4.4 Verantwortung, Umsetzung und Ergebnisse sichern

Anhang 10: 25 KPIs und 32 Start-up-Kennzahlen

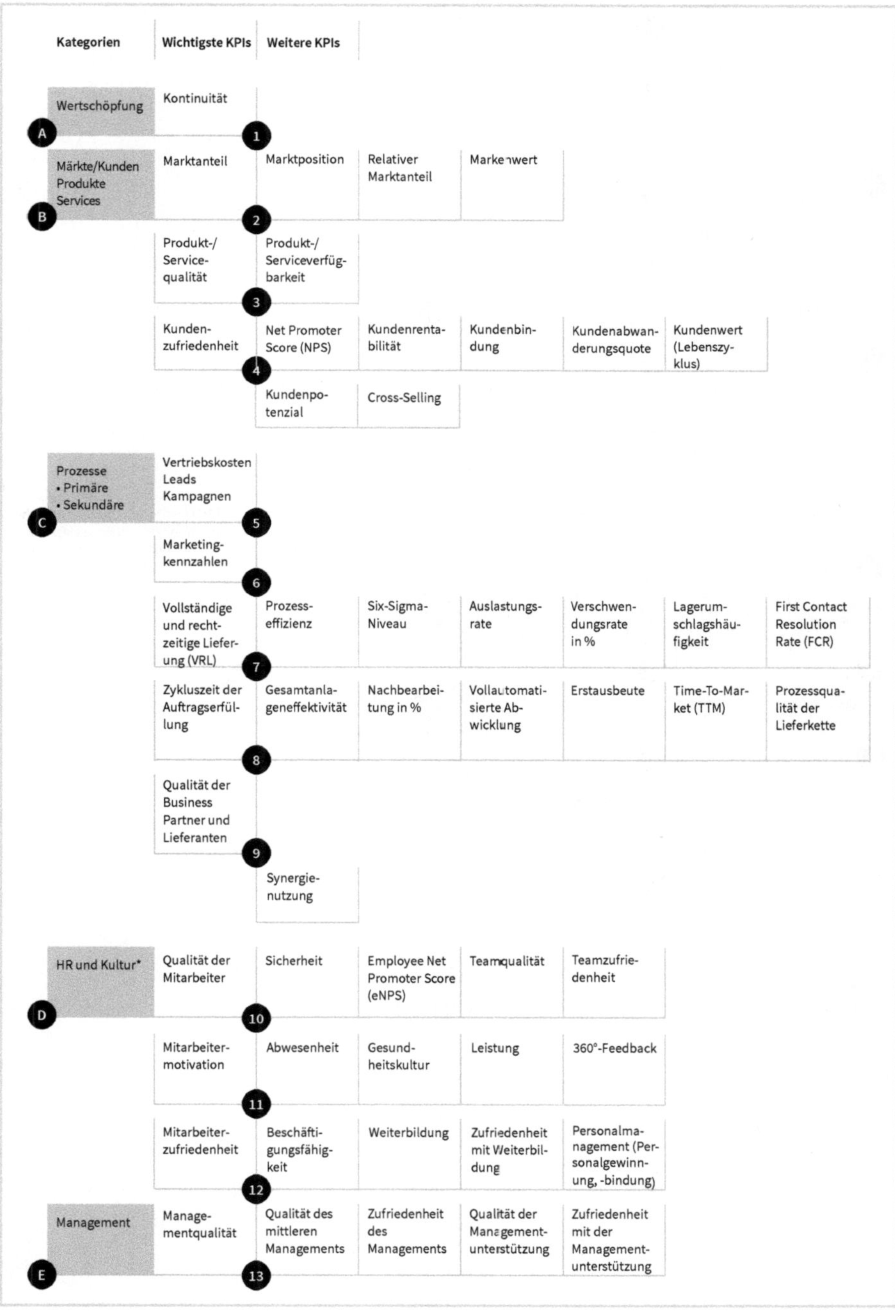

Abb. 46: 25 KPIs

* Die KPIs in dieser Kategorie beeinflussen alle drei wichtigen KPIs in dieser Kategorie.

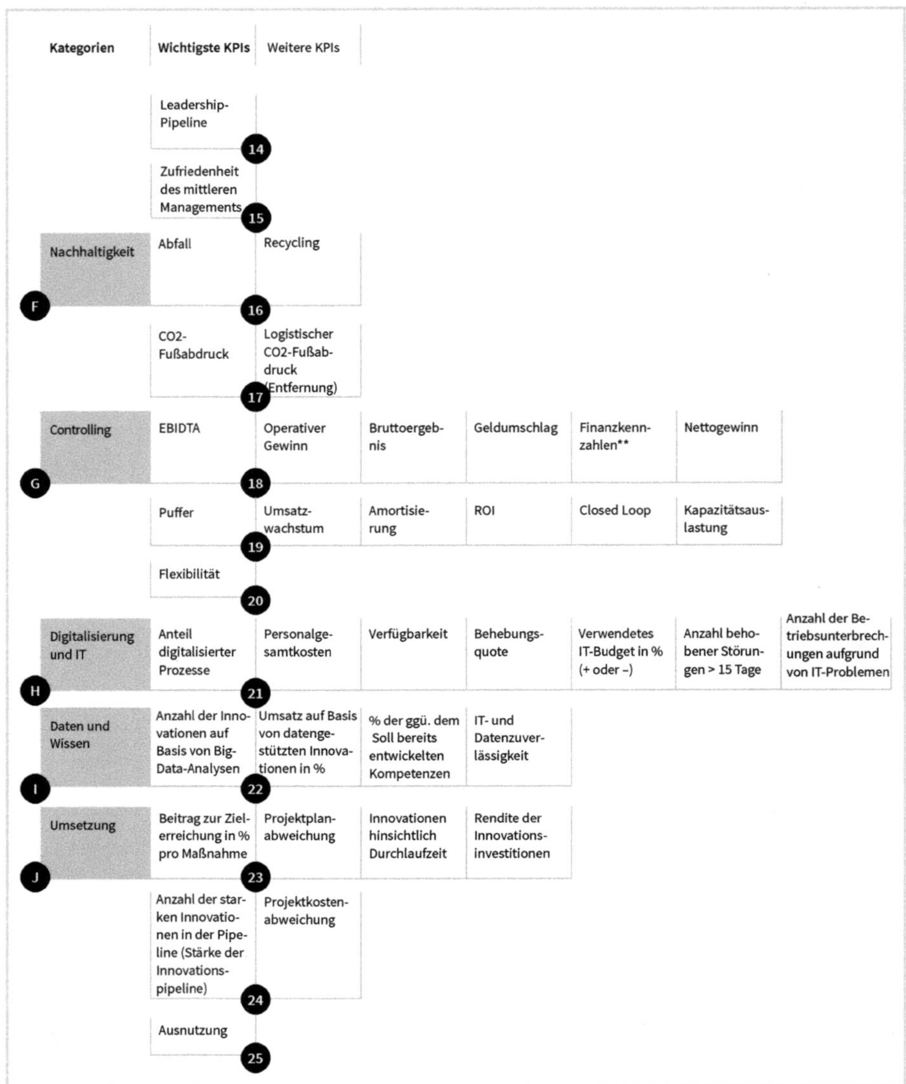

Abb. 47: 25 KPIs
** TSR – D/E – EVA – ROI – CCC – ROCE – WC – OER – CAPEX – PE – ROA

Jedes Ziel und jeder KPI müssen kategorisiert werden, damit die Verantwortlichen wissen, was verfolgt wird, was zu erwarten ist und wie gut es gemessen werden kann.

Einschlägige Variablen zur KPI-Entwicklung:

Privater Sektor	Strategisch	Output	Führung des Unternehmens	Veränderung Typ 1: Verbesserung	Hart	Messbar	Ermittelbar	Sicher
(Halb-) öffentlicher Sektor	Taktisch	Input/ Durchsatz	Transformation des Unternehmens	Veränderung Typ 2: Erneuerung	Weich	Nicht messbar	Nicht ermittelbar	Erwartbar
Operativ				Veränderung Typ 3: Innovation			Engagement	

Abb. 48: 25 KPIs

32 Start-up-Kennzahlen (Andreessen Horowitz)

Geschäfts- und Finanzkennzahlen

1. Bookings vs. Umsatz
2. Wiederkehrende Umsätze vs. Gesamtumsatz
3. Bruttogewinn
4. Gesamtvertragswert (TCV) vs. jährlicher Vertragswert (ACV)
5. Life Time Value (LTV)
6. Gross Merchandise Value (GMV) (auch: Außenumsatz)
7. Noch nicht realisierte oder verbuchte Umsätze (Deferred Revenue) und in Rechnung gestellte Beträge (Billings)
8. Kundenakquisekosten (Customer Acquisition Cost, CAC)

Produkt- und Engagement-Kennzahlen

9. Aktive Nutzer
10. Monatliche Nutzerwachstumsrate
11. Kündigungen
12. Burn Rate
13. Downloads

Allgemeine Kennzahlendarstellung

14. Kumulative Darstellungen (vs. Wachstumskennzahlen)
15. Diagramm-Tricks
16. Operatorrangfolge

Quelle: *16 Startup Metrics* von Jeff Jordan, Anu Hariharan, Frank Chen und Preethi Kasireddy (Andreessen Horowitz).

Geschäfts- und Finanzkennzahlen

17. Total Addressable Market (TAM)
18. Annual Recurring Revenue (ARR)
19. Average Revenue Per User (ARPU)
20. Bruttomargen
21. Abverkaufsraten und Lagerumschlag

Wirtschaftliche und andere bestimmende Eigenschaften

22. Netzwerkeffekte
23. Viralität
24. Skaleneffekte (»Skalierung«)

Weitere Produkt- und Engagement-Kennzahlen

25. Net Promoter Score (NPS)
26. Kohortenanalyse
27. Angemeldete Nutzer
28. Aktive Nutzer
29. Traffic-Sources
30. Risiko der Kundenkonzentrierung

Allgemeine Kennzahlendarstellung

31. y-Achse stutzen
32. Kumulative Darstellungen

Anhang 11: Factsheets und Planungsvorlagen

Die in diesem Buch erwähnten Factsheets und Planungsvorlagen finden Sie unter dem folgenden QR-Code zum Download (in englischer Sprache).

- Fact Sheet: Accelerator 1 – CHOOSE
- Fact Sheet: Portfolio
- Fact Sheet: Accelerator 2 – INITIATE
- Fact Sheet: Minimum Viable Product (MVP)
- Fact Sheet: Accelerator 3 – HARVEST
- Fact Sheet: Accelerator 4 – SECURE
- Project and Program Management

Anhang 12: Die fünf Rollen der Umsetzungskoalition in anderen beliebten Methoden

		Agiles Projektmanagement	Scrum	Prince2	Scaled Agile (auf Gesamtunternehmensebene)	Managing Successful Programs (MSP)	Lean Six Sigma
1	**Chief Execution Sponsor**	Executive Sponsor (Projektsponsor) oder Projekt-Champion		Projektsponsor		Senior Responsible Owner (SRO)	Master Black Belt
2	**Co-Sponsor(en)**					Sponsorengruppe	
3	**Umsetzungsverantwortlicher (i. d. R. der Programm- oder Projektmanager)**	Business Visionary, technischer Koordinator, Projektmanager Weitere Rollen: Business-Berater, Workshop-Moderator, Agile Coach, technischer Berater	Product Owner, Scrum Master				

		Agiles Projektmanagement	Scrum	Prince2	Scaled Agile (auf Gesamtunternehmensebene)	Managing Successful Programs (MSP)	Lean Six Sigma
4	**Mitglied(er) des Umsetzungsteams, Hauptakteure**	Teamleiter, Business Ambassador, Lösungsentwickler, Lösungstester, Business Analyst, Allround-Entwickler	Mitglieder des Entwicklungsteams	Teamleiter und Teammitglieder	Tribe-, Squad- und Chapter-Mitglieder	Leiter und Team von Teilprojekten	Leiter und Team von Teilprojekten, Teammitglieder (Analysten, Prozessexperten, Mitarbeiter mit Erfahrungen aus erster Hand)
5	**Benefit Realization Manager**			Benefit Realization Manager		Benefits Manager	

Abb. 49: Wofür die fünf Rollen der Umsetzungskoalition in anderen beliebten Methoden stehen (Quelle: Turner 2016)

Anhang 13: Checkliste Skalierungsmethoden

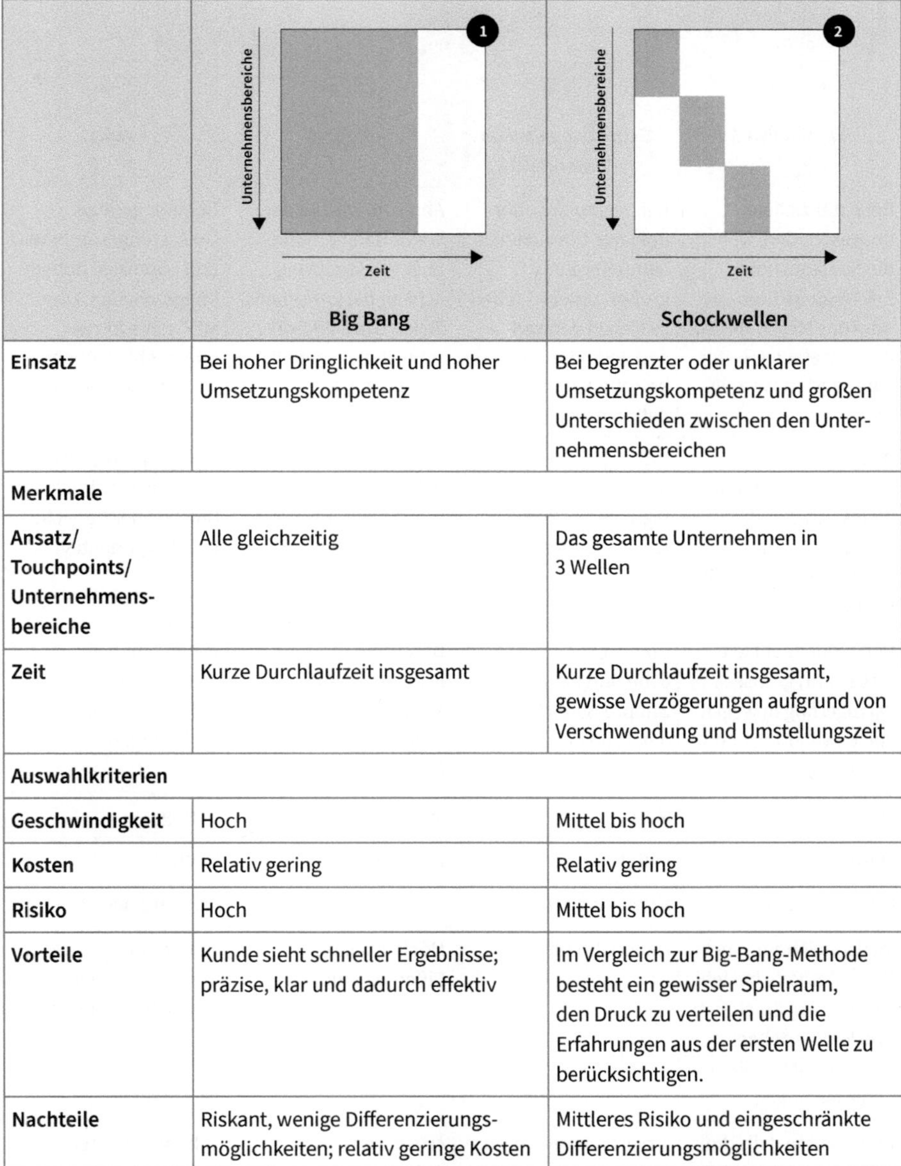

	Big Bang	Schockwellen
Einsatz	Bei hoher Dringlichkeit und hoher Umsetzungskompetenz	Bei begrenzter oder unklarer Umsetzungskompetenz und großen Unterschieden zwischen den Unternehmensbereichen
Merkmale		
Ansatz/ Touchpoints/ Unternehmensbereiche	Alle gleichzeitig	Das gesamte Unternehmen in 3 Wellen
Zeit	Kurze Durchlaufzeit insgesamt	Kurze Durchlaufzeit insgesamt, gewisse Verzögerungen aufgrund von Verschwendung und Umstellungszeit
Auswahlkriterien		
Geschwindigkeit	Hoch	Mittel bis hoch
Kosten	Relativ gering	Relativ gering
Risiko	Hoch	Mittel bis hoch
Vorteile	Kunde sieht schneller Ergebnisse; präzise, klar und dadurch effektiv	Im Vergleich zur Big-Bang-Methode besteht ein gewisser Spielraum, den Druck zu verteilen und die Erfahrungen aus der ersten Welle zu berücksichtigen.
Nachteile	Riskant, wenige Differenzierungsmöglichkeiten; relativ geringe Kosten	Mittleres Risiko und eingeschränkte Differenzierungsmöglichkeiten

Abb. 50: Checkliste Skalierungsmethoden – Wählen Sie Ihre Skalierungsmethode sorgfältig aus: Welche Häppchen in welchen Wellen? Weniger kann mehr sein. Jedes Quadrat stellt einen Umsetzungszyklus dar. (Quelle: Turner 2016)

Exponentiell	Schrittweise linear (Wasserfall)	Hybrid	Delikat
Bei potenziellem Imageschaden, wenn die Strategie hohe Erfolgsaussichten hat oder das MFP während der Umsetzung weiter konkretisiert werden muss.	Bei begrenzter oder unklarer Umsetzungskompetenz und großen Unterschieden zwischen den von den Veränderungen betroffenen Unternehmensbereichen	Ähnliche wie bei der Wasserfallmethode, aber größere Dringlichkeit bei kritischen Teilen des MFPs, die schneller ausgerollt werden müssen	Bei sehr geringer Umsetzungskompetenz und potenziell hohem Imageschaden. Das MFP sollte in zwei oder mehr Häppchen heruntergebrochen werden.
Das gesamte Unternehmen in 3 Wellen. Wenn sich das MFP Ergebnisse liefert, kann die nächste Welle beginnen.	Das gesamte Unternehmen in 7 Wellen. Die Zahl der Bereiche steigt exponentiell.	Das gesamte Unternehmen in 6 Wellen. Die Zahl der Bereiche steigt exponentiell.	Das gesamte Unternehmen in 11 Wellen. Die Zahl der Bereiche steigt exponentiell
Kurze Durchlaufzeit insgesamt, gewisse Verzögerungen wegen Verschwendung und Umstellungszeit	Durchschnittliche Durchlaufzeit pro Bereich aufgrund dezidierter Maßnahmen	Durchschnittliche Durchlaufzeit pro Bereich aufgrund dezidierter Maßnahmen	Lange Durchlaufzeit pro Bereich aufgrund dezidierter Maßnahmen
Mittel	Mittel	Mittel bis gering	Gering
Mittel	Mittel	Relativ hoch	Hoch
Mittel bis hoch	Mittel bis hoch	Mittel bis hoch	Mittel bis hoch
Im Vergleich zur Big-Bang-Methode besteht ein gewisser Spielraum, Druck zu verteilen und die erste Welle zu berücksichtigen.	Handhabbarkeit	Möglichkeit der Differenzierung	Option zur Priorisierung von Teilen des Prototyps
Verzögerung, falls die geplante exponentielle Beschleunigung nach der ersten Welle nicht möglich ist.	Arbeitsintensiv wegen Verschwendung und Umstellungszeiten, intensivere Diskussionen über vermeintliche Besonderheit des Bereichs	Arbeitsintensiv aufgrund von Verschwendung und Umstellungszeit, teurer	Sehr arbeitsintensiv aufgrund von Verschwendung und Umstellungszeiten, teuer

Anhang 14: Zitate sagen alles – eine Auswahl an bemerkenswerten Äußerungen der Interviewten

Über die Erfolgsfaktoren

CEO und Gründer eines neuen digitalen Geschäftsmodells (B2C, Top 3)
»Egal wie schnell heutzutage alles passiert, die Unterscheidung zwischen der Führung und der Transformation des Unternehmens ist nach wie vor relevant. Eigentlich sind diejenigen, die das Unternehmen führen, noch nicht einmal dieselben, die es transformieren, obwohl sie an Change-Projekten teilhaben. Jedoch ermöglicht uns diese Unterscheidung, die besten Mitarbeiterinnen und Mitarbeiter für diese Aufgabe zu finden und den Fokus sowohl auf der Führung als auch auf der Transformation des Unternehmens beizubehalten.«

»Es gibt aber Verhaltensweisen in etablierten Unternehmen, die ich in meinem eigenen Unternehmen niemals sehen möchte: Nabelschau und Missgunst.«

»Wenn es etwas gibt, das ich einfach halten möchte, so sind das meine Ziele. Die Top 3: Net Promoter Score, Margen, Umsatz. Und wenn es mir erlaubt ist, noch zwei zu nennen: Wiederkaufsrate (die bereits bei 39 Prozent liegt!) und Gesamtkapitalrentabilität.«

»Wir überwachen die Strategieumsetzung in Hinblick auf unsere Ziele. Wir tun dies jede Woche auf operativer Ebene und einmal pro Quartal in Bezug auf die Taktik. Wir haben das im Griff und behalten die Performance in jeder Kategorie, jedem Kanal, jedem Kundensegment und jedem Produktsegment im Auge.«

»Ich sorge dafür, dass die sogenannten weichen Aspekte in unserem Unternehmen oberste Priorität bleiben: Lernen, ein Gefühl der Sinnhaftigkeit, Zufriedenheit am Arbeitsplatz und Wertschätzung.«

»Neue Ware ist so wichtig. Ich nenne das den Zara-Effekt: Wege zu finden, wie wir bei unseren Kundinnen und Kunden mit neuen Angeboten für Begeisterung sorgen können, um uns deren Loyalität zu sichern.«

CEO und Gründer eines neuen Geschäftsmodells
»Kundennähe, Operational Excellence, Produktführerschaft. In der New Economy müssen Sie in allen drei Bereichen Bestnoten erzielen. Aber in der Realität schaffen Sie das nie, da die Anforderungen immer größer werden. Sie streben immer nach der Maßnahme, die die größten Ergebnisse erzielt.«

»Überschätzen Sie nicht, was es heißt, ein junges Unternehmen mit einem digitalen Geschäftsmodell zu sein. Einige Erfolgsfaktoren sind heute für uns genauso gültig wie damals, als ich noch in einem etablierten Unternehmen gearbeitet habe. Zum Beispiel eine straffe Arbeitsweise im Management, wobei Sie Ihren Beitrag zu einem einfachen Management- und Leadership-Prozess mit den bewährten Stellenbewertungs- und Vergütungsprozessen in der Personalabteilung leisten.«

»Aber es passieren auch Dinge in etablierten Unternehmen, die es in meinem Unternehmen niemals geben soll: lange und sinnlose Meetings, Selbstgefälligkeit, nicht durch Daten und Fakten untermauertes Denken und Handeln sowie eine 9-to-5-Mentalität.«

»Mir ist es lieber, wenn eine Mitarbeiterin oder ein Mitarbeiter um vier Uhr nach Hause geht als eine Minute vor fünf.«

Business Developer mit einem digitalen Einzelhandelsgeschäftsmodell (Top 3)
»Ich bin sowohl mit etablierten als auch mit neuen Unternehmen vertraut. Es ist erfrischend zu sehen, wie klar unsere Ziele sind, und wie einfach unsere KPIs sein können: nur wenige und klar definierte. In jeder Marktgruppe nutzen wir zwei allgemeine KPIs, Promotorenüberhang (Net Promoter Score, NPS) und Umsatz, und einen speziellen KPI, der vom Stadium des Lebenszyklus der betreffenden Abteilung abhängt. Einkauf und Logistik sind für uns Primärprozesse mit ihren eigenen KPIs für Fulfillment und Order-to-Cash-Verhältnis. Und dennoch sind die KPIs insgesamt betrachtet kompakt. Die Kraft der Einfachheit funktioniert tatsächlich.«

»Jedes neue Einzelhandelsgeschäftsmodell wie das unsere muss eine differenzierte Plattformstrategie haben und sich stetig weiterentwickeln. Diese muss häufig multidimensional sein: B2B, B2C und B2B2C. Das ist das größte Dilemma und das größte strategische Puzzle für Unternehmen wie das unsere.«

COO und Board-Mitglied eines niederländischen Finanzinstituts (3.000+)
»Vereinfachung ist eine der wichtigsten Fähigkeiten jedes Führungsteams.«

»Dass sich Ihre Mitarbeiter wirklich mit ihrer Rolle und Position verbunden fühlen, ist genauso wichtig wie die Frage, mit wem sie zusammenarbeiten werden und wie. Nehmen Sie sich Zeit, Ihre Mitarbeiter mit ins Boot zu holen.«

»Ein bestehendes Erlösmodell zu erneuern ist eine äußerst anspruchsvolle Aufgabe. Doch sie kann gelingen. Sehen Sie sich nur DSM und TenCate an.«

»Versicherungsunternehmen wie das unsere haben allein schon deshalb einen Wettbewerbsvorteil, weil sie ausschließlich Versicherungen anbieten. Dadurch sind sie weniger komplex zu managen als Finanzdienstleister, die über ein differenzierteres Portfolio an Produkten und Services verfügen.«

COO eines Professional-Services-Unternehmens (1.000+)
»Schaffen Sie eine Atmosphäre und Haltung des Gewinnens. Feiern Sie in jeder Phase vier Erfolge. So wie Sie eine Disziplin der Ausdauer pflegen, sollten Sie auch eine Disziplin des Feierns pflegen. Ich bezahle gerne für den Kuchen oder die Getränke. Es geht darum, das Erreichte anzuerkennen und zu würdigen. Warum sonst sollten Ihre Mitarbeiterinnen und Mitarbeiter ihr Bestes geben? Stellen Sie erfolgreiche Teams zusammen. Ein erfolgreiches Team wird immer kooperativer, wohlwollender, inspirierender, kreativer und besser im Finden von Lösungen sein. Statt polarisierend. Es gibt immer einen dritten Weg.«

»Sie sollten immerzu beobachten und nachdenken. Eine neue Umgebung erfordert, dass Sie sich auf neuartige Weise anpassen. Während der Umsetzung verändern sich immer wichtige Variablen. Veränderungen auf der obersten Führungsebene beeinflussen die Erfolgschancen einer laufenden Maßnahme erheblich. Was wird wahrscheinlich passieren? Was sollten wir tun, wenn das passiert? Behalten Sie den Bezug zur Realität. Überprüfen Sie Ihre Annahmen. Versteifen Sie sich nicht auf etwas. Denken Sie an den irakischen Verteidigungsminister während des Golfkrieges, der während eines Interviews in einem bebenden Fernsehstudio behauptete: ›Es gibt keine Bombardierungen!‹«

»Setzen Sie die weiche Seite, das weniger Sichtbare, mit auf die Tagesordnung: als normalen, konkreten Punkt. Wie stehen wir zu bestimmten Dingen? Wie sehen wir die Dinge? Wie lauten die Spielregeln, und was sind die Erwartungen? Hart ist weich, und weich ist hart.«

Geschäftsbereichsleiter eines multinationalen Unternehmens (B2C, Top 3)
»Unser Unternehmen bedient heterogene Märkte. Ich bin für 22 länderübergreifende Unternehmen zuständig. Strategische Planung findet laufend statt. Es ist nicht einfach, ein Gleichgewicht zwischen globaler Einheitlichkeit und lokaler Differenzierung herzustellen.«

»Kommunizieren Sie klug und persönlich. Es gab Zeiten, da habe ich 1.500 Leuten eine Textnachricht zu einer Präsentation geschickt, in der ich mit der Hand auf einen Flipchart schrieb.«

»Kultivieren Sie Umsetzungskompetenz in jeder Hinsicht. Ich halte mich an die 1-Meter-Regel: Die Person, die dem Problem am nächsten ist, muss es lösen.«

»Ich investiere viel Zeit in die Entwicklung eines Change-Projekts, aber genauso viele Zeit darin, es zu positionieren und zu verkaufen.«

CEO/Vorstandsvorsitzender eines multinationalen Unternehmens
»Wir müssen immer wieder versuchen, eine Balance herzustellen zwischen Sicherheit und Unsicherheit, zwischen Aufs-Tempo-Drücken und Sich-Zeit-Lassen und zwischen Herz und Verstand.«

»Grenzen sind wichtig. Grenzen für Diskussionen, Experimente, Zeitpläne, Verhaltensweisen. Harte und weiche Grenzen.«

Inhaber und CEO eines internationalen Dienstleistungsunternehmens (20.000+)
»Die strategische Ausrichtung muss nicht nur klar kommuniziert werden, sondern auch attraktiv. Dazu reicht es nicht, dem Skript zu folgen. Sie müssen die Geschichte leben und atmen.«

»Stellen Sie bereichsübergreifende Verbindungen her. Mitarbeiter in unterschiedlichen Positionen interagieren in der Regel nicht ausreichend miteinander. Vertikale Zusammenarbeit wird wichtiger. Auch über die Unternehmensgrenzen hinweg. Jedes Unternehmen, egal welcher Größe, verfügt über eine Struktur und damit ›Schnittstellen‹. Diese müssen Sie verbinden. In großen Unternehmen mit vielen regionalen Niederlassungen, Betreibergesellschaften und PMCs ist das Vernetzen der Mitarbeiter eine der wichtigsten Aufgaben des Führungsteams im Zusammenhang mit Innovation.«

»Berücksichtigen Sie diese Unterschiede. In unserem Unternehmen sind sie fast immer groß, sowohl zwischen Ländern als auch zwischen Geschäftsfeldern. Das hat große Auswirkungen darauf, wie Sie die Strategieumsetzung managen.«

»Bleiben Sie flexibel in der Art und Weise, wie Sie Ihr Wertversprechen anpassen. Es geht darum, Ihre Markt- und Unternehmensanalyse festzuziehen und gleichzeitig Ihre Agilität zu erhöhen. Die Notwendigkeit, agiler zu werden, ist kein Grund, jeden Trend mitzumachen.«

General Director und Policy Director for Teaching and Research
»Finden Sie das richtige Maß an Gemeinsamkeit. Mittlerweile trommeln wir alle Abteilungen zusammen und entwerfen einen gemeinsamen Plan. Unsere Fähigkeit, den Entscheidungsprozess zu professionalisieren, wird immer besser.«

Chief HR Officer eines internationalen Finanzinstituts
»Erfolgsfaktor Nummer 1 einer effektiven Strategieumsetzung ist ein klarer Fokus. Das ist wie Magie!«

»Führung sollte verlässlich sein. Gute Führungskräfte sind nett, höflich, verlässlich und in vielerlei Hinsicht berechenbar.«

»Es ist wichtig, eine gute Ausgewogenheit in den Profilen Ihrer Führungskräfte zu erreichen. Nutzen Sie den Myers-Briggs-Typenindikator. Streben Sie zum Beispiel eine gute Mischung aus den Dimensionen Wahrnehmung, oder lange offen für neue Eindrücke sein, und Beurteilung/Entscheidung an. Viele Leistungsträger lassen sich alle Optionen offen.«

»Arbeiten Sie sorgfältig daran, das zu entwickeln, was Sie für gut halten. Tun Sie das trotz Unsicherheit. In großen Unternehmen wissen Sie nie, was Sie mit einem bestimmten Input erreichen. Wie Kahneman sagt: ›In der Regel werden sie die eingesetzten Mittel infrage stellen.‹«

Geschäftsführer eines international tätigen Unternehmens
»Räumen Sie mit dem Top-down-Tabu auf. Zeigen Sie Führung. Trauen Sie sich zu sagen, ›Es reicht!‹ und ›Wir werden nicht alle bei allem mitreden lassen!‹ Merzen Sie das Not-invented-here-Syndrom aus. Es ist verständlich, aber das heißt nicht, dass es akzeptable ist. Wenn eine Entscheidung getroffen wurde, wird es so gemacht wie entschieden. Ich bin ein Befürworter von Schwarmintelligenz und Konsens. Das heißt jedoch nicht, dass jeder mir allem kommen kann. Das ist einfach nicht mehr möglich.«

»Geben Sie den Spezialisten die Zügel in die Hand, und lassen Sie sie Vorschläge machen. Warum sollten Sie Bottom-up-Dilettantismus zulassen, wenn Sie Spezialisten haben, die solide Ideen entwickeln können? Einmal haben wir Spezialisten und Kreative für zwei Monate zusammen in einen Raum gesteckt und ihnen Zeit und Geld zur Verfügung gestellt, um Lösungen zu entwickeln. Das hat wesentlich besser funktioniert.«

»Treffen Sie eiserne Entscheidungen, wenn Sie Ihr Portfoliomanagement einrichten. Nutzen Sie Go/No-go-Momente, Priorisierung etc. Die Wahrheit? Wir hatten am Anfang 450 Projekte. Dann haben wir uns gefragt, was die Ergebnisse sein werden. Wir haben die KPIs auf einem Blatt Papier notiert: Wer ist der Sponsor, und wann wird das Ergebnis erreicht sein? Danach haben wir die Hälfte der Projekte gestrichen. Als Nächstes haben wir die verbleibenden 225 Projekte betrachtet und überlegt, welche unbedingt durchgeführt werden müssen. Das hat die Zahl von 225 auf 65 reduziert.«

Chair of the Board of Directors und Personalleiter einer niederländischen Institution
»Ich betrachte es als meine Aufgabe, operative Dilemmas zu lösen.«

»Ihre Geschichte muss Charisma haben. Eine ansprechende und überzeugende Geschichte erzeugt Konsens. Sie müssen sie regelmäßig füttern. Es muss eine Eins-zu-eins-Verbindung zwischen Strategie und Umsetzung bestehen. Handeln hat sein eigenes Charisma: Fortschritt erzeugt Fortschritt.«

»Ich glaube an gute Führung. Schlechte Führung ist willkürlich, unberechenbar. Gute Führung ist einerseits Willenskraft, andererseits Selbstkontrolle. Bei guter Führung geht es nicht darum, der oder die Beliebteste zu sein. Sie dürfen ruhig ein einsamer Wolf sein. Man muss den Stock fühlen, darf ihn aber niemals sehen. Seien Sie nicht zu explizit. Führung darf nicht hässlich werden.«

»Lassen Sie sich voll und ganz auf Ihre Rolle ein. Führung ist mehr als die Summe Ihrer Entscheidungen. Sie sollten wissen, wie Sie mit unvollständigen Informationen umgehen. Eine

gute Führungskraft weiß, wann sie loslassen und wo sie tiefer bohren muss. Das ist ein echtes Dilemma. Zu zweifeln ist wie, als hätten Sie die Entscheidung selbst getroffen.«

»Lassen Sie sich eine Antenne wachsen, die Ihnen sagt, welche Chancen Sie verfolgen und welche Sie vorbeiziehen lassen sollten, welche Probleme Sie untersuchen und welche Sie akzeptieren sollten. Ihre Antenne sollte immer auf Empfang sein. Bleiben Sie mit Ihrer Umgebung in Kontakt. Ich werde skeptisch, wenn man mich manipuliert, wenn ich ausweichende oder zurückhaltende Antworten erhalte. Muster zu erkennen ist eine Schlüsselkompetenz. Trauen Sie sich, manchmal einzugreifen und Mikromanagement zu betreiben.«

Einige Kompetenzen, oder Verhaltensweisen, wenn Sie wollen, sind entscheidend. Seien Sie im Hinblick auf die Ergebnisse unerbittlich. Seien Sie so positiv und offen wie möglich, behalten Sie die Energielevel Ihrer Mitarbeiterinnen und Mitarbeiter im Auge, fördern Sie Optimismus und Entschlossenheit, versuchen Sie, die Lücken zu schließen, betreiben Sie kontinuierliches Stakeholder-Management und berücksichtigen Sie, dass es Unterschiede zwischen den Phasen gibt.«

Chair of the Board of Directors eines niederländischen Unternehmens (20.000+)

»Wenn Sie den Strategieumsetzungsprozess institutionalisieren, müssen Sie eine einheitliche Sprache und eine bestimmte Methode auswählen. Darin haben wir stark investiert. Die allgemeine Methode muss eindeutig sein, braucht aber gleichzeitig genügend Teilmethoden, damit Sie differenziert vorgehen können. Lean eignet sich zum Beispiel eher für Optimierungen als Innovationen. Keine Methode sollte jedoch zum Selbstzweck werden oder zum Dogma. Methoden sind lediglich Werkzeuge. Mir ist egal, wie die Methode heißt; Hauptsache, sie ist skalierbar und eignet sich zur kontinuierlichen Verbesserung.«

»Bei der Strategieumsetzung muss das Topmanagement die Führungsetage verlassen, die Ärmel hochkrempeln und Seite an Seite mit den anderen arbeiten. Ich habe die Handynummern der 100 wichtigsten Führungskräfte eingespeichert. Und sie alle haben meine. Schnelle, reibungslose Kommunikation ist entscheidend. Einmal pro Woche besuche ich eine Niederlassung vor Ort und spreche mit den Mitarbeiterinnen und Mitarbeitern auf den unteren Ebenen. Bleiben Sie nah dran!«

Anhang 15: Medientipps zum Thema Strategieumsetzung

Sie suchen Inspiration? Es gibt zahlreiche empfehlenswerte Materialien zum Thema Strategieumsetzung:

- Strategieumsetzung ist eine Kompetenz. INSEAD-Professor Michael Jarrett spricht über das wichtigste Gebot für Ihr Unternehmen: »Getting Strategy Execution Right«.

- Strategieumsetzung ist die wichtigste Aufgabe jeder Führungskraft, wie Tom Peters von Conrad Hilton erfahren hat.

- Weitere inspirierende Interviews und Videos finden Sie unter diesem QR-Code.

Glossar

Abstimmung

Abstimmung bzw. strategische Abstimmung ist der Prozess, alle Handlungen des Unternehmens, der Abteilungen und der Mitarbeiterinnen und Mitarbeiter auf die Unternehmensziele auszurichten. Er stellt sicher, dass die Abteilungen und Mitarbeiter gut zusammenarbeiten können und daher zum Ergebnis des Unternehmens beitragen.

Agilität

Nach Lee Dyer und Richard A. Schafer ist Agilität bzw. Agilität in Unternehmen die Fähigkeit, sich kontinuierlich anzupassen, ohne sich zu verändern. Agile Unternehmen verfügen über die inhärente »Fähigkeit, sich auf sich verändernde Bedingungen einzustellen und sich ihnen anzupassen«.[221]

Arbeitsfähigkeit

Unter Arbeitsfähigkeit wird die Fähigkeit der Menschen verstanden, ihre Aufgaben bestmöglich zu erfüllen. Jeder ist dafür verantwortlich, seine Arbeitsfähigkeit kontinuierlich weiterzuentwickeln und es anderen zu ermöglichen, das auch zu tun.

Architektur, offene Architektur

Der Begriff »(offene) Architektur« stammt aus der Softwareentwicklung und beschreibt dort die Struktur eines Produkts. Offene Architektur bezieht sich auf Softwareprodukte, deren Spezifikationen öffentlich sind, sodass andere Softwareentwickler ihnen Komponenten hinzufügen können. Wie andere Begriffe wie »Agile« und »Scrum« wird dieses Konzept mittlerweile auch im nichttechnischen Bereich angewandt. (Offene) Architektur bezieht sich auch auf die Struktur von Produkten, Preisen, Prozessen, Organisationen und Wissen. In diesem Buch verwende ich »Architektur« in einem umfassenderen Sinne. In der Finanzdienstleistungsbranche hat der Begriff wiederum eine andere Bedeutung: Investment-Unternehmen mit einer offenen Architektur bieten ihren Kunden die Möglichkeit, auch in Produkte anderer Finanzanbieter zu investieren.

Baustein

Das Modell Strategie = Umsetzung besteht aus vier Beschleunigern. Der Beschleuniger besteht aus vier Bausteinen, zwei für die harten Kompetenzen, zwei für die weichen Kompetenzen. Daher besteht das Modell insgesamt aus 16 Bausteinen. Ein Baustein ist eine kurze Beschreibung eines wichtigen Themas innerhalb der Strategieumsetzung. Zudem enthält er eine Beschreibung dessen, was benötigt wird (welche Handlungen sind in einer konzertierten Anstrengung nötig), um das Ziel des Bausteins zu erreichen. Der erste Baustein eines Beschleunigers ist hart und es geht hier um das Warum: die Ziele und Benefits.

221 Dyer & Shafer, »From human resource strategy to organizational effectiveness«, S. 6.

Der zweite Baustein eines Beschleunigers ist ebenfalls hart und hier geht es um das Was: den Inhalt der Strategie und der Maßnahmen im Portfolio. Der dritte Baustein ist einer der beiden weichen. In diesem Baustein geht es um das Wie: die Umsetzungs- und Transformationsstrategie. Und der vierte ist ebenfalls weich und beschreibt das Wer: Verantwortung für die Maßnahmen und deren geplante Benefits.

Benefit Realization Management
In der Strategieumsetzung beschreibt Benefit Realization Management die Einrichtung, Inbetriebnahme und Nutzung eines Systems zur Benefit-Messung. Synonyme sind: Business-Case-Management, Performance-Management und Zielüberwachung. Benefits sind messbare, geplante Veränderungen, die aus einer strategischen Maßnahme resultieren und von den Stakeholdern als vorteilhaft betrachtet werden.

Bereichsübergreifend
Bereichsübergreifende Aktivitäten beinhalten verschiedene Disziplinen. Bei den meisten Maßnahmen zur Strategieumsetzung geht es um komplexe, bereichsübergreifende Veränderungen, die die Beteiligung verschiedener Unternehmensbereiche erfordern.

Bestmöglich genutzte Zeit
Eine der größten Ambitionen des Modells, das in diesem Buch beschrieben wird, besteht darin, die für die Strategieumsetzung aufgewendete Zeit und Ressourcen radikal neu auszurichten. Statt 80 Prozent der Zeit auf die Formulierung der Strategie aufzuwenden, sollten nach unserer Ansicht 80 Prozent für die eigentliche Umsetzung genutzt werden. Wir machen aus der Zeit einen neuen KPI.

Business Process Redesign
Ein Business Process Redesign bzw. Business Process Reengineering (BPR) ist eine von Michael Hammer und James Champy Anfang der neunziger Jahre definierte Managementstrategie. Im Rahmen des BPR werden interne Prozesse analysiert, um sie grundlegend neuzugestalten, damit beispielsweise radikale Verbesserungen der Kostenstruktur oder des Kundendienstes erzielt werden.

Change Leadership
Change Leadership beschreibt ein Instrument, um verschiedene Arten der Transformation federführend voranzubringen. Change Leader verteidigen die Vision, bilden eine Führungskoalition und schaffen den Raum, die Richtung und die Bedingungen, damit Veränderungen erfolgreich institutionalisiert werden können.

Change Management
Im Zusammenhang mit Strategieumsetzung verstehen wir Change Management als die Organisation von instrumentellen und operativen Aufgaben zur Implementierung und Überwachung von Maßnahmen zur Strategieumsetzung.

Customer Journey
Die Customer Journey beschreibt die Phasen, die die Kundinnen und Kunden aus ihrer Perspektive durchlaufen, wenn sie ein Produkt oder eine Dienstleistung erwerben. Siehe auch *Customer Journey Mapping*.

Customer Journey Mapping
Customer Journey Mapping ist eine Methode, die genutzt wird, um die Phasen, die Kundinnen und Kunden aus ihrer Perspektive durchlaufen, wenn sie ein Produkt oder eine Dienstleistung erwerben, zu visualisieren. Unternehmen benötigen häufig mehrere Visualisierungen, um die verschiedenen Szenarien und Kanäle abzubilden.

Digitale Innovation
Siehe *Innovation*

Disruption
Eine Disruption unterbricht oder durchkreuzt buchstäblich einen Prozess. Disruptionen sind fast immer ein Ergebnis von Innovationen, aber Innovationen sind nicht notwendigerweise Disruptionen.

Durchbruch
Beim 6. Baustein des in diesem Buch beschriebenen Modells, der als Durchbruch bezeichnet wird, geht es um die Entwicklung eines minimal funktionsfähigen Produkts (MFP) mit mindestens einem innovativen Durchbruch. Wir erachten dies als eine wichtige Veränderung, die das existierende Geschäftsmodell wahrhaft verändert oder zu einem neuen führt. Das Wort »Durchbruch« lässt auf zwei Dinge schließen: (1) eine Innovation von einem seltenen Format, die (2) zu einer stark erhöhten Performance führt.

Erneuerung
Erneuerung ist der Begriff, den wir nutzen, um Transformationen vom Typ 2 zu bezeichnen: Innovationen des bestehenden Umsatz- und Geschäftsmodells mit dem Ziel, dass das Unternehmen auch gesund bleibt. Zuweilen können Erneuerungen in die normalen Geschäftsprozesse integriert werden. Aber manchmal muss die Umsetzung in separaten Projekten oder Programmen erfolgen.

Exzellenz im Management
Exzellenz im Management beschreibt die Geschäftsleitung und den Umfang, in dem ein Unternehmen in der Lage ist, sein bestehendes Geschäftsmodell zu nutzen, um die Ziele des laufenden Geschäfts zu erreichen. Wir nennen das »Führung des Unternehmens«. Auch hier gilt: Exzellenz ist unbedingt nötig, um die bestmöglichen Ergebnisse zu erzielen.

Factsheet

Mit »Factsheet« meinen wir verschiedene Arten von praktischen Planungsvorlagen. Diese stellen Informationen zu einer bestimmten Komponente des Modells überblicksartig dar. Im Anhang finden Sie Factsheets zu den vier Beschleunigern, zum Portfolio, zum MFP und zum Programmmanagement.

Führung des Unternehmens (Organizational Excellence)

Führung des Unternehmens ist der Begriff, den wir nutzen, um die normale Unternehmensleitung zu bezeichnen. Das betrifft Aktivitäten, die mit dem existierenden Geschäftsmodell in Einklang stehen.

Geschäftsmodell

Ein Geschäftsmodell beschreibt die Methode, wie ein Unternehmen einen passenden Wert schafft (zum Beispiel Geld machen). Ein Geschäftsmodell beantwortet die folgenden zentralen Fragen: Welchen Nutzen bietet das Unternehmen seinen Kundinnen und Kunden? Wie bedient es seine Kunden? Welche Zielgruppe visiert es an? Wie schafft es einen Wert und wie ist die Wertschöpfungskette gestaltet? Wie sieht die Kostenstruktur aus? Wie positioniert sich das Unternehmen, und wie möchte es den Konkurrenzkampf gestalten? Die interne Organisation eines Geschäftsmodells besteht aus Kompetenzen: Prozesse, Unternehmensstruktur und Leitungsorganisation, Menschen und Unternehmenskultur, Technologie und Ressourcen, Daten und Wissen.

Harte Kompetenzen

Zu den harten Kompetenzen gehören Geschäftsprozesse, die Unternehmensstruktur und Technologie (DIT). Das onlinebasierte Analyseinstrument SECA.NU, das zum Zweck der Bewertung der Umsetzungskompetenzen eines Unternehmens entwickelt wurde, kann genutzt werden, um die harten und weichen Kompetenzen eines Unternehmens systematisch zu bewerten.

Hauptprozesse

Hauptprozesse sind Prozesse, die die Ziele unterstützen. Sie sind für die Zielerreichung entscheidend. In Baustein 6, Durchbruch, werden diese Hauptprozesse identifiziert, sodass sie genutzt werden können, um die Ziele zu erreichen.

Innovation

Innovation bedeutet buchstäblich Erneuerung. In diesem Buch verwenden wir diesen Begriff jedoch, um eine radikale Transformation zu benennen. Das ist für gewöhnlich eine digitale Veränderung, die notwendigerweise neue Geschäfts- und Umsatzmodelle zur Folge hat.

Intervention

Eine zielgerichtete Intervention stellt die beste Möglichkeit dar, das Verhalten der Menschen zu verändern. Eine Intervention kann sich auf die Art der Zusammenarbeit, des

Managements, der Verantwortung, der Aufteilung von Verantwortlichkeiten und der Kommunikation beziehen. Zudem geht es darum, einander auf unerwünschtes Verhalten aufmerksam zu machen.

Kernkompetenz

Eine Kernkompetenz ist ein Bereich oder eine Aufgabe, auf das sich das Unternehmen am besten versteht und dem Unternehmen einen Wettbewerbsvorteil verschafft. Der Begriff wurde im Jahr 1990 von Gary Hamel und C.K. Prahalad in einem Artikel im *Harvard Business Review* geprägt.

Kompetenzen

Wir definieren Kompetenzen als die Fähigkeit, bestimmte Handlungen auszuführen oder Ergebnisse zu erzielen, die die Unternehmensziele betreffen. Jede Komponente des Geschäftsmodells ist eine Kompetenz. Wir unterscheiden mit Absicht Kompetenzen und persönliche Kompetenzen wie Wissen, Fähigkeiten, Motivation und Ehrgeiz, persönliche Qualitäten und Intelligenz.

Kontinuierliche Weiterentwicklung

In diesem Buch beschreibt kontinuierliche Weiterentwicklung die zyklische Überarbeitung und Optimierung des minimal funktionsfähigen Produkts (MFP).

KPI

Key Performance Indicators (KPIs) sind Kennzahlen, die Unternehmen verwenden, um ihre Performance zu messen.

Kulturwandel, Programme zum

Das Ziel eines Programms zum Kulturwandel besteht lediglich darin, Regeln, Werte und Verhalten der Mitarbeiterinnen und Mitarbeiter zu verändern. Kulturelle Veränderungsprogramme, die nicht an den Zielen und Inhalten ausgerichtet sind, bleiben wirkungslos, weil die Unternehmenskultur kein separater Punkt ist, sondern das Ergebnis der Bemühungen der Mitarbeiter, die harten Ziele zu erreichen und inhaltsbezogene Veränderungen herbeizuführen.

Lean

Lean Manufacturing oder einfach Lean ist eine Managementphilosophie aus dem Betriebsmanagement, die das Ziel hat, durch das Vermeiden von Verschwendung und die Optimierung von Geschäftsprozessen maximalen Kundennutzen zu realisieren. Lean führt zu einer verbesserten Performance (z. B. Effizienz) und geringeren Betriebskosten. Das japanische Unternehmen Toyota leistete im vergangenen Jahrhundert einen wesentlichen Beitrag zur Entwicklung der Lean-Methode.

Lean Six Sigma

Dies ist eine Methode aus dem Betriebsmanagement zur Qualitäts- und Effizienzsteigerung. Sie kombiniert Prinzipien von Lean Manufacturing und Six Sigma, um durch eine systematische Optimierung der Geschäftsprozesse und ein Programm zur kontinuierlichen Ergebnisverbesserung den Kundennutzen zu steigern.

Minimal funktionsfähiges Produkt (MFP)

Ein minimal funktionsfähiges Produkt oder Prototyp ist die erste marktfähige Version eines Produkts in den Anfangsphasen seiner Entwicklung. Bitte beachten Sie, dass »minimal« nicht gleichbedeutend mit minderwertig ist. Vielmehr bedeutet es klar definiert und überschaubar. Es soll die minimal notwendige Kundenerfahrung und ebensolche Ziele und Funktionalitäten herbeiführen. Ein MFP ermöglicht es einem Unternehmen, zu ermitteln, ob das Produkt wirtschaftlich tragbar ist. Es handelt sich um eine Basisversion des endgültigen Produkts, das dazu gedacht ist, so viel wie möglich von den »Early Adopters« zu lernen.

Misserfolgsfaktoren

Misserfolgsfaktoren sind dafür verantwortlich, dass eine Maßnahme letztlich nicht ausgeführt wird oder wurde. Wir unterscheiden zwischen bekannten und weniger bekannten Misserfolgsfaktoren. Diese stellen wir in Kapitel 9 vor, wenn wie über die Gründe sprechen, aus denen die Strategieumsetzung manchmal scheitert.

Misserfolgskosten

Misserfolgskosten entstehen, wenn die Strategieumsetzung scheitert. Wir unterschieden zwischen direkten und indirekten Misserfolgskosten. Sie werden häufig nicht explizit gemacht, obwohl dies möglich wäre, selbst wenn Mitarbeiter frustriert sind und das Gefühl haben, ihr Potenzial wurde nicht genutzt.

Must-haves

Must-haves ist die Bezeichnung für den fünften Baustein. Im Modell Strategie = Umsetzung stehen die Must-haves für das Fundament, auf dem jede Maßnahme gebaut werden muss: eine klare Aufgabenzuteilung, Wille und ein Gefühl der Notwendigkeit, eine Antwort auf das kleine Warum hinter der Maßnahme, einen Business Case und eine hypothesenorientierte Analyse. An diesem Begriff kann eindeutig abgelesen werden, dass eine Maßnahme nicht erfolgreich sein wird, wenn keine Notwendigkeit dafür besteht.

Portfolio

In diesem Buch werden alle strategischen Transformationsmaßnahmen aller drei Typen in einem Unternehmen mit dem Begriff Portfolio bezeichnet. Baustein 2, Auswahl, wird genutzt, um das Portfolio ausgewogen zu gestalten. Ein Portfolio muss nicht nur hinsichtlich der verschiedenen Typen der Transformationsmaßnahmen ausgewogen sein, sondern auch hinsichtlich der Gesamtanzahl der Maßnahmen, der Art des Ziels und des

Zeithorizonts (siehe Abbildung 14). In der Unternehmens- und Finanzwelt wird mit Portfolio auch eine Palette von Produkten und Dienstleistungen bezeichnet. Ursprünglich war ein Portfolio eine Auswahl von repräsentativen Arbeiten, die ein Künstler, Grafik-Designer oder eine Werbeagentur nutzte, um potenzielle Kunden zu überzeugen.

Produktführerschaft

Produktführerschaft ist ein Begriff, der von Michael Treacy und Fred Wiersema geprägt wurde. Sie waren davon überzeugt, dass die Produktführerschaft einer der drei Bereiche ist, die ein Unternehmen im Griff haben muss, um den Markt zu beherrschen. Die anderen beiden Bereiche sind Kundennähe und Operational Excellence. Laut Management-Vordenkern muss ein Unternehmen Bestleitungen erbringen, um tatsächlich Marktführer zu werden. Heutzutage müssen Unternehmen in allen drei Bereichen Bestleistungen erbringen.

Psychologischer Check-in

Dieses Buch unterscheidet zwischen psychologischer Verantwortung und formaler Verantwortung. Letztere meint die formale Verantwortung einer Mitarbeiterin oder eines Mitarbeiters für eine Maßnahme oder einen Prozess. Erstere bezieht sich dagegen auf das scheinbar weiche Gegenteil von formaler Verantwortung, nämlich die Absichten der verantwortlichen Person. Im Wesentlichen geht es darum, dass ein Mitarbeiter Verantwortung übernehmen *will* statt *muss*. Der Check-in stellt den Moment dar, in dem der Mitarbeiter Verantwortung übernimmt und diese auch einfordert.

Riskante Annahmen

Im Kontext dieses Buches verwenden wir diesen Begriff für Annahmen, die zu Innovationen führen. Laut Eric Ries, Begründer der Lean Startup-Methode, sind sie die beste Möglichkeit, Innovationen auf den Weg zu bringen.

Scrum

Der Begriff »Scrum« stammt aus der Softwareentwicklung und beschreibt eine iterative Methode zur Produktentwicklung. Es handelt sich dabei um eine flexible und umfassende Strategie, bei der die Mitglieder des Entwicklungsteams gemeinsam auf ein Ziel hinarbeiten.

SECA.NU

Turner Consultancy hat den onlinebasierten Strategy Execution & Change Accelerator (SECA.NU) entwickelt. Mit diesem Analyse-Tool können die Anwender Informationen über die derzeitigen Umsetzungskompetenzen in ihrem Unternehmen im Vergleich zu einer Benchmark online und in Echtzeit erhalten. Dadurch wird die Strategieumsetzung verbessert und beschleunigt. SECA.NU besteht aus 25 Fragen, die eine exakte Analyse der Reife des Unternehmens hinsichtlich der Strategieumsetzung ermöglichen.

Sichern

Sichern bedeutet einbetten, integrieren, institutionalisieren und dafür sorgen, dass das Erreichte nicht verwässert.

Six Sigma

Six Sigma ist eine Managementstrategie mit dem Ziel, den Output von Geschäftsprozessen zu verbessern. Dies gelingt, indem Fehlerursachen beseitigt und dadurch Schwankungen in den Prozessen reduziert werden. Six Sigma beinhaltet verschiedene Qualitätsmanagementmethoden, darunter statistische Methoden, den Aufbau einer Infrastruktur von Expertinnen und Experten im Unternehmen, die ihre Kompetenzen laufend erweitern (Green Belt, Black Belt usw.), eine festgelegte Struktur, der jedes Six-Sigma-Projekt folgt, sowie quantifizierbare Ziele (z. B. Qualitätssteigerung und/oder Kostensenkung). Die Methode wurde 1986 von Motorola entwickelt und war ab 1995 zentraler Bestandteil der Strategie von General Electric.

Skalierung

Baustein 11, Skalierung, bezieht sich auf die Phase, in der Unternehmen die richtigen Skalierungs- und Implementierungsmethoden auswählen, entwickeln und operationalisieren müssen. Bei der Skalierung geht es darum, weitere Personen in die Maßnahme einzubinden und das Produkt für eine größere Kundengruppe zugänglich zu machen.

Storytelling

Storytelling beschreibt die interne und externe Kommunikationsstrategie, mit der Unternehmen die Hintergründe jeglicher Art von Veränderung an ihre Stakeholder vermitteln. Storytelling ist mehr als nur Kommunikation. Erfolgreiches Storytelling schafft den Wunsch nach Veränderung und animiert Mitarbeiterinnen und Mitarbeiter, Verantwortung zu übernehmen.

Strategieumsetzung

Bei der Strategieumsetzung handelt es sich um die komplette Palette der Aktivitäten eines Unternehmens, um das existierende Geschäftsmodell zu verbessern und erneuern (Typ 1 und 2), und für Innovationen zu sorgen, indem neue Geschäftsmodelle entwickelt werden (Typ 3). Das Management der Tagesgeschäfte ist das, was wir als Führung des Unternehmens (auch als laufendes Unternehmen bekannt) bezeichnen. Verbesserungen, Erneuerungen und Innovationen sind auch als Transformation des Unternehmens bekannt. Die Strategieumsetzung lässt den Unternehmen Raum dafür, das bestehende Geschäftsmodell zu nutzen und gleichzeitig mit neuen Geschäftsmodellen zur Wahrung der Kontinuität innovativ zu sein.

Transformation des Unternehmens (Umsetzungsexzellenz)

Transformation des Unternehmens ist ein Begriff, den wir nutzen, um das Transformations- bzw. Change Management zu beschreiben. Die Transformation des Unternehmens ist nicht dasselbe wie die Führung des Unternehmens, bei der es um die tägliche Geschäftsführung des bestehenden Unternehmens geht. Bei der Transformation des Unternehmens geht es darum, das Unternehmen grundlegend zu verändern. Wir unterscheiden drei Typen der Transformation: 1. Verbesserung, 2. Erneuerung, 3. Innovation. Typ 1 und 2 beziehen sich auf Modifizierungen innerhalb der Grenzen des bestehenden Geschäfts- und Umsatzmodells. Bei Typ 3 geht es um eine radikale Innovation eines Geschäfts- oder Umsatzmodells.

Umsatzmodell
Das Umsatzmodell eines Unternehmens beschreibt die Art und Weise, wie ein Unternehmen Geld macht und den Wert monetarisiert. Die Unterscheidung zwischen Wertschöpfung und Monetarisierung des Werts ist wichtig. Ein Unternehmen kann auf unterschiedliche Arten Geld machen, und daher gibt es viele verschiedene Umsatzmodelle. Ein Umsatzmodell ist Teil des Geschäftsmodells.

Umsetzungsexzellenz
Laut unserer Definition beschreibt die Umsetzungsexzellenz, wie gut ein Unternehmen in der Lage ist, seine Ziele zu erreichen, wofür es drei Typen von Umsetzung anwendet: (1) Verbesserung, (2) Erneuerung und (3) (digitale) Innovation, die ein Unternehmen ein neues verwandelt. Exzellenz ist von enormer Bedeutung, um die bestmöglichen Ergebnisse zu erzielen.

Umsetzungskoalition
Den Begriff »Umsetzungskoalition« haben wir speziell für dieses Buch entwickelt. Die Umsetzungskoalition umfasst die fünf zentralen Rollen, die für jeden Beschleuniger erforderlich sind: Chief Execution Sponsor, Co-Sponsor, Umsetzungsverantwortlicher (Programm- oder Projektmanager), Mitglied(er) des Umsetzungsteams und einen oder mehrere Benefit Realization Manager. Diese Rollen sind eng miteinander verknüpft und für die Verantwortungsübernahme in Umsetzung und Benefit-Realisierung unverzichtbar.

Umsetzungskompetenz
Wir nutzen den Begriff Umsetzungskompetenz, um die Reife eines Unternehmens und dessen Fähigkeit, sich zu verändern, zu beschreiben. Die Umsetzungskompetenz umfasst sowohl harte als auch weiche Transformationskompetenzen. Diese Kompetenz ist auch als Fähigkeit zur Veränderung bekannt.

Umsetzungsressourcen
Umsetzungsressourcen sind die Mittel, die für die Durchführung einer Maßnahme erforderlich sind. Beispiele umfassen eine einfach zu handhabende digitale Checkliste für einen neuen Prozess, eine vereinfachte Version von Prozessen in Form eines Kurzprotokolls, eine Vertrauenserklärung in Videoformat, ein persönliches Manifest und eine Fragen-und-Antworten-Datenbank.

Umsetzungstoolkit

Das Umsetzungstoolkit hat die Funktion, die Gesamtstrategie und das MFP an die verschiedenen Stakeholder zu übergeben, damit diese übernehmen können. Es enthält ein 10-seitiges Dokument, das das Warum, Wie, Was und Wann der Maßnahme präzise darlegt, die Vertrauenserklärung des Chief Execution Sponsor und eine sorgfältig ausgewählte Zusammenstellung von Strategieinhalten und den zugrunde liegenden Analysen. Zusammengefasst besteht es aus einer Mischung aus harten, inhaltsbezogenen Elementen und weichen, Change-orientierten Elementen.

Verantwortung

Verantwortung (auch Ownership) beschreibt die direkte Einbindung von Mitarbeiterinnen und Mitarbeitern in ein Unternehmen oder eine Maßnahme. Sie beinhaltet ein hohes Maß an Engagement und Verantwortungsbereitschaft. Neue Maßnahmen können nur erfolgreich sein, wenn die Akteure in der Umsetzungskoalition sich für sie verantwortlich fühlen. Es gibt zwei Arten von Verantwortung: Umsetzungsverantwortung und Benefit-Verantwortung. Umsetzungsverantwortung bezieht sich auf die Verantwortung, die eine Person hinsichtlich der Umsetzung einer Maßnahme übernimmt, während Benefit-Verantwortung die Verantwortung meint, die implementierte Strategie zur Realisierung der geplanten Benefits einzusetzen.

Verbesserung

Verbesserung ist unser Begriff für Transformationen vom Typ 1: eine kontinuierliche Verbesserung und Iteration des bestehenden Geschäfts- und Umsatzmodells, der Operational Excellence im bestehenden Geschäftsmodell.

Verhalten

»Verhalten«, oder »Autopilot«, ist ein Begriff, der aus der Soziologie und Psychologie entlehnt ist. Das Verhalten wird von der Umgebung und den Zielen bestimmt. Eine Änderung des Verhaltens wird am wahrscheinlichsten erreicht, wenn sich der Kontext und die Ziele auch ändern. Versuche, das Verhalten zu ändern, ohne die Umgebung oder die Ziele zu bearbeiten, sind zum Scheitern verurteilt.

VUCA

VUCA ist ein Akronym für Volatility (Volatilität), Uncertainty (Unsicherheit), Complexity (Komplexität) und Ambiguity (Mehrdeutigkeit). Dieser Begriff stammt aus dem militärischen Bereich und beschreibt die Merkmale, die Teil heutiger Märkte sind.

Warum, das große Warum

Am Anfang von jeder strategischen Analyse und Kursfestlegung steht die Beantwortung der Frage nach dem großen Warum. Warum existiert das Unternehmen? Was wollen wir erreichen? Simon Sinek, Autor von *Frag immer erst: Warum* hat diese Frage wieder an die Spitze der Prioritätenliste gesetzt.

Warum, das kleine Warum
Das kleine Warum leitet sich aus dem großen Warum ab und beschreibt den zugrundeliegenden Grund für jede Maßnahme der Strategieumsetzung. Warum wollen wir diese Strategie umsetzen? Inwiefern trägt diese Maßnahme dazu bei, die Frage nach dem großen Warum zu beantworten?

Weiche Kompetenzen
Bei den weichen Kompetenzen handelt es sich um Kompetenzen mit Fokus auf den Menschen. Dazu gehören Unternehmenskultur, Verhalten sowie Führungs- und Zusammenarbeitsstile. Im Gegensatz zu der Auffassung viele Leute sind weiche Kompetenzen auch quantifizierbar. Das onlinebasierte Analyseinstrument SECA.NU, das entwickelt wurde, um die Umsetzungskompetenzen eines Unternehmens einzuschätzen, kann genutzt werden, um die harten und weichen Kompetenzen eines Unternehmens systematisch zu bewerten.

Ziele
Ziele umfassen die Absichten, Ziele und Zielvorgaben in einem Geschäftsmodell, die sich aus der Vision, den Zielen und der Strategie eines Unternehmens ableiten. Sie lassen sich am besten mithilfe der SMART-Kriterien klassifizieren: **s**pezifisch, **m**essbar, **a**ttraktiv, **re**alistisch und **t**erminiert.

Zielvorgaben
Siehe *Ziele*

Zweispuriger Ansatz
Wir nutzen in diesem Buch den Begriff »zweispuriger Ansatz«, um deutlich zu machen, dass radikale Innovationen (Typ 3) separat auf den Weg gebracht werden müssen und nicht in die bestehende Organisationsstruktur eingebettet werden können. Echte Innovationen werden mit unterschiedlicher Geschwindigkeit entwickelt. Zudem haben sie eine so große Bedeutung, dass sie in einem eigens dafür aufgesetzten Projekt oder Programm umgesetzt werden müssen.

Stichwortverzeichnis